"十三五"江苏省高等学校重点教材

能源化学

主　编　庞　欢

副主编　胡俊华　朱利敏　李晶晶　薛怀国

高等教育出版社·北京

内容提要

　　本书为"十三五"江苏省高等学校重点教材(编号：2020-2-114)。本书系统地介绍了能源化学领域的基础知识,共分9章,分别为绪论、能源化学基础、能源与电化学、氢能、能源核物理、太阳能、能源与生物、其他能源和能源发展。

　　本书可作为高等学校化学化工类、近化学类各专业的能源化学课程教材,也可供广大科技工作者和行政管理人员参考使用,还可作为科普读物。

图书在版编目(CIP)数据

能源化学/庞欢主编. ––北京:高等教育出版社,2021.11

ISBN 978-7-04-056794-6

Ⅰ. ①能…　Ⅱ. ①庞…　Ⅲ. ①能源-应用化学-高等学校-教材　Ⅳ. ①TK01

中国版本图书馆 CIP 数据核字(2021)第 170800 号

NENG YUAN HUA XUE

策划编辑　李　颖	责任编辑　李　颖	封面设计　张　楠	版式设计　杨　树
插图绘制　邓　超	责任校对　刘娟娟	责任印制　韩　刚	

出版发行　高等教育出版社	网　　址　http://www.hep.edu.cn
社　　址　北京市西城区德外大街4号	http://www.hep.com.cn
邮政编码　100120	网上订购　http://www.hepmall.com.cn
印　　刷　辽宁虎驰科技传媒有限公司	http://www.hepmall.com
开　　本　787mm×1092mm　1/16	http://www.hepmall.cn
印　　张　18.75	
字　　数　420千字	版　　次　2021年11月第1版
购书热线　010-58581118	印　　次　2021年11月第1次印刷
咨询电话　400-810-0598	定　　价　45.00元

本书编写顾问

安徽工业大学	何孝军	南京邮电大学	马延文
安徽理工大学	胡劲松	南开大学	杜亚平
北京工业大学	李建荣	南阳师范学院	罗永松
北京科技大学	王海龙	内蒙古大学	谷晓俊
北京理工大学	张加涛	宁波大学	韩　磊
常熟理工学院	杨　刚	清华大学	王定胜
常州大学	陈海群	三峡大学	李东升
重庆大学	张育新	山东大学	冯金奎
东北师范大学	吴兴龙	陕西科技大学	黄文欢
东南大学	游雨蒙	商丘师范学院	翟　滨
福州大学	郑寿添	深圳大学	何传新
复旦大学	王永刚	四川师范大学	樊光银
广东工业大学	李成超	苏州大学	倪江锋
广西民族大学	黄克靖	苏州大学	晏成林
河海大学	敖燕辉	苏州大学	王殳凹
河南大学	白　锋	苏州科技大学	郭春显
河南大学	赵俊伟	天津理工大学	钟地长
河南工业大学	曹晓雨	温州大学	王　舜
济南大学	徐锡金	西安理工大学	李喜飞
江苏大学	施伟东	盐城师范学院	王彦卿
江苏大学	许　晖	扬州大学	韩　杰
江苏科技大学	于　超	扬州大学	韩　莹
兰州大学	席聘贤	浙江大学	夏新辉
洛阳师范学院	马录芳	浙江大学	薛晶晶
南昌航空航天大学	郑海忠	浙江工业大学	曹懈宏
南京大学	何　平	浙江师范大学	胡　勇
南京工业大学	赵相玉	郑州轻工业大学	刘春森
南京工业大学	孙林兵	郑州轻工业大学	周立明
南京航空航天大学	郑明波	中国科学技术大学	高敏锐
南京理工大学	夏　晖	中国石油大学	范壮军
南京师范大学	李亚飞	中山大学	卢锡洪
南京信息工程大学	张一洲		

序

　　能源是国民经济稳定发展与民生社会长治久安的重要物质基础，能源安全事关国家安全大局。 我国作为世界能源消费第一大国，在应对世界能源形势变化的同时，也面临着能源资源短缺、消费总量大、化石能源比例高、能源安全形势严峻和环境污染严重等问题，因此，能源的高效、清洁利用是 21 世纪人类科学研究的重要课题。 当今世界正处于百年未有之大变局，在实现"2030 年碳达峰，2060 年碳中和"战略目标及"十四五"规划指引下，我们要坚决落实习近平总书记"四个革命，一个合作"重要能源战略部署，建设"清洁低碳、安全高效能源体系"。

　　能源革命的进程依赖于能源领域的科技创新，而科技创新离不开多学科的交叉融合。提高能源利用效率和实现能源结构多元化，特别是在能源开发和利用方面，无论是化石能源的高效清洁利用，还是太阳能等可再生能源的高效化学转化，均涉及重要的化学基元反应问题，都不可避免地依赖于与化学相关的基础研究。 能源化学作为能源与化学的交叉学科，主要利用化学的理论和方法来研究能量获取、储存及转换过程的规律，探索能源新技术的实现途径，是研究新能源的基础。 加强现有能源化学中的能源与化学基础理论，可为培养基础宽、应用能力强的高层次人才提供良好的支撑。

　　2004 年，我与陶占良教授接受《21 世纪化学丛书》邀请，撰写《能源化学》（2014 年再版），该书主要介绍能源化学在人类社会中的应用及其所起的作用，重点介绍了该领域国内外研究、进展情况及发展前景。 随着可持续社会发展的需要，教育部于 2016 年将能源化学列入新增审批本科专业，同时新能源材料与器件、新能源科学与工程、储能科学与工程等"新工科"专业蓬勃发展，但是"能源化学"课程缺少合适的教材。 庞欢教授等多位年轻教师在一线教学实践、科研积累和以往书籍基础上，编写了《能源化学》教材，是十分有意义的互补书籍。 这本教材的主要内容包括能源基本概念、常见能源化学元素基本知识、电化学储能设备介绍、氢能、核能源、太阳能、生物质能和其他能源（风能、地热能、潮汐能等），以及对能源发展前景的展望，每一章后面还有相应的习题。 该书既描述了能源化学的覆盖性和系统性，又介绍了学科发展前沿的科研成果，基础与实用兼顾，是一本创新性与实用性兼顾的教材，能够很好地满足本科生、研究生能源化学课程教学的需要。

最后，我衷心祝贺《能源化学》教材出版，也衷心感谢所有关心和支持《能源化学》出版工作的师生及读者！

中国科学院院士、发展中国家科学院院士

南开大学教授、副校长

eScience 主编

2021 年 10 月于南开园

为充分发挥化学科学在能源科学中的支撑作用,能源化学作为一门交叉学科应运而生。 能源化学是在融合物理学、化学、材料化学和化学工程等学科知识的基础上形成的, 具有理学、工学相融合的鲜明特色, 是利用化学的理论和方法来指导能源高效利用与新能源开发的学科。 2016 年, 教育部将能源化学列入新增审批本科专业(专业代码: 070305T), 为我国能源化学发展培养后备人才。

基于能源化学学科的发展要求和编者的教学实践经验, 我们启动了本书的编写工作, 主要介绍能源化学的反应原理、技术类型、功能作用及未来发展, 重点介绍不同种类的能源存储与转换, 旨在为广大读者系统地介绍能源化学领域的基础知识。

2019 年, 初稿的编写工作完成。 经过编者所在三所高校近两年的教学实践, 我们对书稿进行了修改和完善。 完善后的书稿于 2021 年在江苏省重点教材评选会上通过审核, 评审专家认为本书符合能源化学教学大纲要求, 并相应地提出了进一步修改意见。 根据专家意见, 并结合当代社会的生活实际和发展要求, 在定稿过程中, 我们着重考虑了以下几点:

(1) 在内容方面, 力求符合能源化学教学大纲的要求, 语言精练, 涵盖面广, 在保持教材系统性的同时, 避免与元素无机化学等前续课程内容重复, 并注重与生活实际相结合, 加强基础理论在生活实践中的应用。

(2) 尽量符合目前高等学校能源化学课程的要求, 在内容的广度和深度方面分量适当, 确保读者能够全面地了解能源化学这一学科的实际意义。 部分拓展性内容以二维码形式给出, 供读者参考学习。

(3) 内容编写循序渐进、深入浅出、通俗易懂。 每一章后配有相关的习题和参考文献, 以及与本章内容相关的科学小故事, 利于读者系统掌握和巩固所学内容, 并进行拓展性阅读、学习。

(4) 书中使用单位以国际单位制为准, 但能源领域个别计量单位仍继续使用。

结合 2020 年 12 月发布的《新时代的中国能源发展》白皮书, 本书于 2021 年 3 月定稿。 全书共分 9 章, 包括绪论(扬州大学庞欢编写)、能源化学基础(扬州大学庞欢编写)、能源与电化学(河南工业大学朱利敏编写)、氢能(河南工业大学李晶晶编写)、能源核物理(郑州大学胡俊华编写)、太阳能(郑州大学胡俊华编写)、能源与生物(河南工业大学朱利

II 敏编写)、其他能源和能源发展(扬州大学庞欢编写)。 扬州大学庞欢负责统稿,薛怀国复核。

第1章绪论部分简单介绍能源的定义,将其与自然资源加以区分,对能源转换及存储进行描述,将读者引入能源化学的大门。 第2章是能源化学基础,主要介绍能源领域涉及的一些元素及其应用现状。 第3章是能源与电化学,主要介绍各类能源存储器件,如传统的铅酸电池、锂电池、超级电容器及燃料电池等,对它们的反应机理、电极材料、基本结构等进行了详细的介绍。 第4~7章,分别对氢能、核能、太阳能和生物质能展开了系统的描述,包括基础概念、相关原理与技术及其实际应用。 第8章简明扼要地介绍其他能源(风能、地热能、海洋能、可燃冰)。 第9章介绍目前能源发展的目标和存在的问题,以及我国最新的能源发展的战略与政策。

中国科学院院士、南开大学副校长陈军教授对于本书的编写给予了大力支持和指导,并为本书作序;南开大学陶占良教授和扬州大学阚锦晴教授审阅了本书,提出了许多重要的修改意见;在本书的编写过程中,多位国内高校同行(见本书编写顾问)给予了大力支持和帮助;扬州大学韩杰、韩莹,郑州大学曹国钦、薛超,郑州轻工业大学刘春森,河南工业大学曹晓雨,扬州大学张光勋、吴昕玥、杜梦、薛雅丹、单禹滢、胡文辉、段慧宇、王嘉婧、顾加伟、时宇馨等研究生做了大量辅助工作,在此一并表示衷心感谢!

由于编者水平有限,书中疏漏和不当之处在所难免,恳请广大读者批评指正。

2021 年春
于扬州大学新化馆

目录

绪论

第 1 节　能源的定义与分类

1.1.1　能源的定义

关于能源的定义,约有 20 种。例如,《科学技术百科全书》提到,能源是可以提供热、光和动力等能量的资源;《大英百科全书》提到,能源是一个包括所有燃料、流水、阳光和风的术语,人类用适当的转换手段便可让它为自己提供所需的能量;《日本大百科全书》提到,能源是利用热能、机械能、光能、电能等做功,可作为这些能量源泉的自然界中的各种载体;我国的《能源百科全书》提到,能源是可以直接或者经转换提供人类所需的光、热、动力等任一形式能量的载能体资源。可见,能源是一种呈多种形式的、且可以相互转换的能量的源泉。

能源亦称能量资源或能源资源,是可产生各种能量(如热能、电能、光能和机械能等)或可做功的物质的统称。能源可直接取得,或者通过加工、转换取得,包括煤炭、原油、天然气、煤层气、水能、核能、风能、太阳能、地热能、生物质能等一次能源,电力、热力、成品油等二次能源,以及其他新能源和可再生能源。

能源是人类社会赖以生存和发展的重要物质基础,是从事各种经济活动的原动力,也是社会经济发展水平的重要标志。从人类利用能源的历史中可以看到,每一种能源的发现和利用都会把人类支配自然的能力提高到一个新的水平。能源科学技术的每一次重大突破也都会带来世界性的产业革命和经济飞跃,从而极大地推动社会进步。自古以来,人类社会的一切活动都离不开能源,从衣食住行,到文化娱乐,都要直接或者间接地消耗一定数量的能源。在生产过程中,能源的作用一般是提供热(或冷)和动力,或者使投入的材料转变为其他形式。工业化实质上是以消耗能源的机器替代劳力的过程。在工业化发展的过程中,经济的迅速增长有赖于钢铁、化工和建材等高耗能工业的发展。能源工业向耗能部门提供燃料和动力,耗能部门则向能源工业提供材料和设备,两者之间相互依赖、相互制约。农业的现代化在很大程度上取决于能源。农业生产本身就是一座庞大的能量转换工厂,它通过太阳

2

辐射能把二氧化碳和水转化成糖类,储存在食物中。所以,实现农业的现代化实际上就是用能源来替代人力、畜力和天然肥料的过程。

从历史上看,能源技术的每次突破都伴随着生产技术的重大变革,甚至引起社会生产方式的革命。自 18 世纪 60 年代从英国开始的工业革命以来,能源技术已有三次重大突破,即蒸汽机、电力和核能的发明与应用,这正是新的能源技术促使世界能源结构的转变,而不是能源资源的枯竭。今天,新技术革命浪潮正在全球范围内兴起。新能源既是全球新技术革命的重要内容,也是推动全球新产业革命的力量。

总之,新能源技术的综合应用将加速全球新技术革命的进程,而新技术革命也为能源的发展开辟广阔的前景。在某种意义上讲,人类社会的进步离不开优质新能源的出现和先进能源技术的使用。

1.1.2 能源与自然资源的区别

能源和自然资源的概念外延是交叉关系,即有些自然资源不属于能源,如铁矿石、铝土等;而有些自然资源本身也属于能源,如煤、石油和天然气等;另外还有些能源不属于自然资源,如核电、水电和火电等。

自然资源必须直接来源于自然界,而且具有自然属性;而能源则不同,它既可以直接来源于自然界,也可以间接来源于自然界,既具有自然属性又具有经济属性。

能源种类繁多,经过人类不断的开发与研究,更多新型能源已经开始投入使用。如图 1-1-1 所示,根据不同的划分方式,能源可分为不同的类型。

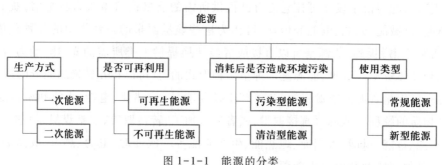

图 1-1-1 能源的分类

根据生产方式,能源可分为一次能源和二次能源;根据是否可再利用,能源可分为可再生能源和不可再生能源。

一次能源:指从自然界取得的未经任何改变或转换的能源,包括可再生的水力资源和不可再生的煤炭、石油、天然气资源,其中水力、石油和天然气三种能源是一次能源的核心,是全球能源的基础;除此以外,太阳能、风能、地热能、潮汐能和生物质能等可再生能源属于一次能源。

二次能源:指一次能源经过加工或转换得到的能源,包括电能、煤气、汽油、柴油、焦炭、洁净煤、激光和沼气等。一次能源转换成二次能源会有转换损失,但是二次能源有更高的终端利用效率,也更清洁和便于使用。

可再生能源:指在自然界中可以不断再生、永久利用、取之不尽、用之不竭的资源。它对环境无害或危害极小,并且分布广泛,适宜就地开发利用。可再生能源主要包括太阳能、风能、水力、生物质能、地热能和海洋能等。

不可再生能源:指人类开发利用后,在现阶段不可能再生的能源,主要指自然界的各种矿物、岩石和化石燃料。如煤炭和石油都是古生物的遗体被掩压在地下深层中,经过漫长的地质年代演变而成的(故也称为"化石燃料"),一旦被燃烧耗尽后,不可能在数百年乃至数万年内再生,因而属于"不可再生能源"。

根据消耗后是否造成环境污染,能源可分为污染型能源和清洁型能源。

污染型能源:指人类利用过程中会污染环境的能源,包括煤炭、石油等。

清洁型能源:也称绿色能源,有狭义和广义之分。狭义的绿色能源是指可再生能源,如水能、生物质能、太阳能、风能、地热能和海洋能。这些能源消耗之后可以恢复补充,很少产生污染。广义的绿色能源则是指在能源的生产及其消费过程中,选用对生态环境低污染或无污染的能源,如天然气、清洁煤(将煤通过化学反应转变成煤气(煤油),或者通过高新技术严密控制的燃烧转变成电力)和核能等。

根据使用类型,能源可分为常规能源和新型能源。

常规能源:指在现有经济和技术条件下,已经大规模生产和广泛使用的能源,包括一次能源中可再生的水能资源和不可再生的煤炭、石油、天然气等资源。

新型能源:指在新技术上系统开发利用的能源,包括太阳能、风能、地热能、海洋能、生物质能以及用于核能发电的核燃料等能源。新型能源大部分是天然和可再生的,是未来世界持久能源的基础。

最后,能源也可以分为商品能源和非商品能源。

商品能源:指作为商品在流通环节大量消费的能源。目前主要有煤炭、石油、天然气、水电和核电五种。

非商品能源:指就地利用的薪柴、秸秆等农业废弃物及粪便等能源,通常是可再生的。非商品能源在某些农村地区的能源供应中占有很大比重。

随着全球经济飞速发展,人们对能源的需求日益增加,现在许多发达国家都更加重视对可再生能源、绿色能源及新型能源的开发与研究;同时随着人类科学技术的不断进步,人们会不断地研究开发出更多新能源来替代现有的能源,以满足全球经济发展与人类生存对能源的高度需求,并且可以预计地球上还有很多尚未被人类发现的新能源正等待人们去探寻与研究。

第 2 节 能源转换与存储

目前全球关注的四大热点问题:环境保护、能源的开发和利用、新材料的研制和生命过程的探索。迄今为止,人类文明的发展主要依赖于煤炭、石油、天然气等化石燃料资源以及水、土地、生物质等自然资源。主要的利用过程是将化石燃料资源转换成能源,再将能源以热和功的形式加以利用,最后治理所产生的环境污染问题,即先污染后治理。经过 20 世纪竭泽而渔的开采以后,人们开始醒悟,能源的开采和利用必须基于国情,贯彻可持续发展的原则。虽然在 21 世纪初期,我国重点能源仍以煤(包括煤层气转化)、石油和天然气等化石燃料为主,但人们也意识到,必须建立适合我国国情的有步骤地开发利用能源的计划。第一,要研究高效洁净的转化技术和控制低品位燃料的化学反应,使之既能保护环境又能降低能源的成本。这不仅是化工问题,也有基础化学问题。例如,要解决煤、石油和天然气的高效洁净转化,就要研究它们的组成、结构和转化过程中的反应,研究高效催化剂,以及如何优化反应条件以控制过程。第二,要开发和利用新能源,新能源必须满足高效、洁净、经济和安全的要求。利用核能、氢能和太阳能,研制新型绿色化学电源和能量转换效率高的燃料电池,开发生物质能源,利用海水盐差能发电,这些都离不开化学这一基础学科的参与。所以,化学在能源开发和利用方面扮演着重要的角色。能源的高效、清洁利用将是 21 世纪化学科学研究的前沿性课题。化学学科中的一个重要新分支——能源化学也应运而生,其实质就是从化学的基本问题做起。

1.2.1　能源转换

能源转换是一种改变能源物理形态的能源生产,一般指化石燃料、水能等一次能源直接或间接转换为电能、热能、汽油、煤油、柴油和煤气等二次能源。例如,水的势能通过使水轮机运转,水轮机带动发电机而转换为电能;煤通过燃烧转换为热能,热能通过产生蒸汽驱动汽轮机而转换为机械能,再通过带动发电机而转换为电能。转换后的二次能源比一次能源具有更高的终端利用效率,使用时更方便、更清洁。能源转换可以让人们重复多次使用能源,使其更加符合实际需求,因此生活中离不开能源转换[1]。

能源和能量既有联系又有区别。能量来自能源,但能量本身是量度物质运动形式和量度物体做功的物理量,它包括机械能、热能、电能、电磁能、化学能和原子能等。机械能是与位置相关的势能和与运动相关的动能;热能是与原子和分子振动及运动有关的一种能;电能是同电子的流动与积累有关的一种能;电磁能是与电磁辐射相关联的一种能;化学能是一种存在于物质中各组分间连接键的能,它随化学反应而产生;原子能是原子核发生变化时而释放的巨大能量,包括裂变能和聚变能。

能源的使用其实就是能量形式的转换过程。煤燃烧放热使蒸汽温度升高的过程是化学能转换为蒸汽内能的过程;高温蒸汽推动发电机发电的过程是内能转换为电能的过程;电能通过电动机可转换为机械能;电能通过白炽灯泡或荧光灯管可转换为光能;电能通过电解槽可转换为化学能,等等。柴草、煤炭、石油和天然气等常用能源所提供的能量都是随化学变化而产生的,多种新能源的利用也与化学变化有关。能量的转换主要利用热化学反应、光化学反应、电化学反应和含有微生物的生物化学反应等。表 1-2-1 中展示了各种化学反应进行中的能量转换。

表 1-2-1　各种化学反应进行中的能量转换

能量转换	现象
化学能→热能	燃烧反应、反应热
化学能→电能	电化学反应、燃料电池
化学能→化学能	气化反应、液化反应、化学平衡

能量转换	现象
热能→化学能→热能	化学热管、化学热泵
光能→化学能→电能	光化学电池
光能→生物能	光合作用、生物化学作用
电能→化学能	电解
生物能→化学能	生物化学反应、发酵

目前,使用最为广泛的能量转换有以下两种。

化学能转换为热能:燃料燃烧是化学能转换为热能的最主要方式。所谓燃料,就是能在空气中燃烧并释放出大量热能的固体、液体或气体物质,是在经济上值得利用其发热量的物质的总称。燃料通常按形态分为固体燃料、液体燃料和气体燃料。天然的固体燃料有煤炭和木材;人工的固体燃料有焦炭、型煤和木炭等。其中煤炭应用最为普遍,是我国最基本的能源。天然的液体燃料有石油(原油);人工的液体燃料有汽油、煤油、柴油和重油等。天然的气体燃料有天然气;人工的气体燃料则有焦炉煤气、高炉煤气、水煤气和液化石油气等。

热能转换为机械能、电能:将热能转换为机械能是目前获得机械能的最主要方式。将热能转换成机械能的装置称为热机。因为热机能为各种机械提供动力,故通常又将其称为动力机械。应用最广泛的热机有内燃机、蒸汽轮机和燃气轮机等。

1.2.2 能源存储

能源存储又称储能、蓄能,是指能源转换为自然条件下比较稳定的存在形态的过程,一般分为两种形式,即自然储能和人为储能。自然储能,如植物将太阳能通过光合作用转换为化学能存储起来;人为储能,如钟表通过拧紧发条将机械能转换为势能存储起来。

能量不仅可以电和热的形式存储,还可以机械能或化学能的形式存储[2]。能源存储按照存储状态下的能量形态,可分为机械储能、化学储能、电磁储能和热能储能等。特定应用的存储形式,取决于能源技术和最终用途。存储形式包括固定式存储和移动式存储。对于固定式存储,能量可以由一种形态转化为另一种形态,大多数的固定式存储技术用于存储电能或热能,虽然在技术上可行,但目前绝大多数情况下在经济上难以实施。相对而言,各种形式的电池或氢气(供应燃料电池)移动式存储技术是将化学能转换为电能的技术。目前已有的储能技术主要包括抽水储能、飞轮储能、压缩空气储能、电池储能、氢储能、热储能、超导磁储能及超级电容器储能。

1. 抽水储能

抽水储能通常由上池水库、下池水库和输水及发电系统组成,上池水库与下池水库之间存在一定落差,如图1-2-1所示。抽水储能是指在电力负荷低谷时段通过水泵把下池水库的水抽到上池水库内,将电能转换为水的势能存储起来,其储能总量与两水库的落差和水量成正比;在电力负荷高峰时段,再从上池水库排水至下池水库,驱动水轮机转动,带动发电机发电,将水力势能转换为电能[3]。

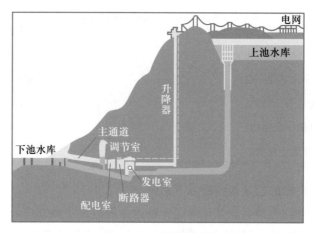

图 1-2-1 抽水储能

2. 飞轮储能

机电存储中,飞轮储能系统又称为"飞轮电池"或"机电电池",能量以旋转动能的形式存储在飞轮(转子)中。飞轮储能系统的结构如图 1-2-2 所示,整个装置主要由复合材料轮缘、磁悬浮轴承、电动/发电机、真空壳体和能量信号枢纽等组成。对于常见的飞轮转子是实心圆盘结构的飞轮储能系统,由其转子存储的动能可按下式计算:

$$E = \frac{1}{4}mr^2\omega = \frac{1}{4}mv^2 \tag{1-2-1}$$

式中:m 为飞轮转子质量(kg);r 为飞轮转子旋转半径(m);v 为飞轮转子边缘的线速度($m \cdot s^{-1}$)。

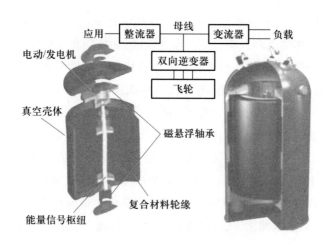

图 1-2-2 飞轮储能系统的结构

由式(1-2-1)可知,E 的大小主要与旋转半径、质量和旋转角速度(或线速度)三种物理量有关。由于旋转物质的动能与旋转速度的平方成正比,所以旋转速度的增加将导致储存能量的更大增加。最好的飞轮转子是由高强度纤维植入环氧树脂制成的同心圆筒,这种高强度的纤维允许超高的旋转速度而无需大质量的转子。基于这种结构,飞轮可以达到 500 Wh $\cdot$ kg^{-1} 以上的比能量,这比目前应用的任何一种电化学电池的比能量都高。与电池相比,高速飞轮还具有一些运行优点,包括更高的效率和更高的能量转换功率比。高效率的实现是由于采用基本上无摩擦的磁力轴承以及气流近似为零的真空罩。这种可持续技术也很有希望用于电动汽车的移动式能量存储。

3. 压缩空气储能

压缩空气储能主要包括传统压缩空气储能、先进绝热压缩空气储能、蓄热式压缩空气储能、等温压缩空气储能、液态空气储能、超临界压缩空气储能、水下压缩空气储能和外部热源耦合压缩空气储能等。传统压缩空气储能又称补燃式压缩空气储能,通过空气压缩机组把用电低谷期的多余电能以压缩空气的压力势能形式存储在储气罐中,当用电需求增加时,释放存储在储气罐内的压缩空气,通过燃烧天然气加热后使用透平机将压缩空气存储的能量转变为电能,满足电力负荷高峰期用电需求[见图 1-2-3(a)]。超临界压缩空气储能是将空气压缩到超临界状态($T>132$ K, $p>3.79$ MPa),经换热回收压缩热后以液态存储在低温储气罐中。释能时,液态空气加压至超临界压力并将其冷量存储在蓄冷换热器中,进一步吸收存储的压缩热后进入透平膨胀做功,如图 1-2-3(b)所示。压缩空气储能系统可以实现电力生产和消费错时进行,实现电网的"削峰填谷"以平衡电力负荷,从而提高电网的稳定性和可靠性。压缩空气储能系统可以把风电和光电等零星的、间歇或不稳定的能源"拼接"起来,从而成为电力供应基本负荷的一部分,可以削弱甚至消除可再生能源(风能和太阳能等)部分在电力供应中份额逐渐增加对电网带来的不利影响[4]。

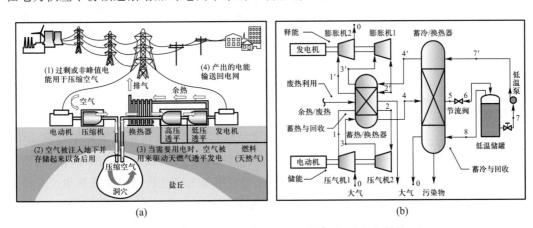

图 1-2-3 　传统压缩空气储能(a)和超临界压缩空气储能(b)

4. 电池储能

电池是一个电化学系统,电池在工作时,化学能转换为电能。电池一般分为原电池(一次电池)、蓄电池(二次电池)和燃料电池。原电池经过连续或间歇放电后不能用充电的方法将两极的活性物质回复到初始状态,即反应是不可逆的。蓄电池在放电时通过化学反应可以产生电能,而充电(通以反向电流)时则可使体系回复到初始状态,即将电能以化学能形式重新存储起来,从而实现电池两极的可逆充放电反应。燃料电池又称为连续电池,与其他电池相比最大的特点是正负极本身不包含活性物质,活性物质被连续地注入电池,就能够使电池源源不断地产生电能。储能电池大致有铅酸电池、锂离子电池、钠离子电池、锂硫电池和锂空气电池等[5]。一般来说,铅酸电池由正极板栅、负极板栅、正极活性材料、负极活性材料、电解液、微孔隔板、阀门和塑料外壳构成,如图 1-2-4(a)所示。电池板栅作为集流体,主要起着支撑、固定活性材料及在活性材料和端子之间导电的作用。由于纯铅太软,所以板栅常由铅合金构成,以增加板栅的硬度和抗腐蚀性。铅锑合金、铅钙锡合金和铅钙钛铝合金都为常用的合金板栅。在电池运行过程中,正常的锑会溶解并迁移到负极形成沉积,导致水的损失和析气量的增加,所以应尽量减小合金中锑的含量。普通电池的工作原理大多基于氧化还原反应;而锂离子电池的工作原理除氧化还原以外,还基于电化学插入/脱出反应。在两极形成的电压降的驱动下,锂离子可以从电极材料提供的空间中插入和脱出,在充放电过程中,锂离子在正负极间定向的移动[见图 1-2-4(b)],由于锂离子插入和脱出并没有造成电极材料晶格结构的变化,所以反应具有良好的可逆性。这让锂离子电池具有一般高能量密度可充电电池所不具备的高循环寿命。

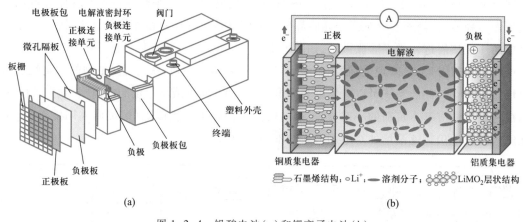

(a)　　　　　　　　　　(b)

图 1-2-4　铅酸电池(a)和锂离子电池(b)

5. 氢储能

氢储能技术是利用了电力和氢能的互变性而发展起来的。在可再生能源发电系统中,电力间歇产生和传输被限的现象常有发生,利用富余的、非高峰的或低质量的电力大规模制氢,将电能转换为氢气存储起来;在电力输出不足时利用氢气通过燃料电池或其他反应补充发电,这可以有效解决当前模式下的可再生能源发电并网问题,同时也可以将此过程中生产的氢气分配到交通、冶金等其他工业领域中直接利用,提高经济性。氢作为能源有热值高、无污染和储量丰富等优点。氢的存储有两种应用方式:固定式应用和移动式应用。固定式应用作为二次能源存储,初级能源是燃料(如天然气)或新能源(如太阳能)。移动式应用提供方便的能量存储方式,为用氢气作燃料的内燃机汽车或燃料电池驱动的电动汽车提供动力。

6. 热储能

一次能源,如煤炭、石油、核能和太阳能等提供的能量形式都是热能。但是,热能的供应、输运、存储和消费过程中伴随着大量的损耗,因此,热能是质量最差,且难以存储的能源形式,在未来的新能源体系中,热能的存储技术占有相当重要的地位。

热储能方法可分为物理储热和化学储热。

物理储热:利用储热介质的热物理性能,如在温度改变时要相应地吸收或释放出一定的热量(显热),在发生相变时要吸收或释放出相应的相变热(潜热),以及晶体材料在结晶与熔解过程中产生相应的结构变化热等进行储热。最早的热存储技术利用的是物质的显热,水和各种碎石、耐火砖、方镁石块等都是较理想的显热存储介质。显热的存储及释放是一个无相变的非等温过程。近年来,相变储热(特别是固-液相变)获得很大发展,它的优点是吸热或放热时温度变化不大,具有恒定的热力学效率和产热能力,且其储热密度远高于显热储热。例如,碎石的储热密度仅为 $2.03\ kJ\cdot m^{-3}$,而 $CaCl_2\cdot 6H_2O$ 的储热密度则达到 $285\ kJ\cdot m^{-3}$。

化学储热:利用可逆化学反应的热效应进行储热。当反应正向进行时吸收热量,将热能转换为化学能存储起来;当反应逆向进行时,化学能转换为热能放出。其中,可以利用化学反应时伴随发生的热量吸收来储热,也可以利用可逆吸附或吸收过程的热效应及化学反应时伴随浓度变化的热效应来储热。化学储热的优点是具有较高的储热密度与热力学效率,同时,具有热效应的化学反应种类繁多,这为各种场合下工业和科技的储热需要提供了广阔的选择余地。化学储热特别适合于高温储热领域,在热管技术化学热泵、太阳能集热装置等技术领域具有广泛的实用。

7. 超导磁储能

超导磁储能是利用超导线圈将电磁能直接存储起来的技术。超导磁储能系统一般由超导线圈、低温容器、制冷装置、变流器和控制系统部件组成,如图 1-2-5 所示。电流通过线圈时产生磁场,能量可以存储在该线圈周围的磁场中。当电流变小或切断时,磁场减小或瓦解,可以将这些存储的能量归还到电路中。这就是能量存储在电磁线圈中的物理原理。超导磁储能系统是目前唯一能将电能直接存储为电流的储能系统,具有响应速度快、效率高,以及有功和无功输出、可灵活控制等优点。

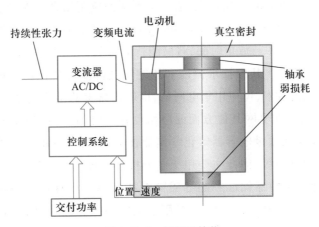

图 1-2-5　超导磁储能

8. 超级电容器储能

根据储能机理的区别,可以将超级电容器分为法拉第赝电容器和双电层电容器两种类型,如图 1-2-6 所示。

法拉第赝电容器:法拉第赝电容器基于法拉第反应过程,利用电极材料表面活性物质发生的快速可逆氧化还原反应或法拉第电荷转移反应来存储电荷。法拉第赝电容的比容量和能量密度较大,但循环寿命较低。常用赝电容电极材料有两种:一种是过渡金属化合物,如

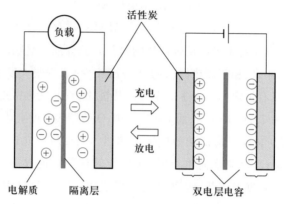

图 1-2-6 超级电容器储能

氧化钌、氧化锰和氧化镍等;另一种是导电聚合物,如聚苯胺、聚吡咯等。

双电层电容器:双电层电容器是目前研究最广泛、已得到商业化应用的一类超级电容器。它基于正、负离子在电极和电解质溶液界面吸附形成界面双电层,利用界面双电层电容存储电荷。双电层电容器的储能方式本质上仍属于静电电容,电极材料表面在充放电过程中没有发生氧化还原反应,在电极和电解液界面上,电荷只是单纯的物理聚集过程,所以电极材料的循环寿命高,容量低。双电层电容器通常的电极材料为高比表面积和高电导率的碳材料。

除了法拉第赝电容器和双电层电容器,还有一种将法拉第赝电容器和双电层电容器结合在一起的复合储能电容器。

不同的储能技术有不同的性能特点,适用于不同的应用场合和领域。美国能源部发布的《储能规划报告》(energy storage planning document)中对储能技术适用领域进行了分析,根据不同储能技术的系统功率与放电时间,将储能技术的主要应用领域分为能源管理、电力桥接和电能品质管理三部分。其中抽水储能和压缩空气储能是公认的能够适用于较大规模(十兆瓦级以上)的储能技术,可应用于电网侧,以取代昂贵的调峰电站,达到能源管理的目的。同时,一些储能技术在电网其他方面的应用也有一定的潜力,如铅酸电池、锂电池、液流电池、钠硫电池和高能超级电容器等化学储能技术,系统功率范围一般为千瓦级至十兆瓦级且放电时间多为分钟级,因此主要用于电力桥接领域,如短时的电力系统调峰和能量调度。飞轮储能、超级电容器储能和超导磁储能技术因其具有较快的响应且系统功率与放电时间均较小,具有很好的灵活性,一般用于电能品质管理领域,如辅助服务与电压支持等。

习 题

1. 能源的定义是什么?能源可以分为哪几类?请具体说明。

2. 能源和能量有什么区别与联系?请具体说明。

3. 目前,能源有哪些常见的存储方式?请具体说明。

参 考 文 献

科学小故事

第2章

能源化学基础

第1节 氢

2.1.1 氢的基本性质

氢元素的原子序数为1,其化学元素符号为 H,是最轻的元素,在宇宙中含量最多(占宇宙所有原子总数的75%以上)。形成离子化合物的时候,氢原子可以失去一个电子成为氢阳离子(表示为 H$^+$),简称氢离子;也可以得到一个电子成为氢阴离子(表示为 H$^-$),构成氢化物(如 LiH)。氢原子有极强的还原性,在高温下非常活泼,几乎与所有元素都可形成化合物(稀有气体除外),存在于水和几乎所有的有机化合物中。它在酸碱化学中尤为重要,酸碱反应中常存在氢离子的交换。氢作为最简单的原子,在原子物理中有特别的理论价值。对氢原子的能级、成键等的研究在量子力学的发展中起了关键作用。

氢在自然界中存在的同位素有:氕(piē)、氘(dāo)、氚(chuān)。氕即 ^{1}H,其原子核只有一个质子,丰度达99.98%。氘为氢的一种稳定形态同位素,也称为重氢,元素符号一般为 ^{2}H 或 D。它的原子核由一个质子和一个中子组成,在自然界的含量约为一般氢的七千分之一。D 的相对原子质量为 H 的 2 倍,少量存在于天然水中,用于核反应,并在化学、材料学和生物学的科研工作中作示踪原子。氚,亦称超重氢,是氢的同位素之一,元素符号为 ^{3}H 或 T。它的原子核由一个质子和两个中子组成,具有放射性,会发生 β 衰变,其半衰期为 12.43 年。T 在自然界中存在量极微,一般从核反应制得,主要用于热核反应。

2.1.2 氢气的基本性质

氢气(H$_2$)在常温常压下是一种极易燃烧、无色透明、无臭无味的气体。16 世纪初,研究者们发现金属与强酸反应,可以得到一种可燃的"空气"——氢气,这是最早实现的人工合成氢气。18 世纪,亨利·卡文迪许发现氢气是与之前发现的其他可燃的"空气"不同的另一种气体,燃烧后有水产生,拉丁文"hydrogenium"就是"生成水的物质"的意思。在常温下,氢不太活泼,但可用催化剂使之活化。在高温下,氢是高度活泼的。非金属元素的氢化物通常称为某化氢,如卤化氢、硫化氢等;金属元素的氢化物称为氢化某,如氢化锂、氢化钙等。

氢气广泛用作工业生产原料,如合成氨、生产甲醇和石油提炼。氢化有机物质作为收缩气体,可用在火箭和氢氧焰熔接器燃料中。在高温下,氢气可还原金属氧化物制备金属单质,与其他方法相比,还原制得的金属的性质更容易控制,而且纯度高。这种高温还原法被广泛用于钨、钼、钴和铁等金属粉末以及半导体材料硅、锗的提纯。人们利用氢气质轻的特点制作氢气球。氢气与氧气燃烧化合时会放出大量的热,利用此放热反应可进行金属切割。

氢气是清洁能源,有望用作汽车、游艇等的燃料。我国已成功实现商业化燃料电池机车和混合动力机车的研发以及全球首列燃料电池有轨电车的投用。2019 年 11 月,佛山高明氢燃料电池有轨电车正式投入使用。列车为三节编组,采用世界领先的 100% 低地板技术,满载人数为 285 人,最高速度为 70 km·h^{-1},加注一次氢气可持续行驶约 100 km。氢能的利用和研究是当今科学研究的热点之一,而寻找性能优越、安全性高、价格低廉且环保的储氢材料则成为氢能研究的关键。目前,氢可以高压气态、液态、金属氢化物、有机氢化物和物理化学吸附等形式存储。高压气态、液态储氢发展的历史较早,是比较传统和成熟的方法,无需任何材料作载体,只需耐压或绝热的容器,但是储氢效率很低,加压到 15 MPa 时质量储氢密度不超过 3%,并且存在很大的安全隐患,成本也较高。我国利用特殊溶液大量吸收氢气,1 m^3 可以吸收氢气超过 50 kg,平常可以稳定存储,加入催化剂后便可释放氢气,这种储氢材料可重复使用 2000 次。目前该技术国际领先,有望引发氢能利用革命。

2.1.3 氢化物与储氢材料

氢化物分为分子型、离子型和过渡型三种。分子型氢化物又称为共价型氢化物。因为氢的化合价为+1,所以分子型氢化物具有一定的还原性,其还原能力取决于另一原子的失电子能力。离子型氢化物也称为盐型氢化物,是氢与碱金属或碱土金属中的钙、锶、钡、镭形成的二元化合物。因为离子型氢化物中氢的化合价为-1,故离子型氢化物是一种很强的还原剂。离子型氢化物在水溶液中可以与水发生强烈的反应生成氢气,温度越高还原性越强。过渡型氢化物又称为金属氢化物,这种氢化物的组成不符合一般的化合价规律。过渡型氢化物的性质取决于母体金属的性质,具有强的还原性,一般热稳定性差,受热易释放氢气。

金属氢化物储氢技术开始于 1967 年,Reilly 等报道 Mg$_2$Cu 能大量储存氢气,1970 年菲利浦公司报道 LaNi$_5$ 在室温下能可逆吸附与释放氢气,到 1984 年 Willims 制出镍氢化物电池,掀起了稀土基储氢材料的开发热潮。金属氢化物储氢的原理是,氢原子进入金属价键结构形成氢化物,有稀土镧镍、钛铁合金、镁系合金、钒、铌、锆等多元素系合金,如 NaH-Al-Ti、Li$_3$N-LiNH$_2$、MgB$_2$-LiH、MgH$_2$-Cr$_2$O$_3$ 及 Ni(Cu,Rh)-Cr-FeO$_x$ 等物质,质量储氢密度为 2% ~ 5%。金属氢化物储氢具有高体积储氢密度和高安全性等优点。在较低的压力(1.0×10^6 Pa)下具有较高的储氢能力,可达 100 kg·m^{-3} 以上。中国科学院大连化学物理研究所陈萍团队

发现 $Mg(NH_2)/2LiH$ 储氢体系可在 110 ℃ 条件下实现约 5%（质量分数）氢的可逆充放。但是，金属氢化物储氢最大的缺点是金属密度很大，导致氢的质量分数很低，一般只有 2% ~ 5%，而且释放氢时需要吸热，储氢成本偏高。目前，液氢加氢站开始亮相国际舞台，已遍布日本、美国及法国市场，全球近 400 座加氢站中，有三分之一以上为液氢加氢站。我国的液氢工厂目前主要为航天火箭发射服务。

目前，大量的储氢研究是基于物理化学吸附的储氢方法开展的。物理化学吸附依靠吸附剂的表面力场作用，根源于气体分子和固体表面原子电荷分布的共振波动，维系吸附的作用力是范德华力。吸附储氢材料有碳质材料、金属有机骨架（MOF）材料和沸石咪唑酯骨架结构（ZIF）材料、微孔/介孔沸石分子筛等。

第 2 节 　 锂 　 与 　 钠

2.2.1 　 锂

锂（Li）的原子序数为 3，相对原子质量为 6.94。锂单质是一种银白色质软金属，也是密度最小的金属（$0.534 \text{ g} \cdot \text{cm}^{-3}$），可用于原子反应堆、制轻合金及电池等。由于锂原子核具有很大的电荷密度，同时具有稳定的氦型双电子层结构，所以锂容易极化其他的分子或离子，其本身却不容易受到极化。因此锂及其化合物并不像其他碱金属那么典型。1921 年，F. W. Aston 和 J. J. Thomson 用质谱法证明了锂的两种同位素的存在，紧接着 A. J. Dempster 发现了 ^6Li 的存在。到目前为止，锂共发现七种同位素，其中 ^6Li 和 ^7Li 是稳定的，天然锂由 ^6Li 与 ^7Li 组成，^6Li 的含量为 7.5%。^6Li 捕捉低速中子能力很强，可以用来控制铀反应堆中核反应发生的速率，同时还可以用在防辐射和延长核导弹的使用寿命方面，以及将来可用在核动力飞机和宇宙飞船等领域。在原子核反应堆中用中子照射 ^6Li 后可以得到氚，而氚可用来实现热核反应。^6Li 在核装置中可用作冷却剂。半衰期最长的是 ^8Li，为 838 ms，其次是 ^9Li，为 187.3 ms，其他同位素的半衰期都在 8.6 ms 以下。而所有同位素中 ^4Li 的半衰期是最短的，为 7.58043×10^{-23} s。

锂资源分布

锂及其化合物的基本性质：

锂的弱酸盐都难溶于水。在碱金属氯化物中，只有氯化锂易溶于有机溶剂。锂的挥发性盐的火焰呈深红色，可以此鉴定锂。锂很容易与氧、氮、硫等化合，在冶金工业中可用作脱氧剂。锂也可以作铅基合金和铍、镁、铝等轻质合金的成分。锂的氢标电极电势是最小的（-3.045 V），锂是已知元素（包括放射性元素）中金属活动性最强（注意不是金属性，已知元素中金属性最强的是铯）的。但 LiOH 溶解度很小，并且金属锂与水作用时放热有限，不能使锂熔化,所以相比钠与水反应,锂与水的反应温和许多,随着反应进行,待固态反应物表面的氮氧化物膜被溶解后,反应才会变得更加剧烈。在约 500 ℃ 时,金属锂与氢容易发生反应,生成 LiH,这是碱金属氢化物中唯一稳定得足以熔融而不分解的氢化物。锂的电离能为 5.392 eV,常温下,与氧几乎不发生反应,当温度高于 200 ℃ 时,反应十分剧烈。金属锂是碱金属中唯一在室温下(潮湿的空气中)可以与氮气反应并生成氮化锂(Li_3N,黑色)的物质。在干燥的氮气流中进行反应要比在空气中反应快 10~15 倍。而当温度高达 450 ℃ 时,反应剧烈进行,甚至起火。各种杂质对于生成氮化锂的反应速率均会产生影响。如果将氯酸钾和锂一起研磨或震荡,有可能发生爆炸式的放热反应。所以锂的储存和使用都要注意安全,实验室中金属锂保存在石蜡或充氩气的手套箱中。

锂的一些常见反应方程式:

$4Li+O_2 \rightleftharpoons 2Li_2O$(反应条件:自发反应、加热或点燃;燃烧剧烈)

$6Li+N_2 \rightleftharpoons 2Li_3N$(反应条件:自发反应、加热或点燃)

$2Li+S \rightleftharpoons Li_2S$(该反应放出大量热,甚至爆炸!)

$2Li+2H_2O \rightleftharpoons 2LiOH+H_2\uparrow$(锂浮动在水面上,迅速反应,放出氢气)

$2Li+2CH_2CH_2OH \rightleftharpoons 2CH_2CH_2OLi+H_2\uparrow$

$4Li+TiCl_4 \rightleftharpoons Ti+4LiCl$

$2Li+2NH_3(l) \rightleftharpoons 2LiNH_2+H_2\uparrow$

氮化锂的热稳定性较差,在较低的温度下就会发生解离。当加热温度超过 800 ℃ 时,氮化锂甚至能腐蚀铂、金、镍等耐腐蚀的金属。

氢化锂被称为"制造氢气的工厂"。第二次世界大战时期,飞行员就使用轻便的氢化锂丸作为应急氢气源。若飞行员失事坠落水中,氢化锂一遇到水,就会发生化学反应,释放出大量的氢气,使救生设备(救生艇、救生衣、讯号气球等)充气膨胀。

锂与日常生活息息相关,如手机、笔记本电脑、无线耳机等各类电子产品应用的锂离子电池中就含有丰富的锂元素。锂离子电池是高能储存介质,由于其高速发展,衍生带动了锂矿、碳酸锂等领域业务的蓬勃发展。自 1996 年日本的 NTT 公司首次发现橄榄石结构的 A_yMPO_4(A 为碱金属,M 为 Fe、Co 的组合:$LiFeCoPO_4$)锂离子电池正极材料之后,1997 年美国得克萨斯州立大学的 John Goodenough(2019 年诺贝尔化学奖获得者)研究团队报道了 $LiFePO_4$ 的可逆性嵌入/脱出锂的特性。橄榄石结构材料的优异电化学储锂特性的发现,使该材料受到了电化学储能专家极大的重视,并引起广泛的研究和迅速的发展。$LiMPO_4$ 的原料来源广泛,价格低廉且无环境污染。尖晶石结构的 $LiMn_2O_4$ 和层状结构的 $LiCoO_2$ 目前也广泛用作锂离子电池的正极材料。这些材料呈灰黑色粉末状,吸入或和皮肤接触会导致过敏。中国科学院物理研究所陈立泉院士致力于我国锂离子电池的研究、开发和产业化群体的形成,在他的技术指导下,我国第一条锂离子电池中试生产线建成,生产的产品性能和成品率都处于国际先进水平,解决了锂离子电池规模化生产的科学技术与工程问题。

磷酸亚铁锂和钴酸锂的常见合成方法如下:

$$2LiH_2PO_4+Fe_2O_3+C \xrightarrow{\quad\quad} 2LiFePO_4+2H_2O+CO$$

$$2FePO_4+2LiOH+C \xrightarrow{\quad\quad} 2LiFePO_4+H_2O+CO$$

$$6Li_2CO_3+4Co_3O_4+O_2 \xrightarrow{\quad\quad} 12LiCoO_2+6CO_2$$

2.2.2　钠

钠(Na)的原子序数为 11,相对原子质量为 22.9898,是碱金属元素的代表。钠单质密度 $(0.97\ \mathrm{g\cdot cm^{-3}})$ 比水的小,熔点为 97.81 ℃,沸点为 882.9 ℃。金属钠为银白色立方体结构,具有良好的延展性,质地柔软可切割,在 -20 ℃ 时变硬。新切面有银白色光泽,在空气中氧化变为暗灰色,实验室中通常将金属钠保存在煤油中。钠元素以盐的形式广泛分布于海洋和陆地中,它也是人体肌肉组织和神经组织中的重要成分(NaCl)之一。

钠的化学性质较活泼,具有强还原性,能和大量无机物、绝大部分非金属单质和大部分有机化合物反应。在与其他物质发生氧化还原反应时,钠作还原剂,由 0 价升为 +1 价,通常以离子键或共价键形式结合。钠的金属性强,其离子氧化性弱。钠是热和电的良导体,具有较好的导磁性,钾钠合金(液态)是核反应堆导热剂。钠单质能够溶于汞和液氨,溶于液氨形成蓝色溶液。已发现的钠的同位素共有 22 种,包括 ^{18}Na 至 ^{37}Na,其中只有 ^{23}Na 是稳定的,其他同位素都具有放射性。金属钠是在 1807 年利用电解氢氧化钠的方法制得的,此原理应用于工业生产,约在 1891 年才获得成功。1921 年,电解氯化钠制钠的工业方法获得成功。由于金属钠在现代技术中得到重要应用,它的产量显著增加。目前,金属钠的工业生产多数采用电解氯化钠的方法(盐法电解),少数仍沿用电解氢氧化钠的方法(碱法电解)。

钠资源分布

普鲁士蓝及其类似物:

普鲁士蓝(Prussian blue)即亚铁氰化铁(ferric ferrocyanide),又名柏林蓝(Berlin blue)、贡蓝、铁蓝、米洛丽蓝、密罗里蓝、中国蓝(Chinese blue)、华蓝、矿蓝,化学式为 $Fe_4[Fe(CN)_6]_3$,是一种配位化合物,可以用来上釉、用作油画染料等。普鲁士蓝具有立方结构,在常温常压下稳定,不溶于水,溶于酸、碱。色光有青光和红光两种,色泽鲜艳,着色力强,遮盖力略差。粉质较坚硬,不易研磨。耐晒、耐酸,但遇浓硫酸煮沸则分解;耐碱性弱,即使是稀碱溶液也能使其分解,故不能与碱性颜料共用。

18 世纪时有一个名叫狄斯巴赫的德国人,他是制造和使用涂料的工人,因此对各种有颜色的物质都感兴趣,总想用便宜的原料制造出性能良好的涂料。有一次,狄斯巴赫将草木灰和牛血混合在一起进行焙烧,再用水浸取焙烧后的物质,过滤掉不溶解的物质以后,得到清亮的溶液,把溶液蒸发浓缩以后,便析出一种黄色的晶体。狄斯巴赫将这种黄色晶体放进氯化铁的溶液中,便产生了一种颜色很鲜艳的蓝色沉淀。经过进一步的试验,狄斯巴赫发现这种蓝色沉淀是一种性能优良的涂料。该反应方程式为

$$3K_4[Fe(CN)_6]+4FeCl_3 =\!=\!=\!= Fe_4[Fe(CN)_6]_3\downarrow+12KCl$$

狄斯巴赫的老板对这种涂料的生产方法严格保密,并为其起了个令人捉摸不透的名称——普鲁士蓝,以便高价出售。直到 20 年以后,一些化学家才了解普鲁士蓝是何种物质,并掌握了它的生产方法。原来,草木灰中含有碳酸钾,牛血中含有碳和氮两种元素,这两种物质发生反应,便可得到亚铁氰化钾,它便是狄斯巴赫得到的黄色晶体,由于它是从牛血中制得的,又是黄色晶体,因此很多人称它为黄血盐。它与氯化铁反应后,得到亚铁氰化铁,也就是普鲁士蓝。

普鲁士蓝是一种配位化合物,由含有 Fe^{3+} 的盐和 $[Fe(CN)_6]^{4-}$ 在水中共沉淀得到。其晶体结构为面心立方结构,其中 Fe^{3+} 和 Fe^{2+} 交替被氰基配体桥连起来。同时,在不改变基本的面心立方晶体结构的情况下,可以用钴、镍、锰、铜等过渡金属元素取代铁元素,从而形成普鲁士蓝类似物。这类材料的通式可以表示为 $A_xM_A[M_B(CN)_6]_y\cdot zH_2O$,其中 A 是嵌在框架结构间隙位置的阳离子,如 Li^+、Na^+、Ca^{2+}、Mg^{2+}、Al^{3+} 等;而 M_A 和 M_B 是由氰基配体连接的过渡金属离子,其中 M_A 和 M_B 分别与氰基中的氮原子和碳原子进行八面体配位。M_A 和 M_B 可以为相同的或不同的金属元素,例如 Fe-Fe 普鲁士蓝或 Ni-Fe 普鲁士蓝类似物。普鲁士蓝及其类似物的晶体结构中可能存在两种类型的水分子:一是当 $[M_B(CN)_6]$ 存在空位或缺陷时,在空氮位与 M_A 配位的配位水分子;二是在间隙位置不配位的结晶水分子。

普鲁士蓝及其类似物具有独特的结构特征和多种化学组成,使这种材料的电子性质可以通过外部刺激(如磁场、电场、光辐射、温度、压力、化学修饰)来调节,因此,普鲁士蓝及其类似物具有广阔的应用前景,特别是在催化、光热疗法、信息存储、传感器,以及能量存储和转换方面。

第 3 节 碳 与 硅

2.3.1 碳

碳(C)的原子序数为 6,相对原子质量为 12.011,位于元素周期表的第二周期ⅣA族。碳是一种很常见的元素,它既可以游离态形式(金刚石、石墨等)存在,又可以化合物形式(主要为钙、镁以及其他电正性元素的碳酸盐)存在于大气、地壳和生物体之中。除此之外,它以二氧化碳的形式存在于大气中,其含量较少但较为重要。预计碳在地壳中的总丰度变化范围相当大,但典型的数值可取 0.018%;按丰度顺序,碳元素位于第 17 位。碳单质很早就被人们认识和利用,一系列含碳有机化合物是生命的根本。碳是生铁、熟铁和钢的成分之一。碳能够在化学上自我结合而形成大量化合物,这些化合物在生物学领域和商业领域中非常重要。生物体内绝大多数分子都含有碳元素。

目前已知碳的同位素共有 15 种,由 ^8C 至 ^{22}C,其中 ^{12}C 和 ^{13}C 属稳定型,其余的均具有放射性,当中 ^{14}C 的半衰期长达 5700 余年。在自然界中,^{12}C 的含量占所有碳同位素的98.93%,^{13}C 则占 1.07%。碳的相对原子质量取 ^{12}C 和 ^{13}C 两种同位素丰度加权的平均值,计算时一般取 12.01。^{12}C 是国际单位制中定义摩尔的尺度,以 12 g ^{12}C 中含有的原子数为

1 mol。^{14}C 具有较长的半衰期,衰变方式为 β 衰变,结果是 ^{14}C 原子转变为氮原子,且碳是有机化合物的组成元素之一,生物体由于呼吸作用,体内的 ^{14}C 含量大致不变,生物体死亡后会停止呼吸,此时体内的 ^{14}C 开始减少。人们可通过检测一件古物的 ^{14}C 含量,来估计它的大概年代,这种方法称为碳定年法。

我国 85% 的煤炭是通过直接燃烧使用的,主要包括火力发电、工业锅(窑)炉、民用取暖和家庭炉灶等。高耗低效燃烧煤炭向空气中排放大量的 SO_2、CO_2 和烟尘,造成我国以煤烟型为主的大气污染。烃(最主要的是石油和天然气)是碳的主要经济利用形式。各类石油产品中用量最多的是动力燃料,包括各种牌号的汽油、柴油、煤油和燃料油,广泛用于各种类型汽车、拖拉机、轮船、军舰、坦克、飞机、火箭、火车、推土机、钻机、锅炉等动力机械。石油产品的消耗量巨大,因此被誉为"工业的血液"。石化行业中,炼油厂将原油通过分馏的方式来生产其他商品,包括汽油和煤油。汽油易燃,其热值约为 44000 $kJ \cdot kg^{-1}$,是一种重要的燃料。天然气作为一种清洁能源,与煤炭相比,其二氧化硫和粉尘排放量减少近 100%,二氧化碳排放量减少近 60%,氮氧化合物排放量减少近 50%,并有助于减少酸雨的形成,减缓地球温室效应,从根本上改善环境质量。天然气作为汽车燃料,具有单位热值高、排气污染小、供应可靠、价格低等优点,已成为全球车用清洁燃料的发展方向。但是,天然气跟煤炭、石油一样会产生二氧化碳,所以应适当使用。

 煤炭资源分布

碳及其化合物的基本性质:

碳的氧化物有许多种,除常见的 CO、CO_2 外,还有 C_3O_2、C_4O_3、C_5O_2 和 $C_{12}O_{19}$ 等低氧化物。当碳及其化合物在氧气不足的条件下燃烧时,可得到无色、有毒、易燃的一氧化碳(CO):

$$C + \frac{1}{2}O_2 =\!=\!= CO$$

工业上,CO 的主要来源是发生炉煤气和水煤气。发生炉煤气是指有限量空气通过赤热煤炭层所产生的 CO、N_2 和 CO_2 的混合气体,其成分组成大致为 CO 25%,N_2 70%,CO_2 4%,以及少量的 H_2、CH_4、O_2 等。水煤气是指水蒸气通过灼热(1273 K)的焦炭而产生的 CO 和 H_2 的混合气体:

$$C + H_2O \xrightarrow{1273 \text{ K}} CO + H_2$$

其成分组成大致为 CO 46%,H_2 52%,以及 5% 左右的 N_2、CH_4 等。水煤气不仅是 CO 的重要来源,也是工业上氢气的重要来源。实验室制取少量 CO 采用浓硫酸作脱水剂,通过 HCOOH 脱水的方法实现:

$$HCOOH \xrightarrow[\triangle]{\text{浓 } H_2SO_4} CO + H_2O$$

碳及其化合物在空气或氧气中的完全燃烧,以及生物体内许多物质的氧化产物都是二氧化碳(CO_2):

$$C+O_2 \Longrightarrow CO_2$$

$$CH_4+2O_2 \Longrightarrow CO_2+2H_2O$$

CO_2在大气中约占 0.03%,海洋中约占 0.014%,它还存在于火山喷射气和某些泉水中。地面上的 CO_2 主要来自煤、石油、天然气及其他含碳化合物的燃烧,碳酸钙矿石的分解,动物的呼吸,以及发酵过程。地面上的植物和海洋中的浮游生物则将 CO_2 转变为 O_2,一直维持大气中 O_2 与 CO_2 的平衡。但是近几十年来随着全球工业的高速发展,海洋和大气受到污染,同时森林滥遭砍伐,这些在很大程度上影响了生态平衡,使大气中的 CO_2 越来越多。CO_2 虽无毒,但在空气中含量过高,也会使人因缺氧而发生窒息的危险。

CO_2 还是造成地球"温室效应"的主要原因。太阳光中绝大部分的紫外光被大气上空的臭氧层所吸收,其余波段的光进入大气。大气中的水汽和 CO_2 不吸收可见光,因此可见光可通过大气层而到达地球表面。与此同时,地球向外辐射能量,不过此能量是以红外光形式辐射出去的。水汽和 O_2 能吸收红外光,这就使得地球应该失去的那部分能量被储存在大气层内,大气温度升高。有人估计,若大气温度升高 2~3 K,全球气候就会发生剧变,同时地球两极的冰山会部分融化,从而使海平面升高,甚至造成一些沿海城市有被海水淹没的危险。

CO_2 是酸性氧化物,与碱反应可以生成碳酸氢盐或碳酸盐。所有的碳酸氢盐都能溶于水,正盐中只有铵盐和碱金属(Li 除外)的盐能溶于水。对于难溶的碳酸盐,其相应的酸式盐的溶解度通常比正盐的大,如 $CaCO_3$ 难溶,而 $Ca(HCO_3)_2$ 易溶。对于易溶的碳酸盐,其相应的酸式盐溶解度却比较小。例如,工业上生产碳酸氢铵肥料就是向碳酸铵的浓溶液中通入 CO_2 至饱和:

$$2NH_4^+ + CO_3^{2-} + CO_2 + H_2O \longrightarrow 2NH_4HCO_3 \downarrow$$

碳的同素异形体主要有金刚石、石墨、富勒烯(图 2-3-1)等。金刚石的结构是最为坚固的,其分子中每一个碳原子与另外四个碳原子紧密键合,形成空间网状结构,最终形成一种硬度大、活性差的固体。金刚石的熔、沸点高,熔点超过 3500 ℃。石墨是一种深灰色有金属光泽且不透明的细鳞片状固体。石墨属于混合型晶体,既有原子晶体的性质又有分子晶体的性质,质软,有滑腻感,具有优良的导电性能,熔、沸点高。石墨分子中每一个碳原子只与其他三个碳原子以较强的力结合,形成一种层状结构,层与层之间的结合力较小,因此石墨可以用作润滑剂,还可以制作铅笔、电极、电车缆线等。1985 年,美国得克萨斯州罗斯大学的科学家发现了碳的第三种同素异形体——富勒烯 C_n(n 一般小于 200),其中人们对 C_{60} 的研究最为深入。一个 C_{60} 分子中有 60 个 C 原子,构成 32 个面,20 个正六边形,12 个正五边形。富勒烯属于分子晶体,熔、沸点低,硬度小,绝缘。

碳材料是古老而又年轻的材料,新型碳材料是对传统碳材料进行一系列加工而得到的,主要有石墨烯、碳纳米管和富勒烯等。C 原子具有 sp^3、sp^2 和 sp 三种杂化态,可通过不同杂化态形成多种 C 的同素异形体。自 20 世纪 80 年代中期开始,零维富勒烯、一维碳纳米管、二维石墨烯等新的 C 的同素异形体被陆续发现(图 2-3-2),从而掀起了对低维碳材料延续

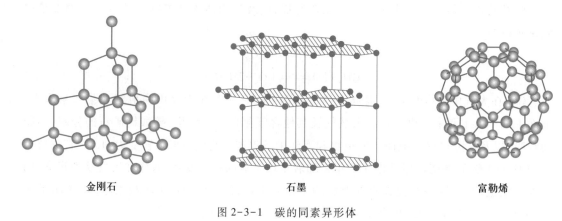

金刚石　　　　　　　　　　　石墨　　　　　　　　　　　富勒烯

图 2-3-1　碳的同素异形体

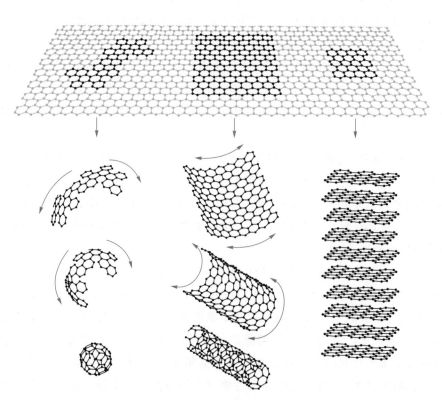

图 2-3-2　石墨烯可包裹成零维的富勒烯、卷曲成一维的碳纳米管、堆积成三维的石墨[1]

至今的研究热潮。石墨烯是一种由碳原子以 sp^2 杂化轨道组成的二维碳纳米材料。实际上石墨烯本来就存在于自然界，只是难以剥离出单层结构。石墨烯一层层叠起来就是石墨，1 mm的石墨大约包含 300 万层石墨烯。石墨烯中碳原子的配位数为 3，每两个相邻碳原子间的键长为 $1.42×10^{-10}$ m，键与键之间的夹角为 120°。除以 σ 键与其他碳原子连接成六元环蜂窝式层状结构外，每个碳原子的垂直于层平面的 p_z 轨道形成贯穿全层的多原子的大 π 键（与苯环类似），因而具有优良的导电和光学性能[1]。将石墨烯加入电极材料中，可以大大提高其充电效率和电池比容量。新能源电池是石墨烯最早商用的一大重要领域。美国麻省理工学院已成功研制出表面附有石墨烯纳米涂层的柔性光伏电池板,可极大降低制造透明可变形太阳能电池的成本,这种电池有可能在夜视镜、照相机等小型数码设备中应用。另外,石墨烯具有质量轻、化学稳定性高和比表面积大等优点,是储氢材料的良好候选者。石墨烯还具有导电性好、强度高、超轻薄等特性,故其在航空航天及军工领域的应用优势也是极为突出的。2014 年,美国国家航空航天局开发出应用于航空航天领域的石墨烯传感器,能很好地对地球高空大气层的微量元素、航天器上的结构性缺陷等进行检测。石墨烯在超轻型飞机材料等潜在应用上也将发挥重要的作用。石墨烯超级电池的成功研发,解决了新能源汽车电池的比容量不足以及充电时间长的问题,极大加速了新能源电池产业的发展。2018 年 3 月,我国首条全自动量产石墨烯有机太阳能光电子器件生产线在山东菏泽启动。该项目主要生产可在弱光下发电的石墨烯有机太阳能电池,破解了应用局限、对角度敏感、不易造型这三大太阳能发电难题。

　　碳纳米管(CNT)是碳材料家族中一个重要的成员。1991 年,Iijima 首次在高分辨电子显微镜下发现在 C_{60} 的产物中有纳米级碳管状物的存在,并将其定义为碳纳米管,随后在1993 年首次得到了单壁碳纳米管。这成为继 C_{60} 后碳材料的又一重大发现,在科学界引起了重大的轰动。碳纳米管是一种新型的具有完整分子结构的碳材料,具有特殊的中空管状结构、良好的导电性、大比表面积、高化学稳定性、适合电解质离子迁移的空隙,交互缠绕可形成纳米尺度的网络结构,作为电极材料可以很好地提高电容器和燃料电池的功率特性和稳定性。特殊的中空结构和大比表面积使其可以作为超级电容器电极材料、储氢材料、催化材料等被广泛应用。单壁碳纳米管具有优异的电学和力学性能,尤其在纳电子学上对电子和空穴都表现出超高的迁移率,被认为是最具潜力的制作 CMOS 集成电路的纳米材料之一。目前已有多种方法制备碳纳米管。例如,电弧放电法制备碳纳米管是在真空反应腔中充满惰性气体或氢气,采用较粗大的石墨棒为阴极,细石墨棒为阳极,在电弧放电过程中阳极石墨棒不断被消耗,同时在阴极上沉积出含有碳纳米管的产物。此外还有激光蒸发法、化学气相沉积法、热解聚合物法、离子辐射法、电解法、金属材料原位合成法、火焰法等方法。北京大学张锦教授长期致力于碳纳米管的结构控制制备方法研究,取得了一系列重要进展。2017 年其研究团队在 Nature 期刊上报道了一种利用碳纳米管与催化剂对称性匹配的外延生长的全新方法,通过对碳管成核效率的热力学控制和生长速率的动力学控制,实现了结构为手性指数 $(2m, m)$ 类碳纳米管阵列的富集生长[2]。随后在 2018 年,清华大学魏飞教授等在超强碳纳米管纤维领域取得突破,在世界上首次报道了接近单根碳纳米管理论强度的超长碳纳米管管束的制备。研究团队在 Nature Nanotechnology 期刊上报道了其研究工作,通过采用原位气流聚焦法,可控地制备了具有确定组成、结构完美且平行排列的厘米级连续超长碳纳米管管束,巧妙避免了限制因素;通过制备含有不同数量单元的超长碳纳米管管束,定量分析其组成和结构对超长碳纳米管管束力学性能的影响,建立了确定的物理学/数学模型;提出了一种“同步张弛”的策略,通过纳米操纵来释放管束中碳纳米管的初始应力,使其处于一个较窄的分布范围,进而可将碳纳米管管束的拉伸强度提高到80 GPa 以上,接近单根碳纳米管的拉伸强度,此拉伸强度优于目前发现的所有其他纤维材料[3]。

碳纳米笼(CNC)具有独特的中空结构、大比表面积、低密度,其石墨壳层具有优异的热学、化学稳定性和电学性能,因此在锂离子电池电极材料、超级电容器和燃料电池催化剂载体方面均有较大应用潜力[4,5]。2020 年,南京大学胡征教授等通过毛细管压缩构建了坍塌的 N,S 双掺杂碳纳米笼(cNS-CNC),这种压缩消除了多余的介孔和大孔,从而在比表面积很小的情况下大大提高了密度。N,S 双掺杂诱导了碳表面的强极性,从而大大改善了润湿性和电荷转移情况。高密度、大的离子接收表面积和快速电荷转移的协同作用使得在高速率下实现了高比容量性能,相关结果发表在 Advanced Materials 期刊上[6]。

碳纳米点通常是球形结构,可以分为晶格明显的碳纳米点和无晶格的碳纳米点。由于碳纳米点结构的多样性,不同方式制备的碳纳米点发光中心和发光机理存在较大的不同。利用太阳能完全分解水同时制氢气和氧气是发展清洁、绿色能源的关键技术之一。在过去的四十几年里,研究人员开发了一系列光分解水的光催化剂。但这些光催化剂的太阳能到氢能的转换效率较低,稳定性也较差,阻碍了光分解水制氢气和氧气的实际应用进程。2015年,苏州大学康振辉教授在 Science 期刊上报道了一种新型光催化剂——碳纳米点-氮化碳纳米复合物。该光催化剂由碳和氮两种元素组成,具有价廉、资源丰富、无污染的优点,并且稳定性较高,催化活性 200 天几乎保持不变。它可以利用太阳能实现水的高效完全分解,与以往的光催化剂不同,整个光分解水的过程分为两个阶段:(1)氮化碳分解水生成过氧化氢和氢气;(2)碳纳米点将过氧化氢分解成水和氧气。此外,该光催化剂的太阳能到氢能的转换效率是 2%,是目前同类催化剂中转换效率最高的[7]。

表 2-3-1 总结了新型碳材料的结构和性能特点。

表 2-3-1　新型碳材料的结构和性能特点

名称	结构	性能
碳纳米管	具有特殊的中空管状结构,交互缠绕可形成纳米尺度的网络结构	作为电极材料可以很好地提高电容器和燃料电池的功率特性和稳定性
碳纳米笼	按一定有序方式组装而成的三维结构	优良的超级电容性能和无金属氧还原电催化性能
碳纳米点	球形结构,零维新型碳纳米材料	与氮化碳组成的新型光催化剂稳定性较高,催化活性 200 天保持不变;它可以利用太阳能实现水的高效完全分解

2.3.2　硅

硅(Si)的原子序数为 14,相对原子质量为 28.085。硅在地壳中是丰度排第二位的元素,构成地壳总质量的 27.7%,仅次于第一位的氧(47.7%)。硅在自然界一般很少以单质的形式出现,主要以二氧化硅和硅酸盐的形式存在,二氧化硅指硅石 SiO_2,其他硅资源是指水晶(二氧化硅矿物)、脉石英、石英砾石(砾石型石英)、天然硅砂等,属非金属矿藏。其中,石英、水晶等是纯硅石的变体。矿石和岩石中的硅氧化合物统称为硅酸盐,较重要的有长石 $KAlSi_3O_8$、高岭土

$Al_2Si_2O_5(OH)_4$、滑石 $Mg_3(Si_4O_{10})(OH)_2$、云母 $KAl_2(AlSi_3O_{10})(OH)_2$、石棉 $H_4Mg_3Si_2O_9$、钠沸石 $Na_2(Al_2Si_3O_{10})\cdot 2H_2O$、石榴石 $Ca_3Al_2(SiO_4)_3$、锆石英 $ZrSiO_4$ 和绿柱石 $Be_3Al_2Si_6O_{18}$ 等。土壤黏土和沙子是天然硅酸盐岩石风化后的产物。

硅及其化合物的基本性质：

硅原子最外层的 4 个价电子使其处于亚稳态,这些价电子使硅原子相互之间以共价键结合,由于共价键比较稳定,因此单质硅具有较高的熔点和较大的密度。硅的化学性质比较稳定,常温下很难与其他物质(F_2,HF 和强碱除外)发生反应。硅的一些反应如下。

（1）与单质反应：

$$Si+O_2 \xrightarrow{\triangle} SiO_2$$

$$Si+2F_2 == SiF_4$$

$$Si+2Cl_2 \xrightarrow{高温} SiCl_4$$

（2）高温、真空条件下可以与某些氧化物反应：

$$2MgO+Si \xrightarrow{高温、真空} 2Mg(g)+SiO_2（硅热还原法炼镁）$$

（3）与 HF 反应：

$$Si+4HF == SiF_4\uparrow +2H_2\uparrow$$

（4）与强碱（如 NaOH、KOH）反应：

$$Si+2OH^-+H_2O == SiO_3^{2-}+2H_2\uparrow$$

硅晶体中没有明显的自由电子,能导电,但导电性不及金属,且其电导率随温度升高而增大,具有半导体性质。高纯的单晶硅是重要的半导体材料。在单晶硅中掺入微量的 ⅢA 族元素,形成 p 型硅半导体;掺入微量的 ⅤA 族元素,形成 n 型半导体。p 型半导体和 n 型半导体结合在一起形成 p-n 结,可做成硅太阳能电池,将辐射能转变为电能,在开发能源方面是一种很有前途的材料。此外,广泛应用的二极管、三极管、晶闸管、场效应管和各种集成电路(包括计算机内的芯片和 CPU)的原材料都是硅。

硅太阳能电池是指以硅为基体材料,以半导体的光电效应为机理的太阳能电池。按硅材料的结晶形态,可分为单晶硅太阳能电池、多晶硅太阳能电池和非晶硅太阳能电池。单晶硅太阳能电池的转换效率最高,技术也最为成熟,在大规模应用和工业生产中占据主导地位。但单晶硅成本高,大幅度降低其成本很困难,为了节省硅材料,人们发展了多晶硅薄膜和非晶硅薄膜作为单晶硅太阳能电池的替代产品。多晶硅太阳能电池一般采用低等级的半导体多晶硅或专门为太阳能电池使用而生产的铸造多晶硅。多晶硅太阳能电池硅片制造成本低,组件效率高,规模生产时效率可达 18% 左右。其转换效率与单晶硅太阳能电池的转换效率比较接近,故多晶硅太阳能电池是硅太阳能电池的主要产品之一。非晶硅薄膜太阳能电池成本低、质量轻、便于大规模生产,有极大的潜力。

第 4 节　钛、钒、锰

2.4.1　钛

钛(Ti)的原子序数为 22,相对原子质量为 47.867,位于元素周期表第 4 周期、ⅣB 族。钛是一种银白色的过渡金属,其特征为质量轻、强度高、有金属光泽、耐高温和低温、抗腐蚀性强。但钛不能存储于干燥氯气中,即使在 0 ℃ 以下的干燥氯气中,也会发生剧烈的化学反应,生成四氯化钛,再分解生成二氯化钛,甚至燃烧。只有当氯气中水的含量高于 0.5% 时,钛在其中才能保持稳定。钛是一种非常活泼的金属,但在常温和低温下金属钛是不活泼的,这是因为它的表面生成了一层致密的惰性氧化膜,这种氧化膜在室温下不与酸碱发生反应。钛能缓慢地溶解在热的浓盐酸或浓硫酸中:

$$2Ti+6HCl(浓)\xmapsto{\triangle}2TiCl_3+3H_2\uparrow$$

$$2Ti+3H_2SO_4(浓)\xmapsto{\triangle}Ti_2(SO_4)_3+3H_2\uparrow$$

在较高的温度下,钛可与许多单质和化合物发生反应。按照发生反应的不同,可分为四类。第一类:卤素和氧族元素与钛生成共价键或离子键化合物;第二类:过渡元素、氢、铍、硼族元素、碳族元素和氮族元素与钛生成金属化合物和有限固溶体;第三类:锆、铪、钒族元素、铬族元素、钪族元素与钛生成无限固溶体;第四类:惰性气体、碱金属、碱土金属、稀土元素(除钪外)、锕、钍等不与钛发生反应或基本上不发生反应。钛与氢氟酸或氟化氢气体在加热时发生反应生成 TiF_4。

钛资源分布

钛及其化合物的基本性质:

1. 氧化物

过渡金属氧化物(TMOs)及其复合材料因具有资源储备丰富、理论比容量较高和环境友好等特点在能源化学领域备受关注。2020 年,扬州大学薛怀国教授等在 SpringerBriefs in Materials 上总结了一维过渡金属氧化物及其类似物的特点,以及这些材料在电池方面的应用[8]。钛元素具有 +2、+3、+4 氧化态的化合物,其中,以 +4 氧化态化合物最稳定,低氧化态化合物不稳定。在自然界中,二氧化钛(TiO_2)有金红石、锐钛矿和板钛矿三种晶形,Ti 都采取 6 配位八面体结构,6 个 O 原子配位在 Ti 周围。金红石型 TiO_2 的八面体畸变程度最高,具有典型的 MX_2 型晶体结构,属于四方晶系。自然界中的金红石型 TiO_2 为红色或桃红色晶体。纯净的 TiO_2 是白色粉末,是性能优良的白色颜料,俗称钛白,冷时为白色,热时呈浅黄色。钛白的黏附力强、折射率高、着色力强、遮盖力大、化学性能稳定,且无毒。其他白色涂料,如锌白 ZnO 和铅白 $2PbCO_3 \cdot Pb(OH)_2$ 等,不具有钛白的这些优良性能。TiO_2 的熔点很高,可用

于制造耐火玻璃。TiO_2 既不溶于水,也不溶于稀酸,能和氢氟酸或热的浓硫酸缓慢反应:

$$TiO_2+6HF \Longrightarrow H_2[TiF_6]+2H_2O$$

$$TiO_2+2H_2SO_4(浓) \xrightarrow{\triangle} Ti(SO_4)_2+2H_2O$$

TiO_2 不溶于碱性溶液,但能与熔融碱作用:

$$TiO_2+2KOH \xrightarrow{熔融} K_2TiO_3+H_2O$$

TiO_2 具有良好的热稳定性和亲水性,且价格低、绿色无毒性,近年来被广泛应用于能源技术领域,包括新型染料敏化太阳能电池、可充电电池、超级电容器、光催化剂和气体传感器等方面。TiO_2 由于其循环寿命长和耐久性良好而作为电极材料被广泛研究,但导电性差限制了其在电催化方面的应用。为提高 TiO_2 的导电性,无定形碳、碳纳米管和石墨烯被广泛用作 TiO_2 的导电剂。

2. 卤化物

1) 三氯化钛

三氯化钛($TiCl_3$)水溶液为紫红色。$TiCl_3 \cdot 6H_2O$ 晶体有两种异构体,绿色的 $[Ti(H_2O)_5Cl]Cl_2 \cdot H_2O$ 和紫色的 $[Ti(H_2O)_6]Cl_3$。在酸性溶液中,Ti^{3+} 是一种强还原剂,非常容易被空气或水氧化,故 $TiCl_3$ 应保存在酸性溶液中,用棕色瓶盛装,并在试剂上覆盖乙醚或苯。利用 Ti^{3+} 的还原性,可以分析含钛试样的钛含量:

$$3TiO^{2+}+Al+6H^+ \Longrightarrow 3Ti^{3+}+Al^{3+}+3H_2O$$

可以用 Fe^{3+} 为氧化剂对溶液中的 Ti^{3+} 进行滴定(KSCN 作指示剂)。当加入稍过量的 Fe^{3+} 时,即生成红色的 $K_3[Fe(SCN)_6]$:

$$Ti^{3+}+Fe^{3+}+H_2O \Longrightarrow TiO^{2+}+Fe^{2+}+2H^+$$

$$6SCN^-+Fe^{3+} \Longrightarrow [Fe(SCN)_6]^{3-}$$

Ti^{3+} 可以把 $CuCl_2$ 还原成白色的氯化亚铜沉淀:

$$Ti^{3+}+Cu^{2+}+Cl^-+H_2O \Longrightarrow CuCl \downarrow +TiO^{2+}+2H^+$$

2) 四氯化钛

四氯化钛($TiCl_4$)是钛的重要卤化物之一,是制备一系列钛化合物和单质钛的原料。$TiCl_4$ 为四面体结构的共价化合物,在常温下为无色液体(熔点为 -23 ℃,沸点为 136.4 ℃),有刺激性气味,在水中或潮湿空气中易水解。

完全水解:$TiCl_4+3H_2O \Longrightarrow H_2TiO_3 \downarrow$(白色)$+4HCl$

部分水解(溶液中有一定量盐酸时):$TiCl_4+H_2O \Longrightarrow TiOCl_2 \downarrow +2HCl$

钛酸锂电池在储能领域的应用被人们寄予厚望。钛酸锂电池拥有较长的循环寿命、较高的安全性、优异的功率特性以及良好的经济性。钛酸锂电池是一种用钛酸锂作锂离子电池负极材料,与锰酸锂、三元材料或磷酸铁锂等正极材料组成 2.4 V 或 1.9 V 的锂离子二次电池。钛酸锂材料在电池中作为负极材料使用,由于其自身特性的原因,材料与电解液之间容易发生相互作用并在充放循环反应过程中产生气体并析出,因此普通的钛酸锂电池容易发生胀气,导致电芯鼓包,电池性能也会大幅下降,极大地降低了钛酸锂电池的理论循环寿命。测试数据表明,普通的钛酸锂电池在经过 1500~2000 次循环就会发生胀气现象,导致无法正常使用,这是制约钛酸锂电池大规模应用的一个重要原因。针对储能应用需求,人们在原有钛酸锂电池的基础上提出了满足储能应用需求的钛酸锂电池材料体系重构原则与技术方案,研发出亚微米级钛酸锂材料。钛酸锂电池储能技术,为大规模长寿命锂离子电池储能系统的建设提供了技术积累,同时为长寿命锂离子电池储能装置产业化发展、促进新能源的利用奠定了技术基础。

为了满足高性能电化学储能设备不断增长的需求,科学家们提出以各种新型负极材料替代传统的碳负极材料。其中,低应变的 Ti 基氧化物(LSTBOs),尤其是 $Li_4Ti_5O_{12}$ 和 $TiNb_2O_7$,以其卓越的安全性和长循环稳定性而著称。它们的这些特性使其有望应用于高功率储能系统。但是其较差的导电性和较低的比容量会导致倍率性能受限,从而阻碍其进一步商业应用。为了克服这些障碍,拓宽 LSTBOs 电极的利用领域,科学家们开展了有关机理研究和改性方法的各种工作。

3. MXenes 材料

MXenes 是二维过渡金属碳化物、氮化物和碳氮化物家族中最新的成员之一。MXenes 的研究可以追溯到 2011 年首次合成并分离出单层碳化钛,目前涉及的材料家族有近 30 个成员[9]。图 2-4-1 给出了一些实验合成的 MXenes 材料(按其结构分组)。与石墨烯和磷烯的天然前驱体不同,MXenes 在自然界中并不具有直接的三维前驱体。通过对 MAX 相前驱体中 A 层元素的选择性蚀刻可得到 MXenes,其中 M 代表一种早期过渡金属元素(Ti、V、Nb 等),A 主要代表ⅢA ~ ⅥA 族元素(Al、Si 等),X 代表碳和/或氮。目前使用最多的 MAX 相前驱体为 Ti_3AlC_2。MXenes 凭借独特的二维层状结构,优异的电化学、光学和机械性能,以及亲水性表面和金属导电性($>6000\ S \cdot cm^{-1}$),在电子学、光电子学、生物医学、传感器和催化等领域,尤其是电化学储能领域显示出巨大的应用前景。目前已知的 MXenes 材料合成方法有含氟酸性溶液法、含氟熔盐法、水热法、电化学蚀刻法,以及最新报道的路易斯酸熔盐法。

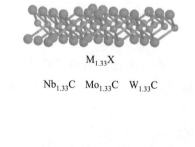

M_{1.33}X

Nb_{1.33}C　Mo_{1.33}C　W_{1.33}C

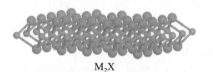

M_2X

Ti_2C　V_2C　Nb_2C　Mo_2C　Ti_2N
V_2N　Mo_2N　$(Mo_{0.67}Y_{0.33})_2C$
$(Ti_{0.5}V_{0.5})_2C$　$(Ti_{0.5}Nb_{0.5})_2C$

M_3X_2

Ti_3C_2　Ti_3CN　Zr_3C_2　Hf_3C_2　$(Ti_{0.5}V_{0.5})_3C_2$
$(Cr_{0.5}V_{0.5})_3C_2$　　$(Cr_{0.67}Ti_{0.33})_3C_2$
$(Mo_{0.67}Ti_{0.33})_3C_2$　　$(Mo_{0.67}Sc_{0.33})_3C_2$

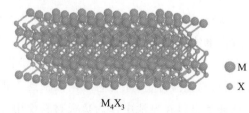

M_4X_3

● M
• X

Ti_4N_3　V_4C_3　Nb_4C_3　Ta_4C_3
$(Nb_{0.8}Ti_{0.2})_4C_3$　$(Nb_{0.8}Ti_{0.2})_4C_3$　$(Mo_{0.5}Ti_{0.5})_4C_3$

图 2-4-1　一些实验合成的 MXenes 材料(按其结构分组)[9]

钒

钒(V)的原子序数为 23,相对原子质量为 50.9415。是一种银灰色金属,在元素周期表中属 VB 族,属体心立方晶体,每个晶胞含有两个金属原子。其熔点为 1890 ± 10 ℃,故钒属于高熔点稀有金属之列。其沸点为 3380 ℃。纯钒质坚硬,无磁性,具有延展性,但是若含有少量的杂质,尤其是氮、氧、氢等,其可塑性显著降低。钒的常见化合价为 +5、+4、+3、+2,其中 +5 价为最稳定的,其次是 +4 价。+5 价钒的化合物具有氧化性能,其他低价钒则具有还原性,价态越低还原性越强。钒的电离能为 6.74 eV。钒在空气中不易被氧化,可溶于氢氟酸、硝酸和王水。

 钒资源分布

钒及其化合物的基本性质:

钒能分别以 +2、+3、+4、+5 价与氧结合,形成四种氧化物:VO,V_2O_3,VO_2,V_2O_5(表 2-4-1)。高温下,金属钒很容易与氧和氮作用。当金属钒在空气中加热时,钒氧化成黑色的 V_2O_3、深蓝色的 VO_2,并最终成为橘黄色的 V_2O_5。

表 2-4-1　常见的几种钒氧化物

钒氧化物	颜色	密度/($g \cdot cm^{-3}$)	熔点/℃
VO	灰色	5.23~5.76	1830
V_2O_3	黑色	4.85	1960
VO_2	深蓝色	4.26	1545
V_2O_5	橘黄色	3.32	690

V_2O_5 是钒的重要化合物之一,可由 NH_4VO_3 加热至 700 K 分解得到:

$$2NH_4VO_3 \stackrel{\triangle}{=\!=\!=} V_2O_5 + 2NH_3 \uparrow + H_2O$$

V_2O_5 还可以由 $VOCl_3$ 水解制备:

$$2VOCl_3 + 3H_2O =\!=\!= V_2O_5 + 6HCl$$

V_2O_5 是以酸性为主的两性氧化物,具有微弱的碱性,能溶解在强酸中,当 pH 为 1 时,生成浅黄色的 VO_2^+:

$$V_2O_5 + H_2SO_4 =\!=\!= (VO_2)_2SO_4 + H_2O$$

V_2O_5 溶于冷的氢氧化钠溶液中,得到黄色的具有四面体结构的 VO_4^{3-}:

$$V_2O_5 + 6OH^- =\!=\!= 2VO_4^{3-} + 3H_2O$$

V_2O_5 是较强的氧化剂,能将浓盐酸氧化成氯气,而本身还原成 V(IV):

$$V_2O_5 + 6HCl(浓) =\!=\!= 2VOCl_2 + Cl_2 \uparrow + 3H_2O$$

在热的氢氧化钠溶液中生成浅黄色的 VO_3^-:

$$V_2O_5 + 2OH^- \xmanyrightarrow{\triangle} 2VO_3^- + H_2O$$

近年来,各种钒基化合物因其低成本和高理论比容量而被广泛应用于电极材料。在各种钒基化合物中,基于双电子氧化还原中心($V^{5+} \rightarrow V^{3+}$),$V_2O_5$ 可以提供 589 mAh·g^{-1} 的高理论比容量。层状钒基材料 MV_3O_8(M 为金属)中钒的价态比 MV_2O_5 中钒的价态更高,理论上允许更多的离子嵌入。钒基水系锌离子电池由于钒的多价态性和大的离子转移通道,往往表现出优异的电化学性能。有研究报道了一种高性能的 V_5O_{12}·$6H_2O$ 电极材料。所获得的电极显示出高初始库仑效率(99.5%)、高可逆比容量、出色的能量密度及良好的循环稳定性,在 1000 次循环后比容量保持率为 94%[10]。

全钒氧化还原液流电池,简称钒电池,是钒的重大应用新领域。钒电池是正负极电解液全使用钒盐溶液的液流电池,其工作原理见图 2-4-2。钒电池的工作原理与其他液流电池类似,正负极电解液的活性离子分别是 VO^{2+}/VO_2^+ 及 V^{2+}/V^{3+} 氧化还原电对,以硫酸为支持电解质,分别存储于两个独立的储液罐中。电池运行时,在循环泵的推动下,电解液在两个半电池及储液罐中循环流动,钒离子在电极表面得失电子,电子通过外电路传递,而电池内部则通过 H^+ 在溶液及隔膜(离子选择性膜)中的传输进行导电,从而完成电能和化学能的转换。其荷电状态 100% 时,电池的开路电压可达 1.5 V,钒电池通过不同价态的钒离子相互转化实现电能的存储与释放,是众多化学电源中唯一使用同种元素组成的电池系统,从原理上避免了两个半电池间不同种类活性物质相互渗透产生的交叉污染。通过增加单片电池的数量和电极面积,可增加钒电池的功率;通过任意增加电解液的体积,可增加钒电池的电量;通过提高电解液的浓度,可成倍增加钒电池的电量。表 2-4-2 给出了钒电池与几种储能电池性质的比较。钒电池是目前发展势头强劲的优秀绿色环保储能电池,具有诸多优点和良好

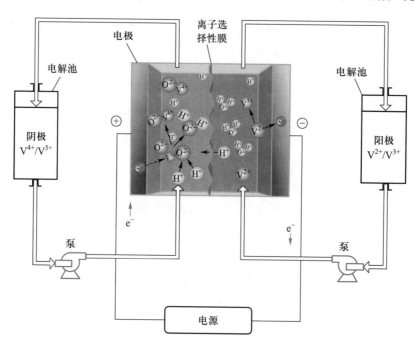

图 2-4-2 全钒氧化还原液流电池工作原理示意[11]

的产业化前景。钒电池不仅可以用作太阳能、风能等可再生能源的发电系统配套储能设备，而且还可以用作电网的调峰装置，提高输电质量，保障电网安全。

表 2-4-2　钒电池与几种储能电池性质的比较

储能电池种类	循环寿命	环境影响	响应时间
钒电池	很长	极好	好
铅酸电池	较短	中等	极好
镍镉电池	较长	中等	好
钠硫电池	较短	严重	极好
金属空气电池	长	极好	一般
锂电池	短	中等	好

2.4.3　锰

锰（Mn）的原子序数为 25，相对原子质量为 54.938，位于元素周期表中第四周期，ⅦB 族。锰是一种银白色（粉末状的锰为灰白色）、硬脆、有光泽的过渡金属。金属锰的密度为 7.44 $g \cdot cm^{-3}$，熔点为 1244 ℃。在固体状态时它以四种同素异形体存在：α-锰（体心立方），β-锰（立方体），γ-锰（面心立方），δ-锰（体心立方）。其电离能为 7.435 eV。锰属于比较活泼的金属，加热时能和氧气化合，易溶于稀酸生成 +2 价锰盐。

锰资源分布

锰及其化合物的基本性质：

锰的化合物主要有氧化物、氢氧化物、锰盐三类。

锰的氧化物主要有一氧化锰（MnO）、二氧化锰（MnO_2）、三氧化二锰（Mn_2O_3）、四氧化三锰（Mn_3O_4）、亚锰酸酐（Mn_2O_5）、锰酸酐（MnO_3）和高锰酸酐（Mn_2O_7）。Mn_2O_5 和 MnO_3 不能以游离状态存在，只能以亚锰基和锰酸基形式存在。

1. Mn(Ⅱ)的化合物

Mn^{2+} 在酸性介质中比较稳定，要在高酸度的热溶液中用强氧化剂才能将 Mn^{2+} 氧化为 MnO_4^-：

$$2Mn^{2+}+5S_2O_8^{2-}+8H_2O \xrightarrow{\triangle} 16H^+ +10SO_4^{2-}+2MnO_4^-$$

$$2Mn^{2+}+5PbO_2+4H^+ = 2MnO_4^- +5Pb^{2+}+2H_2O$$

在碱性介质中，Mn^{2+} 容易被氧化：

$$MnSO_4+2NaOH = Mn(OH)_2 \downarrow +Na_2SO_4$$

$Mn(OH)_2$ 不稳定，易被空气中的氧气氧化为水合二氧化锰 $[MnO(OH)_2]$，即使是水中

30

微量的溶解氧也能将其氧化。

$$2Mn(OH)_2+O_2 === 2MnO(OH)_2$$

2. Mn(Ⅲ)的化合物

Mn(Ⅲ)氧化性极强,容易歧化,在溶液中不稳定。

$$2Mn^{3+}+2H_2O === Mn^{2+}+MnO_2\downarrow+4H^+$$

自然界中的 Mn(Ⅲ)按存在形态可分为固态和溶解态。固态 Mn(Ⅲ)一般以矿石形式存在,如黑锰矿、水锰矿、水钠锰矿等。溶解态 Mn(Ⅲ)则以络合态形式分布于土壤、海水和淡水水体中。

3. Mn(Ⅳ)的化合物

二氧化锰是一种常温下非常稳定的黑色粉末状固体,可作为干电池的去极化剂。在实验室常利用它的氧化性和浓盐酸作用以制取氯气:

$$MnO_2+4HCl(浓) \xrightarrow{\triangle} MnCl_2+Cl_2\uparrow+2H_2O$$

MnO_2的基本单元是八面体,其中氧原子在八面体顶角上,锰原子在八面体中,八面体共棱连接形成单链或双链,这些链和其他链共顶,形成空隙的隧道结构,八面体或呈六方密堆积,或呈立方密堆积。MnO_2是一种两性氧化物,存在对应的$BaMnO_3$或者$SrMnO_3$这种钙钛矿结构形式的盐(通过熔碱体系中的化合反应得到),也存在四氯化锰。Mn(Ⅳ)处于中间价态,即可作氧化剂,又可作还原剂。遇还原剂时,表现为氧化性。遇强氧化剂时,则表现为还原性。

4. Mn(Ⅵ)的化合物

最重要的 Mn(Ⅵ)的化合物是锰酸钾,化学式为K_2MnO_4,为墨绿色或灰黑色正交晶体,640 ℃时分解,其水溶液呈墨绿色或深绿色,这是锰酸根(MnO_4^{2-})的特征颜色。K_2MnO_4主要用于油脂、纤维、皮革的漂白,以及用作消毒剂、照相材料和氧化剂等。K_2MnO_4在强碱性溶液(pH>13.5)中稳定,锰酸根的绿色可长期保持。但在酸性、中性和弱碱性条件下,MnO_4^{2-}会发生歧化反应,生成MnO_4^-和MnO_2:

$$3MnO_4^{2-}+4H^+ === 2MnO_4^-+MnO_2\downarrow+2H_2O$$
$$3MnO_4^{2-}+2H_2O === 2MnO_4^-+MnO_2\downarrow+4OH^-$$

5. Mn(Ⅶ)的化合物

最重要的 Mn(Ⅶ)的化合物是$KMnO_4$,它是一种紫黑色晶体,水溶液颜色与浓度有关。$KMnO_4$是锰元素的最高氧化态化合物之一,所以它的特征性质是强氧化性,其氧化能力和还原产物随溶液的酸度不同而不同。

酸性:$2MnO_4^-+5H_2SO_3 === 2Mn^{2+}+5SO_4^{2-}+4H^++3H_2O$

中性:$2MnO_4^-+H_2O+3SO_3^{2-} === 2MnO_2\downarrow+3SO_4^{2-}+2OH^-$

碱性:$2MnO_4^-+2OH^-+SO_3^{2-} === 2MnO_4^{2-}+SO_4^{2-}+H_2O$

在分析化学中高锰酸钾被用作氧化还原滴定分析的氧化剂,还用于漂白棉毛丝织品、油类的脱色等,其稀溶液被广泛用作杀菌消毒剂。高锰酸钾是一种比较稳定的化合物,但当其受热或其溶液久置后,都会缓慢分解。在中性或微碱性溶液中,$KMnO_4$分解成MnO_4^{2-}和O_2。

同时,日光对 $KMnO_4$ 的分解有催化作用。因此,$KMnO_4$ 溶液必须保存在棕色瓶中。

锰矿是一种重要的战略资源。低品位锰矿通过加工,可生产硫酸锰、二氧化锰和四氧化三锰等产品,以满足电池工业对锰系材料的需求,这是近年来我国锰业发展的一个重要市场推动力,使原本不能用于冶金业的锰矿石得到有效利用,不仅解决了低品位锰矿的利用问题,还减轻了对富锰矿需求的压力,有利于缓解国内锰矿资源的供需矛盾,保证锰系材料工业可持续发展,保障锰矿资源安全。随着锰系材料性能的不断提高,锰系化学电池(包括一次和二次锰系电池)的性能也得到了极大的改善;丰富的锰资源和成熟的生产工艺,为降低电池生产成本创造了条件。锰系材料将会是今后电池材料市场前景最好、发展最快的重要原料之一。

第 5 节 铁、钴、镍

元素周期表 Ⅷ 族主要包括铁(Fe)、钴(Co)、镍(Ni)、钌(Ru)、铑(Rh)、钯(Pd)、锇(Os)、铱(Ir)、铂(Pt)九种元素。通常将前三种元素称为铁系元素,后六种元素称为铂系元素。

铁系元素的价电子构型为 $3d^{6\sim8}4s^2$。除两个 s 电子参与成键外,内层的 d 轨道电子也可能参与成键,故铁系元素除形成稳定的 +2 氧化态外,还有其他氧化态。铁的稳定氧化态为 +2 和 +3,也存在不稳定的 +6 氧化态。钴和镍的稳定氧化态为 +2。

铁系元素单质都是具有光泽的银白色金属,都有强磁性,许多铁、钴、镍合金是很好的磁性材料。铁和镍有良好的延展性,钴则硬而脆,低纯度的铸铁也是脆性的。按铁、钴、镍的顺序,原子半径依次减小,单质密度依次增大。表 2-5-1 中归纳了铁、钴、镍的性质。

表 2-5-1 铁、钴、镍的性质

	铁	钴	镍
价电子构型	$3d^64s^2$	$3d^74s^2$	$3d^84s^2$
物理性质	延展性好、强磁性	硬、脆、强磁性	延展性好、强磁性、吸附氢
稳定氧化态	+2、+3	+2	+2
三价离子氧化性	弱	中	强
二价离子还原性	强	中	弱
能源应用	高铁电池、锂铁电池	钴酸锂电池	镍镉电池、镍铁电池、镍氢电池、镍锌电池

铁、钴、镍属于中等活泼的金属,活泼性依次降低。块状的铁、钴、镍在空气和纯水中稳定,含有杂质的铁在潮湿的空气中可缓慢锈蚀,形成结构疏松的棕色铁锈 $Fe_2O_3 \cdot nH_2O$。

铁系金属的二价强酸盐几乎都溶于水,如硫酸盐、硝酸盐和氯化物。铁系元素的弱酸盐如碳酸盐、磷酸盐及硫化物等难溶于水。铁系元素的氢氧化物和氧化物难溶于水,易溶于酸。$Co(OH)_2$ 和 $Ni(OH)_2$ 易溶于氨水,在有 NH_4Cl 存在时,溶解度增大。三价钴在酸性条件下是强氧化剂,NiO_2的氧化性更强,在水溶液中不稳定;碱性条件下,碘水、过氧化氢和空气中的氧等很容易将 $Fe(OH)_2$ 和 $Co(OH)_2$ 氧化为 $Fe(OH)_3$ 和 $Co(OH)_3$,但不能将 $Ni(OH)_2$ 氧化,用溴水和氯水等强氧化剂才能氧化 $Ni(OH)_2$。

铁、钴、镍合金在电极材料中的引入能有效提高锂硫电池的整体性能,这是由于其引入提高了电极的导电性,增强了电池充放电过程中对多硫化物的物理和化学吸附,甚至可能加快多硫化物转化反应的动力学过程。

超级电容器作为一种高效清洁的储能设备,其性能主要取决于电极材料。铁、钴、镍的氧化物具有良好的电容性能,在超级电容器电极材料领域受到关注。但是它们也存在缺点,例如导电性一般较差,电解质离子向电极的扩散距离较短,导致其循环稳定性偏低,而且实际比电容值也远远低于其理论值。

2.5.1　铁

铁(Fe)的原子序数为 26,相对原子质量为 55.845。纯铁是具有银白色金属光泽的金属晶体,通常情况下为呈灰色或灰黑色的无定形细粒或粉末;有良好的延展性、导电性、导热性;有很强的铁磁性,属于磁性材料。其密度为 $7.874 \text{ g} \cdot \text{cm}^{-3}$,比热容为 $460 \text{ J} \cdot \text{kg}^{-1} \cdot \text{℃}^{-1}$,熔点为 1538 ℃,沸点为 2750 ℃。纯铁质地软,但如果铁与其他金属形成合金或掺有杂质,通常情况下熔点降低,硬度增大。

目前主要的铁矿石有赤铁矿(Fe_2O_3)、磁铁矿(Fe_3O_4)、褐铁矿($2Fe_2O_3 \cdot 3H_2O$)、菱铁矿($FeCO_3$)、黄铁矿(FeS_2)等,见图 2-5-1。

图 2-5-1　各种铁矿石的形貌

铁资源分布

铁及其化合物的基本性质:

在高温时,铁在纯氧中燃烧,反应剧烈,火星四射,生成 Fe_3O_4,Fe_3O_4 可以看成

$FeO \cdot Fe_2O_3$。

$$3Fe+2O_2 \xrightarrow{\quad\quad} Fe_3O_4$$

铁与非氧化性稀酸发生置换反应：

$$Fe+2H^+ \xrightarrow{\quad\quad} Fe^{2+}+H_2\uparrow$$

一般情况下，铁与稀硫酸反应生成硫酸亚铁，有气泡产生。实际情况则较为复杂。铁遇冷的浓硫酸或浓硝酸会钝化，生成致密的氧化膜(主要成分 Fe_3O_4)，能保护铁表面免受潮湿空气的锈蚀，故可用铁器装运浓硫酸和浓硝酸。

$$3Fe+4H_2SO_4(浓) \xrightarrow{\quad\quad} Fe_3O_4+4SO_2\uparrow+4H_2O$$

$$3Fe+8HNO_3(浓) \xrightarrow{\quad\quad} Fe_3O_4+8NO_2\uparrow+4H_2O$$

铁与硫酸铜溶液发生置换反应(湿法炼铜的原理)，该实验说明了铁的金属活动性比铜强。

$$Fe+CuSO_4 \xrightarrow{\quad\quad} FeSO_4+Cu$$

铁在常温下不易与非金属单质反应，但在红热情况下，与硫、氯、溴等发生剧烈反应。在赤热条件下，水蒸气与铁反应生成 Fe_3O_4 和 H_2。

$$Fe+S \xrightarrow{\triangle} FeS$$

$$3Fe+4H_2O \xrightarrow{\triangle} Fe_3O_4+4H_2\uparrow$$

在隔绝空气的条件下，草酸亚铁加热分解可制得黑色粉末状的 FeO：

$$FeC_2O_4 \xrightarrow{\triangle} FeO+CO\uparrow+CO_2\uparrow$$

黑色的 FeO 和红棕色的 Fe_2O_3 是铁元素最基本的氧化物。黑色的 Fe_3O_4 中含有 Fe(Ⅱ) 和 Fe(Ⅲ)，将其溶于稀盐酸中，溶液中存在 Fe^{2+} 和 Fe^{3+}：

$$Fe_3O_4+8HCl \xrightarrow{\quad\quad} FeCl_2+2FeCl_3+4H_2O$$

Fe(Ⅱ)盐与碱溶液在无氧条件下作用得到白绿色 $Fe(OH)_2$ 沉淀，与空气中的氧作用时它迅速转变为灰蓝绿色，产物分别是 Fe(Ⅱ) 和 Fe(Ⅲ) 氢氧化物的混合物及水合 Fe_2O_3，最后转化为棕红色的 $Fe(OH)_3$。虽然 $Fe(OH)_2$ 不仅溶于酸，也微溶于浓氢氧化钠溶液，但并不能说明其具有两性。

Fe(Ⅲ)盐是一种中等偏弱的氧化剂，可以将强还原剂 KI、H_2S、SO_2、Sn^{2+} 等氧化：

$$2Fe^{3+}+2I^- \xrightarrow{\quad\quad} 2Fe^{2+}+I_2$$

$$2Fe^{3+}+H_2S \xrightarrow{\quad\quad} 2Fe^{2+}+S\downarrow+2H^+$$

$FeCl_3$ 水溶液对铜有一定的溶解能力，可用于印刷电路板的刻蚀：

$$2Fe^{3+}+Cu \xrightarrow{\quad\quad} 2Fe^{2+}+Cu^{2+}$$

$Fe(OH)_2$ 和 $Fe(OH)_3$ 不溶于氨水。Fe^{2+} 和 Fe^{3+} 在氨水中都生成沉淀，在水溶液中不生成氨的配位化合物：

$$Fe^{2+}+2NH_3 \cdot H_2O \xrightarrow{\quad\quad} Fe(OH)_2\downarrow+2NH_4^+$$

$$Fe^{3+}+3NH_3 \cdot H_2O \xrightarrow{\quad\quad} Fe(OH)_3\downarrow+3NH_4^+$$

溶液中，Fe^{3+} 与 Cl^- 生成黄色的 $FeCl_4^-$(或写成 $[FeCl_4(H_2O)_2]^-$)配离子；Fe^{3+} 与 F^- 生成无色且稳定常数较大的 $[FeF_5(H_2O)]^{2-}$。利用这一点，氟化物在分析化学中经常作为 Fe(Ⅲ)

的掩蔽剂。Fe^{3+} 与 SCN^- 生成红色的 $[Fe(SCN)_n(H_2O)_{6-n}]^{3-n}$ 或 $Fe(SCN)_n$（$n=1\sim6$），随着溶液中配位化合物浓度增大，溶液的颜色从浅红到暗红。

$K_4[Fe(CN)_6]\cdot3H_2O$ 晶体为黄色，俗称黄血盐，在溶液中遇 Fe^{3+} 生成蓝色的沉淀 $KFe[Fe(CN)_6]$，即普鲁士蓝。$[Fe(CN)_6]^{4-}$ 的稳定常数特别大，在水溶液中与 H_2O 的取代反应呈惰性，难以解离出剧毒的 CN^-，因而黄血盐毒性极低。$Fe(II)$ 与 $1,10-$邻二氮菲（phen）形成的螯合物 $[Fe(phen)_3]^{2+}$ 比 $Fe(III)$ 的配合物 $[Fe(phen)_3]^{3+}$ 稳定，$[Fe(phen)_3]^{2+}$ 在水溶液中呈红色，通过氧化可以转化为蓝色的 $[Fe(phen)_3]^{3+}$，利用这种颜色变化，可以指示氧化还原滴定反应的终点。向 $FeCl_3$ 溶液中加入磷酸，溶液由黄色变为无色，原因是生成了无色的 $[Fe(HPO_4)_3]^{3-}$ 和 $[Fe(PO_4)_3]^{6-}$ 配离子。向 Fe^{3+} 溶液中加入饱和 $K_2C_2O_4$ 溶液，溶液经水浴蒸发浓缩后冷却，析出绿色的 $K_3[Fe(C_2O_4)_3]\cdot3H_2O$ 晶体。

$$Fe^{3+}+3C_2O_4^{2-}+3K^++3H_2O =\!=\!= K_3[Fe(C_2O_4)_3]\cdot3H_2O$$

利用 Fe^{2+} 与亚硝酰 NO 在酸性条件下反应生成棕色的 $[Fe(NO)(H_2O)_5]^{2+}$，可以鉴定 NO_3^- 和 NO_2^-。

$$3Fe^{2+}+NO_3^-+4H^+ =\!=\!= 3Fe^{3+}+NO\uparrow+2H_2O$$

$$Fe^{2+}+NO_2^-+2H^+ =\!=\!= Fe^{3+}+NO\uparrow+H_2O$$

$$Fe^{2+}+NO+5H_2O =\!=\!= [Fe(NO)(H_2O)_5]^{2+}$$

$Fe(II)$ 的一种重要配位化合物是环戊二烯基配位化合物 $Fe(C_5H_5)_2$，俗称二茂铁，为夹心式结构的橙黄色固体。一定条件下铁能与 CO 反应生成羰基配位化合物，如单核的 $[Fe(CO)_5]$（黄色液体）和双核的 $[Fe_2(CO)_9]$ 等。羰基配合物热稳定性较差，可以通过热解羰基化合物得到高纯度的金属粉末。过渡金属与含有 π 键的配体，如 CN^-、CO、phen、$C_5H_5^-$ 等成键时，既有配体电子向过渡金属空的 d 轨道配位形成的配键，又有过渡金属 d 电子向配体空的 π^* 轨道配位（反馈），形成 $d-p\pi$ 配键。

铁氧化物是一种极具应用前景的锂离子电池负极材料，因为其具有理论比容量高、成本低、资源丰富、环境友好等优点。其缺点是固有的导电性差、脱嵌锂过程中存在较大的体积收缩和膨胀，以及电压滞后较大等，这导致了铁氧化物循环稳定差、首次库仑效率较低，限制了其在商业生产中的应用。

目前，国内外研究的铁电池有高铁电池和锂铁电池两种，还没有产品可以大规模实用化。高铁电池是以高铁酸盐[12]（K_2FeO_4、$BaFeO_4$ 等）为正极材料制作的能量密度大、体积小、质量轻、寿命长、无污染的新型化学电池。高铁酸盐正极材料具有较高的理论放电比容量，且放电产物对环境没有污染，因此是碱性一次电池正极材料的理想替代品。高铁酸盐正极材料的高纯度制备、稳定性和实际放电比容量的提高对深入研究高铁电池具有重要意义。锂铁电池中的一种为磷酸铁锂电池[13]，其主要特点有（1）磷酸铁锂电池循环性能极好，能量型电池循环寿命可长达 $3000\sim4000$ 次，倍率型电池循环寿命甚至可达上万次；（2）磷酸铁锂电池具有优异的安全性能，即使在高温下仍可保持较稳定的结构，甚至在电池出现变形损坏时也不会发生冒烟、起火等安全事故。但是锂铁电池由于含有锂离子，电压过高时容易产生锂枝晶，即生成单质锂，引发短路，造成危险。

电容器是电路中的基本元件,它的容量与电容器中所填充的电介质的性质有关。铁电体相对介电常数大,用这种电介质做成的电容器具有电容量大、体积小等特点,可以使电路尺寸微型化。因此,研究铁电体电容器不仅具有理论意义,还具有应用价值。

2.5.2　钴

钴(Co)的原子序数为 27,相对原子质量为 58.9332。钴是具有光泽的钢灰色金属,熔点为 1493 ℃,质地硬而脆。钴具有铁磁性,在硬度、抗拉强度、机械加工性能、热力学性质等方面与铁和镍相类似。加热到 1150 ℃时其铁磁性消失。钴被空气氧化可生成薄而致密的膜,这层膜可保护金属不被继续腐蚀。

 钴资源分布

钴及其化合物的基本性质:

钴与空气中氧反应,较低温度下生成黑色氧化物 Co_3O_4,900 ℃以上时则生成灰色氧化物 CoO。

向 Co^{2+} 盐溶液中加入碱,首先生成蓝色的 $Co(OH)_2$ 沉淀,这种蓝色的 $Co(OH)_2$ 不稳定,放置或加热后转化为粉红色的 $Co(OH)_2$。$Co(OH)_2$ 既与稀盐酸反应,又与浓氢氧化钠溶液反应,具有两性:

$$Co(OH)_2+2HCl(aq)\longrightarrow CoCl_2+2H_2O$$
$$Co(OH)_2+2NaOH(浓)\longrightarrow Na_2[Co(OH)_4]$$

在碱性条件下 $Co(OH)_2$ 在空气中很容易被氧化成 $Co(OH)_3$。不论是 $Co(OH)_3$ 中的 $Co(Ⅲ)$ 还是 Co_3O_4 中的 $Co(Ⅲ)$,在酸性介质中氧化性均很强,可与盐酸作用放出 Cl_2:

$$2Co(OH)_3+6HCl(aq)\longrightarrow 2CoCl_2+Cl_2\uparrow+6H_2O$$
$$Co_3O_4+8HCl(aq)\longrightarrow 3CoCl_2+Cl_2\uparrow+4H_2O$$

无水盐 CoF_2 为红色,$CoCl_2$ 为蓝色,$CoBr_2$ 为绿色,CoI_2 为黑色。水合盐 $CoCl_2\cdot6H_2O$ 和 $CoSO_4\cdot7H_2O$ 为粉红色。利用 $CoCl_2$ 水合前后颜色的不同,可以将其掺入硅胶中作为硅胶含水量的指示剂。将 $CoCl_2\cdot6H_2O$ 缓慢加热逐步失去结晶水最后得到无水 $CoCl_2$(蓝色),吸水后逐渐转化为 $CoCl_2\cdot H_2O$(蓝紫色),$CoCl_2\cdot2H_2O$(紫红色),最后变成 $CoCl_2\cdot6H_2O$(粉红色)。

$Co(Ⅲ)$ 在酸性介质中的氧化性很强,可将 Mn^{2+} 氧化成 MnO_4^-:

$$5Co^{3+}+Mn^{2+}+4H_2O\longrightarrow 5Co^{2+}+MnO_4^-+8H^+$$

Co^{3+} 可将 H_2O 氧化,故 Co^{3+} 在水溶液中不能稳定存在:

$$4Co^{3+}+2H_2O\longrightarrow 4Co^{2+}+4H^++O_2\uparrow$$

$Co(Ⅱ)$ 配位化合物的颜色与其配位环境有关。通常八面体 6 配位 $Co(Ⅱ)$ 的颜色为粉红色至紫色,而四面体 4 配位的 $Co(Ⅱ)$ 的颜色为蓝色。这对于区分水溶液中 $Co(Ⅱ)$ 化合

36　物的配位环境是很有帮助的。$CoCl_2$ 溶液为粉红色,水溶液中以 $[Co(H_2O)_6]^{2+}$ 形式存在,加热较浓的 $CoCl_2$ 溶液则溶液由粉红色变为蓝色,因为有 $[CoCl_4]^{2-}$ 生成,冷却后溶液又变为粉红色。向较浓的 $CoCl_2$ 溶液加浓盐酸,也能使溶液由粉红色变为蓝色:

$$[Co(H_2O)_6]^{2+} + 4Cl^- \Longrightarrow [CoCl_4]^{2-} + 6H_2O$$
$$\text{(粉红色)} \qquad\qquad\qquad \text{(蓝色)}$$

$[Co(SCN)_4]^{2-}$ 为蓝色,稳定常数较小,在水溶液中观察不到蓝色。但向水溶液中加入乙醚或戊醇,蓝色的 $[Co(SCN)_4]^{2-}$ 易被萃取到有机层而提高显色灵敏度。向 Co(II)盐的溶液中加入适量氨水,生成蓝绿色沉淀,氨水过量则沉淀溶解生成黄色的 $[Co(NH_3)_6]^{2+}$。$[Co(NH_3)_6]^{2+}$ 被空气中的氧缓慢氧化为更稳定的橙黄色 $[Co(NH_3)_6]^{3+}$。Co^{3+} 氧化能力强,在水溶液中不稳定。但 Co(III)配位化合物一般比 Co(II)配位化合物稳定,如 $[Co(NH_3)_6]^{3+}$ 比 $[Co(NH_3)_6]^{2+}$ 稳定得多,因而 Co(III)配位化合物大多采用间接的方法从 Co(II)配位化合物氧化制备。$Na_3[Co(NO_2)_6]$ 易溶于水,加入 K^+ 生成黄色的 $K_3[Co(NO_2)_6]$ 沉淀。

钴酸锂电池结构稳定、比容量高、综合性能突出,但其安全性差、成本非常高,主要用于中小型号电芯,广泛应用于笔记本电脑、手机、MP3/4 等小型电子设备中,标称电压 3.7 V。钴酸锂电池的应用总体上是比较少的,小型电池用钴酸锂的技术很成熟,但钴酸锂的成本太高,很多公司用锰酸锂来代替。

2.5.3　镍

镍(Ni)的原子序数为 28,相对原子质量为 58.69。镍是一种硬而有延展性的金属,具有铁磁性,近似银白色,能够高度磨光。镍可抗腐蚀,这是因为与钴一样,镍被空气氧化可生成薄而致密的膜,这层膜可保护金属不被继续腐蚀。镍属于亲铁元素,地核主要由铁、镍元素组成。其熔点为 1453 ℃,沸点为 2732 ℃。金属镍、钯、铂都有吸收氢的能力,其中金属钯吸收氢的能力最强,1 体积钯最多可吸收 900 多体积的氢。铁系金属都难与强碱发生反应,其中镍对碱的稳定性最高,可以使用镍制坩埚熔融强碱。

镍及其化合物的基本性质:

加热条件下镍与氧反应生成 NiO。在 NaOH 介质中,用溴氧化硝酸镍可得黑色的 NiO(OH):

$$2Ni^{2+} + Br_2 + 6OH^- \Longrightarrow 2NiO(OH)\downarrow + 2Br^- + 2H_2O$$

NiO(OH)中镍的氧化数为 +3,它是极强的氧化剂:

$$2NiO(OH) + 6HCl(aq) \Longrightarrow 2NiCl_2 + Cl_2\uparrow + 4H_2O$$

Ni^{3+} 可将 H_2O 氧化,故 Ni^{3+} 在水溶液中不能稳定存在。

$Fe(OH)_2$ 和 $Co(OH)_2$ 很容易被空气中的氧气氧化,但是 $Ni(OH)_2$ 不能被空气所氧化。制备高价态的镍要使用强氧化剂在碱性介质中进行,由于三价镍不稳定,使用时直接制备较好。

镍的水合离子 $[Ni(H_2O)_6]^{2+}$ 为绿色。向二价镍盐水溶液中加入氨水,先有绿色沉淀 $Ni(OH)_2$ 生成,氨水过量时沉淀溶解,得到 $[Ni(NH_3)_6]^{2+}$ 蓝色溶液。

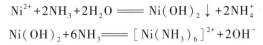

$$Ni^{2+}+2NH_3+2H_2O \Longrightarrow Ni(OH)_2\downarrow+2NH_4^+$$

$$Ni(OH)_2+6NH_3 \Longrightarrow [Ni(NH_3)_6]^{2+}+2OH^-$$

二价镍与乙二胺形成的配位化合物 $[Ni(en)_3]^{2+}$ 为紫色。向二价镍盐水溶液中加入氰化钾溶液,先生成绿色沉淀 $Ni(CN)_2$,氰化钾溶液适量时沉淀溶解,得到 $[Ni(CN)_4]^{2-}$ 黄色(也有无色的提法)溶液;氰化钾溶液过量,最后生成 $[Ni(CN)_5]^{3-}$ 红色溶液。$[Ni(CN)_4]^{2-}$ 为正方形构型,而 $[Ni(CN)_5]^{3-}$ 有四角锥和三角双锥两种构型。三价镍的配位化合物不多。$K_3[NiF_6]$ 为紫色晶体,氧化能力强,能把水氧化。过渡金属与有机膦(PR_3 等)生成的配位化合物,既有磷的电子对向过渡金属空轨道配位形成的 σ 配键,也有过渡金属的电子对向磷的空 d 轨道配位形成的反馈键,即 d-dπ 配键。

商业化的碱性二次电池有镍镉电池(Ni/Cd)、镍铁电池(Ni/Fe)、镍氢电池(Ni/MH)、镍锌电池(Ni/Zn)等。镍镉电池是一种直流供电电池,可重复充放电 500 次以上,经济耐用。其内部抵制力小,即内阻很小,可快速充电,又可为负载提供大电流,而且放电时电压变化很小,是一种非常理想的直流供电电池。镍镉电池最致命的缺点是,在充放电过程中如果处理不当,会出现严重的"记忆效应",使得服务寿命大大缩短。所谓"记忆效应"就是电池在充电前,电池的电量没有被完全放尽,久而久之将会引起电池比容量的降低,在电池充放电的过程中(放电较为明显),会在电池极板上产生一些小气泡,日积月累这些气泡使电池极板的面积减小,间接影响了电池的比容量。此外,镉是有毒的,因而镍镉电池不利于生态环境的保护。众多的缺点使得镍镉电池在数码设备电池的应用领域不再使用。

爱迪生发明的镍铁电池的正极是氧化镍,负极是铁,电解质(电解液)是氢氧化钾。它是一种主要用于长时间、中等电流情况的可充电式电池,其内阻较铅酸电池高,使用时要小心地控制定值电流充电。与铅酸电池相比,其成本较高。这种电池的电压通常是 1.2 V。它很耐用,能够经受一定程度的使用事故(包括过度充电、过度放电、短路、过热),而且经受上述损害后仍能保持很长的寿命。镍铁电池一经发明就被认为是具有竞争力的化学电源之一,至今已有 100 多年的历史。爱迪生关于镍铁电池的近百篇专利详细介绍了镍铁电池的研发历程。因此,人们习惯将镍铁电池称为"爱迪生电池(Edison battery)"。在 1910—1960 年,镍铁电池曾经风靡一时,广泛应用于牵引机车电源等领域。之后,随着内燃机的不断发展与应用,以及铅酸电池和镍镉电池的大规模应用,镍铁电池从成本、功率密度及低温性能等方面无法与其竞争,市场份额逐渐减少,只部分应用于铁路和储能等少数领域。20 世纪 90 年代后,具有高比功率的镍氢电池和锂离子电池相继开发和应用,这给本来就不具有竞争优势的镍铁电池带来更大的冲击,人们几乎遗忘了镍铁电池的存在。但是,进入 21 世纪后,随着人们对环境保护意识的加强,以及光伏、风力发电等领域的大规模开发,镍铁电池的安全、绿色环保和廉价耐用的优势再次受到人们的关注,使其在光伏储能、铁路或矿车照明等领域得到一定规模的应用。

镍氢电池是一种性能良好的蓄电池。其正极活性物质为 $Ni(OH)_2$(称为 NiO 电极),负极活性物质为金属氢化物,也称储氢合金(电极称为储氢电极),电解液为 6 mol·L^{-1} 氢氧化钾溶液。镍氢电池分为高压镍氢电池和低压镍氢电池。高压镍氢电池是 20 世纪 70 年代初由美国的 Klein 和 Stockel 等首先研制的。航空航天用镍氢电池是高压镍氢电池,这样的高压氢气存储在薄壁容器内使用容易爆炸;而且镍氢电池还需要贵金属作催化剂,成本较高,这就很难为民用所接受。

镍锌电池是一种可以替代镍氢电池的新型电池,标称电压 1.6 V,比镍氢电池的 1.2 V 要高得多,更适用于传统的使用 1.5 V 电池的电器。与镍氢电池、镍镉电池相比,镍锌电池具有电压高、放电电流强的特点,可作为数码相机、闪光灯、电动玩具的电源。镍锌电池比较环保,镍和锌都是可回收而且容易回收的金属。

与电池相关计算
公式介绍

金属有机框架材料(metal-organic framework,MOF):

能源危机和环境污染是全世界面临的重大问题。清洁能源和可再生能源技术受到高度重视。在这方面,燃料电池、可充电电池和超级电容器(SCs)是很有前途的能源存储候选者。实现高性能电子器件的关键在于电极材料,包括碳基纳米材料、石墨烯材料、金属氧化物/硫化物材料及其复合材料。一般来说,具有大的比表面积、大而清晰的孔结构以及活性位点分布均匀的多孔纳米结构的电极材料是理想的电极材料。与传统的块状或聚合材料相比,微/纳米结构材料在克服活性材料比表面积小、与电解质/污染物接触性差等缺点方面表现出巨大的潜力,被认为是电化学领域很有前途的电极材料。

金属有机框架材料(MOF),又称多孔配位聚合物(PCP),是一类由金属离子或金属团簇和有机配体桥连形成的多孔晶态材料,具有高比表面积,在能源领域的应用中引起了人们极大的兴趣。其独特的结晶性多孔结构、高度分散的金属构件和可调节的孔径等优点使其在各种应用(如能量存储、药物释放和催化)中具有优异的性能。最近,功能性 MOF 作为电极材料在燃料电池和超级电容器等领域的应用已成为化学和材料科学界的热门话题。然而,MOF 通常是体积较大的大块材料,在化学稳定性和电导率方面存在一些弱点,这阻碍了其作为电极材料的优势的充分发挥。为了满足 MOF 实际应用需要,MOF 的小型化策略受到了广泛的关注。

MOF 的催化性能的研究起步较早,主要原因是 MOF 的固有特性和在催化方面的显著优势:MOF 具有高密度和均匀分散的活性位点;多孔结构使所有活性位点易于与底物接触;开放的通道极大地促进了基质和产物的转移和扩散。因此,MOF 有效地结合了均相和非均相催化剂的优点,具有较高的反应效率和可循环利用性。此外,MOF 具有高度均匀的孔隙形状和尺寸,这对于尺寸催化是至关重要的:小尺寸的反应物可以有效地参与反应,而大于孔隙尺寸的分子则不能反应。MOF 的孔径是连续可调的,并在沸石(微孔)和二氧化硅(介孔)之间架起了桥梁。因此,它适用于许多重要的催化反应,如 Lewis 酸催化、氧化催化、仿生催化、电催化、加氢催化、光催化等。

MOF 也是一种优良的电极材料。但因电导率差,导致电池循环性能差,MOF 的实际应用受到限制。因此,研究人员试图开发出性能良好的 MOF 和 MOF 复合材料。MOF 及其复合材料在超级电容器,特别是电化学双层电容器(EDLCs)方面显示出了巨大的潜力。超级电容器是一种新兴的储能器件,与传统的可充电电池相比,其功率密度更高,充放电速率更快,循环寿命更长。2020 年,徐强等综述了不同维度微/纳米结构 MOF 的设计和制造方法[14],及其在电池、超级电容器和电催化等领域中的应用。同年,美国麻省理工学院 Dincă 团队和华中科技大学冯光团队采用定势分子动力学模拟方法[15],分析了由导电金属有机骨架电极和离子液体组成的超级电容器的双层结构和电容性能。如图 2-5-2 所示,研究结果为 MOF 实现与最佳能量-功率平衡相一致的性能提供了分子层面上的见解,为这些材料在新型超级电容器系统未来的表征和设计提供了深刻见解。

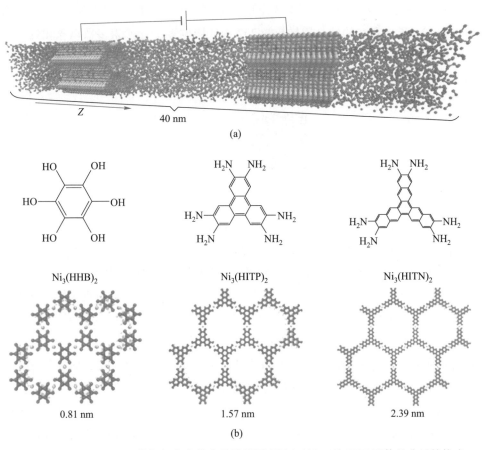

图 2-5-2　(a)基于 MOF 的超级电容器分子模拟原理图和(b)三种 MOF 配体的分子结构式

氢气是一种可再生的清洁能源,是未来理想的燃料。开发可再生的清洁能源技术的关键在于合理设计和合成电解水制氢的催化剂。各种 MOF 及 MOF 复合材料已被成功地应用于电催化析氢领域,这与其具有大的比表面积、有序的多孔结构和暴露的活性位点等独特的性质密不可分。大的比表面积为分析物的预富集提供了有利的条件;有序且孔径大小可调的多孔结构为负载其他功能性客体提供了有利条件,同时有利于分析物通过电解质/电极界面进行迁移;暴露的活性位点有利于提高电催化活性。由于微/纳米结构晶体的界面能显著影响各种过程,因此,各种形貌的 MOF 纳米结构晶体的设计和控制在过去几年里成为一个热门研究方向。许多研究表明,通过将其设计成具有特定几何形态的微/纳米结构,如一维

（1D）、二维（2D）或三维（3D）结构,可以部分消除原始 MOF 的低导电性和结构不稳定性。这些形态策略赋予了传统 MOF 材料新的功能和性能。

第 6 节　钍　与　铀

2.6.1　钍

钍（Th）的原子序数为 90,属于锕系元素,具有放射性,是高毒性元素。钍为银白色金属,暴露在大气中渐变为灰色。其质较软,可锻造,熔、沸点分别为 1750 ℃、4790 ℃,密度为 11.72 g·cm^{-3}。天然存在的钍是质量数为 232 的钍同位素。钍元素多数以氧化物的形式存在于矿物中,通常与稀土金属或金属氧化物共生。巴西是最大的钍资源国,我国钍资源也比较丰富。

　钍资源分布

钍及其化合物的基本性质:

钍是放射性元素,半衰期约为 1.4×10^{10} 年。钍的化学性质比较活泼,但不溶于稀酸和氢氟酸,可溶于发烟的盐酸、硫酸和王水中,浓硝酸能使钍发生钝化。苛性碱对钍无作用。钍在化学性质上与锆、铪相似。除惰性气体外,钍能与几乎所有的非金属元素作用,生成二元化合物,加热时迅速氧化并发出耀眼的光。钍的氧化物和其他稀土元素的氧化物一样很难被还原。贝齐里乌斯曾利用金属钾和氟化钍钾作用,获得不纯的金属钍（$K_2ThF_6 + 4K \Longrightarrow 6KF + Th$）,后来人们用电解的方法才获得较纯的钍单质。

钍的特征氧化态是+4,在水溶液中,Th^{4+} 溶液为无色,能稳定存在,能形成各种无水盐和水合盐。重要化合物有氧化钍和硝酸钍等。使粉末状钍在氧气中燃烧,或将氢氧化钍、硝酸钍、草酸钍灼烧,都生成二氧化钍（ThO_2）。ThO_2 是所有氧化物中熔点最高的（3660 K）。ThO_2 为白色粉末,和硼砂共熔可得晶形的二氧化钍。强灼烧过的或晶形的二氧化钍几乎不溶于酸,但在 800 K 下灼烧草酸钍所得的 ThO_2 很松,在稀盐酸中似能溶解,实际上是形成溶胶。在钍盐溶液中加碱或氨,生成二氧化钍水合物,为白色凝胶状沉淀,它在空气中强烈吸收 CO_2;易溶于酸,不溶于碱,但可溶于碱金属碳酸盐中形成配合物;加热脱水时,在 530～620 K 范围内,$Th(OH)_4$ 稳定存在,在 743 K 时转化为 ThO_2。ThO_2 有广泛的应用。在人造石油工业中,即由水煤气合成汽油时,通常使用含 8% ThO_2 的氧化钴作催化剂。ThO_2 是制造钨丝时的添加剂,约 1% ThO_2 就能使钨成为稳定的小晶粒,并增加抗震强度。灼烧 ThO_2 会发出强烈的白光,因此曾用作煤气灯的白热纱罩,此白热纱罩灼烧后含 99% ThO_2,还有 1% CeO_2 为添加剂。

钍一般用来制造合金,以提高金属强度。钍还是制造高级透镜的常用原料。

^{232}Th 会通过吸收慢中子而变成可作核燃料之用的^{233}U。钍衰变所储藏的能量比铀、煤、石油和其他燃料总和还要多许多,而且钍的含量也要比铀多得多,所以钍是一种极有前途的新型核燃料。1 t 钍可以提供的能量相当于约 200t 铀或约 350 万吨煤所提供的能量。钍元素还有如下一些优势:Th 易于进行浓缩与提纯,不会产生二氧化碳,这意味着 Th 是一种清洁能源;用钍元素建造而成的发电站不用担心堆芯熔毁,在发电过程中产生的辐射物质仅约为其他核电站的 0.6%。历史上,科学家们曾经抛弃了钍能,走上了铀能之路。其中一个重要原因是,天然钍中不含有易裂变物质,钍燃料需要^{235}U 或^{239}Pu 提供中子源来启动,而天然铀中有易裂变的^{235}U。因此,钍能研究一直落后于铀能研究,储量丰富的钍资源在很长一段时间内没有得到重视与更好的利用。直到 20 世纪 80 年代后期,切尔诺贝利的核灾难让人们开始反思核能的安全利用问题。正是在此时期,不易裂变且产生核废料较少的钍能再一次进入研究者视野。

与目前广泛投入商业应用的二代与二代改进型核电站不同,钍基熔盐反应堆属于第四代核反应堆,在工作原理与安全性能方面有卓越的优势。传统的反应堆大多需要在高压下进行工作,而钍基熔盐反应堆只需在常压下即可进行工作。不仅如此,钍基熔盐反应堆采用高温保护,具有较高的热点转换效率,可在几千摄氏度的高温下运行。当内部温度超过预定值时,堆底部的冷冻塞会自动熔化,使得携带核燃料的冷却剂(氟化盐)会全部流入应急储存罐,反应堆会自动关闭,核反应也会即刻终止,从而避免在高温下发生爆炸的可能。除此之外,我国选择钍基熔盐反应堆的另一个重要原因是,我国在钍储量上具有优势。统计资料显示,目前已探明在地壳中钍储量是铀储量的 3~4 倍。我国铀储量很有限,且多是贫铀矿,但是钍储量却极为丰富,约为铀储量的 6 倍。与铀相比,除了储量上的优势,钍在废料处理方面也有无可比拟的优势。铀能系统会产生大量具有核辐射危害的钚,而钍能系统则只会产生极少量的钚,相较之下,在确保核不扩散方面,钍能系统更具有保障性。钍产生的放射性废料比铀产生的少 50%,钍废弃物放射性毒性周期不到 200 年,相比之下更容易处理。

2.6.2　铀

铀(U)的原子序数为 92,是自然界中发现的最重元素,属于元素周期表中的锕系。铀为银白色金属。铀化合物早期用于瓷器的着色,在核裂变现象发现后用作核燃料。表 2-6-1 对比了钍(Th)与铀(U)元素的基本性质和制备方法。1789 年,"铀"由德国化学家克拉普罗特从沥青铀矿中分离出,并用 1781 年新发现的一个行星——天王星命名它为 Uranium,元素符号定为 U。1841 年,佩利戈特指出,克拉普罗特分离出的"铀",实际上是二氧化铀。他用钾还原四氯化铀,成功地获得了金属铀。1896 年,有人发现了铀的放射性衰变。1939 年,哈恩和斯特拉斯曼发现了铀的核裂变现象。自此以后,铀便变得身价百倍。

表 2-6-1　钍(Th)与铀(U)元素的基本性质和制备方法

	钍(Th)	铀(U)
相对原子质量	232.038	238.029
核外电子排布	$[Rn]6d^27s^2$	$[Rn]5f^36d^17s^2$

续表

	钍(Th)	铀(U)
物理性质	银白色金属;质较软,可锻造	银白色金属;有微弱放射性
一般制备方法	电解法	单元操作(破碎和磨细、浸取、矿浆的固液分离、离子交换和溶剂萃取法提取铀浓缩物、溶剂萃取法纯化铀浓缩物)
一般应用	制造合金以提高金属强度;制造高级透镜的常用原料	瓷器的着色
能源领域应用	最重要的两种核燃料	

铀通常被认为是一种稀有金属,尽管铀在地壳中的含量很高,比汞、铋、银的含量高得多,但由于提取铀的难度较大,所以其发现比汞等元素晚得多。铀的化学性质很活泼,自然界中不存在游离态的金属铀,铀总是以化合态存在。已知的铀矿物有170多种,但具有工业开采价值的铀矿只有二三十种,其中最重要的有沥青铀矿(主要成分为八氧化三铀)、品质铀矿(主要成分为二氧化铀)、铀石和铀黑等。铀矿物大多呈黄色、绿色或黄绿色。有些铀矿物在紫外光下能发出强烈的荧光。正是铀矿物这种发荧光的特性,才使其放射性现象被发现。铀有15种同位素,其相对原子质量为226~240。所有铀同位素皆不稳定,具有微弱放射性。在自然界中存在的三种同位素,均具有放射性,其半衰期非常长。这三种同位素的自然丰度如下:

^{238}U:自然丰度99.275%

^{235}U:自然丰度0.720%

^{234}U:自然丰度0.005%

其中,^{235}U是唯一天然可裂变核素,受热中子轰击时吸收一个中子后发生裂变,放出总能量约为200 MeV,同时释放2~3个中子,引发链式核裂变(见图2-6-1)。^{238}U是制取核燃料钚的原料。

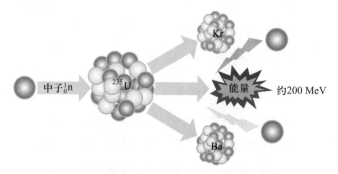

图2-6-1 ^{235}U的核裂变反应示意图

铀及其一系列衰变子体的放射性是铀存在的最好标志。人的肉眼虽然看不见放射性,但是借助于专门的仪器可以将其探测出来。因此,铀矿资源的普查和勘探几乎都利用了铀具有放射性这一特点:若发现某个地区岩石、土壤、水,甚至植物内放射性特别强,就说明那个地区可能有铀矿存在。

在居里夫妇发现镭以后,由于镭具有治疗癌症的特殊功效,其需求量不断增加,因此许多国家开始从沥青铀矿中提炼镭,而提炼过镭的含铀矿渣就堆在一边,成了"废料"。然而,铀核裂变现象发现后,铀变成了最重要的元素之一,这些"废料"也就成了"宝贝"。从此,铀的开采工业得到了极大的发展,独立完整的原子能工业体系迅速地建立起来。铀是普遍使用的核燃料。天然铀中只含 0.720% 的 ^{235}U,其余多为 ^{238}U,此含量正好能使核反应堆实现自持核裂变链式反应,因而成为最早的核燃料。

铀是不可再生资源,铀核裂变能产生巨大的能量。迄今为止,全世界已建成的和正在建设的核电站约有上千座。随着核能发电技术的发展,燃料铀的需求量不断增加。然而,陆地上铀的储量并不丰富,较适于开采的大约只有 100 万吨,加上低品位铀矿及其副产铀化物,总量也不超过 500 万吨。按目前的消耗量,这些只够开采几十年。可是,海水中溶解的铀可达 45 亿吨左右,超过陆地储量的几千倍,若全部收集起来,可保证人类很长时间的能源需要。

铀及其化合物的基本性质:

铀是一种活泼金属,与很多元素可以直接化合。在空气中其表面很快变黄,接着生成黑色氧化膜,但此膜不能保护金属。粉末状铀在空气中可以自燃。铀易溶于盐酸和硝酸,但在硫酸、磷酸和氢氟酸中溶解较慢。铀不与碱作用。其主要化合物有铀的氧化物、硝酸铀酰、六氟化铀等。主要氧化物有 UO_2(暗棕色)、U_3O_8(暗绿)和 UO_3(橙黄色)。一些重要反应如下:

$$2UO_2(NO_3)_2 \xrightarrow{600\ K} 2UO_3 + 4NO_2\uparrow + O_2\uparrow$$

$$3UO_3 \xrightarrow{1000\ K} U_3O_8 + \frac{1}{2}O_2\uparrow$$

$$UO_3 + CO \xrightarrow{623\ K} UO_2 + CO_2\uparrow$$

UO_3 具有两性,溶于酸生成铀氧基离子 UO_2^{2+},溶于碱生成重铀酸根 $U_2O_7^{2-}$。U_3O_8 难溶于水,溶于酸生成相应的 UO_2^{2+} 盐,UO_2 缓慢溶于盐酸和硫酸中,生成铀(Ⅳ)盐,但硝酸容易把它氧化成硝酸铀酰 $UO_2(NO_3)_2$。

由溶液中析出的是六水合硝酸铀酰晶体 $UO_2(NO_3)_2 \cdot 6H_2O$,带有黄绿色荧光,在潮湿空气中变潮。它易溶于水、醇和醚,UO_2^{2+} 在溶液中水解,其反应是复杂的,可看成 H_2O 失去 H^+ 之后,发生 OH^- 桥的聚合,得到水解产物为 UO_2OH^+、$(UO_2)_2(OH)_2^{2+}$ 和 $(UO_2)_3(OH)_5^+$。硝酸铀酰与碱金属硝酸盐生成 $M^1NO_3 \cdot UO_2(NO_3)_2$ 复盐。在硝酸铀酰溶液中加碱(NaOH),可析出黄色的重铀酸钠 $Na_2U_2O_7 \cdot 6H_2O$。将此盐加热脱水,得无水盐,叫"铀黄",在玻璃及陶瓷釉中用作黄色颜料。铀的氟化物很多,有 UF_3、UF_4、UF_5、UF_6,其中 UF_6 最重要。UF_6 可以由低价氟化物氟化而制得。它是无色晶体,熔点为 337K,在干燥空气中稳定,但遇水蒸气即水解:$UF_6 + 2H_2O == UO_2F_2 + 4HF$。$UF_6$ 具有挥发性,利用 $^{238}UF_6$ 和 $^{235}UF_6$ 蒸气扩散速率的差别,可使 ^{238}U 和 ^{235}U 分离,而得到纯 ^{235}U 核燃料。

习　题

1. 最轻的非金属、金属分别是什么？请列举它们各自在能源化学领域的应用。

2. 自然界中存在的氢元素的同位素有哪些？请简述它们各自的特点。

3. 常见的锂离子电池的正极材料有哪些？请写出它们的合成反应方程式。

4. 钠离子电池常见的正极材料有哪些？

5. 新型碳基材料有哪些？选择其中一种列举其优势和在能源化学方面的应用。

6. 碳的同素异形体有哪几种？列举出其中两种的结构特点。

7. 分别写出碳纳米管、碳纳米笼、碳纳米点这三类新型材料的结构和应用。

8. 硅太阳能电池有哪几类？列举出每一类的优势和劣势。

9. 石灰窑的碳酸钙需加热到多少摄氏度才能分解？若在一个用真空泵不断抽真空的体系内，体系内的气体压力保持 10 Pa，则加热到多少摄氏度才能分解？

10. 反应 $CO+H_2O \rightleftharpoons CO_2+H_2$ 在 749 K 时的平衡常数 $K^{\ominus}=2.6$。设（1）反应起始时 CO 和 H_2O 的浓度均为 1 $mol \cdot L^{-1}$；（2）起始时 CO 和 H_2O 的摩尔比为 1∶3，求 CO 的平衡转化率。用计算结果说明勒夏特列原理。

11. 25 ℃，标准压力下，CO_2 气体在水中的溶解度为 0.034 $mol \cdot L^{-1}$，求溶液的 pH 和 $[CO_3^{2-}]$。

12. 金属钛、钒、锰分别有什么特点？请列举它们各自在能源化学领域的应用。

13. 什么是钒电池？钒电池有哪些技术优势？

14. 解释下列实验现象：向绿色的 V^{3+} 溶液中缓慢滴加酸性 $KMnO_4$ 溶液，溶液先变蓝色，后变绿色，最后变为黄色。

15. 绿色晶体 A 溶于水后通入二氧化硫至溶液为中性，得到无色溶液 B 和棕黑色沉淀 C。继续通入二氧化硫则沉淀 C 逐渐溶解至完全消失。用稀硫酸处理 A 则得到紫色溶液 D 和沉淀 C，加入过量双氧水后则沉淀溶解，溶液为无色。将溶液 D 用硝酸酸化后加入 $Cr(NO_3)_3$ 溶液，得到橙色溶液 E。向 E 中加入氢氧化钠溶液，则溶液变为黄色，同时有白色沉淀 F 生成。C 与硝酸钾和氢氧化钾共熔得到绿色产物，说明共熔产物中含 A。请写出 A～F 的化学式。

16. 解释下列实验现象：向 NH_4VO_3 溶液中加入过量硫酸，溶液由无色变为黄色；再加入锌粒后溶液由黄色经蓝色、绿色最后变为紫色。

17. 难溶固体在溶液中达到沉淀溶解平衡状态时，离子浓度保持不变（或一定），各离子浓度幂的乘积是一个常数，这个常数称为溶度积常数，简称溶度积，用 K_{sp} 表示。则固体 A_mB_n 在水中的沉淀溶解平衡可表示为

$$A_mB_n(s) \rightleftharpoons mA_n^+(aq)+nB_m^-(aq), K_{sp}=[A^{n+}]^m[B^{m-}]^n$$

已知锰的三种难溶化合物的溶度积：$K_{sp}(MnCO_3)=1.8 \times 10^{-11}$，$K_{sp}[Mn(OH)_2]=1.9 \times 10^{-13}$，$K_{sp}(MnS)=2.0 \times 10^{-13}$，则在上述三种难溶物的饱和溶液中，$Mn^{2+}$ 浓度由大到小的顺序是什么？

18. 已知标准电极电势：$\varphi^{\ominus}(MnO_4^-/Mn^{2+}) = 1.507$ V；$\varphi^{\ominus}(Cl_2/Cl^-) = 1.358$ V。

(1) 在 298.15 K 下,可能发生如下氧化还原反应：

$$2MnO_4^-(aq) + 16H^+(aq) + 10Cl^-(aq) \Longrightarrow 2Mn^{2+}(aq) + 5Cl_2(g) + 8H_2O(l)$$

请设计适当的原电池,并写出电极反应。

(2) 若 MnO_4^-、Mn^{2+}、Cl^- 的浓度均为 1 mol·L^{-1},Cl_2 的分压为 100 kPa,相关溶液的 pH = 1,应用能斯特方程计算电对 MnO_4^-/Mn^{2+} 和 Cl_2/Cl^- 的电极电势,并计算在此条件下该原电池的电动势 E,判断原电池反应自发进行的方向。

19. 镍镉电池最致命的缺点是其在充放电过程中如果处理不当,会出现严重的"记忆效应",请问何为电池的"记忆效应"?

20. 下列金属中,吸收 H_2 能力最强的是哪个?

(1) Fe；(2) Ni；(3) Pd；(4) Pt。

21. 由 $CoCl_2$ 与饱和 KNO_2 溶液制备 $K_3[Co(NO_2)_6]$ 沉淀时,需加入乙酸酸化。为什么?

22. 简答以下各种电池的缺点。

(1) 锂铁电池；(2) 钴电池；(3) 镍镉电池；(4) 镍氢电池。

23. 在 0.1 mol·L^{-1} Fe^{3+} 溶液中加入一定量的铜屑。求 273 K 下反应达到平衡时 Fe^{3+}、Fe^{2+}、Cu^{2+} 的浓度。

24. 已知 $E^{\ominus}(Co^{3+}/Co^{2+}) = 1.95$ V,$E^{\ominus}[Co(NH_3)_6^{3+}/Co(NH_3)_6^{2+}] = 0.10$ V,$K_1^{\ominus}[Co(NH_3)_6^{3+}] = 10^{35.20}$,$E^{\ominus}(Br_2/Br^-) = 1.0775$ V。

(1) 计算 $K_2^{\ominus}[Co(NH_3)_6^{2+}]$。

(2) 写出 $[Co(NH_3)_6]^{2+}$ 与 $Br_2(l)$ 反应的离子方程式,计算 25 ℃时该反应的标准平衡常数。

25. 在下图各箭头处填上实现下列各物质间相互转变的条件。

(1)

CoO(OH)(黑色固体) →(1)→ Co_2O_3(黑色)　　　　　$[Co(NH_3)_6]^{3+}$(橙黄色)

↑(2)　　　　　　　　　　　　　　　↑(7)

$Co(OH)_2$(粉红色) ←(3)← $Co(OH)_2$(蓝色沉淀) ⇌(4)/(5) $[Co(H_2O)_6]^{2+}$(粉红色) →(6)→ $[Co(NH_3)_6]^{2+}$(黄色)

⇌(8)/(9)　　(10)↓

CoS(黑色)　$[CoCl_4]^{2-}$(蓝色)

46 　　　(2)

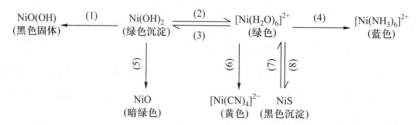

26. 在有 $Co(OH)_2$ 沉淀的溶液中,不断通入 Cl_2,会生成 $CoO(OH)$;反之,若使 $CoO(OH)$ 与浓盐酸作用,又可放出 Cl_2,如何理解上述事实?

27. 铁在生活中有很多的应用,以铁屑为主要原料如何制备 $K_3[Fe(C_2O_4)_3] \cdot 3H_2O$?

28. 对比钍与铀,请简述它们各自在核能燃料领域应用的优势。

29. 自然界中最重的元素是什么? 简要列举其物理性质和化学性质。

30. 铀有 15 种同位素,其相对原子质量为 226~240,其中自然界中存在的同位素有几种? 哪一种是天然可裂变核素,而被广泛应用于核能领域?

31. 简述我国已探明铀资源储量的基本特点。

32. 简述我国铀资源的分布特点。

33. 铀矿的工业指标指什么?

参 考 文 献

科学小故事

第 3 章

能源与电化学

化学电源的历史可追溯到 1800 年 Volta 发明的 Volta 电堆,这种由锌片、铜片和浸有盐水的布片组成的装置,由于能够产生连续的电流而被认为是人类历史上的第一个电池。此后,铅酸电池、锂离子电池、锂硫电池等多种化学电源被设计出来并投入实际生产。其中的佼佼者——铅酸电池,于 1882 年实现了商业化,为人类对电能的应用翻开了崭新的一页。20 世纪以来,以镍氢电池(80 年代)和锂电池(90 年代)为代表的新型电池扩展了电池的应用领域,特别是后者由于其体积小、比能量高、电流大等特点,被越来越多地应用于各类电子产品。燃料电池作为化学电源的一个分支,早在 1801 年就有人提出了相关理论,但受限于材料等相关学科的发展,一直未能有较好的应用。在 20 世纪五六十年代,随着航空航天事业的兴起,燃料电池随之受到重视并最终实用化。近年来,由于固体氧化物燃料电池、质子膜交换燃料电池等新型燃料电池的兴起,人们对燃料电池的研究越来越重视。

目前,经济社会的发展对所使用能源的清洁性和可持续性提出了更高的要求,而化学电源由于其能量的高转化效率和优越的可重复性而受到越来越多的关注,特别是在电动汽车方面的应用,更是受到全球研究人员的青睐,其发展前景是不可估量的。

第 1 节 铅 酸 电 池

3.1.1 特点

铅酸电池即铅-二氧化铅电池,是二次电池中应用最多、最广泛,也是历史最为悠久的一类蓄电池。近年来,随着新材料、新技术的出现,铅酸电池的性能得到了很大的提升,此外在电池结构及制造过程的机械化、自动化等方面也取得了长足的发展。铅酸电池的主要特点:(1) 适用性强,可在很宽的温度范围内提供较大的电流;(2) 可逆性高,一般的铅酸电池可以进行几百个充放电循环;(3) 可大电流放电,铅酸电池是目前二次电池中放电电流最大的;(4) 电池电动势较高,每个单体电池为 2 V;(5) 原材料来源丰富,制造工艺简单,性价比高。

48

铅酸电池作为照明、应急或动力电源,广泛应用于发电厂、公共设施、飞机、潜艇等领域。近几年来,随着电动汽车铅酸电池和小容量密封性铅酸电池的成功研制,铅酸电池的应用领域将更加广阔。

3.1.2　分类

铅酸电池应用广泛,种类繁多,其分类方法也各不相同,下面介绍几种分类方法。

1. 根据用途分类

(1) 汽车启动电池,如汽车、拖拉机和内燃机的启动;

(2) 固定式蓄能器,作为通信设备电源、发电厂和变电站的开关电源以及计算机等的备用电源;

(3) 用于车辆驱动动力的蓄电池,如火车站运输蓄电池车、工矿电力机车供电设备等;

(4) 摩托车电池;

(5) 运输电池;

(6) 航空用电池;

(7) 坦克用电池;

(8) 铁路客车用电池;

(9) 信号电池;

(10) 矿灯电池。

2. 根据板的结构分类

(1) 涂膏式:将铅氧化物用硫酸溶液调成糊状,涂在板栅上,形成活性物质。

(2) 管式:用铅合金制成骨架,套以纤维管,管中装入活性物质,一般用作正极。

(3) 形成式:极板由纯铅铸成,活性物质为铅本身在化成液中反复充放电而形成一层薄层,一般用作正极。

3. 根据电解质和充电维护方式分类

(1) 干放电电池,金属板处于干放电状态,注入电解液可初始充电;

(2) 干燥的充电电池,充电板处于干燥状态,注入电解液可在短时间内使用;

(3) 液体电池;

(4) 免维护蓄能器,正常使用过程不加水;

(5) 低维护电池,在正常操作条件下,长时间使用后加水一次;

(6) 湿性电池,充电后,倒掉大部分的电解质,可以在存储期间使用。

铅酸电池也可按用途分类:启动型、固定型、动力型;根据其盖和排气栓结构分类:开口式、排气式、防酸隔爆式、防酸消氢式。

3.1.3　结构

铅酸电池的结构如图 3-1-1 所示,它主要由正极板、负极板、电解液和容器组成。正极板和负极板由板栅和活性物质组成。板栅一般采用铅锑合金,有时也含有纯铅或铅钙合金。

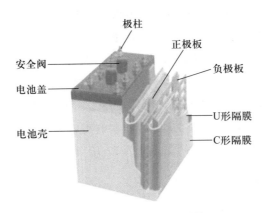

图 3-1-1　铅酸电池的结构

3.1.4　工作原理

铅酸电池在充电状态下，阴极由 $PbSO_4$ 氧化为 PbO_2，阳极由 $PbSO_4$ 还原为海绵状的铅。目前公认的流动反应是双极硫酸盐化理论，反应方程式如式（3-1-1）和式（3-1-2）所示。可通过以下三个方面来验证其正确性：（1）通过化学分析确定阳极活性成分为 PbO_2，阴极活性成分为铅；（2）当通过 $2F$（F 为法拉第常数）电荷量下，测得 H_2SO_4 的浓度变化，等于 2 mol H_2SO_4，2 mol H_2O，与电池反应一致；（3）由热力学数据计算得到的电池电动势与实测值一致。电池符号及铅酸电池放电反应：

$$Pb,PbSO_4 \mid H_2SO_4 \mid PbSO_4,PbO_2（或\ Pb \mid H_2SO_4 \mid PbO_2）$$

正极反应：　$PbO_2+3H^++HSO_4^-+2e^- \Longrightarrow PbSO_4+2H_2O$　　　　　　（3-1-1）

负极反应：　$Pb+HSO_4^- \Longrightarrow PbSO_4+H^++2e^-$　　　　　　　　　　　　（3-1-2）

电池反应：　$Pb+PbO_2+2H^++2HSO_4^- \Longrightarrow 2PbSO_4+2H_2O$　　　　　（3-1-3）

　　　　　　（$Pb+PbO_2+4H^++2SO_4^{2-} \Longrightarrow 2PbSO_4+2H_2O$）

铅酸电池自放电的原因可以从热力学角度进行分析。$Pb+HSO_4^- \Longrightarrow PbSO_4+H^++2e^-$，$2H^++2e^- \Longrightarrow H_2$，此共轭反应导致负极自放电。$2H_2O \Longrightarrow 4H^++O_2+4e^-$，$PbO_2+3H^++HSO_4^-+2e^- \Longrightarrow PbSO_4+2H_2O$。此共轭反应引起一个正极自放电。电池电动势为 2.045 V，额定电压为 2.0 V。电池开路电压与电解液密度的关系可以通过下式计算：

$$V_{开}/V = 1.850+0.917(\rho_1-\rho_w)$$

或

$$V_{开}/V = \rho_1+0.84 \tag{3-1-4}$$

式中，ρ_1 为溶液中电解液的密度；ρ_w 为水的密度。

铅酸电池的容量是温度和放电电流的函数。速率容量和温度的标准有明确的规定。启动型铅酸电池通常使用 20 h 速率容量，固定型铅酸电池通常使用 10 h 速率容量，而用于动力牵引的电池则使用 5 h 速率容量。电池容量与温度的关系为

$$C_e = C_r T/\left[1+K(t-25\ ℃)\right] \tag{3-1-5}$$

式中，C_e 为实际容量；C_r 为非标准温度下电池的放电容量；t 为放电的环境温度；K 为温度系

数,一般 10 h 速率容量时 $K=0.006/℃$,3 h 速率容量时 $K=0.008/℃$ 。

电池容量的效率和电池寿命:效率(输入容量/输出容量×100%)又称 Ah 效率,这是比较常用的。电能效率为(输出功率/输入功率×100%)又称 Wh 效率。电池经过多次充放电后,由于活性物质的损失和收缩,极板的微孔减少,容量减少,电池寿命逐渐缩短。一般电池的容量降低到额定容量的 70%~80%,就不能再使用了。电池寿命与制造质量有关,也受使用和维护方法的影响。相同额定容量的电池,如大电流放电,后期的容量低于小电流放电。铅酸电池的循环寿命为 200~400 次,使用寿命为 3~10 年。

3.1.5　电池电动势及温度系数

1. 电池电动势的计算

电池反应确定以后,按照电化学和热力学的方法,应用能斯特公式即可计算电池的电动势。在恒温恒压下,根据电池反应方程式可以写出铅酸电池电动势的能斯特公式:

$$E=E^{\ominus}-\frac{RT}{nF}\ln\frac{a^2(PbSO_4)a^2(H_2O)}{a(Pb)a(PbO_2)a^2(H^+)a^2(HSO_4^-)}\qquad(3-1-6)$$

式中,$E^{\ominus}$——标准电池电动势,单位为 V;

　　　n——电池反应中得失的电子数;

　　　F——法拉第常数,为 96485 $C\cdot mol^{-1}$;

　　　R——摩尔气体常数,为 8.314 $J\cdot K^{-1}\cdot mol^{-1}$;

　　　T——热力学温度,单位为 K;

　　　a——物质的活度。

按照热力学规定,$a(Pb)\approx1,a(PbO_2)\approx1,a(PbSO_4)\approx1$,所以

$$E=E^{\ominus}-\frac{0.059}{2}\lg\frac{a^2(H_2O)}{a^2(H^+)a^2(HSO_4^-)}\qquad(3-1-7)$$

又因 $a(H^+)a(HSO_4^-)=a(H_2SO_4)$,所以

$$E=E^{\ominus}-\frac{0.059}{2}\lg\left[\frac{a(H_2O)}{a(H_2SO_4)}\right]^2\qquad(3-1-8)$$

$$E=E^{\ominus}-0.059\lg\frac{a(H_2O)}{a(H_2SO_4)}\qquad(3-1-9)$$

这就是铅酸电池电动势的计算公式。

2. 电池电动势的温度系数

可逆电池的电动势可看作正、负两个电极的电势之差。根据吉布斯函数的定义,在恒温恒压条件下,当系统发生可逆变化时,系统吉布斯函数便等于过程的可逆非体积功。如果非体积功只有电功一种,那么,对于可逆电动势为 E 的电池,当反应进度 $\xi=1mol$ 时,反应的吉布斯函数变为

$$(\Delta_rG_m)_{T,p}=-nEF\qquad(3-1-10)$$

式中,E 为可逆电池的电动势;F 为法拉第常数,常取 96485 $C\cdot mol^{-1}$;n 为电极反应式中电子的化学计量数;Δ_rG_m 的单位为 $J\cdot mol^{-1}$。

所以在一定的温度和压力下,测出可逆电池的电动势,即可由式(3-1-10)计算出电池反应的摩尔反应吉布斯函数变 $\Delta_r G_m$。

又根据热力学基本方程 $dG=-SdT+Vdp$,可得

$$\Delta_r S_m = -\left(\frac{\partial G}{\partial T}\right)_p = nF\left(\frac{\partial E}{\partial T}\right)_p \tag{3-1-11}$$

式中,$\left(\dfrac{\partial E}{\partial T}\right)_p$ 称为电池的温度系数,表示电池电动势随温度的变化。

电池电动势的温度系数 $\left(\dfrac{\partial E}{\partial T}\right)_p$ 一方面表示电池电动势与温度的关系,可用来计算电池电动势随温度的变化;另一方面在理论上可用来计算一些热力学函数值,以及分析电池与环境的热交换关系。根据热力学可导出电池反应的熵变(ΔS)与 $\left(\dfrac{\partial E}{\partial T}\right)_p$ 有如下关系:

$$Nf\left(\frac{\partial E}{\partial T}\right)_p = \Delta S \tag{3-1-12}$$

此公式可用于计算电池反应的 ΔS,或者根据 ΔS 计算电池电动势的温度系数。熵变与可逆过程的交换热有如下关系:

$$Q_{可} = T\Delta S = TnF\left(\frac{\partial E}{\partial T}\right)_p \tag{3-1-13}$$

式中,$Q_{可}$ 为电池与环境的可逆交换热,根据 $Q_{可}$ 的正负可判断电池体系在放电时与环境的热交换情况。当 $Q_{可}>0$ 时,表示电池放电时从环境吸热;当 $Q_{可}<0$ 时,表示电池放电时向环境放热。用式(3-1-13)计算 $\left(\dfrac{\partial E}{\partial T}\right)_p$ 时,注意 ΔS 值既与反应式有关,又和参加反应的物质的浓度有关。上面讨论的电池反应,以及热力学理论都是认为正极活性物质的组成完全与 PbO_2 的化学式相符,但实际上正极活性物质并不是严格的化学计量物质 PbO_2。它是一种非化学计量物质 $PbO_n(n\neq2)$,n 的数值与其制备方法、结晶形式及电极所处的环境即溶液的组成和温度都有关系。因此,建立起来的 PbO_2 电极的热力学基础只是近似的,由于这一电极本身的复杂性,有关的热力学及动力学理论尚需进一步完善。

3.1.6　密封式铅酸电池的研究进展

20 世纪 70 年代末,国际上发展了密封式铅酸电池,分为气密式和全密封式。该电池具有免维护、无污染、价格低廉的优点。有三种方法可以使电池密封:

(1)**气相催化**:将钯催化的 Ambrose 催化剂安装在电池盖上,使电极上的氢和氧重新结合为水,并返回到电池内部,从而减少水的流失,实现免维护。

(2)**辅助电极**:电池中含有吸收氢和氧的一对辅助电极或仅含一个氢辅助电极。当电池产生的氢气被吸附在氢辅助电极上时,就形成了一个氢电极。氢电极与 PbO_2 形成自放电小电池,$2H_2+PbO_2+H_2SO_4 \Longrightarrow PbSO_4+2H_2O$,水流回电池。

(3)**阴极吸收**:正极充电时产生的氧,通过膜片扩散到负极,与活性物质中的铅反应形成 PbO,再与 H_2SO_4 反应生成 $PbSO_4$ 和 H_2O。阴极吸收电池可以使用适当的隔膜使电池限

液或贫液,或使用胶体电解质(二氧化硅粉和一定量的 H_2SO_4 形成硅胶),使电解液固定,无气体逸出,达到全密封的要求。但考虑到电池的自放电和充电后期氢气析出的可能性,电池配备了安全阀。当电池内的气体压力增大到一定值时,气体就被排出,所以此类电池又称阀控式密封铅酸电池。

近年来,电动自行车逐渐普及,消费者最关心的是电动自行车的电池性能。电动自行车的电源是阀控式铅酸(VRLA)电池,由 3~4 个 12 V 的电池模块组成,总电压为 36 V 或 48 V,容量为 10~20 Ah。它是一个阀调节的铅酸电池,当操作时,继电器将低电压模块互连到单个电池中。VRLA 电池在汽车、电信、紧急服务等越来越多的应用领域得到了广泛的关注。为了满足各种应用的性能要求,深入了解阀控式铅酸电池属性的设计是至关重要的。

吸附玻璃垫(AGM)隔板是阀控式铅酸电池的关键部件。AGM 是一种多功能材料,不仅可以分离电极,还可以通过湿润和排汗特性保留硫酸。这些特性主要是通过使用玻璃纤维作为组成材料和 AGM 的结构实现的。玻璃纤维与酸的接触角为零,具有抗酸性环境的耐久性优势。此外,AGM 的结构-性能关系与孔隙率、均匀性、纤维尺寸和纤维取向有关。玻璃纤维与 AGM 结构参数的协同作用影响了酸的饱和程度(含酸的孔隙体积比例)。由于玻璃纤维直径影响孔隙尺寸,电解质的分布取决于 AGM 的多孔结构。由于与玻璃纤维的接触面积最大,与气相接触的表面积最小,因此小孔隙被大孔隙所填充。但饱和水平的变化对充放电性能和充放电特性均有显著影响。例如,低于临界饱和水平时电池不能有效地充电。定性地说,当 AGM 的结构是各向异性的,弯曲度最小,且应具有较低的堆密度时,电池的性能才能达到最好。然而,关于 AGM 吸附特性的详细分析模型还有待开发。

密封式免维护铅酸电池具有开放式铅酸电池的所有优点。所谓的免维护是相对于开放的电池需要定期加水而言的。整个电池是全封闭的(电池的氧化还原反应是在封闭的容器内进行的),因此,没有"有害气体"在电池内溢出,无须加水等日常操作维护,可安装在主机房,适用于无人值守的机房[1]。但是如果气体化合物性能不好或密封效率低,将导致电池电解液损失,大幅降低电池容量和电池循环寿命。在实际应用中,有许多有害杂质会降低负极板的氢超电势。这些有害杂质一旦到达负极板,就会降低氢超电势,释放氢,并在正极板上发生一些额外的反应。这些反应包括极板腐蚀,即在正极板上形成残留的氧化铅或硫酸铅,以及有机物质如溶解的木质素被氧化等。此外,内部压力的增加会导致电池破裂,导致安全问题,并影响环境。对此,研究者们给出了如下对应的消除措施:

(1)改进正极板和分离器结构,增加正极活性材料密度,并在微玻璃纤维分离器中加入捕集(吸收)锑的酚醛树脂;

(2)增加氢超电势,防止氢气析出;

(3)采用高强度、高韧性、耐酸蚀性好的阻燃材料电池外壳,从而增加电池外壳的韧性,大大降低电池短路的风险;

(4)采用超细玻璃纤维作隔膜,增加隔膜的比表面积,增强电解液的吸附能力,减少电解液的流量;

(5)采用双层组合端子和塑料密封,防止电解液从极板泄漏;

(6)在电池端子上加保护罩,防止电池短路;

（7）用具有氢析出高超电势的负栅合金，当过充过程中负极板上没有氢气析出时，沉淀在正极板上的氧在负极板上进行化学复合，与未分解的氢结合形成水，电解质的损失被最小化[2-3]。

研究者通过对大量电池失效模式的研究，从电池结构、制造工艺、电池零部件材料等方面进行了改进，电池短路、漏电、热失控、负母线腐蚀等问题都得到了很好的解决。目前，VRLA 电池的研究主要集中在影响电池容量和使用寿命的网格结构、材料、正极活性材料添加剂、隔膜材料等方面[1-2]。VRLA 电池的研究是为了提高电池的比容量和比功率，提高循环寿命，提高快速充电能力。目前的主要研究方向包括双极耳绕电池技术、水平 VRLA 电池技术、双极陶瓷 VRLA 电池技术、Pb-CVRLA 电池技术、超级电池技术、石墨泡沫铅酸电池技术等[3-6]。

第 2 节　锂电池和锂离子电池

3.2.1　锂电池

随着人们对电池的研究越来越深入，目前在大规模的商业化的应用方面，锂电池早已渗透到社会生活的方方面面，在支持工业化社会正常运作方面至关重要。锂是高比能电池的理想活性物质，因为它具有最负的标准电极电势和相当低的电化学等效物。锂电池的发展始于 20 世纪 60 年代，它已成为一种非常重要的化学电源，在航空航天、国防、民用、科技等领域应用，如心脏起搏器、电子手表、计算器、录音机、飞机、导弹点火系统、鱼雷等。其实，最初的锂电池都是原电池。当锂用作电极时，水不能用作溶剂，因此需要使用有机溶剂或非水无机溶剂为电解质制造非水锂电池，使用熔盐制造熔盐电池，使用固体电解质制造锂固体电解质电池。

常用的有机溶剂有乙酰甲酸酯、二甲基甲酰胺、丙烯碳酸盐和丁二烯。$LiClO_4$、$LiAlCl_4$、$LiBF_4$、$LiBr$ 和 $LiAsF_6$ 可用作支持电解质。非水无机溶剂包括 $SOCl_2$、SO_2Cl_2、$POCl_3$，也可以用作正活性物质。与传统电池相比，锂电池具有电压高、能量高、功率稳定、放电电压稳定、存储寿命长、工作温度范围广等优点，但也存在一些不足，其中一个主要问题是安全性。电池处于重负载状态时，某些非水溶液锂电池可能会发生爆炸。此外，有机电解质溶液的电导率低、电池电流密度低、电池功率低的问题也是亟须解决的。

有机电解质锂电池：Li/MnO_2 电池的电解质一般为碳酸丙烯酯（PC）和 1,2-二甲氧基乙烷（DME）的混合有机溶剂，开路电压为 3.5 V，工作电压为 2.9 V，比能量可达 250 $Wh \cdot kg^{-1}$ 和 500 $Wh \cdot L^{-1}$。Li/SO_2 电池的电解质是含有溴化锂的 PC-乙腈溶液，放电电压稳定，电池的比能量高达 520 $Wh \cdot L^{-1}$，比功率高，低温性能好，存储寿命长，但安全性差。$Li/(CF_x)_n$ 电池的电解质为含有 $LiBF_4$ 的 α-丁烯溶液，其开路电压为 3.1 V，实际比能量较高。$PFC(CF_x)_n$ 电池的化学稳定性和热稳定好，但成本高。

无机电解质锂电池：无机溶剂 $SOCl_2$ 和 $POCl_3$，既作为正活性物质，也作为电解质。$Li/SOCl_2$ 电池的性能优于 $Li/POCl_3$ 电池，也优于在有机电解质锂电池中具有最佳综合性能的 Li/SO_2

54　电池。其放电曲线非常平坦,比功率相当高(如表 3-2-1 所示)。

表 3-2-1　锂电池和其他电池的性能比较

电池	比能量 Wh·kg^{-1}	比功率 W·kg^{-1}	开路电压 V	工作温度 ℃	存储寿命(20 ℃) a(年)
Li/SO$_2$	330	110	2.9	$-40 \sim 70$	$5 \sim 10$
Li/SOCl$_2$	550	550	3.7	$-60 \sim 75$	$5 \sim 10$
Zn/MnO$_2$	66	55	1.5	$-10 \sim 55$	1
Zn/MnO$_2$(碱性)	77	66	1.5	$-30 \sim 70$	2
Zn/HgO	99	11	1.35	$-30 \sim 70$	>2

室温锂电池:有机电解质锂电池被广泛研究。其正极材料是过渡金属硫化物,如 CuS、FeS、MnS、Ag$_2$S、TiS$_2$、VS$_2$、MoS$_2$、VSe$_2$、NbSe$_2$、TiSe$_2$ 等。过渡金属二硫化物是分层结构,电极反应为插入反应。放电时 Li$^+$ 进入内层,插入正极材料的晶格中。例如,Li/TiS$_2$(使用 1 mol·L^{-1} LiAsF$_6$-2MeTHF 作为电解质)电池的开路电压为 2.47 V,理论比能量为 481 Wh·kg^{-1}。

熔盐锂电池:这是一种很有前途的高比能量电池。其电解质为 LiCl-KCl 分离混合物。450 ℃时电导率为 1.57 S·cm^{-1},比有机电解质电池的电导率高 2~3 个数量级。其负极材料有 Li、Li-Al、Li-B、Li-Si 等。合金可以减少锂的腐蚀,Li-Al 是最稳定的,Li-B、Li-Si 可以增加容量。其正极材料是过渡金属硫化物,如 FeS、FeS$_2$、TiS$_2$。LiAl/FeS 电池和 Li$_4$Si/FeS$_2$ 电池的性能见表 3-2-2。

表 3-2-2　LiAl/FeS 电池和 Li$_4$Si/FeS$_2$ 电池的性能

	LiAl/FeS 电池	Li$_4$Si/FeS$_2$ 电池
电池反应	2LiAl+FeS $=\!=\!=$ Li$_2$S+Fe+2Al	Li$_4$Si+FeS$_2$ $=\!=\!=$ 2Li$_2$S+Si+Fe
电压/V	1.33	1.8
理论比能量/(Wh·kg^{-1})	458	944
实际比能量/(Wh·kg^{-1})	90	180
比功率/(W·kg^{-1})	100	100
平均寿命/h	5000	15000

3.2.2　锂电池与锂离子电池的区别

2019 年诺贝尔化学奖授予美国固体物理学家 John Goodenough、英国化学家 Stanley Whittingham 和日本化学家 Akira Yoshino,以表彰他们在锂离子电池方面作出的贡献。三位科学家对这种轻便、可充电电池的开发作出了重要贡献,这些电池如今驱动着手机等便携式电子设备,让"零化石燃料的社会"成为可能。锂离子电池与锂电池的相似性如下:两种电池都以嵌入/脱出锂离子的金属氧化物或硫化物为正极,并以有机溶剂无机盐系统作为电解

质。其区别在于,在锂离子电池中,以可嵌/脱锂离子的碳材料代替纯金属锂作为负极。而锂电池的负极使用金属锂,在充电过程中,锂金属将沉积在锂负极上并产生锂枝晶,如图 3-2-1 所示。锂枝晶可能穿透隔膜,导致电池内部短路爆炸。为了克服锂电池的这个问题,提高电池的安全性,人们研发出锂离子电池。在 20 世纪 80 年代末到 90 年代初,用石墨结构的碳材料作为锂嵌入负极的载体,避免了使用金属锂造成的安全问题。同时,锂以锂离子的形式存在于电池系统中。在蓄电池的充放电循环中,Li^+ 在正极和负极之间连续嵌入和脱出。因此,这种电池称为"锂离子电池"。

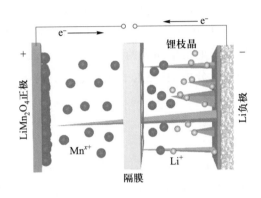

图 3-2-1 常规电池锂枝晶形成示意图

3.2.3 工作原理

图 3-2-2 显示了锂离子电池的工作原理,包括商业化分层 $LiCoO_2$ 材料作为正极材料,石墨作为负极材料,$LiPF_6$ 作为电解质。如图所示,充电时,Li^+ 从 $LiCoO_2$ 正极材料中脱出,并通过隔膜进入电解质。在负极材料上,Li^+ 被还原为金属锂,并嵌入石墨负极材料中,使负极处于富锂态。同时,正极中的 Co^{3+} 被氧化为 Co^{4+},电子可以从外部电路补偿到负极。放电时,Li^+ 从石墨负极中脱出,并通过电解质返回正极。同时,正极中的 Co^{4+} 还原到 Co^{3+},使正极处于富锂态,电流从正极输出到负极,从而将化学能转化为电能。正极材料和负极材料之间的电势差异越大,电池输出电压越高。因此,在选择正极材料时,电势应尽可能高;选择负极材料时,电势应尽可能低。以上述商业化电池为例,充电和放电过程中电极反应如下:

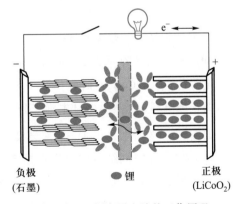

图 3-2-2 锂离子电池的工作原理

正极反应: $$LiCoO_2 \longrightarrow Li_{1-x}CoO_2 + xLi^+ + xe^-$$

负极反应: $$6C + xLi^+ + xe^- \longrightarrow Li_xC_6$$

电池反应: $$LiCoO_2 + 6C \longrightarrow Li_{1-x}CoO_2 + Li_xC_6$$

56

3.2.4　基本结构

锂离子电池通常由以下部分组成（以圆柱形锂离子电池为例）：正极、负极、电解质、隔膜、气孔、保护阀、垫片等。其中，主要组成部分为正极、负极、电解质和隔膜。正极材料的商业化生产主要分为三大类，主要根据其结构进行分类，分别是层状结构钴酸锂材料、尖晶石结构锰酸锂材料和橄榄石结构磷酸铁锂材料。常见的负极材料主要包括传统的石墨材料、非晶硅和纳米硅材料及过渡金属氧化物材料。电解液由电解质和有机溶剂组成，其中电解质一般为可溶解在有机溶剂中的锂盐（如 $LiPF_6$、$LiClO_4$ 等），溶剂主要是碳酸乙烯酯（EC）、碳酸丙烯酯（PC）、碳酸二甲酯（DMC）、聚乙烯（PE）以及 EC 和 DMC 的组合，其主要功能是提供锂离子传输的介质。锂离子电池中隔膜的主要成分是聚乙烯或聚丙烯，或者为复合微孔膜，其功能是使正、负两个电极分离，避免电子通过电池的内电路，导致短路现象，同时不妨碍锂离子在其中自由通过。

3.2.5　正极材料

目前，正极材料是锂离子电池的核心部分，也是区分不同锂离子电池的主要基础，占锂离子电池总成本的 40% 以上。同时，锂离子电池进一步发展的瓶颈之一是正极材料的比容量。因此，作为正极材料，必须满足以下条件：（1）材料本身具有较高的吉布斯自由能，正极和负极之间有一定电势差，以获得更高的输出电压；（2）材料本身具有分层或类似孔隙的结构，这有利于 Li^+ 嵌入和脱出时，材料保持其结构；（3）Li^+ 在材料内部结构中应具有较大的扩散系数，并在大电流充放电时，材料的结构不会发生改变；（4）材料具有稳定的物理化学性能，使电池具有良好的可逆性；（5）材料和电解质稳定共存，无任何反应；（6）材料具有热稳定性好、无毒、环保、易制备等优点。

提高锂离子电池的电化学性能的关键是，研究如何使正极材料具有较高的电化学性能。

1. 层状锂钴氧化物 $LiCoO_2$

$LiCoO_2$ 是最早的商业化层状氧化正极材料，具有生产技术简单、工作电压高、充放电性能稳定等优点。$LiCoO_2$ 的研究始于 1980 年，John Goodenough 等提出 $LiCoO_2$ 可用作锂离子电池的正极材料，1991 年由日本索尼公司商业化，从此开启了锂离子电池时代。

如图 3-2-3 所示，$LiCoO_2$ 具有层状结构（α-$NaFeO_2$ 的结构），它属于 $R\bar{3}m$ 空间群结构。Li^+、Co^{3+} 和 O^{2-} 在空间结构中分别占据 $3a$、$3b$ 和 $6c$ 位置，O^{2-} 按 ABC 叠层立方密堆积排列构成基本骨架，Co^{3+} 和 Li^+ 都占据在 O^{2-} 的八面体间隙中。在 c 轴的方向上，Co^{3+} 和 Li^+ 交替排列在立方结构上。在充电和放电过程中，锂离子可逆地在层间嵌入和脱出。$LiCoO_2$ 正极材料的理论比容量高达 $274\ mAh \cdot g^{-1}$，但在实际应用中，比容量只有 $140\ mAh \cdot g^{-1}$，约为理论值的一半。这是因为当充电电压达到 4.3 V 时，颗粒表面会有副反应，导致结构不可逆地转换，以及电池阻抗增加。只有大约一半的锂离子可以从结构中脱出，因此，$LiCoO_2$ 的充电电压通常小于 4.4 V。此外，钴资源稀缺、价格昂贵、环境不友

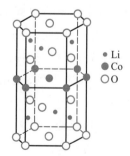

图 3-2-3　$LiCoO_2$ 的
晶体结构

好,使得 $LiCoO_2$ 在锂离子电池的应用上存在许多局限性。

2. 层状锂镍氧化物 $LiNiO_2$

与 $LiCoO_2$ 相比,$LiNiO_2$ 具有更高的实际比容量,在价格和资源上具有更多的优势。$LiNiO_2$ 结构与 $LiCoO_2$ 的类似,属于 $\alpha\text{-}NaFeO_2$ 和 $R\overline{3}m$ 空间群的分层结构。$LiNiO_2$ 的理论比容量为 275 mAh·g^{-1},实际比容量可达 190~210 mAh·g^{-1},且自放电率较低。然而,$LiNiO_2$ 也有缺点,例如,Ni^{2+} 的离子半径与 Li^+ 的离子半径非常相似,在材料合成过程中,过渡金属层中的 Ni^{2+} 很容易迁移到 Li^+ 层,并且与 Li^+ 进行阳离子混排。到目前为止,难以合成结构稳定且具有严格化学计量比的 $LiNiO_2$ 材料。合成过程中,许多 $LiNiO_2$ 以富镍化合物($Li_{1-y}Ni_{1+y}NiO_2$)的形式存在,这也是 $LiNiO_2$ 正极材料仍未商业化的原因。此外,$Li_{1-x}NiO_2$ 的热稳定性较差,在相同条件下(如电解液组成和终止电压),$Li_{1-x}NiO_2$ 的热分解温度约为 200 ℃,放热量大于 $Li_{1-x}CoO_2$。这是因为在充电后期,高价态的 Ni^{4+} 是不稳定的,它不仅容易氧化分解电解液,而且加热容易产生氧气,当热量和气体聚集到一定程度时,可能发生爆炸。

$LiNiO_2$ 材料的常用合成方法有固相法和液相法。固相法通常是将锂化合物(如 $LiOH$、$LiNO_3$)与镍化合物[如 $Ni(OH)_2$、$Ni(NO_3)_2$]混合,然后在氧化气氛中高温煅烧,冷却研磨得到层状的 $LiNiO_2$。因为镍很难氧化到 +3 价,所以合成必须在较高的温度下进行。然而,过高的温度容易产生缺锂的 $LiNiO_2$,因此很难批量生产出理想的层状结构 $LiNiO_2$。通常,在合成过程中,应尽量降低合成温度,利用氧气气氛或过量锂来稳定 Ni^{3+},减少锂挥发,抑制锂缺乏。另外,掺杂 Mg、Al、Co、Ti、Al 等元素可以改善 $LiNiO_2$ 的电化学性能。

3. 尖晶石结构 $LiMn_2O_4$

$LiMn_2O_4$ 材料首先由 Thackeray 课题组报道[7]。锰的价格比钴、镍低,而且锰具有无毒、污染少、易于回收利用的优点。因此,尖晶石结构的 $LiMn_2O_4$ 正极材料引起了广泛的关注和研究。$LiMn_2O_4$ 具有四方对称的 $Fd\overline{3}m$ 结构,如图 3-2-4 所示。一个单元中有 8 个 Li 原子、16 个 Mn 原子和 32 个 O 原子,其中 Mn^{3+} 和 Mn^{4+} 各占一半。锂离子在四面体的 $8a$ 位,锰离子在八面体的 $16d$ 位,氧离子在八面体的 $32e$ 位。四面体 $8a$、$48f$ 和八面体 $16d$ 共面构成一个三维的离子通道,便于锂离子在通道中自由脱出和嵌入,因此该材料具有较高的比容量和电压平台。$LiMn_2O_4$ 的理论比容量为 148 mAh·g^{-1},实际比容量可达到 120 mAh·g^{-1}。

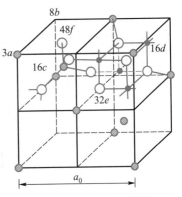

图 3-2-4 $LiMn_2O_4$ 的晶体结构

$LiMn_2O_4$ 材料通常采用高温固相反应法制备。在 700~900 ℃下,氢氧化锂和氧化锰混合物煅烧可得到尖晶石结构的 $LiMn_2O_4$ 材料。但该合成方法也存在缺点,如相不均一、合成颗粒尺寸大、粒度分布范围广、煅烧时间长等。尖晶石结构的 $LiMn_2O_4$ 材料的最大缺点是容量衰减,特别是高温容量衰减。其原因是尖晶石结构的变化,可归纳如下:(1)锰在高温下会溶解在电解质中;(2)Jahn-Teller 效应和钝化层的形成;(3)锰的强氧化性;(4)电解质

58

在高电势下分解,破坏尖晶石结构。

尖晶石结构的 $LiMn_2O_4$ 材料的改性通常采用离子掺杂、表面包覆等方法。离子掺杂是目前报道最多的方法之一。它主要通过掺杂过渡金属元素(如 Ni、Fe、Cr 等)来抑制 Jahn - Teller 效应。表面包覆主要用于保护电极活性物质,抑制活性物质与电解液的副反应,降低反应过程中锰在电解液中的溶解,从而提高材料的整体循环性能。常用的包覆层有 ZnO、SiO_2、Al_2O_3 等。

4. 橄榄石结构 LiFePO₄

磷酸铁锂($LiFePO_4$)是近年来发展起来的一种新型锂离子电池正极材料。由于其结构稳定,可逆容量高,主要用于动力锂离子电池。1997 年,John Goodenough 等的研究表明,$LiFePO_4$ 具有可逆嵌入/脱出 Li^+ 的特点,由于其电导率低、充放电性能差从而没有引起人们的广泛关注[7]。自 2002 年以来,科研工作者对 $LiFePO_4$ 材料进行离子掺杂改性,极大地提高了材料的导电性和大电流充放电性能。

$LiFePO_4$ 的结构是一种具有正交对称性的橄榄石结构。如图 3-2-5 所示,空间点群为 $Pbnm$,单元参数为 $a = 0.6008$ nm,$b = 1.0334$ nm,$c = 0.4693$ nm,单元体积为 0.2914 nm³。在 $LiFePO_4$ 的橄榄石结构中,O 原子以六方密堆积的形式分布。P 原子和 O 原子通过共价键形成 PO_4 四面体,Li 和 Fe 分别与 O 原子以离子键形成 LiO_6 和 FeO_6 八面体。FeO_6 八面体以特定的角度与 bc 平面相连。一个 PO_4 四面体、两个 LiO_6 八面体和一个 FeO_6 八面体连接起来形成三维结构。当 Li^+ 被移除时,$Li_xFePO_4/Li_{1-x}FePO_4$ 相界面产生。随着 Li^+ 的不断析出,界面面积减小。当达到临界表面积时,Li^+ 受到界面的限制。因此,$LiFePO_4$ 的电化学性能受 Li^+ 扩散速率的影响,特别是在大电流的情况下。$LiFePO_4$ 材料受到研究者的青睐,主要由于以下优点:

(1)高安全性,包括高温性能和热稳定性,是目前锂离子电池最安全的正极材料;

(2)高可逆比容量,其理论比容量为 170 mAh·g^{-1};

(3)对环境无污染,不含任何对人体有害的重金属元素;

(4)具有优异的过充电电阻,无记忆效应;

(5)资源丰富,成本低。

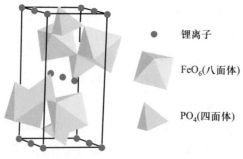

图 3-2-5　$LiFePO_4$ 的晶体结构

同时,$LiFePO_4$ 材料也有一些缺点。其电子电导率和离子扩散速率较低,因此材料性能要求较高的颗粒尺寸,材料振实密度相对较低。为了克服这些缺点,$LiFePO_4$ 材料的改造主要集中在三个方面:提高材料的电子电导率、离子扩散速率和振实密度。主要方法是掺杂和包覆,如常见的掺杂元素有 Mg、Nb、Ti、Co、Zn;常见的包覆层有碳、TiO_2 和导电聚合物(聚吡咯、聚苯胺等)。

5. 层状 $LiNiCoMnO_2$

在正极材料中,$LiMn_{1/3}Ni_{1/3}Co_{1/3}O_2$ 具有高电压、大容量的特点,成为近年来的研究热点。这种正极材料在引入 Ni、Co、Mn 后,表现出明显的协同效应。Co 的引入能有效地抑制 Li^+ 和 Ni^{2+} 的阳离子混排现象,稳定材料的结构,提高材料的导电性。但是,Co 浓度过高会导致 Li 容量的降低。Ni 作为电子活性材料的引入,可以有效地提高材料的电化学容量和能量密度。Mn 的引入可以有效降低材料成本,提高材料的安全性。$LiMn_{1/3}Ni_{1/3}Co_{1/3}O_2$ 具有和 $LiCoO_2$ 结构类似的 α-$NaFeO_2$ 结构,$R\overline{3}m$ 空间群,三角体系,O^{2-} 占晶格的立方密排结构,在 $6c$ 位,Li^+ 和过渡金属离子占据密排结构的八面体空穴,交替排列在立方堆积结构的(111)面上,分别位于 $3a$ 和 $3b$ 位置。过渡金属离子与 O^{2-} 之间形成的化学键更强,以静电作用的方式与 Li^+ 结合,使 Li^+ 可逆嵌入和脱出,形成二维锂离子扩散通道。

3.2.6　负极材料

锂离子电池的负极材料主要用作锂的储存主体,实现了锂离子在充电和放电过程中的嵌入和脱出。从锂离子电池的发展来看,负极材料是锂离子电池的核心部件之一,其结构和性质对电池的性能起着关键性作用。正是由于碳基材料的出现,金属锂电极的安全性得到了解决,锂离子电池得到广泛应用。已工业化的锂离子电池的负极材料主要是各种碳基材料,包括石墨材料和无定形碳材料,如天然石墨、改性石墨、中间相碳微球(MCMB)和软碳(如焦炭)等。但石墨类负极材料存在可逆容量较低、离子扩散动力学和电解液兼容性较差、体积膨胀率较高等问题,导致锂离子电池的能量密度、大电流倍率性能及循环稳定性等受到严重限制。尤其是近年来新能源汽车对续航里程和快速充放电能力的需求不断提高,使得石墨类负极材料在能量密度与功率密度方面的缺陷日渐凸显。此外,其他非碳基负极材料包括氮化物材料、硅基材料、锡基材料、钛基材料、合金材料等,由于其独特的性质,在负极材料的研究中也引起了人们的关注。负极材料薄膜化是近年来化学电源特别是锂二次电池高性能负极材料和微电子工业发展的需要。

1. 碳基负极材料

1) 石墨

石墨具有良好的导电性、高结晶度、良好的层状结构,锂的嵌入和脱出形成锂-石墨插层化合物(Li-GIC),充放电比容量大于 $300\ mAh \cdot g^{-1}$,效率在 90% 以上,不可逆比容量小于 $50\ mAh \cdot g^{-1}$。锂在石墨中的嵌入/脱出反应发生在 $0 \sim 0.25\ V(vs.Li^+/Li)$,具有良好的充放电电压平台,故石墨材料可与锂源正极材料 $LiCoO_2$、$LiNiO_2$、$LiMn_2O_4$ 等相匹配,组装电池的平均输出电压高,是锂离子电池中应用最广泛的负极材料。

石墨材料包括人造石墨和天然石墨。人造石墨是在 1900~2800 ℃ 的 N_2 气氛下,对高石墨化碳(如沥青焦)进行石墨化制备的,常用的人造石墨包括中间相碳微球和石墨纤维。天然石墨包括无定形石墨和片状石墨。非晶态(无定形)石墨纯度低,晶面间距(d_{002})为 0.336 nm。它主要是 2H 晶面有序结构,即按 ABAB… 排列,可逆比容量为 260 mAh·g^{-1},不可逆比容量大于 100 mAh·g^{-1}。片状石墨晶面间距(d_{002})为 0.335 nm,主要为 2H 和 3R 晶面排列结构,即石墨层按 ABAB… 两级排列,还有 ABCABC… 排列,含碳量大于 99% 的鳞片石墨可逆比容量为 300~350 mAh·g^{-1},由于石墨层间距(d_{002} = 0.34 nm)小于锂-石墨插层化合物(Li-GIC)的层间距(d_{002} = 0.37 nm),在充放电过程中,石墨层间距发生了变化,石墨层容易脱落。同时还伴随着锂和有机溶剂共嵌入石墨层的现象,会影响电池的循环性能。因此,人们开始研究其他石墨材料,如改性石墨和石墨化碳纤维。

2)软碳

软碳,即容易石墨化的碳,是指能在 2500 ℃ 或更高温度下可石墨化的无定形碳。软碳具有结晶度(即石墨化程度)低、晶粒尺寸小、晶面间距(d_{002})大、与电解液相容性好等特点,但首次充放电不可逆比容量大,输出电压低,无明显的充放电电压平台。常见的软碳包括石油焦、针状焦、碳纤维和碳微球。

3)硬碳

硬碳,即难石墨化的碳,这种碳在 2500 ℃ 或更高的高温下也很难石墨化。常见的硬碳有树脂炭(如酚醛树脂、环氧树脂、聚己内酯等)、有机聚合物热解炭(聚乙烯醇、聚氯乙烯、聚偏氟乙烯等)、炭黑(乙炔黑)。其中,聚碳酸酯树脂炭 PFA-C 曾被用作锂离子电池负极材料,其比容量高达 400 mAh·g^{-1},且晶面间距(d_{002})合适,可使锂嵌入而不会引起结构的显著膨胀,并且具有良好的充放电循环性能。另一种硬碳是聚并苯(PAS),它是酚醛树脂在 800 ℃ 以下热解得到的非晶态半导体材料,其比容量高达 800 mAh·g^{-1},晶面间距为 0.37~0.40 nm,有利于锂的嵌入和脱出,循环性能好。

2. 非碳基负极材料

1)锡基负极材料

虽然大多数负极材料都是碳基材料,但由于其比容量低、初始充放电效率低、有机溶剂填充不足等原因,人们开发了其他高比容量的非碳基负极材料,其中之一是锡基负极材料。锡基负极材料包括锡氧化物、锡盐、锡合金等。其中,锡氧化物包括氧化锡、氧化亚锡及其混合物三种。与碳基材料的理论比容量(372 mAh·g^{-1})相比,氧化锡的理论比容量远高于500 mAh·g^{-1},但首次不可逆比容量也较大。关于锡氧化物的储锂机理有两种看法:一种是离子型;另一种是合金型。离子型储锂机理中,锂的嵌入/脱出过程考虑如下:

$$xLi+SnO_2(SnO) \Longrightarrow Li_xSnO_2(Li_xSnO)$$

也就是说,锂与氧化(亚)锡通过一步可逆反应形成锡酸锂。

合金型储锂机理中,锂和氧化锡或氧化亚锡的反应在充电和放电过程中分两步进行:

$$4Li+SnO_2(SnO) \longrightarrow 2Li_2O+Sn$$

$$xLi+Sn \Longrightarrow Li_xSn \ (0<x<4.4)$$

第一步是在氧化锡或氧化亚锡中用锂代替锡,形成金属锡和氧化锂,这一步是不可逆的。接着,金属 Sn 与金属 Li 反应形成 LiSn 合金。

离子型储锂机理中,该反应仅再生锂相(锡酸盐),不产生 Li_2O,且首次充放电效率较高。合金型储锂机理中,在第一阶段产生不可逆的 Li_2O,因此首次充放电效率很低,大量实验现象都支持合金型储锂机理。X 射线衍射(XRD)分析观察到分离的金属 Sn 和 Li_2O,没有观察到均匀的 $Li_xSnO_2(Li_xSnO)$ 相。电子顺磁共振波谱(EPR)和 X 射线光电子能谱(XPS)分析也表明 Li 以原子形式存在于锡氧化物中。通过对 SnO 为代表的锡氧化物的 XRD、拉曼(Raman)光谱和高分辨电子显微镜(HR-SEM)分析,证明锡氧化物的锂离子的脱嵌机理是一种合金型储锂机理。可逆容量是由 Sn 和 Li 合金的形成引起的。在置换反应和合金化反应进行之前,有机电解液在颗粒表面分解形成非晶态钝化膜。钝化膜厚度为数纳米,成分为 Li_2CO_3 和烷基 Li($ROCO_2Li$)。在取代反应中,纳米级的细小 Sn 颗粒在 Li_2O 中高度分散。在合金化反应中,生成的 Li_xSn 也具有纳米级尺寸。锡氧化物作为负极材料具有很高的比容量,也是因为反应产物中含有纳米级的 Li 颗粒。

锡氧化物负极材料的主要问题是,首次充放电不可逆比容量较大,不可逆比容量损失超过 50%。这主要是由于 Li_2O 在第一次充电和放电期间的形成以及固体电解质界面膜(SEI 膜)的形成;另一个问题是,在锂的嵌入/脱出过程中,材料本身的体积变化(SnO_2、Sn、Li 的密度分别是 $6.99\ g\cdot cm^{-3}$、$7.29\ g\cdot cm^{-3}$、$2.56\ g\cdot cm^{-3}$,这导致材料的体积在反应之前和之后发生较大变化)导致电极"脱落"或"重聚"。因此,锡氧化物负极材料的比容量降低,循环性能降低。为了减少其"体积效应",通常采取以下措施:

(1)制备具有特殊形貌的锡氧化物(如薄膜、纳米粒子或非晶态形式),以使体积膨胀率最小化。

(2)选择合适的电池工作电压窗口,以减少副反应的发生。

(3)在电极材料中掺杂 Mo、P、B 等元素,以防止在充放电反应中形成锡团簇。

2)锡基复合氧化物

研究人员发现,锡基复合氧化物具有较好的循环性能和较高的可逆比容量。随后,关于这一领域的研究也相继展开。锡基复合氧化物是指在锡氧化物中加入金属或非金属氧化物(在一定程度上解决了锡氧化物负极材料体积变化大、首次充放电不可逆容量大、循环性能不理想等问题),通过热处理获得的 B、Al、Si、Ge、P、Ti、Mn、Fe 等元素的氧化物。

锡基复合氧化物具有非晶态结构,添加其他氧化物使混合物形成非晶态玻璃体,故可以用通式 $SnM_xO_y(x=1)$ 表示,其中 M 代表金属或非金属元素。结构上,锡基复合氧化物由活性位 Sn—O 键和周围的随机网络结构组成。随机网络由添加的金属或非金属氧化物组成,它们将活性中心相互分离。因此,Li 可以被有效地存储,并且容量与活性中心有关。锡基复合氧化物的可逆比容量可达 $600\ mAh\cdot g^{-1}$,体积比容量大于 $2200\ mAh\cdot cm^{-3}$,是碳基负极材料体积比容量(非晶态碳和石墨化碳的分别小于 $1200\ mAh\cdot cm^{-3}$ 和 $500\ mAh\cdot cm^{-3}$)的 2 倍左右。

锡基复合氧化物(TCO)的储锂机理有两种:一种是离子型;另一种是合金型。离子型储锂机理表明,Li 嵌入 TCO 材料中,Li 以离子形式存在于产物中。以 $SnB_{0.5}P_{0.5}O_3$ 为例,其机理可以表述为

$$xLi+SnB_{0.5}P_{0.5}O_3 \Longleftrightarrow Li_xSnB_{0.5}P_{0.5}O_3$$

TCO 的合金型储锂机理与锡氧化物的合金型储锂机理相似,也是两步反应的机理。首先,TCO 和 Li 反应生成 Li_2O、其他氧化物和锡,然后锡与锂反应生成 LiSn 合金。以 Sn_2BPO_6 为例,其作用机理可以表述为

$$P+4Li+Sn_2BO_6 \longrightarrow 2Li_2O+2Sn+1/2B_2O_3+1/2P_2O_5$$

$$4.4Li+Sn \Longleftrightarrow Li_{4.4}Sn$$

锡基复合氧化物具有非晶态结构,在充放电前后其体积变化不大,结构稳定,不易破坏。因此,锡基复合氧化物的循环性能相对较好。此外,与晶态锡氧化物相比,锡基复合氧化物的结构有利于锂的可逆嵌入和脱出,可提高锂的扩散系数。

3) 硅基负极材料

硅作为锂离子电池的负极材料,因具有极高的比容量而受到广泛的研究。然而,硅基负极材料在充放电过程中通常会发生较大的体积变化,导致硅粉化、电接触损失和持续的副反应。这些转变导致循环性能差,阻碍了硅基材料在锂离子电池领域的广泛商业化。对于锂化和脱锂以及界面反应机理,人们正在逐步研究和理解。首先,在完全岩化形成 $Li_{22}Si_5$ 后,Si 的比容量约为 4200 mAh · g^{-1}。其次,Si 负极具有相对较低的放电电压平台(约 0.4 V),而 Li^+/Li 负极与正极配对时,可产生较高的工作电压,从而在整个锂离子电池中产生较高的能量密度。再次,地壳中硅元素的丰度很高,获得单晶硅和多晶硅的成本已经下降到可以用于电极应用的范围。硅还具有环境相容性好、毒性低、化学性质相对稳定等优点,是下一代硅基材料非常有前途的候选材料。

Si 和 Li 热合金化过程中存在一系列 Si–Li 相,包括 $LiSi$、$Li_{12}Si_7$、$Li_{13}Si_4$ 和 $Li_{22}Si_5$ 的晶相。这些晶相由于其较低的形成能,往往比相应的非晶相更为稳定。然而,在硅的实际电化学锂化过程中,这些晶相的形成并不总是有利的。Liu 等[8]报道的晶体硅锂化的一种原子模型,生动地揭示了锂离子对 Si(111)原子面的剥离过程。通过晶格尺度原位透射电子显微镜(TEM)成像,捕捉到 Li_xSi 合金在反应界面的逐层形成过程。采用直径为 130 nm,生长方向为(111)面的硅纳米线(SiNW),锂化后,首先在硅纳米线表面形成非晶态锂壳。固态非晶化过程中尖锐非晶态/晶态界面的渐进迁移,非晶态/晶态界面只有约 1 nm 的厚度。如图 3-2-6 所示,SiNW 在非晶态和晶态之间的对比。在 SiNW 完全锂化后,金属丝的体积增加了约 280%,相当于室温下的理论比容量为 3579 mAh · g^{-1}。

硅基负极材料及其他合金型负极材料的一个不可避免的挑战是,由于充放电过程中体积变化大以及由此产生的影响,其循环稳定性较差。完全锂化后,硅的体积可以扩大到原来的三倍以上。这种显著的体积变化对硅负极在循环过程中保持其形貌提出了挑战。为了解决这些问题,大量的研究用以揭示硅负极确切的失效模式,硅在锂的嵌入/脱出过程中体积变化较大,主要通过以下三种机制导致电极故障:

(1)薄膜和颗粒的体积巨变使硅的内应力过高,导致硅的形貌发生粉化,这种现象在几种合金型负极材料中很常见。

(2)在恒定体积变化和粉碎后,大部分活性物质与其邻近单元、导电网络和集电器失去电接触,并导致活性材料自隔离和导电性损失。

(3)硅的体积巨变和粉碎不可避免地导致重复生长和形成不稳定的 SEI 膜,如图 3-2-7

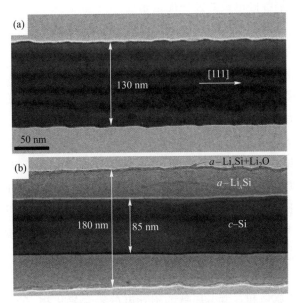

图 3-2-6　（a）由于刻面而具有粗糙侧壁的原始硅纳米线，
（b）部分锂化的硅纳米线（在 c-Si 核周围具有 a-Li$_x$Si 层[8]）

所示[9]。在第一步锂化过程中，电解液在硅负极表面分解，形成自钝化 SEI 膜。SEI 膜主要由聚碳酸酯、锂基盐和氧化物组成。它导致最小的锂离子传导电阻，但明显限制了电子流。一层薄薄的钝化 SEI 膜可以防止电解液与硅直接接触，避免进一步分解。随着硅的断裂，新的硅表面不断形成新的 SEI 膜。据报道，稳定的 SEI 膜的形成对硅负极的长时间循环至关重要，但 SEI 膜的过度连续生长消耗了电解液中大量的 Li$^+$，并进一步阻断了使硅失活的电子传导途径。

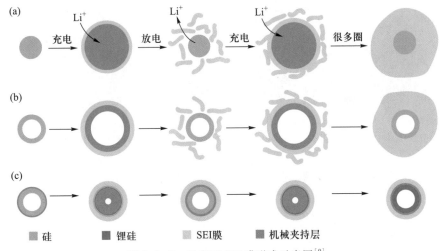

图 3-2-7　硅表面 SEI 膜形成示意图[9]

　　除了硅负极的退化问题外，硅电极体积的显著变化可能导致全电池的变形，这也给采用硅负极的锂离子电池的设计和制造带来了严峻的挑战。一些通过设计空穴（空位）来适应体积变化的方法,通常会牺牲硅电极的体积能量密度。

4) 钛基负极材料

钛基负极材料具有高安全性、优异的循环性能以及环境友好性,是一类重要的锂离子电池负极材料。目前,钛基负极材料有 $Li_4Ti_5O_{12}$、$Li_2Ti_3O_7$、$Li_2Ti_6O_{13}$、TiO_2、$H_2Ti_3O_7$ 等,被认为是传统碳基材料的潜在替代品,因为它们表现出良好的锂离子嵌入/脱出可逆性,结构变化很小,并具有更高的工作电压 $1\sim3$ V($vs.Li^+/Li$),从而避免锂枝晶的问题,确保电池的安全性。

1983 年,Murphy 等首次报道了钛酸锂和它的嵌锂能力。此后,$Li_4Ti_5O_{12}$ 因其在充放电过程中独特的零应变结构而成为锂离子电池应用领域中最突出的负极材料之一。特别是近年来,随着可再生能源发电、电动汽车、混合动力汽车等储能应用的快速发展,$Li_4Ti_5O_{12}$ 因具有 1.5 V 的稳定电压平台、高安全性、长循环时间、简单的合成方法,被认为是最佳的储能负极材料。但该材料的电子电导率较低,实际比容量也不够高。为了提高 $Li_4Ti_5O_{12}$ 的电子电导率和比容量,人们进行了大量的研究工作。因此,$Li_4Ti_5O_{12}$ 负极的稳定性和电化学功率性能有了很大的提高,采用该技术的商用电池已经应用在电动汽车上。

$Li_4Ti_5O_{12}$ 是一种金属锂和过渡金属钛的不导电的复合氧化物,在空气中可以稳定存在,属于 AB_2X_4 系列,可被描述成尖晶石固溶体。$Li_4Ti_5O_{12}$ 为面心立方尖晶石结构,空间点群为 $Fd\bar{3}m$ 空间群,晶胞参数 a 为 0.836 nm。如图 3-2-8 所示[10],完整的晶胞含有 8 个 $Li_{4/3}Ti_{5/3}O_4$ 结构单元,32 个氧负离子位于 $32e$ 位置,按 FCC(面)立方密堆积排列;锂离子占据 $16d$ 和 $8a$ 位置,占总数 3/4 的锂离子(位于 $8a$ 位置上)嵌入 4 个紧邻的氧负离子配体的正四面体空隙,其余的锂离子(位于 $16d$ 位置上)和所有钛离子 Ti^{4+}(原子数目 1:5)嵌入 6 个氧负离子配体的正八面体空隙,因此其结构可以表示为 $Li[Li_{1/3}Ti_{5/3}]O_4$。$Li_4Ti_5O_{12}$ 稳定致密的结构可以为有限的锂离子提供进出的通道。

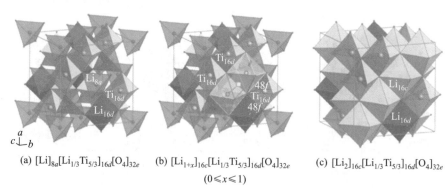

(a) $[Li]_{8a}[Li_{1/3}Ti_{5/3}]_{16d}[O_4]_{32e}$ 　(b) $[Li_{1+x}]_{16c}[Li_{1/3}Ti_{5/3}]_{16d}[O_4]_{32e}$ 　(c) $[Li_2]_{16c}[Li_{1/3}Ti_{5/3}]_{16d}[O_4]_{32e}$

$(0 \leqslant x \leqslant 1)$

图 3-2-8　充放电过程中 $Li_{4/3}Ti_{5/3}O_4$ 结构单元的晶体结构变化[10]

在充放电过程中,当外来的 Li^+ 嵌入 $Li_4Ti_5O_{12}$ 时,首先位于 $8a$ 位置的 Li^+ 转移到 $16c$ 位置,与此同时,插入的 Li^+ 通过 $8a$ 位置占据 $16c$ 位置,最后所有的 $16c$ 位置都被 Li^+ 占据,此时,$Li_2[Li_{1/3}Ti_{5/3}]O_4$ 的导电性较好,电导率约为 10^{-2} S·cm^{-1},反应过程如下式所示:

$$[Li]_{8a}[Li_{1/3}\ Ti_{5/3}]_{16d}[O_4]_{32e} + xLi^+ + xe^- \rightleftharpoons [Li_{1+x}]_{16c}[Li_{1/3}\ Ti_{5/3}]_{16d}[O_4]_{32e}$$

反应过程是通过两相共存实现的,生成的 $Li_2[Li_{1/3}Ti_{5/3}]O_4$ 的晶胞参数 a 变化很小,仅从 0.836 nm 增加到 0.837 nm,因此称为零应变电极材料。尽管 $Li_4Ti_5O_{12}$ 负极具有优越的安全性和耐久性,但 $Li_4Ti_5O_{12}$ 电池在电动汽车储能系统中的应用仍然存在许多挑战。$Li_4Ti_5O_{12}$ 电池存在一些本征动力学问题,如固有的电子电导率低(10^{-9} S·cm^{-1}),锂扩散系数小(约 $10^{-9} \sim 10^{-16}$ cm^2·S^{-1}),严重限制了其比容量。此外,其相对较低的理论比容量和更高的锂插入电势(比 Li/Li^+ 高 1.55 V)会降低电池的能量密度。因此,今后克服 $Li_4Ti_5O_{12}$ 电池能量密度低的工作应集中在以下几点:

(1) 提高改性 $Li_4Ti_5O_{12}$ 材料的比容量;

(2) 匹配高电势正极和电解质以改善电势差;

(3) 使用较少的非活性材料(如无黏结剂电极);

(4) 设计紧凑型的高密度结构(如全固态电池或薄膜电池)。

目前改性 $Li_4Ti_5O_{12}$ 材料的方法主要包括元素掺杂与复合、表面包覆、加入杂质相以及改变形貌。目前掺杂的元素有 Al、Mg、Fe、Nb、Pr、Sn、V、Cu、Ag、Au、F、Zr 等,通过阳离子或者阴离子掺杂进入空穴,从而提高材料的电子电导率,进而减小极化,提高材料的电化学性能。加入杂质相如金红石 TiO_2,可能对材料的比容量有利。此外,通过水热法、溶胶凝胶法、静电纺丝法等不同的方法合成一系列不同形貌的纳米粒子、纳米线、纳米管、纳米棒、纳米片材料,也能够改善材料的性能,其共同特点是,材料比表面积增大,锂离子的迁移路径缩短,材料的循环性能和倍率性能得到提升。目前,文献报道的零维到三维的微纳米结构材料与对应的电镜图如图 3-2-9 所示。

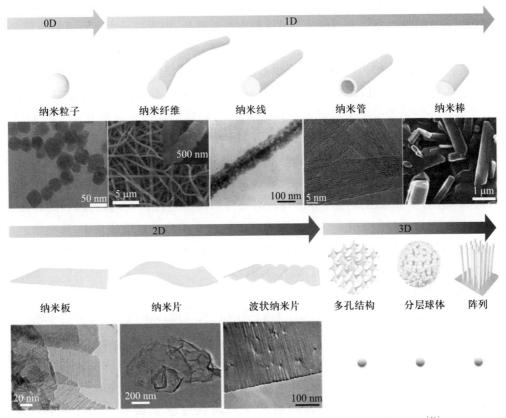

图 3-2-9　文献报道的零维到三维的微纳米结构材料与对应的电镜图[11]

3.2.7　电解质

电解质是制约锂离子电池发展的关键因素之一。锂离子电池电解质主要由三部分组成:锂盐、有机溶剂和添加剂。此外,电解质还含有水、氟化氢、金属离子等杂质。目前用于商用锂离子电池的电解质锂盐为 $LiPF_6$。迄今为止,没有一种单一溶剂满足锂离子电池的要求。因此,典型的溶剂是混合溶剂,烷基碳酸盐混合溶剂已广泛应用于商用锂离子电池中。

根据阴离子的不同类型,电解质锂盐可分为无机电解质锂盐和有机电解质锂盐两大类。

1. 无机电解质锂盐

许多简单的锂盐,如 LiF、$LiCl$ 和 $LiBr$,由于其溶解度较低,一直没有用于锂离子电池。虽然 LiI 基电解质具有中等的导电性,但在非水条件下 LiI 很难制备,并且很容易被氧化。Li_3AlF_6 和 Li_2SiF_6 在有机溶剂中的溶解度较低(溶液浓度仅为 $0.1\ mol \cdot L^{-1}$ 左右),电导率一般在 $10^{-5}\ S \cdot cm^{-1}$ 左右。$LiSbF_6$ 和 $LiAlCl_4$ 具有较大的阴离子半径和较小的晶格能。与有机电解质锂盐相比,它们具有良好的导电性,如 $1\ mol \cdot L^{-1}$ 的 $LiSbF_6$+THF 和 $LiAlCl_4$+THF 电解液的电导率为 $1.6×10^{-2}\ S \cdot cm^{-1}$。但 Sb(V) 和 Al(III) 很容易被还原,在电极表面形成的 SEI 膜对 Li^+ 具有渗透性,对 SbF_6^-、$AlCl_4^-$ 也有渗透性。$Li-TaF_6$ 和 $Li-NbF_6$ 基电解质也具有合适的导电性,但价格昂贵且难以获得高纯度,并且在锂电极上,如 $LiSbF_6$ 和 $LiAlCl_4$,Ta(V) 和 Nb(V) 很容易被还原为金属 Ta 和 Nb。此外,还发现 $LiSbF_6$ 和 $LiTaF_6$ 在电解液中可以引发环状醚的聚合。因此,在众多的锂盐中,只有 $LiClO_4$、$LiPF_6$、$LiBF_4$ 和 $LiAsF_6$ 可用于锂离子电池。$LiClO_4$ 是研究时间最长的无机电解质锂盐,但国际锂电池行业普遍认为,该锂盐更适用于研究工作系统,在实际应用中存在一定问题,这是因为 $LiClO_4$ 本身是一种强氧化剂,在某些不确定的条件下,它可能会引起安全问题。同时,$LiClO_4$ 热稳定性差、容易水解,且电导率相对较低。在已知的锂盐中,$LiAsF_6$ 基电解质具有最佳的循环效率、相对较好的热稳定性以及较高的电导率。但 As(V) 的潜在致癌作用限制了其应用。因此,$LiPF_6$ 已广泛应用于商用锂离子电池,$LiAsF_6$ 主要用于军用锂电池,$LiClO_4$ 广泛应用于实验研究。

$LiPF_6$ 作为锂离子电池电解质锂盐具有以下优点:(1) 可以在电极上形成适当的 SEI 膜,特别是在碳负极上;(2) 能有效地钝化正极集电器,防止其溶解;(3) 具有更宽的化学稳定窗口;(4) 在各种非水溶剂中具有适当的溶解性和高导电性;(5) 具有较好的环境友好性;(6) $LiPF_6$ 具有优异的氧化稳定性。在单溶剂碳酸二甲酯电解液体系中,几种电解质锂盐的氧化电势变化规律:$LiPF_6$>$LiBF_4$>$LiAsF_6$>$LiClO_4$;碳酸乙烯酯/碳酸二甲酯电解液体系中电导率变化规律:$LiAsF_6 ≈ LiPF_6$>$LiClO_4$>$LiBF_4$。

2. 有机电解质锂盐

有机电解质锂盐主要包括 $LiCF_3SO_3$、$LiN(SO_2CF_3)_2$、$LiC(SO_2CF_3)_3$ 及其衍生物。到目前为止,$LiN(SO_2CF_3)_2$ 和 $LiC(SO_2CF_3)_3$ 是阴离子锂盐中电导率较高的。$LiCF_3SO_3$ 在一些二次锂电池系统中显示出良好的循环效率,但不如 $LiClO_4$、$LiPF_6$ 和 $LiAsF_6$ 好,$LiCF_3SO_3$ 的电导率只有 $LiPF_6$ 的一半左右。同时,在锂离子电池中使用 $LiCF_3SO_3$ 基有机电解液时,还存在着铝或铜电极集电器的腐蚀以及与碳负极和层状过渡金属氧化物的相容性问题。$LiCF_3SO_3$ 的电导率最低,价格最低。$LiN(SO_2CF_3)_2$(简称 LiTFSI)是由 Armand 首次[12]提出的,具有与 $LiPF_6$ 相近的导电性,具有固有的电化学稳定性和热稳定性。它不易水解,热分解温度超过 360 ℃。LiTFSI 被认为是 MCMB 等高石墨化电极最具吸引力的电解质锂盐,即使在重复循环中也能保证接近最大能量的稳定放电能量。在每种电解质体系中,除了第一次充放电循环外,几乎每个充放电循环的库仑效率都接近 100%,这主要是由于 LiTFSI 可以在 MCMB 上形成稳定的低电阻 SEI 膜。然而,当锂离子电池中使用锂离子硅基有机电解质时,铝或铜电极集流器也会受到腐蚀。这主要是因为 TFSI 盐,如 Al^{3+}、Cu^{2+} 和 Fe^{2+} 在许多有机溶剂中高度可溶,防止了盐沉积在暂时失活的集流器表面和钝化过程。提高 LiTFSI 在正极集流器上的腐蚀电势的方法主要有三种:(1) 在电解液中加入全氟无机阴离子盐如 $LiPF_6$,在集流器表面形成含氟钝化膜,防止 TFSI 盐吸附在集流器表面;(2) 用低黏度乙醚溶剂降低 Al^{3+}、Cu^{2+} 和 Fe^{2+} TFSI 络合物的溶解度;(3) 用分子半径更大的亚胺盐代替 LiTFSI,例如,电势高于 4.4 V 的 $LiN(SO_2CF_2CF_3)_2$ EC+THF 电解液体系。$LiC(SO_2CF_3)_3$ 最早由 Dominey 制备,它具有良好的热稳定性和电化学稳定性。当温度超过 300 ℃时,$LiC(SO_2CF_3)_3$ 开始发生分解。在相同的电解液体系中,它的电导率仅比 LiTFSI 的小 10% 左右。当锂离子电池中使用 $LiC(SO_2CF_3)_3$ 基有机电解质时,铝或不锈钢电极集流器不存在腐蚀问题。这种优异的稳定性主要是由于 $LiC(SO_2CF_3)_3$ 具有大的阴离子、与中心碳原子的空间位阻效应以及负电荷的高度离域。

3. 新型电解质锂盐

$LiPF_6$ 具有良好的导电性、氧化稳定性,但同时还存在热稳定性差、易水解等缺点,这给 $LiPF_6$ 的生产和使用带来了相当大的困难。因此,寻找廉价的电解质锂盐替代 $LiPF_6$ 是电解质锂盐的发展方向。该领域的研究工作主要包括两个方面:复合硼酸锂化合物、复合磷酸锂化合物。

复合硼酸锂化合物具有良好的环境友好性,在电解质锂盐的研究中受到了广泛的关注。目前已相继研究的复合硼酸锂化合物有十几种,但其电导率较低,限制了其应用。双草酸硼酸锂(LiBOB)是这类锂盐的代表,它不仅在 LiBOB 基电解质中具有比 $LiPF_6$ 基电解质更好的氧化稳定性,而且在 PC 基电解质中表现出独特的 SEI 成膜功能。复合磷酸锂化合物基本上是用三氟甲基或全氟烷基取代 $LiPF_6$ 中的氟而形成的化合物。LiFAP[$LiPF_3(C_2F_5)_3$]是这类锂盐的典型代表。与 $LiPF_6$ 相比,LiFAP 具有一定的优势,因为它不存在 HF,FAP 具有高稳定性和低反应性,可防止电极与电解液之间的恶性相互作用,从而保护电极活性物质。虽然新型电解质锂盐的研发已经取得了很多成果,但从性能、价格、生产工艺等方面考虑,$LiPF_6$ 仍将是主要的商用锂离子电池电解质锂盐。

3.2.8　隔膜

在锂离子电池中,隔膜的基本功能是阻断电子传导,同时在正极和负极之间传导离子。隔膜材料必须具有良好的化学和电化学稳定性、良好的机械性能,以及在反复充放电过程中电解液的高透过性。隔膜材料与电极的界面相容性、在电解液中的滞留对锂离子电池的充放电性能和循环性能都有重要影响。锂离子电池常用的隔膜材料包括纤维纸、无纺布、合成树脂。常见的隔膜是聚乙烯、聚丙烯微孔膜,这类隔膜具有较高的孔隙率、较低的阻力、较高的撕裂强度、较好的耐酸碱性能、良好的弹性和对非质子溶剂的保留性能[10]。聚乙烯、聚丙烯微孔膜存在对电解质亲和力差的缺陷。为此,需要对其进行改性,如在其表面引入亲水性单体,或改变电解质中的有机溶剂。另外,研究发现纤维素复合膜材料具有良好的锂离子导电性和良好的机械强度,可作为锂离子电池隔膜材料。

锂离子电池隔膜的制备方法主要有两种,一是干法,又称熔融纺丝法或冷却拉伸法(MSCS);二是湿法,又称热致相分离法(TIPS)。由于 MSCS 工艺不包括任何相分离过程,因此工艺相对简单,生产过程中无污染。目前,世界上大多数生产厂家都采用这种方法进行生产。TIPS 工艺比 MSCS 工艺复杂,需要添加和去除稀释剂。因此,生产成本较高,可能会造成二次污染。

锂离子电池隔膜材料要求如下:

(1) **厚度**:电动汽车和混合动力汽车中电池使用的隔膜厚度大约为 40 pm,锂离子电池通常使用更薄的隔膜(<25 pm)。一般来说,隔膜越厚,其机械强度越大,在装配过程中刺穿电池的可能性就越小。但对于同一类型的电池,如圆柱形电池,较薄的隔膜占用的空间较小,则可添加更多的活性物质,这可以增加电池的容量和比容量(由于增加了接口面积),隔膜的阻抗也较低。

(2) **透过性**:隔膜对电池的电化学性能影响不大。例如,隔膜的存在可以使电解液的电阻增加 6~7 个数量级,但对电池的电化学性能几乎没有影响。电解液流经隔膜的有效孔所产生的阻抗系数通常与电解液的阻抗系数区别开来,前者被称为 MacMullin 系数。在商用电池中,MacMullin 系数一般为 10~12。

(3) **孔径率**:孔径率与透过性密切相关。锂离子电池隔膜的孔径率约为 40%。对锂离子电池来说,控制隔膜的孔径率非常重要。标准孔径率是隔膜标准的组成部分。高孔径率和均匀的孔径分布不会阻碍离子的流动。不均匀的孔径分布会导致电流密度不均匀,影响工作电极的活性,从而使电极和其他部件的工作量不一致,最终导致电池芯的损坏速度更快。

(4) **浸润性**:隔膜在电池电解质中应具有快速、完整的浸润性。

(5) **吸液保湿能力**:在锂离子电池中,电解液的吸收是离子传输的需要,因此隔膜应机械地吸收并保留电池中的电解液,且不会造成膨胀。

(6) **化学稳定性**:隔膜应在电池中长期稳定存在,对强氧化和强还原的环境具有化学惰性,在上述条件下不降解、不失去机械强度、不产生影响电池性能的杂质。在高达 75 ℃ 的温度下,隔膜应能承受高氧化性正极的氧化和高腐蚀性电解质的腐蚀。抗氧化能力越强,电池隔膜的寿命就越长。聚烯烃基隔膜(如聚乙烯、聚丙烯微孔膜等)对大多数化学物质具有耐受性,具有良好的机械性能,可在中等温度范围内使用。聚烯烃基隔膜是商用锂离子电池隔膜的理想选择。相比之下,聚丙烯微孔膜与锂离子电池正极材料接触时具有更好的抗氧化性。因此,在三层隔膜(PP/PE/PP)中,外层放置聚丙烯(PP),内层放置聚乙烯(PE),这提高了隔膜的抗氧化性。

(7) **空间稳定性**:隔膜应具有良好的空间稳定性和平整性,浸入电解液中时不塌陷。拆卸隔膜时,边缘必须平整,不得卷曲,以免电池组件变得复杂。

（8）**机械强度**：用机械强度表征隔膜对电极材料颗粒穿透的敏感性。在卷绕过程中，电极在正负极界面之间产生较大的机械应力，一些较松散的颗粒可能会强行穿透隔膜，导致短接蓄电池。

（9）**热稳定性**：锂离子电池中的水是有害的。因此，电极通常在 80 ℃ 的真空条件下干燥，在这种条件下，隔膜不应有明显收缩。每个电池制造商都有自己独特的干燥度。锂离子二次电池隔膜的工艺要求：在 90 ℃ 下干燥 60 min，隔膜的横向和纵向收缩率应小于 5%。在高温条件下，需要隔膜防止电极之间的相互传输。可通过热力学分析（TMA）对隔膜的热稳定性进行描述。TMA 可确定一定负载条件下隔膜生长和温度变化的比例关系。

除上述要求外，隔膜还应克服以下缺陷：针孔、皱纹、凝胶、污垢等。在锂离子电池应用之前，应优化隔膜的上述所有特性。

第 3 节　钠离子电池

3.3.1　正极材料

钠离子电池具有储量丰富、成本低廉等优点，在储能研究中受到广泛关注。但钠离子具有半径大和电化学动力学慢等缺点，所以亟须开发高性能钠离子电极材料，这是提高钠离子电池能量密度和促进其商业化的关键。

性能优良的正极材料应具有高比能量、长循环寿命和高倍率性能等特性。比能量由比容量和电势决定，循环寿命受结构稳定性的影响，倍率性能受钠离子扩散系数的影响。许多材料由于结构优势，表现出优异的储钠性能，如过渡金属层状氧化物、聚阴离子型正极材料、聚合物材料及无定形材料等。

1. 过渡金属层状氧化物

与其他电极材料相比，过渡金属层状氧化物因其种类多样、结构稳定和电化学性能良好而备受关注。在锂离子电池中，层状氧化物 $LiMO_2$（M 为金属 Co、Mn、Fe、Ni 等）因电化学性能较为优异而受到广泛关注。同样，在钠离子电池中，过渡金属层状氧化物 Na_xMO_2 也是研究热点之一。钠离子的半径（0.102 nm）比锂离子的半径（0.076 nm）大，这种半径的差异使它们在氧化物晶体结构中占据的位置有所不同。在过渡金属氧化物结构中，锂离子占据四面体氧空位和八面体氧空位，而钠离子由于离子半径大，无法占据四面体氧空位。钠离子电池过渡金属氧化物层状结构主要有 P2 型、P3 型、O3 型、O2 型等，如图 3-3-1 所示。

O3 型材料广泛应用于锂离子电池中，如钴酸锂电极、三元电极等。该结构材料同样也常用于钠离子电池中。例如，$LiCrO_2$ 在锂离子电池中的电化学性能较差，但在钠离子电池中 $NaCrO_2$ 却有 120 mAh·g^{-1} 的可逆比容量（0.5Na）。$LiCrO_2$ 中的 $Cr^{4+}O_4^{2-}$ 四面体易于在晶体结构中形成，这会破坏原有的层状结构。而 $NaCrO_2$ 中较大的层间距能够阻止 Cr^{4+} 的移动，可以阻止四面体配位的形成。在制备 $NaCrO_2$ 的过程中加入惰性气体，三价的铬很难被还原，但可以通过碳包覆进一步改性，以提高其电化学性能。

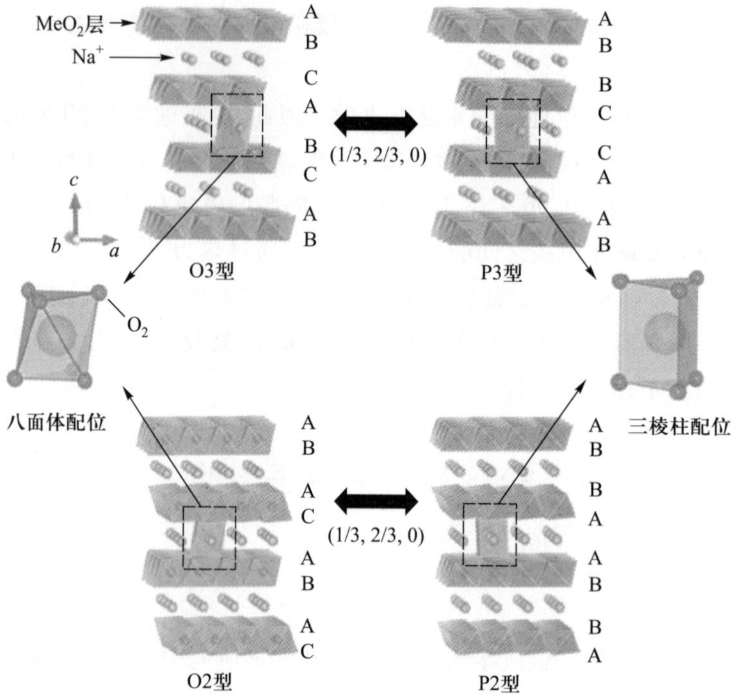

图 3-3-1　钠离子电池过渡金属氧化物材料的层状结构[13]

P2 型和 O3 型材料虽同属层状材料,但是 P2 型材料往往具有更高的比容量和循环性能。例如,Kamaba 团队在研究 $Na_xFe_{0.5}Mn_{0.5}O_2$ 时发现 P2 型钠离子会占据更多棱形空缺,这非常有利于钠离子的脱出,因此 P2 型材料的电化学性能比 O3 型材料更好[14]。同时,P2 型材料很难发生相转化、MO_6 八面体的旋转和 M—O 键的断裂,因此 P2 型材料比 O3 型材料更稳定。但问题是,材料的首周放电容量都超过了充电容量,严重影响了整个电池的匹配。

研究发现,即使在充电到 4.4 V 的极端条件下,含有锂离子的 P2 型材料也可以有效抑制 P2-O2 的相转化。这种性质可以有效保持材料结构的稳定,从而提高其性能。例如,在 2~4.2 V 的充放电区间,$P2-NaLi_{0.2}[Ni_{0.25}Mn_{0.75}O_8]$ 有 100 $mAh \cdot g^{-1}$ 的可逆比容量,并且循环 50 周后几乎无衰减[15]。$P2-Na_{0.8}[Li_{0.12}Ni_{0.22}Mn_{0.66}]$ 有 118 $mAh \cdot g^{-1}$ 的可逆比容量,$Na_{0.66}Li_{0.18}Mn_{0.71}Co_{0.21}O_{2+d}$ 有 200 $mAh \cdot g^{-1}$ 的可逆比容量,且循环过程中几乎都无衰减[16]。

简而言之,单过渡金属层状氧化物 Na_xMO_2(M = Co、Mn、Fe、Cr、Ni)由于化学和物理性质的不同,具有不同的电化学行为和充放电特性。特别是在追求高放电比容量时,它们通常表现出较差的循环性能。基于不同金属离子的协同作用,制备双过渡金属层状氧化物可以提高材料的比容量和循环寿命。特别是含锂的锰基双过渡金属层状氧化物的可逆比容量超过 200 $mAh \cdot g^{-1}$,在钠离子电池正极材料方面具有很好的应用前景。

2. 聚阴离子型正极材料 $A_xM_y[(XO_m)^{n-}]_z$

与二维层状氧化物正极材料相比,三维聚阴离子型正极材料是由一系列以强共价键结合的聚阴离子单元$(XO_4)^{n-}$($X = S、P、Si$ 等)构成的。它具有许多显著的优点,如在 Na^+ 的嵌入/脱出过程中结构的变化极小、耐热性好、输出电压高等。这种材料有着较好的结构稳定性和阴离子诱导效应,通常来说它们的电压平台和循环稳定性也非常好。近年来,主要的研究对象包括磷酸盐$[NaFePO_4、Na_3V_2(PO_4)_3]$、焦磷酸盐$[Na_2MP_2O_7、Na_4M_3(PO_4)_2P_2O_7,M = Fe、Co、Mn]$、氟磷酸盐($Na_2MPO_4F,M = Fe、Co、Mn$)和硫酸盐$[Na_2Fe_2(SO_4)_3]$等。

橄榄石结构的 $NaFePO_4$ 是一种有趣的正极材料,基于 Fe^{3+}/Fe^{2+} 单电子反应的氧化还原电对,其理论比容量高达 154 $mAh \cdot g^{-1}$,工作电压为 2.9 V($vs. Na^+/Na$)[17]。然而在充放电过程中,$NaFePO_4$ 和 $FePO_4$ 两个单元结构有着巨大的差距,在相转化过程中是不可逆的。同时,一维钠离子传输通道和较低的电导率影响了该结构材料的应用。

钠超离子导体(NASICON)材料由于具有良好的离子导电性、化学柔韧性、结构稳定性和热稳定性等优点,所以将成为一种极具吸引力的钠离子电池正极材料。其化学通式为 $Na_xMM'(XO_4)_3$($M = V、Ti、Fe、Tr、Nb$ 等;$X = P、S,x = 0 \sim 4$)。$Na_3V_2(PO_4)_3$ 是一种基于 V^{3+}/V^{4+} 转化的聚阴离子化合物,这种结构具有三维钠离子传输通道和高导电性。另外,可将深入探索过的 $Li_3V_2(PO_4)_3$ 作为参考,来研究 $Na_3V_2(PO_4)_3$ 作为钠离子电池正极材料的应用。由于 $Na_3V_2(PO_4)_3$ 材料的制备是在惰性气氛或者还原气氛中进行的,因此可以用不同种类的碳材料来增强其电化学性能。阳离子置换也是改性方法中的一种。但是 NASICON 材料往往具有较低的本征电导率,这限制了它们的实际电化学性能,尤其是倍率性能。为了解决这个问题,科研人员采取了许多方法,包括(1)减小粒径;(2)导电碳/杂原子掺杂碳包覆;(3)用其他金属元素取代 Na 或 V。

一系列焦磷酸盐 $Na_2MP_2O_7$($M = Fe、Mn、Co$)材料具有不同的结构类型,其结构稳定性和电子导电性较高。基于不同的过渡金属阳离子和不同的制备方法,这类材料具有三斜、正交、四方等不同的晶体结构。对于 $Na_2FeP_2O_7$ 和 $Na_2MnP_2O_7$,三斜结构较为稳定;对于 $Na_2CoP_2O_7$,正交结构最为稳定。在 3.0 V 时,$Na_2MnP_2O_7$ 的可逆比容量可达 80 $mAh \cdot g^{-1}$[18]。

氟磷酸盐 Na_2MPO_4F($M = Fe、Co、Mn$)是另一类聚阴离子化合物,也具有结构稳定和碳复合改性的特点。在这类材料中,钠离子占据了一个带有二维钠离子通道的伪八面体。其中,Na_2FePO_4F 碳复合材料在 3.0 V 时可逆比容量可达 100 $mAh \cdot g^{-1}$。

3. 导电聚合物和自由基聚合物

导电聚合物具有很大的 π 键共轭结构,离域的 π 键电子可以在聚合物链上自由移动,本体聚合物为绝缘性或半导体性,但经过氧化掺杂(p-掺杂)或还原掺杂(n-掺杂),可获得与金属相当的导电性,因此被称为"导电"聚合物。1977 年,日本科学家 Hideki Shirakawa 和美国科学家 MacDiarmid、Heeger 共同发现了第一个导电聚合物——聚乙炔,并因此获得了 2000 年诺贝尔化学奖。

常用的导电聚合物有聚氧乙炔、聚多苯、聚苯胺、聚吡咯、聚噻吩及其衍生物。除聚氧乙炔外,导电聚合物一般采用化学聚合和电化学聚合的方法制备,并且其聚合产物均为掺杂态。几种常见的导电聚合物的结构和性能见表 3-3-1。

表 3-3-1 几种常见的导电聚合物的结构和性能

名称	结构	最大掺杂量/%	理论比容量 $mAh \cdot g^{-1}$	电压(vs.Na$^+$/Na) V
聚氧乙炔		7	144	0~2.0 (n) 3.5~4.3 (p)
聚多苯		40	141	0~1.0 (n) 4.0~4.5 (p)
聚苯胺		100	295	2.5~4.0
聚吡咯		33	136	2.5~4.0
聚噻吩		25	82	0~2.0 (n) 3.0~4.2 (p)

　　早期的研究发现,室温下导电聚合物的掺杂/脱掺杂过程伴随着可逆的氧化还原过程。这种现象引起了人们将其应用于二次电池的兴趣。后续研究表明,导电聚合物在有机体系和水体系中都具有一定的储能能力,储能能力是由掺杂程度决定的。从表 3-3-1 的数据可以看出,除了聚苯胺外,其他聚合物的掺杂均不高于 40%,相应的理论比容量均不高于 150 mAh · g^{-1},而具有高掺杂程度的聚苯胺是完全氧化的状态,这种状态不稳定。

　　自由基聚合物是指能够稳定产生自由基,在链增长(链生长)过程中自由基不断增长而形成的聚合物。这种聚合物通常由两部分组成:一是决定其过程性能的聚合物主链;二是决定其电化学性能的基团。一般情况下,作为侧链自由基的氧化还原电势越高,聚合物主链的分子量越小,电荷密度越高。自由基聚合物的结构和性能如下所述:

　　(1)自由基聚合物掺杂量大,但比容量不高。为了在自由基聚合物上聚集大量单电子,有必要在基团上实现电子离域并创造极高的空间位置。例如,活动中心是共轭结构或环形结构,这势必会增加氧化还原电势。最近报道的 PTVE 电极材料的比容量高达 135 mAh · g^{-1}。

　　(2)电极反应速率快。与其他有机反应不同,自由基聚合物中电化学活性点的电子离域,只有外层电子参与电极反应且不涉及化学键的断裂和生成,因此电荷转移速率非常快,氧化还原电势相当接近,峰值电流几乎相等,可逆性高,因此倍率性能好;

　　(3)循环性能优异。自由基聚合物的主链主要包括聚苯乙烯、聚甲基丙烯酸酯、交联聚降冰片烯、聚乙烯醇、聚乙烯氧化物等结构。这些主链结构具有较宽的电化学窗口,在普通有机电解质或水体系中稳定,在反应过程中不涉及裂解和化学键的生成。因此,自由基聚合物电极材料一般具有优良的循环性能。

　　(4)电极反应过程特殊。电极反应首先在集流体和导电炭之间传递电子,接着在连接在导电炭上的自由基和集流体之间进行电荷交换,然后电荷在自由基活性点和导电炭之间移动,最后电荷在自由基聚合物主链上移动。一般情况下,聚合物的主链结构是不导电的,因此需要加入大量的纤维导电剂(VGCF)构建导电网络,以提高自由基在聚合物中的电化学性能。

3.3.2 负极材料

1. 碳基负极材料

石墨碳基负极材料:石墨结构具有良好的导电性,适用于锂离子的嵌入和脱出,且来源广泛,成本低,常用于锂离子电池中。通过电化学还原过程,Li^+ 嵌入石墨层间,形成一级锂-石墨插层化合物(LiC_6)。其可逆比容量大于 360 mAh · g^{-1}(理论值为 372 mAh · g^{-1})。相比之下,石墨在钠离子电池中作为负极材料的效果并不乐观。早期第一性原理的计算表明,与其他碱金属相比,钠离子不能形成插层石墨化合物。

研究表明,Na^+ 的嵌入形成了较高阶的 NaC_{64} 化合物,电化学还原形成低阶的钠-石墨的可能性还有待探索。另外,作为钠离子电池负极材料,其理论比容量只有 35 mAh · g^{-1},这是因为石墨层间距约为 0.335 nm,小于 Na^+ 所需最小层间距 0.37 nm。近年来,研究人员发现,通过增加石墨的层间距,选择合适的电解质体系(如醚基电解质等),可以提高石墨的储钠能力,提高其电化学性能。膨胀石墨(EG)是钠离子电池中优良的碳基负极材料。EG 是一种石墨衍生材料,由两步氧化还原过程形成,它保留了石墨的长程有序层状结构。通过调节氧化和还原过程可以得到 0.43 nm 的层间距。这些特性便于 Na^+ 的电化学嵌入,如图 3-3-2 所示。EG 是一种很有前途的碳基负极材料。

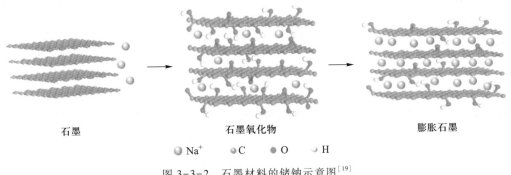

石墨　　　　　　　　石墨氧化物　　　　　　　　膨胀石墨

● Na^+　　● C　　● O　　● H

图 3-3-2　石墨材料的储钠示意图[19]

非石墨碳基负极材料:非石墨碳基负极材料层间距大,结构无序,有利于 Na^+ 的嵌入和脱出,是目前研究最多的钠离子电池碳基负极材料。根据石墨化难易程度和石墨晶的排列,非石墨碳基负极材料主要分为软碳(石墨化中间相碳微球、焦炭等)和硬碳(炭黑、树脂炭等)。软碳和硬碳均为非晶碳,主要由宽度和厚度较小的类石墨微晶组成,但排列比石墨更无序,碳层间距较大。

一般来说,温度在 2500 ℃ 以上时可石墨化的碳基材料称为软碳,内部晶体排列较为有序,层宽度和厚度较大,储钠机理主要表现为 Na^+ 吸附在碳层边缘、碳层表面和微晶隙上。Luo 等[20] 通过热解 $C_{24}H_8O_6$ 获得软碳负极材料,研究了在不同热解温度下得到的纯软碳的层间距和其相应的储 Na^+ 性质之间的相关性。实验结果表明,软碳负极材料的随机层微晶

74

会随着热解温度的变化而膨胀,层间距从 0.36 nm 左右增大到 0.42 nm 左右,从而提高了电化学性能。在 900 ℃ 下热解得到的软碳负极材料在 1000 mA·cm^{-2} 电流密度下的可逆比容量为 114 mAh·g^{-1},并具有优异的倍率性能和循环性能。硬碳是一种在 2800 ℃ 以上也难以石墨化的碳基材料。其内部晶体排列比软碳更为复杂,且含有部分微纳米孔区域,储钠能力较强,是理想的储能碳基材料。

2. 钛基负极材料

钛基负极材料是基于 Ti^{3+}/Ti^{4+} 的一类材料。在钠离子电池中研究最多的钛基负极材料是 $Li_4Ti_5O_{12}$ 和 TiO_2 材料。由于钠化合物种类较多,钛基活性钠离子材料有更多的选择。

在众多钛基负极材料中,$Na_2Ti_3O_7$ 的钠嵌入电势最低,在 0.3 V(vs.Na$^+$/Na)电压平台时,其比容量为 178 mAh·g^{-1},且具有良好的循环性能。$Na_2Ti_3O_7$ 具有由 TiO_6 八面体组成的层状结构,三个 TiO_6 八面体共享的两个 Ti—O 键缓慢移动形成平行轴,形成锯齿状 $(Ti_3O_7)_2$ 过渡金属层。钠离子可以在中间 Na 层可逆地嵌入和脱出,由于过渡金属层呈锯齿状,钠离子可以在 Na 层中占据两个位置。过渡金属层可以形成稳定的共价键,钠离子可以与 TiO_6 八面体形成强离子键。因此,$Na_2Ti_3O_7$ 的结构非常稳定。作为钛的另一种氧化物,大直径非晶 TiO_2 纳米线在 1.5 V(vs.Na$^+$/Na)电压平台上也可以可逆地嵌入/脱出 0.4 个钠离子,即可逆比容量为 150 mAh·g^{-1}。

应用于锂离子电池的 $Li_4Ti_5O_{12}$ 材料不仅具有“零应变”特性,而且具有较高的电压,可以避免生成锂枝晶,因此具有最佳的循环稳定性,是目前应用最广泛的负极材料,也可以应用于钠离子电池。

P2 型钛基材料作为钠离子电池正极材料受到广泛关注,但由于材料初始成分中缺乏钠,影响了首周库仑效率(高于 100 %),限制了该材料在全电池中的应用。这种初始钠空位可以作为负极钠存储的场所。由于 Ti^{3+}/Ti^{4+} 的低电势,P2 型钛基材料也可以作为钠离子电池的负极材料。例如,P2-$Na_{0.66}[Li_{0.22}Ti_{0.78}]O_2$ 的比容量为 116 mAh·g^{-1},经过 1200 次循环后比容量保留率为 75%。整个充放电周期库仑效率接近 100%。进一步的原位 XRD 测试表明,嵌入钠的体积变化仅为 0.77%,故此材料可以作为“零应变”负极材料,具有一定的应用前景[21]。

$NaTi_2(PO_4)_3$ 是一种钛基钠超离子导体化合物,理论比容量为 133 mAh·g^{-1},因其低成本和良好的环保性而备受关注。同时,由于具有较高的钠嵌入电势(约 2.1 V)和水环境稳定性,该材料被用作新一代钠水离子电池的负极材料。

3. 金属和合金负极材料

金属可以通过与钠离子形成合金来存储钠离子。在钠离子电池中,合金作为负极材料可以提供非常高的比容量,但也会带来相应的大体积膨胀问题。这与锂离子电池中的负极情况相反。事实上,由于钠离子的半径较大,体积变化的影响比在锂合金负极材料中的影响更明显。也就是说,在相同条件下,钠合金化合物要达到锂离子电池中石墨负极的比容量(约 360 mAh·g^{-1}),需要有 150% 的体积膨胀率。

除传统金属材料外,黑磷材料也具有钠嵌体的合金化反应特性。在充放电过程中,NaP、Na_2P 和 Na_3P 依次形成。最多嵌入 3 个钠离子,具有 2600 mAh·g^{-1} 的理论比容量,是理论比容量最高的钠离子电池负极材料。三种钠离子的容量很大,会引起 490% 的巨大体积变化率。高能球磨法制备的黑磷材料虽然第一次充放电时比容量可以达到 $1750 \ mAh \cdot g^{-1}$，但经过 30 次循环后比容量仅保留 $1200 \ mAh \cdot g^{-1}$。

4. 金属氧化物负极材料

Tirado 等首次发现过渡金属氧化物可以应用于钠离子电池。他们首先发现了尖晶石结构的 $NiCo_2O_4$ 的放电比容量为 $600 \ mAh \cdot g^{-1}$，随后发现其可逆放电比容量为 $200 \ mAh \cdot g^{-1}$，在全电池中 $NiCo_2O_4/Na_{0.7}CoO_2$ 可逆放电比容量为 $250 \ mAh \cdot g^{-1}$。

Fe_3O_4 材料作为锂离子电池负极材料具有较高的比容量。同时，含铁元素意味着原材料成本低，环保性能好，故它也可以作为钠离子电池的负极材料。在钠离子电池半电池试验中，其充放电电化学性能可逆，在 0.06 C 条件下，第一次放电比容量为 $643 \ mAh \cdot g^{-1}$，但首周库仑效率只有 56%，没有实用价值，需要进一步改进。

Sb_2O_4 作为钠离子电池的阳极材料，根据转换反应和合金形成反应的两步反应机理，共与 14 个钠原子发生反应。这意味着理论比容量为 $1227 \ mAh \cdot g^{-1}$。研究发现，磁控溅射制备的 Sb_2O_4 薄膜的可逆比容量为 $896 \ mAh \cdot g^{-1}$。根据上述反应机理，第二阶段合金形成反应对可逆比容量起主要作用。

$$Sb_2O_4 + 8Na \longrightarrow 2Sb + 4Na_2O$$

$$Sb + 3Na \longrightarrow SbNa_3$$

作为一种新兴的二维材料，MoS_2 具有两种充放电机制。当截止电压大于 1.5 V 时，呈现嵌脱机理，晶体结构保持不变。当截止电压设置为 0 V 时，表现出转换反应机理，同时达到较高的比容量。

5. 非金属负极材料

红磷：和锡、锑相比，红磷除了体积膨胀率较大的问题外，还有电导率太低的问题，所以大多数研究者将红磷与碳（PC）或其他金属（PM）复合形成合金以增强其循环稳定性。目前研究的合金包括 Zn-Ge-P、Ge-P、Fe-P、CoP 和 Sn-P。PC 化合物主要将红磷与石墨烯、碳纳米管或其他碳基质结合，以增强材料的导电性。

磷二烯：磷二烯是一种只有一层或几层黑磷的新型二维材料，具有褶皱的层状结构。常用的制备方法有机械剥离、液相剥离和化学气相沉积。Sun 等首次采用磷二烯作为储钠负极材料，在 $50 \ mA \cdot g^{-1}$ 电流密度下，第一次充电比容量高达 $2440 \ mAh \cdot g^{-1}$，100 次循环后比容量保留率为 83%。作者认为，减少黑磷层后形成的磷二烯层间距增加，这有利于钠离子的扩散，与石墨烯复合后为电子的传播提供了一条快速通道，这使得三明治结构的磷二烯石墨烯复合材料具有良好的电化学性能。最近，Huang 等人利用电化学阳离子包埋制备了作为储钠负极材料的磷二烯。此制备方法简单、快速，可以用通过调节电压控制磷层数。该方法生产的磷二烯在 $100 \ mA \cdot g^{-1}$ 下比容量为 $1968 \ mAh \cdot g^{-1}$，50 次循环后剩余 60.5%。目前，磷二烯在钠离子电池中的应用较少，需要进一步探索。同时，磷二烯的应用也为开发高性能新材料提供了新的思路。

磷的比容量远远高于锡基和锑基材料，在保持高比容量的情况下，可稳定循环 1000 次以上。但磷具有一定的毒性和可燃性。同时，还原产物 Na_3P 易于水解，PH_3 气体易燃且有毒，这些缺点限制了磷在钠离子电池中的应用。

6. 自由基聚合物负极材料

如图 3-3-3 所示,目前研究者报道了以下两种自由基聚合物负极材料。自由基聚合物 1 的理论比容量为 59 mAh·g^{-1}。考虑到聚合过程中加入了一定量的交联剂,其理论比容量仅为 42 mAh·g^{-1}。在 10 C 条件下,自由基聚合物的电压平台为 0.06 V(vs.AgCl/Ag),达到了 100% 的理论比容量,500 次循环的比容量损失小于 5%。与聚合物 1 相比,聚合物 2 具有更高的理论比容量(103 mAh·g^{-1})和更低的电极电势(-0.76 V,vs.AgCl/Ag),但尚未有将其作为电池负极的报道。

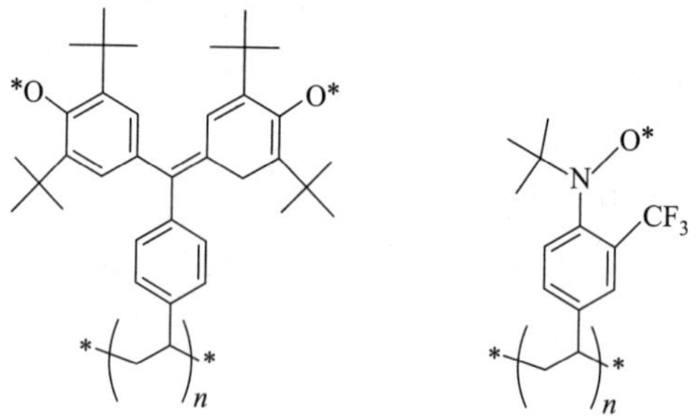

图 3-3-3　自由基聚合物负极材料

3.3.3　电解液

钠离子电池的电解质按其存在状态,可分为液体电解质和固体电解质。钠离子电池中使用的液体电解质指将钠盐溶解在有机溶剂中。钠盐一般有 $NaPF_6$、$NaClO_4$、$NaAsF_6$、$NaNO_3$ 等。有机溶剂与锂离子电池中使用的电解质溶剂类似。Ponrouch 等表明可通过黏度、电导率、单一电解质和复杂的电解质溶剂,高温稳定的综合溶剂、稳定的电化学窗口和可以组装不同钠盐的电解液的解决方案来衡量整个电池的循环稳定性。速率性能表明,$NaClO_4$ 的 EC:PC(体积比为 1:1)电解质总体性能最好。该聚合物电解质是通过向掺杂形式的聚合物基质中添加盐类物质以形成离子导电聚合物而制成的。常见的聚合物基质是线型、链状和交联聚合物,如常用的 PEO、PTFE 和 PAN。钠盐均为带负电荷的阴离子钠盐,如 $NaBH_4$、NaI、$NaBF_4$、聚磷酸钠等。还有一种钠超离子导体的钠超导体,其结构式为 $A_xMM(XO_4)_3$($M=V$、Fe、Mn),是一种复合电解质。它最早的研究历史是在钠硫电池固体电解质中。除了这些液体电解质和固体电解质,还有一些用于电池的离子交换膜,可以取代传统添加的无机盐,如锂盐或钠盐。

第 4 节　锂 硫 电 池

3.4.1　概述

锂电池经过几十年的发展,到现在已趋于成熟,锂离子电池已经投入商用汽车行业,但锂离子电池无法满足高能量消耗的电动汽车和电网储能的要求,其寿命较短,低温性能也较差,现有技术很难使锂离子电池的比容量得到较大的提升。锂硫电池中,以硫作正极,金属锂作负极,电池工作中通过化学反应使硫硫键断裂和重新形成,使化学能和电能相互转换,为电池提供动力。因硫的理论比容量高达 $1675\ mAh\cdot g^{-1}$,且单质硫在地球上含量高,来源广泛,价格低廉,对环境无污染,这些优点使锂硫电池得到快速发展,目前投入商用的锂硫电池的理论能量密度是锂离子电池的 3~5 倍。

1962 年,Herbet 和 Ulam 首次提出将硫作为正极材料用于电池系统中。进入 21 世纪后,锂离子电池的兴起,开启了研究可充电长寿命锂硫电池的新浪潮。2008 年,清华大学研制的锂硫软包装电池的能量密度达到了 $246\ Wh\cdot kg^{-1}$。国外在锂硫电池研究方面也取得了一系列的突破。日本近年来锂硫电池的能量密度目标值为 $500\ Wh\cdot kg^{-1}$。美国 SionPower 公司开发出了连续工作 8 h 的锂硫电池,并成功应用于笔记本电脑;2010 年 7 月试飞的无人飞机,采用锂硫电池和太阳能双能源动力,创造了 336 h 的持续飞行记录。

锂硫电池也有其天然的局限性,如硫自身导电性不强,需要通过改性才能使其投入使用。目前最经济有效的改性方法是在硫中掺杂多孔碳或碳基材料,这些掺杂的多孔碳和碳基材料对硫具有吸附性,可提高硫的电化学性能;充放电反应时硫会与金属锂形成多硫化物,多硫化物能溶于电解质中,尤其是有机溶剂电解质,溶解后的活性物质因电解质的浓度差向负极扩散,与锂负极反应,产生"穿梭效应",从而造成活性物质的损耗,使得放电电势降低;锂硫电池充放电过程中,硫元素会在硫和硫化锂之间不断转化,而硫化锂的密度约为硫密度的 81.77%,这使得锂硫电池工作时,电池有过大的体积膨胀率,破坏电池电极,导致安全事故。同样所有锂电池都不可避免地会出现锂电极金属表面的枝晶生长,不必要地消耗金属锂,使 SEI 膜不断加厚,电池的内阻加大,严重时造成电池内部短路,使电池失去工作能力。

3.4.2　工作原理

锂硫电池正常工作,源于锂负极和硫正极之间的电势差。如图 3-4-1 所示,单质硫正极与锂负极发生复杂的氧化还原反应,正极的固体单质硫发生相变,变为液态的硫,与从负极迁移来的锂离子发生反应,生成多硫化物(4≤S 原子数≤8),这是第一个放电平台,电势为 2.1~2.4 V,这个放电平台中有大量的中间产物长链多硫化物(6<S 原子数≤8),易溶于液体电解质中,尤其是常用的碳酸酯类电解质和醚类电解质,溶解后会增加电解液的黏度,这种聚硫锂物以高价态迁移到负极,被还原成低价态聚硫锂物后又迁移回正极,被氧化形成高价态聚硫锂物。这种在正、负极之间的迁移现象叫锂硫电池的"穿梭效应"。电解液由于黏度变大,其离子导电性会减弱,这会使电池处于无限充电状态,还会无意义地消耗锂电极,而在正极由于这些活性物质在液相和固相之间转移,造成正极材料的体积反复变化,既造成活性物质的浪费,又使电池性能无端损耗。

在第二个放电电势(1.5~2.1 V)下,长链多硫化物被还原成短链多硫化物,最终将 Li_2S_4 还原为溶解性很低的 Li_2S_2 和 Li_2S,它们会沉积在硫正极上,降低正极的反应活性,在充电过程中,放电产物 Li_2S_2 和 Li_2S 逐步被氧化成长链多硫化物,理论上都会被氧化为单质硫,但由于第一次反应很多活性物质都以 S_n^{2-} 的形式在电解质中存在,最终产物大多以 Li_2S_8 形式存在,仅有少量多硫化物会被氧化为单质硫回到正极。相应的锂硫电池反应机制见表 3-4-1。

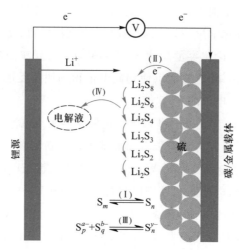

图 3-4-1　锂硫电池分阶段反应

表 3-4-1　锂硫电池反应机制

放电过程反应产物	转移电子的物质的量/mol	放电深度	放电比容量/(mAh·g⁻¹)
$S_8 \longrightarrow S_8^{2-}$	0.25	12.5	210
$S_8^{2-} \longrightarrow S_6^{2-}$	0.33	16.7	280
$S_6^{2-} \longrightarrow S_4^{2-}$	0.5	25	420
$S_4^{2-} \longrightarrow Li_2S_2$	1	25	840
$Li_2S_2 \longrightarrow Li_2S$	2	100	1680

锂硫电池放电工作的总反应式：

$$S_8 + 16Li \longrightarrow 8Li_2S$$

电池内的界面反应式：

$$S_8 \rightarrow Li_2S_8 \rightarrow Li_2S_6 \rightarrow Li_2S_4 \rightarrow Li_2S_3 \rightarrow Li_2S_2 \rightarrow Li_2S$$

事实上"穿梭效应"一直影响锂硫电池的发展,一种解决方法是使用固体电解质或难溶多硫化物电解质对电解液进行改善,这类电解质电导率普遍性较差,不能良好适应锂硫电池充放电过程中体积的变化;另一种方法是保护锂电极,通过在电解质中加入添加剂使其与金属锂反应,在锂电极表面形成有效的绝缘带,避免其与聚硫锂物反应。锂硫电池正极反应前后的物质单质硫、Li_2S_2 和 Li_2S 都是难溶于电解质的物质,这些物质导电性都很差,使得锂硫电池的利用率下降,循环寿命降低,不利于大型电池投入使用。

3.4.3　正极材料

尽管单质硫含量丰富,但穿梭效应、硫离子电导率低、充放电时硫正极体积膨胀大以及比容量衰减快等问题一直制约着锂硫电池的发展,所以做出符合实际需求的硫正极是促进锂硫电池商业化的关键一环。目前研究人员利用碳基材料、导电聚合物、金属氧化物、硫化物等对硫进行掺杂、改性,以解决因单质硫正极材料的缺陷引起的导电性不足和安全性不够的问题。

1. 硫/多孔碳复合材料

碳掺杂是改变锂硫电池正极性能经济有效的方法,碳基材料加入使得硫/多孔碳复合材料导电性能增强,多孔碳材料的孔道结构使其具有较大的比表面积,能够很好地吸附多硫化物,减弱"穿梭效应",提高锂硫电池的循环寿命;同时降低自放电损耗,提高锂硫电池的电化学性能。如图 3-4-2 所示,Zhang 等[22]通过热处理法制得硫/微孔(<2 nm)碳复合材料,微孔碳材料加大了反应空间的接触面积,同时能够有效抑制多硫化物的溶出,减弱"穿梭效应",适用于酯类电解质溶剂,但其对硫的浸渍作用不够,虽增强了单质硫的性能,但微孔碳表面的活性结合位点有限,反而无法发挥硫的理论比容量和能量密度。

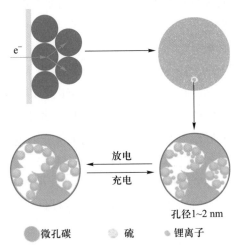

图 3-4-2　硫/微孔碳复合结构原理示意图[22]

介孔(2~50 nm)碳材料因其有比较大的孔容,可以负载更多的单质硫,加速锂离子的转移和电解液的浸渍,更大限度地提高硫的电化学性能和电池的放电容量。Nazar 研究小组[23]通过纳米浇注法制备了平均孔径为 3~4 nm 的 CMK-3 型有序阵列介孔碳材料,采用熔融法复合制备 CMK-3/硫复合结构,1 C 倍率下首次放电比容量为 995 mAh·g^{-1},100 次循环后比容量仍保持在 550 mAh·g^{-1}。介孔碳材料不能有效抑制多硫化物的溶解,使电池的循环性能较差。

大孔(>50 nm)碳材料与硫复合能很好地吸收电解质,在一定程度上抑制多硫化锂的溶解。大孔结构最大的作用是提高正极导电性,硫与 g-C_3N_4 复合后,对多硫化物产生良好的吸附效果,进而提高电池性能。

2. 硫/碳纳米管复合材料

碳纳米管具有长程导电性,可以有效改善单质硫的绝缘性,复合后的材料可大大提高正极电导率。碳纳米管具有比表面积大、质量轻、孔容大等优点,可看作绝佳的载硫体,可以提高电池的电化学性能及硫的利用率。但实际电池工作中,碳纳米管的活性位点少,导致碳纳米管很难与单质硫最大限度地接触,使电池的实际比容量低,比容量降低过快。Peng 等[24]通过掺杂制得的硫/碳纳米管复合材料,200 次循环后,放电比容量可达 934 mAh·g^{-1},将硫/碳纳米管复合材料与金属氧化物(如氧化锌、二氧化锡)进行掺杂,可以有效抑制比容量的衰减,从而提高电池的循环性能。

3. 硫/石墨烯复合材料

石墨烯材料本身就是科研界的超新星,具有由碳原子组成的二维层状结构和层状导电网络,与硫复合后,可保证离子的有效传输,从而降低界面阻抗,使锂硫电池具有卓越的电化学性能。石墨烯在正极材料中的引入主要有以下几种方式:石墨烯或氧化石墨烯直接用作支撑单质硫的碳基板。在石墨烯上引入官能团可以减少正活性材料的损失。Wang 等[25]通过加热氮掺杂的方法制备出的石墨烯材料,与纳米硫颗粒复合后,具有惊人的电化学性能,该电池在 2 C 倍率下循环寿命达到 2000 次。通过对石墨烯修饰,很容易提高石墨烯的氧化还原位点,Zhao 等[26]将熔融硫渗入石墨烯孔隙中,得到在 10 C 倍率下放电比容量达 543 mAh · g^{-1} 的硫/石墨烯复合材料。

4. 硫/导电聚合物复合材料

导电聚合物主要包括聚吡咯纳米线、聚吡咯纳米管、聚苯胺纳米管及聚苯胺空心球。导电聚合物在复合材料中起到导电剂、分散剂、吸附剂和缓冲体积变化的作用,为硫的沉积提供了较好的基质。利用导电聚合物束缚硫正极,可抑制多硫化物的溶解,限制"穿梭效应"。Pang 等[27]用聚吡咯进行涂覆后形成的复合材料实现了优异的电化学性能。

现阶段有两类硫/导电聚合物复合方法:一种方法是把导电聚合物通过氧化还原反应与硫颗粒复合成核壳结构的材料;另一种方法是包覆,通过熔化、升华、化学沉积使单质硫与导电聚合物进行复合,制成比较实用的锂硫电池正极复合材料。因为导电聚合物的导电性有自身的局限性,不如石墨烯、碳纳米管等材料优越,所以硫/导电聚合物复合材料需要添加一定比例的导电剂,才能投入使用。

5. 硫/金属氧化物复合材料

纳米结构的金属氧化物具有较大的比表面积和极性,可吸附多硫化物,抑制多硫化物溶解。锂硫电池电解液大多是有机溶剂,金属氧化物不溶于这类电解液。同时,金属氧化物能带较窄,并具有晶格缺陷,这使其具有良好的导电性,可以提高硫正极材料的离子电导率,提高电池的循环性能,降低电池的能量损耗。Seh 等[28]制备了一种 S/TiO_2 核壳结构材料,该材料能最大限度地防止多硫化物透过壳层的保护而溶解扩散,在 0.2 C 下循环 1000 次,比容量衰减率仅为 0.033%。金属氧化物本身具有大量的活性位点和较大的比表面积,可以使其与碳基材料复合,制备新型的锂硫电池正极材料。

6. 硫/金属硫化物复合材料

金属硫化物对硫有很强的亲和力,并且具有极性,能够吸附多硫化物,抑制多硫化物的溶解,可以有效限制正极活性物质的损失,但金属硫化物大多是不溶或难容物质,导电性较差,尽管金属硫化物作电池正极材料时,负极材料可以使用非锂材料,如硅、碳等但其成为锂硫电池的正极材料条件还不成熟。

正极材料的最终放电产物是 Li_2S,已经处于硫的体积膨胀状态,Li_2S 在充电脱锂过程中所腾出的空间能有效容纳锂化引起的体积膨胀,Li_2S 不溶于电解液,并且会沉积在锂硫电池正极材料表面,阻碍硫正极反应的进行。Li_2S 作电池正极材料时,在充电过程中,正极会生成易溶于电解质的聚硫锂,导致电池内部出现"穿梭效应",造成电池比容量的损耗。另外,Li_2S 导电性差、制备成本高,故 Li_2S 作正极材料不如单质硫作正极材料有吸引力。Li_2S 的性能可以通过与碳基材料复合提升,但碳基材料与硫的复合材料,无论是在比容量上还是在循环性能上,都比与 Li_2S 的复合材料更具吸引力。

3.4.4　负极材料

锂硫电池的金属锂负极材料有将近 3860 mAh·g^{-1} 的理论比容量,但在实际工作中锂负极和电解液是直接接触的,锂硫电池的反应机理是电化学机理,也就是氧化还原反应机理。放电时,金属锂不断转化成锂离子,从负极脱落,导致负极材料表面的不平整;充电时,锂离子转化为金属锂沉积在负极表面,诱发锂枝晶生长。

在电沉积过程中,正、负极不同的锂离子密度,会造成短暂的电流密度峰值,导致锂沉积的不均匀性,从而加速锂枝晶的生长。在金属锂沉积时,锂离子脱附沉积成金属锂,金属锂沉积过程会带来无限的体积膨胀,造成负极材料不可逆的形变,破坏锂负极与电解质形成的 SEI 膜,最终导致电池比容量的快速衰减。同时,因"穿梭效应"迁移到负极的多硫化物会在负极附近与 SEI 膜发生作用,使电池内阻升高,有些多硫化物甚至穿过 SEI 膜与金属锂直接反应,加快电池的比容量损失。因此,对锂硫电池金属锂负极材料进行改性是发展锂硫电池不可缺少的一环。现阶段对金属锂负极的保护处理方法主要有包覆法和负极钝化法两种。

（1）**包覆法**:包覆锂负极的材料既应有较高的导电性,又应有稳定的电化学性质,不能与锂金属发生反应,还应能够缓解多硫化物在电解质中的"穿梭效应"。有些包覆材料,如石墨烯、多孔碳和碳纳米纤维,具有多孔结构,可以为沉积的金属锂提供充足的空间,有效地缓解金属锂沉积时的无限体积膨胀现象。这些材料与金属锂复合后,增大负极材料的反应面积,避免出现充放电过程中的电流过载现象,从而限制锂枝晶的生长,提高电池的电化学性能。

（2）**负极钝化法**:此法是为了防止电池循环过程中多硫化物与锂负极发生反应,稳定锂负极的表面结构,避免中间产物对负极材料的浪费。Liu 研究小组[29] 将硝酸镧作为添加剂加入锂硫电池的电解液中,在负极表面被金属锂还原成 La_2S_3,与 Li_2S_2 和 Li_2S 形成锂负极钝化膜,稳定了锂负极的表面形貌,提升锂硫电池的电化学性能。Wang 研究小组[30] 制备出锂硼合金 Li_7B_6 负极材料,此材料具有纤维网状框架,能够嵌入大量的锂,这种材料不仅在负极形成了致密的钝化膜,还能抑制锂枝晶的生长,促进 SEI 膜的形成。

$LiNO_3$ 是当前普遍认可的锂硫电池相对最为有效的添加剂,因其能抑制多硫化锂穿梭,避免活性物质的流失,降低锂硫电池的自放电现象。在不同溶剂组成的电解液中,电池会展现出不同的电化学行为特征,$LiNO_3$ 对"穿梭效应"的抑制效果也有所不同(这与电解液的黏性差异有一定关系)。但锂硫电池正极掺杂碳后,再向电解质中添加 $LiNO_3$,三者混合在一起成分与黑火药成分相似,并且 $LiNO_3$ 有较强的氧化性,将会为电池工作增添安全隐患。

Zhang 等[31] 认为,$LiNO_3$ 在锂硫电池的正、负极两侧扮演了两种完全不同的角色:在负极其参与形成钝化膜、抑制"穿梭效应";而在正极,当首次放电低于 1.6 V 时,$LiNO_3$ 会经历一个不可逆的还原过程,产生的不可溶还原产物会降低硫正极的氧化还原可逆性。因此在

电解液中使用 $LiNO_3$ 时须避免深度放电,这可以通过提高放电截止电压来解决。在锂硫电池中,$LiNO_3$ 一方面增加了活性硫的消耗,另一方面却又促进了硫电极中碳基质组分的存活。这两种效应相互竞争,因此需优化电解液中硝酸锂的浓度来实现最优的电化学性能。Eshetu 研究小组[32]将 $LiNO_3$ 添加到固体电解质中,可在金属锂的表面形成稳定钝化膜(SEI层),有效减少锂枝晶的生成。

3.4.5　电解质

电解质与电池的电化学性能、安全性能、循环寿命及能量密度息息相关。基于水系电解质的二次电池安全性较高,但其能量密度低,与传统的铅酸电池相比都无明显竞争优势。目前,锂硫电池工作研究重心在正、负极材料改性上,开发电解质也是必不可少的一环。开发具有良好的离子迁移速率的新型电解质,以及能够减弱"穿梭效应"、减少电池反应中的活性物质损失、抑制锂枝晶生长的电解质,一直都是电解质的研究方向。

1. 液态电解质

目前,液态锂硫电池(LSB)的进一步发展受到限制,原因是没有有效的策略从根本上解决由"穿梭效应"引起的比容量衰减问题,以及由锂电池引发的安全问题。液态电解质是最早开始应用的电解质,主要由有机溶剂和电解质盐组成。目前锂硫电池使用的液态电解质有机溶剂主要有碳酸酯类溶剂和有机醚类溶剂。

1)碳酸酯类溶剂

碳酸酯类溶剂因其离子电导率高、稳定且具有较宽的电化学稳定窗口而成为锂硫电池常用的电解质溶剂。多硫化物离子在碳酸酯类溶剂中的溶解度低,而且常用的碳酸乙烯酯(EC)和碳酸丙烯酯(PC)能够为负极提供有效的钝化,因此除了加入阻燃添加剂,如含磷化合物,引入阻燃共溶剂也可有效提升碳酸酯类溶剂的安全性,通过协同作用达到既可发挥碳酸酯类溶剂的优势又可改善电解质的热稳定性的目的。有研究表明,碳酸酯类溶剂与长链多硫化物反应,会导致电池比容量骤减、活性硫损失以及电解质分解。Xin等[33]制备出一种硫的同素异形体(S_{2-4}),这种硫以小分子形式存在时,能够满足电极中离子传输的要求,可见采取有效的方法制备合适的电极材料能够规避锂硫电池充放电反应中生成长链多硫化物,碳酸酯类溶剂依然可以应用于锂硫电池。许多锂盐可溶于碳酸乙烯酯或碳酸丙烯酯中,但这些溶剂具有高黏度和相当高的熔点(EC 在室温下为固体)。为了规避这个问题,通常添加碳酸烷基酯,因为它们的黏度和熔点都低,且其介电常数、沸点和闪点也很低,因此限制了实际的应用。由于缺乏更好的替代品,碳酸酯类溶剂是商业电池的首选溶剂。

2)有机醚类溶剂

鉴于多硫化物的强烈亲核反应性,通常具有链状或环状结构的有机醚类溶剂都具有较高的多硫化物溶解度,这可以提高反应活性物质的利用率。有机醚类溶剂具有相对较高的氧化电化学窗口,在相对较低的电势下比碳酸酯类溶剂更稳定。醚类溶剂一般分为链状醚或环状醚、短链醚或长链醚,如 1,3-二氧戊环(DOL)、二甲氧基乙烷(DME)、二甲氧基甲烷(DMM)。

DME 是一种极性溶剂,具有较高的介电常数和较低的黏度,是一种良好的多硫化物溶剂,并可确保多硫化物完全反应。长链醚具有更高的沸点和挥发点,不易燃,与其结合对高氧化电势具有抵抗力,是一种更适合锂硫电池的电解质溶剂。单一组分的溶剂往往很难同时满足离子传输性强、化学稳定性高、与金属锂相容性好等基本要求,将导致电池循环性能差、活性材料利用率低,故研究中逐步倾向将两种或两种以上溶剂结合使用,尤其在链状醚〔如 DME、三甘醇(TEGDME 等)〕和环状醚(如 DOL)的混合溶剂体系中,电池通常具有较好的性能。传统的电解质溶剂并不能解决多硫化物的"穿梭效应"问题,有机醚类溶剂甚至能与多硫化物反应,导致活性物质流失。综合性能来看,二元或三元电解质溶剂如 DOL/DME、DOL/TEGDME、THF/DOL/甲苯和 DME/DOL/TEGDME 被认为是潜在的候选用溶剂。这些混合溶剂的成分需要优化,以在几个关键因素之间进行权衡,例如表面张力、黏度、电导率、电化学稳定性和安全性。在上述体系中,DOL/DME(体积比为 1∶1)溶解于 1 mol·L^{-1} LiTFSI 中形成的电解液体系具有低黏度、高电导率、高多硫化物溶解度和优异的 SEI 成膜特性,因此是应用最广的锂硫电池商业电解液。

Zhou 等[34]对锂硫电池醚类电解液的安全性研究获得了新的突破。将 1.1 mol·L^{-1}双氟磺酰亚胺锂(LiFSI)溶于磷酸三乙酯(TEP)和高闪点氟代醚 1,1,2,2-四氟乙基-2,2,3,3-四氟丙基醚(TTE)(体积比为 1∶3),获得了饱和电解液。相比于高盐浓度体系,该电解液体系具有低成本、低黏度等优点;还具有优异的金属锂沉积溶出效率(高于 99%),可获得无枝晶的锂沉积形貌,即有效地消除了金属锂负极可能存在的安全隐患。使用上述电解液体系的对称电池在常温下循环寿命超过 2400 h。上述电解液体系与硫与聚苯胺的复合物正极(S 质量分数为 52.6%)匹配时,60 ℃下复合正极材料比容量为 840.1 mAh·g^{-1}。

Azimi 等[35]认为 1,1,2,2-四氟乙基-2,2,3,3-四氟丙基醚(TTE)可以同时在正、负极表面参与成膜,在正极上可减少长链多硫化锂在电解液中的溶解,在负极上可阻止溶解的多硫化锂与锂负极反应,因此含氟化醚电解液能够抑制"穿梭效应",改善电池的循环性能;另外,TTE 促进了多硫化锂向不溶性 Li$_2$S/Li$_2$S$_2$ 的可逆转化[36]。进一步分析锂负极在含氟化醚电解液中的表面化学,发现负极表面 SEI 膜是由 LiF 和硫酸盐/亚硫酸盐/硫化物等物种共同构成的[37]。此外该课题组还采用 TTE 和 LiNO$_3$ 共存的电解液,基本消除了锂硫电池常温和高温静置时的自放电,这也归功于二者在正、负极表面通过还原分解形成的稳定钝化膜[38]。

2. 聚合物电解质

聚合物电解质由聚合物和盐组成,具有很强的可塑性,且具有离子传导率高与寿命长的优点,因此成为取代液态电解质的首选。聚合物电解质主要包括全固态型聚合物电解质(SPE)和凝胶型聚合物电解质(GPE)。全固态聚合物电解质可以满足锂硫电池中较少液体电解质的需求,并提高电池的安全性和稳定性。但在室温下,全固态型聚合物电解质的离子电导率太低,不能达到锂硫电池实际充放电的要求,但聚氧化乙烯(PEO)及其衍生物能够有效地分离和溶解锂盐,由其制备所得配合物的离子电导率相对较高。

通常,凝胶型聚合物电解质与液体电解质具有相似的离子电导率,且稳定性好、塑性强,与锂的反应性较弱,因此可抑制锂枝晶的生长。在锂硫电池常见的 GPE 体系中,聚偏二氟乙烯-六氟丙烯(PVDF-HFP)体系的性能较为突出,原因是该体系的无定形部分易吸收大量电解液,可提高电解质的离子电导率,且 PVDF 晶体具有优良的机械性能和化学稳定性。

3. 无机固态电解质

与传统的锂硫电池相比,采用无机固体电解质组装的全固态锂硫电池拥有很好的化学稳定性,可以解决电池安全问题。此外,由于活性材料的离子电导率较低,因此复合材料阴极中活性材料与固体电解质之间的界面结构对于电池的性能至关重要。无机固体电解质力学性能好,但陶瓷类电解质锂硫电池循环性能不好,比容量达不到理论的预期值。Xu 等[39]通过高能球磨加退火的方法制备出一种由 MoS_2 掺杂的 $Li_2S-P_2S_5$ 玻璃-陶瓷电解质($Li_7P_{2.5}S_{10.85}Mo_{0.01}$),具有较高的离子电导率,放电比容量高达 1020 $mAh \cdot g^{-1}$,大大超过了 $Li_7P_3S_{11}$ 电解质,无机固体电解质具有解决多硫化物穿梭效应的巨大潜力,但是其制造过程太复杂,无法实现大规模生产。

4. 离子液体

离子液体是由阴、阳离子构成的、在室温或其附近温度下呈液态的一类物质。多数离子液体具有使用温度区间宽、不挥发、不燃烧、化学和电化学性质稳定、对锂盐的溶解能力良好、离子电导率较高等优点,这使得其用作二次电池的电解质颇具优势,在锂硫电池中能够显著提高电池的安全性。但是,离子液体普遍存在的高黏度缺陷会对锂离子的传输扩散形成阻碍,降低电解液的离子导电能力,因此电池使用离子液体后倍率性能较差,充放电电流密度局限于较低水平。因此,将离子液体与一些低黏度溶剂混合使用是一种合理的选择。

Yuan 等[40]在 2006 年首先将离子液体用于锂硫电池,通过在 N-甲基-N-丁基哌啶鎓中([PP14][TFSI])溶解 1 $mol \cdot L^{-1}$ 的 LiTFSI 电解质,可改善电池的循环稳定性,并有助于抑制多硫化物的溶解。Wang 等[41]研究发现,单独使用 PP13TFSI 的电解质离子电导率低、极化大、放电比容量小,而单独使用 DME 则会引发电池过充和穿梭效应,如果将二者混合调制电解质,在优化比例下电池的放电比容量和库仑效率均得到提高,且长期循环的稳定性好,此时多硫化锂在电解质中的溶解与扩散达到良性平衡。此外,Wang 等[42]发现 N-甲基-N-丙基哌啶鎓双(三氟甲磺酰基)亚胺对穿梭效应有明显的抑制效果。这种电解质可以使充满电的电池在两天内实现零自放电。

3.4.6　总结展望

锂硫电池虽然经过多年的发展,但仍处于研发阶段。目前,锂硫电池的研究主要集中在电化学性能的优化和提高上。然而,有关锂硫电池的基础性科学问题仍有待解决,所涉及的研究工作还较少。首先,硫的反应过程极其复杂,反应中间体多种多样。由于研究方法的限制,对它的认识还不够透彻。锂硫电池的电化学性能受电极材料、试验条件和工作环境的影响较大。相互影响的内在原因还需要进一步研究和总结。其次,电解质对正极和负极的作用机理,如电解质中多硫化物离子的溶解问题、锂负极在电解质中的稳定性等,需要进一步研究和探索。最后,金属锂的沉积-溶解过程、锂枝晶的生长机理以及长周期下 SEI 膜的形成机理和性能存在问题也需要深入研究。虽然研究难度较大,但也是未来不可回避的问题。相信随着锂硫电池性能的不断研究与开发,电池系统的整体性能将不断提高,对相关机理的

研究将会更加深入,从而使人们对锂硫电池有一个全面的了解。

第 5 节　锂空气电池

锂空气电池作为电动汽车的一种新的可能性电池,在 2009 年引起了全球的关注。如果能成功开发,该电池可提供与汽油相媲美的能量密度。锂空气电池属于锂金属电池,其负极是金属锂,正极活性物质是氧气。放电过程中,金属锂在负极失去电子成为锂离子,电子通过外电路到达多孔正极,并将空气中的氧气还原,向电器提供能量。充电过程正好相反,锂离子在负极被还原成金属锂。与锂离子电池相比,锂空气电池在能量密度方面的优势来自两种潜在的因素:(1) 反应物之一的氧气并没有储存在电池内部,而是如同燃料电池一样来自外界的空气;(2) 正极采用轻金属锂,而非嵌锂石墨(LiC_6),负极可以采用多孔碳材料。

锂空气电池可分为以下四类:水系电解质体系锂空气电池、有机电解质体系锂空气电池、水-有机混合电解质体系锂空气电池、固体电解质体系锂空气电池。它们的反应机理因所使用的电解液不同而有所差别。金属锂与水发生爆炸性反应,因此需要非水电解质。在放电过程中,氧气被还原,进而形成 Li_2O_2 或 Li_2O。然后,锂氧化物在充电时电化学分解为 Li 和 O_2。四类锂空气电池中有三类使用液体电解质,一类使用固体电解质,目前,大部分研究都使用液体电解质。非水电解质体系的结构与传统的锂离子电池的结构相似。传统的锂离子电池以碳或合金材料作为正极,金属锂氧化物或磷酸盐作为负极,溶解在非质子溶剂中的锂盐作为电解质。锂空气电池采用氧气作为正极材料,因此必须在正极中添加多孔碳和催化剂复合材料作为储层。另外,金属锂必须用作负极,因为负极在锂空气电池中起着锂源的作用。这两种电池系统的关键区别在于,锂空气电池需要一个开放式系统,因为氧气是从空气中获得的。这种开放式系统需要额外的组件,如空气脱水膜。

研究发现,锂空气电池具有远高于锂离子电池的理论能量密度,而且其在目前已有的电池系统中能量密度最高。在相同体积或质量下,锂空气电池的容量比锂离子电池的容量高30%。在不经过化学处理和经过化学处理的生产过程中,锂空气电池的成本都较低。特别是在标准化的 3 V 电压平台,锂空气电池不仅易于组合且适合于各种电器,并且锂空气电池是 2 V 半导体芯片大规模商业化的最佳配套电池。因此,锂空气电池成为近年来的研究热点,下面主要从以下几个方面浅谈锂空气电池。

3.5.1　反应机理

对于惰性电解质(有机、离子液体)体系和固体电解质体系,电池反应为

$$2Li+O_2 =\!=\!= Li_2O_2$$

$$2Li+\frac{1}{2}O_2 =\!=\!= Li_2O$$

对于水系(酸性和碱性)电解质体系,电池反应为

$$2Li+\frac{1}{2}O_2+2H^+ =\!=\!= 2Li^+ +H_2O$$

$$2Li+\frac{1}{2}O_2+H_2O =\!=\!= 2LiOH$$

锂空气电池具体反应原理如图 3-5-1 所示。

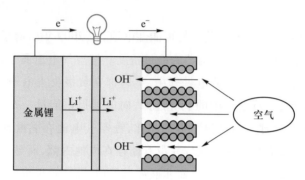

图 3-5-1　锂空气电池具体反应原理

3.5.2　基本结构

1. 电解质的简介及分类

锂空气电池具有超高的能量密度,是一种很有前途的电化学储能装置,但其容量衰减严重,速率性能较差,实现实用化是一个非常严峻的挑战。电解质作为锂空气电池中不可缺少的一部分,是电池失效的主要原因,对发生在正极和负极的氧化还原反应及电池的性能起着至关重要的作用。与其他化学电源类似,锂空气电池的电解质可以按照组成、状态和功能分为不同的类型。通常可分为以下几种。

(1) **非质子电解质**:锂空气电池对电解质有一定的要求,如高锂离子电导率、高沸点/低蒸气压、宽电化学窗口和电子绝缘。此外,理想的锂空气电池非质子电解质应满足以下要求:高 O_2 溶解度和扩散率;在富氧条件下具有较高的化学稳定性和电化学稳定性;可与中间产物良好配位,通过溶液介导的机理促进环状 Li_2O_2 的形成;Li_2O_2 易溶,这不是绝对必要的,但可以促进 Li_2O_2 的分解。尽管在过去的几十年里,相关的文献和研究取得了很大的进展,但尚未找到能满足全部上述要求的非质子电解质。通常,非质子电解质由非质子溶剂、锂盐和可能的添加剂组成。

(2) **离子液体电解质**:离子液体电解质(RTILs)是一类非水液体电解质。但由于其熔盐特性,RTILs 与上述非质子电解质不同。考虑到高温熔盐应用价值的有限性,与非质子电解质不同,RTILs 的蒸气压可以忽略不计,这可以有效地解决开放系统中电解质蒸发的问题。RTILs 还具有宽电化学窗口、低可燃性、高化学和电化学稳定性及高热稳定性,可确保安全性。另外,一些 RTILs 具有很强的疏水性,有助于抑制锂空气电池中锂负极在大气中的腐蚀。

(3) **固体电解质**:固体电解质比液体电解质更适合于开放系统。锂空气电池采用的高性能固体电解质应满足以下标准:高化学稳定性和与锂负极或正极材料的相容性;宽电化学窗口,防止不可逆反应;充放电过程中具有较高的热稳定性和机械稳定性;在室温下,具有低离子面积比电阻、高电子面积比电阻和高总(体积+晶界)Li^+ 电导率($>10^{-3}$ S·cm^{-1});与 O_2

和 Li 氧化物(如 LiO_2 和 Li_2O_2)相容;制造工艺简单,成本低,设备易于集成,环境友好。

固体电解质的固体基质分为 Li^+ 导电固体电解质和被动填料。固体聚合物电解质和固体无机电解质都是固体电解质的类型。固体电解质的低离子电导率和高界面阻抗限制了含有这些电解质的锂空气电池的性能。为了进一步提高固体电解质的离子电导率,人们开发了复合配方。例如,两种或两种以上的固体基质混合形成固体复合电解质。一种或多种固体基质可以与非水液体电解质(如非质子电解质或 RTILs)复合,开发的固液复合电解质可同时具有非水液体电解质的高 Li^+ 导电性和固体基质良好的机械性能。

(4) **混合电解质和水系电解质**:虽然混合动力和水系锂空气电池的理论能量密度低于非水系锂空气电池,但使用混合电解质和水系电解质的电池可以获得更高的能量密度,因为它消除了在纯氧气环境中操作电池所需的额外成分。为了实现混合动力和水系锂空气电池的实际应用,还有很多途径有待探索。对于混合电解质和水系电解质,挑战包括保持锂负极对 H_2O 的长期稳定性,以及避免 LiOH 沉淀在正极中。因此,开发稳定的高电导率和缓冲层,并在合理的范围内调节酸碱性电解质的 pH 是很有前途的研究方向。

大多数的水系锂空气电池使用了三层混合电解质,其中两层(界面层和固体电解质层)用来阻止副反应的发生,第三层(含水电解质)用来促进 $Li-O_2$ 反应。当然,这些含水电解质参与 $Li-O_2$ 反应。水系电解质锂空气电池的缺点之一就是水会在放电过程中被消耗,而加入过量的水会导致电池能量密度降低。因此,研发新型添加剂和钝化层可能会有助于解决这些问题。

在混合电解质体系中,需要对各种界面层进行研究。Affinito 等[43]提出了一种采用多层复合材料的可充电锂空气电池。这种复合材料可以防止水系电解质对金属锂负极的破坏。此电池结构包括单离子导电性材料层及位于金属锂和单离子导电材料之间的聚合物层。这种组装方式可以形成稳定的金属锂负极,在空气中可稳定存在。

2. 空气电极的简介及分类

锂空气电池的电极材料可以分为碳材料和非碳材料两类。碳材料因其自身性质,已经成为目前应用最广泛的空气电极材料;非碳材料主要有金属氧化物和贵金属等。锂空气电池的性能受到许多因素的影响,其中正极结构是一个重要因素。空气电极由碳材料、催化剂和聚合物黏合剂组成。电极结构影响电化学性能。锂空气电池和燃料电池的反应机理是相似的。在氢燃料电池中,氢质子通过电解质与催化剂上的氧化物离子相遇形成水。在锂空气电池中,锂离子从多孔碳结构的负极转移到正极并与氧结合,生成的 Li_2O_2 停留在正极上。氧气是由外部环境提供的,因此理论能量密度达到 $13 \ kWh \cdot kg^{-1}$。多孔结构可以提供 O_2 向碳-电解质界面扩散的气体传输通道,同时也可以为放电过程中形成的 Li_2O_2 提供存储空间。多孔碳材料电极不仅为电化学反应连续传递电子,也为氧还原提供所需的固-液-气三相区域。同时,放电产物 Li_2O_2 主要沉积在孔隙和碳电极的表面。

锂空气电池与氢燃料电池的区别在于:(1) 锂空气电池中氧的还原反应可以在没有催化剂的情况下发生,但这种非催化反应对于燃料电池来说是不可能的;(2) 锂空气电池中氧的还原产物以固体形式沉积在电极的孔隙中,但是燃料电池中氧的还原产物为水,不会沉积。

88

正极结构是影响锂空气电池性能的另一重要因素。正极反应不仅传递了电池的大部分能量,而且大部分的电压降都发生在正极上。因此,碳材料的微观结构是影响锂空气电池电化学性能的关键因素。不同的碳材料、催化剂和聚合物黏合剂的比例会导致不同的孔隙率、电解质的润湿性和活性材料的电接触,从而导致不同的电化学性能。此外,电极组成的最佳条件取决于碳材料的种类、催化剂和聚合物黏合剂三个方面。

空气电极所采用的材料一般要具有良好的离子导电性和氧化还原催化活性,且适当的孔径及大的比表面积也是必要的。总的来说,性能良好的空气电极必须具备:(1)快速的氧扩散通道,即充足的氧扩散通道;(2)良好的导电性;(3)大的比表面积和适当的孔径;(4)稳定的电极组成;(5)良好的离子导电性。由锂空气电池充放电反应机理可知,电极放电后生成的难溶放电产物堵塞了电极表面的孔隙,随着放电过程的进行,锂空气电池中空气阴极的孔隙被 Li_2O_2 沉淀堵塞。这一发现得到阻抗分析的支持,因为孔堵塞导致氧气扩散不方便,电池电阻增加。对于多孔碳材料来说,其比表面积对电池的容量影响不大,但其平均孔径和孔容与电池容量密切相关。随着平均孔径和孔容的增大,放电时间和比容量也随之增大,而电极材料的阻抗测试结果则进一步证实了这一结论。空气电极通常包括少量的黏合剂,例如聚四氟乙烯(PTFE),Sandhu 及瑞典乌普萨拉大学的 $Younesi^{[44]}$ 等研究发现,多孔碳材料与黏结剂按一定比例混合后,当黏结剂的量过多时,空气电极表面的孔隙会被黏结剂堵塞,导致电池容量急剧下降。由于 Li_2O_2 和 Li_2O 都不溶于有机电解液,放电产物只能沉积在空气电极上,空气电极通道堵塞,当碳材料的孔道完全被生成的 Li_2O_2 所填充,放电过程将会终止。

前期大部分研究所报道的锂空气电池的性能都是以 $mAh \cdot g^{-1}$ 为单位。虽然相应的值可能随着碳载量的减少而增加,但是单位面积内过低的碳载量将导致锂空气电池单位面积内容量过小。事实上,锂空气电池的容量始终正比于空气电极暴露在空气中的面积。也就是说,锂空气电池的容量正比于单位质量碳的比容量($mAh \cdot g^{-1}$)以及单位面积的碳载量($g \cdot cm^{-1}$)。因此,这两个参数的乘积,即面积比容量($mAh \cdot cm^{-2}$)可以作为一个更实用的参数,用来优化空气电极的性能。

通过数学模拟提出,流量密度越低,电极利用率越高;在给定电流密度下,电极厚度减小,电池比电容大大增加。总体而言,空气电极的材料既要保证氧气及锂离子的正常传输通道,又应有足够的孔径来容纳更多的放电产物,保证电极表面的孔隙不被堵塞,进而容纳更多的锂氧化物。此外,在空气电极材料中加入少量的催化剂,有助于降低充放电的过电压,提高能量转换效率。介孔碳材料和大孔碳材料均能很好地满足上述要求。

3. 催化剂的简介及分类

锂空气电池放电和充电之间的电压差通常大于 1 V,故其循环效率明显低于锂离子电池。电催化剂可以降低充放电反应的过电位,从而提高循环效率、并改善循环性能。因此,人们一直致力于新型电催化剂的设计和开发。目前,常见的空气电极催化剂主要有碳材料、贵金属、贵金属化合物及非贵金属化合物等。

1）碳材料

由于高导电性、低密度、低成本和易于构造多孔结构等优势,碳材料被广泛应用于锂空气电池中。碳材料的高导电性和低密度有利于锂空气电池获得较大的比容量。碳电极的多孔结构可以用现有技术轻松调节,从而提高锂离子和氧气的传输效率。此外,碳材料的电子结构可以通过掺杂其他原子进行调整,掺杂原子可以形成催化 Li_2O_2 形成和分解的有效活性位点。基于以上优点,碳材料既可以作为催化剂单独使用,也可以作为其他催化剂的载体使用。Zhao 等[45] 开发了一种可再生的木材衍生正极,具有良好对齐的细长微通道,可用于高性能锂空气电池。他们将白杨木炭化,活化之后负载上 RuO_2 纳米颗粒(4.15%),将其作用锂空气电池正极催化剂(RuO_2/WD-C)。RuO_2/WD-C 正极可以通过简单的水洗,从深度放电-充电循环或 100 个容量循环中完全再生。再生 RuO_2/WD-C 正极的面积容量与初始正极的性能相当。再经过 200 次循环之后,截止电压高于 2.6 V。即使再次进行再生,RuO_2/WD-C 正极仍然表现出与初始正极几乎相同的高性能,表明其具有较高的稳定性和出色的可再生性。

2) 贵金属和贵金属化合物

贵金属和贵金属化合物,如 Au、Pt、Pd、Ru、Ir、RuO_2 和 IrO_2 等,可以极大促进锂空气电池的电化学反应。例如,Shen 等[46] 设计并制备了一种氮掺杂空心碳球,并用 Ir 纳米颗粒进一步修饰,作为锂空气电池中的正极催化剂。通过对含氨基有机前体的高温碳化处理,不仅实现了原位氮掺杂,而且确保了掺杂的均匀性,并因此改善了该催化剂的电化学活性。中孔(约 60 nm)与超薄中孔壳结合,显著改善了传质能力。空心碳球的大空腔(直径约 250 nm)为放电产物 Li_2O_2 提供了足够的容纳空间,并且大比表面积(约 550.6 $m^2 \cdot g^{-1}$)提供了大量的活性位点,从而可以提高电化学反应速率,进而增强锂空气电池的倍率性能。此外,均匀分布的 Ir 纳米颗粒可以显著降低充电过电位,并改善锂空气电池的循环稳定性。

3) 非贵金属化合物

尽管贵金属及贵金属化合物对 Li_2O_2 形成和分解表现出优异的催化活性,但是其高成本和稀缺性,以及与有机电解质的副反应,目前都是难以克服的。因此,开发价格低、储量大、制备简单的非贵金属化合物催化剂便成为解决这些问题的可能策略。此外,通过调整非贵金属化合物催化剂的形貌结构可以得到更多的传输通道和更大的放电产物存储空间,这些优势都是传统贵金属及贵金属化合物所不具备的。

第 6 节　超级电容器

3.6.1　概述

合适的储能装置(如电化学能量存储和转换装置)是新能源规模开发和可再生清洁能源利用的重要基础。为了满足日益发展的科技需要,高性能的超级电容器应运而生。超级电容器与普通电池相比,具有更好的电化学性能和物理性能,其功率密度更高、循环寿命更长,见表 3-6-1。这些特性使它们更加适合于独立工作或与其他高能设备协同工作,可在工厂中进行能量存储。更重要的是,柔性超级电容器能制成可弯曲或可拉伸的微小形态,可应用于可穿戴设备上。超级电容器具有广阔的应用前景,给研究带来更多的可能性[47]。

表 3-6-1　超级电容器与普通电池的比较

	超级电容器	普通电池
充放电效率	较高	较低
反应可逆性	可逆	不可逆
循环寿命	长	短
能量密度	低	高
功率密度	高	低
极化	小	随温度的变化有明显的极化
内阻	小	大

根据存储电荷的机理,超级电容器分为以活性炭为电极材料的双电层电容器(EDLC)、以金属(氢)氧化物或导电聚合物为电极材料的赝电容器(pseudocapacitor)和以赝电容和双电层电容材料分别作正、负电极材料的混合型电容器(hybrid supercapacitor),双电层电容器的储能机理是基于固液界面形成的双电层,而赝电容器则是基于可逆的赝电容反应(包括表面氧化还原反应和嵌入−脱出反应)。电容器技术的起源要归功于莱顿瓶的发明,它是由一个带有金属箔的玻璃容器构成的。金属箔充当电极,玻璃容器充当电介质。在充电过程中,正电荷积聚在一个电极上,负电荷积聚在另一个电极上。当这两个电荷用金属丝连接时,就会发生放电过程。后来的电容器都是改进的结构,金属箔作电极,真空、空气,甚至玻璃、云母、聚苯乙烯膜等作介电材料。1957 年,Becker 的第一个超级电容器(双电层电容器)获得专利,继而掀起了对超级电容器的研究热潮,使超级电容器得到了广泛的应用。之后,美国的 Sohio 公司研究了非水溶剂双层电容,该体系较水溶剂体系可提供更高的工作电压。在 1975 ~ 1980 年期间,Conway 对 RuO_2 赝电容器进行了广泛的研究[48]。为了提高超级电容器的能量密度,近年来研究者开发了一种高工作电位窗口的电容器,即混合型电容器,又称非对称式超级电容器。这种电容器弥补了双电层电容器和蓄电池之间的比能量空白,能够实现 1.4 ~ 2 V 的电位窗口和较高的比电容,从而实现较高的能量密度[49]。

3.6.2　基本原理

超级电容器具有与电池相似的结构,由双电极结构组成,用浸在电解液中的隔膜隔开。其主要组成部分是两个电极、电解质溶液、隔膜和集电器。超级电容器与常规电容器的储能原理相同,但超级电容器具有更大的比电容,更适合于快速释放和存储能量[50]。

双电层电容器的储能原理本质上与静电容器一致,利用电极材料和电解液界面形成的电荷分离存储电荷(见图 3-6-1)。由于外加电场作用,充电时极板上的空间电荷会吸引电解液中离子,使其在距极板表面一定距离处形成一个离子层,与极板表面的剩余电荷形成双电层结构,两者所带电荷量相同,电荷正负相反。由于势垒的存在,电荷不会中和,另一个极板也是如此。充电完成,将施加的电场撤离后,电解液中的阴、阳离子与极板上的正、负电荷相互吸引,双电层不会消失,于是能量就存储在双电层中。当连接上负载时,由于正、负电极存在电势差,将有电流产生,电荷从正极经负载流向负极。同时,双电层中被吸引的阴、阳离

子脱离库仑力的束缚,分散在电解液中的双电层消失,能量被释放。双电层电容器的电容值
与电极表面积成正比,与双电层厚度成反比[51]。

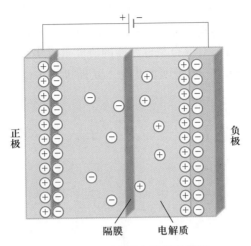

图 3-6-1　双电层电容器示意图

赝电容器是利用电极表面或体相中二维或准二维空间发生电化学活性物质的吸脱附或
高度可逆的电化学氧化还原反应来存储电荷的(见图 3-6-2)。充电时,极板电势发生变化,
吸引电解液中的阴、阳离子到极板表面,与被活化的电极材料发生快速可逆的法拉第氧化还
原反应,或者发生欠电势沉积。放电时,极板处又发生相应的逆反应,使电容器恢复初始的
状态,能量被释放[51]。因此,与双电层电容器不同,由于涉及化学反应,赝电容器的比电容
值与所加电势有一定的关系。

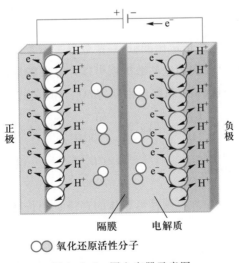

○○ 氧化还原活性分子

图 3-6-2　赝电容器示意图

混合型电容器中一个电极采用金属氧化物、导电聚合物或其他电池型材料,通过电化学
氧化还原反应存储和转化能量,另一个电极则通过双电层材料(如各种碳材料)来存储和释
放能量(见图 3-6-3)[50]。存储原理是双电层电容器和赝电容器存储原理的组合,从而带来
更高的比电容。两个电极合理匹配,协同耦合,实现整体工作电位窗口的大幅度拓宽。基于

能量密度公式 $\left(E=\dfrac{1}{2}CV^2\right)$，混合型电容器的优势在于通过增大工作电压达到提高能量密度的目的。在该体系中，电容器的充放电速率、循环寿命、功率密度、内阻等性能主要受控于赝电容器电极材料的本征电化学性质，正、负极合理的材料适配和质量匹配也是影响混合型电容器性能的重要因素[49]。目前对混合型电容器的研究重点集中在以下三个方面：新材料研究开发、电解液体系的选择及正、负极匹配优化。从而进一步综合提高电容器的比电容、工作电位窗口及循环稳定性。

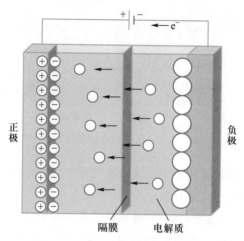

图 3-6-3　混合型电容器示意图

3.6.3　能量和功率

1. 比能量和能量密度

超级电容器的数据表通常会指定比能量，一些数据表还会指定能量密度，然而所有数据表都会列出单体的质量和尺寸，利用这些数据就可以计算出能量密度。作为电压存储设备，超级电容器具有特定的比能量（SE）和能量密度（ED），计算公式如下：

$$SE=\frac{CU_{max}^2}{2M}(\mathrm{J\cdot kg^{-1}})=\frac{CU_{max}^2}{7200M}(\mathrm{Wh\cdot kg^{-1}}) \qquad (3\text{-}6\text{-}1)$$

$$ED=\frac{CU_{max}^2}{2V}(\mathrm{J\cdot L^{-1}})=\frac{CU_{max}^2}{7200V}(\mathrm{Wh\cdot L^{-1}}) \qquad (3\text{-}6\text{-}2)$$

式中，M 和 V 为单体质量和体积。把圆柱形单体的直径 φ 和长度 L 代入式（3-6-2），可以计算出 ED 值：

$$ED=\frac{2CU_{max}^2}{\pi\varphi^2 L}(\mathrm{J\cdot L^{-1}})=\frac{CU_{max}^2}{1800\pi\varphi^2 L}(\mathrm{Wh\cdot L^{-1}}) \qquad (3\text{-}6\text{-}3)$$

比能量和能量密度的讨论印证了对称超级电容器单体的可行性。

2. 比功率和功率密度

超级电容器在每个应用场景下的功率特性都很重要，因为超级电容器应用于存在脉冲功率的场合。近来，术语"可循环储能"已被用来表征超级电容器功率循环时的高效率。最常用的功率度量是匹配负载功率 P_{ML}，相对应的比功率定义如式（3-6-4）和式（3-6-5）所示：

$$P_{ML} = \frac{U_{max}^2}{4ESR_{dc}} \tag{3-6-4}$$

式中，P_{ML} 为匹配负载功率；U_{max} 为 2.7 V；ESR_{dc} 为等效直流电阻。

$$SP_{ML} = \frac{U_{max}^2}{4ESR_{dc}M} \tag{3-6-5}$$

式中，SP_{ML} 为比功率；M 为单体质量。

作为一种表征超级电容器特性的度量，匹配负载功率并未得到广泛应用，因为它只有在电势改变前的充放电瞬间才有意义。只要上述两个公式中电势变化，匹配负载功率的值就会变化。因此，一种更好的度量功率的方法是使用与效率有关的功率等级。作为比较，由美国汽车工程师学会（SAE）指定的峰值功率等级由下式给出：

$$P_{pk} = \frac{2}{9}\frac{U_{oc}^2}{R_i} \tag{3-6-6}$$

式中，P_{pk} 为峰值功率；U_{oc} 为开路电压；R_i 为内部电阻。式中 $\frac{2}{9}$ 比式（3-6-5）中 $\frac{1}{4}$ 稍小，所以超过 10 s 电池的峰值功率定义与匹配负载功率等级很相似，即便假设终端电压跌至开路电压 U_{oc} 的 2/3。SAE 的混合电池研究小组指出，此峰值功率测试的目的是确定该电池维持当前 30 s 的峰值功率电平超过预定使用的放电容量范围的能力。

超级电容器在恒定功率下的效率是所有应用领域中最值得讨论的问题。例如，一个船厂起重机或用来移动船舶集装箱和从码头托运卡车的橡胶轮胎门式起重机都在不断经历储能系统恒定功率负载（即以恒定的速度和恒力起重一定的质量）。Bruke 用一个指定效率下的功率作为比较储能系统性能的量度，他得出了一个指定效率下功率的近似表达式。其假设是在指定效率下，储能系统从 U_{max} 到 $U_{max}/2$ 一次完全放电，取电压近似为一半，指定电压摆幅，或者 $U = (3/4)U_{max}$，得到该效率下的功率：

$$P_\eta = \frac{9}{16}(1-\eta)\frac{U_{max}^2}{R} \tag{3-6-7}$$

3.6.4 比容量的计算

评价超级电容器电化学性能的一个重要指标是比容量（也称比电容），它反映了超级电容器容纳电荷的能力，一般由公式计算得到。但在实际研究工作中，比电容的计算方法经常因为测试体系和测试技术的不同而不同，特别是当材料中存在赝电容现象时，不同课题组之间的计算结果差别很大，这使得研究者对电容的理解容易产生偏差，严重影响到对超级电容器电化学性能的评估。因此，理解和掌握超级电容器的储能机理和测试技术，根据不同的储能机理和测试技术选用合适的比电容值计算方法，有利于获得更为精准的电化学性能信息，便于比较不同超级电容器之间的性能。

电容（也称电容量）是表征电容器容纳电荷本领的物理量，通常将电容器的两极板间的电势差增加 1 V 所需的电荷量叫电容器的电容。电容的符号是 C，国际单位是法拉（F），常用单位还有毫法（mF）和微法（μF）等。由电容（C）、电荷量（Q）和电压（U）之间的关系 $C = Q/U$ 及电荷量与电流（I）之间的关系 $Q = It$ 可得 $C = I\,(dU/dt)$。由此可见，测定恒定电流下电压随时间的变化（dU/dt）或是在恒定电压与时间的变化率下测定电流随电压的变化，将其代入电容的计算公式中，即可计算电容值。目前，应用于超级电容器中的电化学测试技术有很多种，其中以循环伏安测试技术、恒流充放电测试技术和交流阻抗测试技术最为常用。根据不同的测试技术需要选取不同的电容值计算方法。因此，依据某一特定的测试技术，如何准确快速地选择电容值计算方法是一个亟待解决的问题。本节根据超级电容器不同的储能机理，基于以上三种不同的电化学测试技术，讨论相关电容值计算方法的特点，并指出计算电容值过程中需要注意的事项。

1. 循环伏安测试技术

循环伏安测试技术是在给电极施加恒定扫描速率的电压下，持续观察电极表面电流和电位的关系，从而表征电极表面发生的反应，并探讨电极反应机理的一种测试方法，可用来研究物质的电化学性质及电化学行为，判断电极反应的可逆性，鉴别电极反应的产物等。循环伏安谱图中氧化还原峰面积，宏观上表现为氧化还原电荷量的改变，通常由电荷量的变化可以计算电容值。

对于制备好的电极，在电解液确定的条件下，其电容基本确定。由 $dQ = Idt$ 和 $C = Q/U$ 可得

$$I = dQ/dt = C \cdot dU/dt \tag{3-6-8}$$

因此，在电极上施加一个线性变化的电位信号时，得到的电流响应信号将是一个不变的量。由式（3-6-8）可知，在扫描速率一定的情况下，电极上通过的电流（I）和电容（C）成正比。

对于一个给定的电极，在一定的扫描速率下对这个电极进行循环伏安测试，通过研究曲线纵坐标上电流的变化，就可以计算出电极电容的大小。然后根据电极上活性物质的质量即可计算出这种电极材料的单位质量比电容：

$$C_m = \frac{I}{m \cdot dU/dt} \tag{3-6-9}$$

式中，m 为电极活性物质的质量，单位为 g；dU/dt 为扫描速率，单位为 $V \cdot S^{-1}$。式（3-6-9）通常适用于所测电容器的内阻非常小，电容行为表现为理想的双电层电容的情况，测定的循环伏安曲线呈近似理想的矩形特征。但在实际情况下，超级电容器都有一定的内阻，它相当于由很多个电容和电阻混联而成，相应的循环伏安图中会出现一段有一定弧度的曲线。因此，通常首先依据循环伏安曲线的形状定性地研究某种材料的电容性能。如果这种材料根据双电层原理存储电荷，循环伏安曲线呈理想的矩形特征，就可以利用循环伏安曲线的纵坐标上电流的变化情况来计算电极的比电容，此时计算结果与根据恒流充放电测试计算的结果基本一致。

当超级电容器以赝电容储能机理为主时，其循环伏安曲线会出现鼓包峰，显示非理想的矩形特征，电流随着电压的变化而变化。这种情况下，可以通过计算循环伏安曲线中电流和

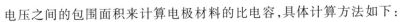
电压之间的包围面积来计算电极材料的比电容,具体计算方法如下:

$$C_m = \frac{1}{m(V_2 - V_1)} \int_{V_1}^{V_2} \frac{Q}{\Delta V} dV = \frac{1}{m(V_2 - V_1)} \int_{V_1}^{V_2} (I/v) dV = \frac{1}{m \cdot v \cdot (V_2 - V_1)} \int_{V_1}^{V_2} I dV$$

$$(3-6-10)$$

式中,m 为电极活性物质的质量,单位为 g;v 为扫描速率,单位为 $V \cdot S^{-1}$;V_1 和 V_2 分别是循环伏安测试过程中的电压窗口低压值和高压值,单位为 V;I 为循环伏安测试过程中的电流,单位为 A。这种方法通过积分的方式将变量(电流和电压)转变成不变的量 $\int_{V_1}^{V_2} I dV$(也就是循环伏安曲线中电流和电压包围的面积)。由式(3-6-10)可见,这种方法的本质是通过考察电量的变化计算电容值。基于此,在循环伏安测试过程中,若电化学工作站可以直接测定出电荷量 Q 值,由 $C = Q/U$ 就可得到电极材料单位质量比电容的计算公式:

$$C_m = \frac{Q}{m\Delta E}$$

$$(3-6-11)$$

式中,Q 为阳极(或阴极)电荷量的积分,单位为 C;m 为电极活性物质的质量,单位为 g;ΔE 为循环伏安测试中的电压范围,单位为 V。需要注意的是,采用积分方法计算比电容时,往往容易造成比电容值虚高。通过循环伏安测试技术可以比较直观地显示出电容器充放电过程中电极表面的电化学行为,电极反应的难易程度、可逆性、析氧特性、充放电效率,以及电极表面的吸/脱附特征等,不仅可以利用循环伏安曲线计算超级电容器的电容值,还可以通过其形状定性的研究电极材料的电容性质。例如,可以通过改变扫描速率来观察循环伏安曲线的形状变化,考察电极材料的循环寿命;也可以通过改变电位窗口范围,研究不同电位窗口下电极材料的电容性质等。

2. 恒流充放电测试技术

恒流充放电测试技术是使处于特定充放电状态下的被测电极或电容器在恒电流条件下充放电,同时考察其电位随时间的变化,研究电极或电容器的性能,从而计算比电容的一种方法。通过恒电流充放电测试,可以得到充放电时间、电压和电量等数据,并可以由这些数据来计算电容器或电极材料的比电容:

$$C_m = \frac{I \cdot \Delta t}{m \cdot \Delta U}$$

$$(3-6-12)$$

式中,I 为恒定的电流,单位为 A;Δt 为放电时间,单位为 t;ΔU 为对应放电时间下的电势差,单位为 V;m 为电极活性物质的质量,单位为 g。

对比式(3-6-10)和式(3-6-12)发现,二者在表现形式上是一致的,但是所表达的意义有所不同。式(3-6-10)是在循环伏安测试技术下,得到矩形特征良好的循环伏安曲线的情况下使用的计算公式,式中电流是变量,而扫描速率 dU/dt 是常数。式(3-6-12)是在恒流充放电测试技术下使用的计算公式,式中电流是常数,而放电曲线斜率 $k = dU/dt$ 是变量。

对于双电层电容器,其内阻很小,可忽略,电容是恒定值,电位随时间呈线性变化,表现为充放电曲线均呈直线特征。在这种情况下,充放电曲线的斜率 $k = dU/dt$ 为一恒定值,通过计算放电曲线的斜率,代入式(3-6-12)中即可计算出恒流充放电测试条件下的电容值。事实上,由于电容器中活性电极材料和电解液之间存在液接电势,集流体与活性物质之间存在接触内阻,导致电容器存在一定的内阻,充放电曲线并不完全呈直线特征,通常会发生一定程度的弯曲。

目前,科研工作者和许多超级电容器生产厂家多数采用恒流充放电测试方法,按式(3-6-12)计算电容值。由于电容器内阻的存在,放电曲线出现一定程度的电压降,内阻越大,电压降越大。一般以恒流充放电测试方法计算电容值时选择除去电压降的部分进行计算。影响超级电容器性能的因素有很多,因而即使是同一批次生产的产品,也不能保证在恒流充放电测试下具有相同的电压降。对于这个问题,有些电容器生产厂家在应用式(3-6-12)时,为避免电压降部分,分别选择充电电压的 20% 和 80% 作为电压范围的临界点,计算出 $\Delta U'$,用 $\Delta U'$ 替换式(3-6-11)中的 ΔU,再计算电容值。

3. 交流阻抗测试技术

交流阻抗测试技术是用小幅度交流信号扰动电解池,并观察体系在稳态时对扰动的跟随情况,同时测量电极的交流阻抗,进而计算电极的电化学参数的一种方法。从原理上来说,阻抗测量可应用于任何物理材料和任何体系,只要该体系具有双电极,并在该双电极上对电压具有瞬时的交流电流响应特性即可。通过电化学体系阻抗的测定,可以知道体系的物理性质及电化学反应机理。

Yushin 等利用循环伏安测试技术、恒流充放电测试技术和交流阻抗测试技术具体研究了制备的微孔炭电极材料在有机体系下的电化学性能。研究指出,利用下述公式即可计算出电容器的比电容:

$$C_m = \frac{|Z_m|}{2\pi f(Z_m^2 + Z_{Rc}^2)m} \tag{3-6-13}$$

式中,f 为交流阻抗测试中设置的频率,单位为 Hz;Z_m 和 Z_{Rc} 分别为电极内阻的虚部和实部,单位为 Ω;m 为电极活性物质的质量,单位为 g。

综合前面对于电容值计算方法的分析发现,不同测试技术下超级电容器电容值的计算方法不同,每种计算方法各有其应用的条件。循环伏安测试技术是判定某种材料是否适合作双电层电容器电极材料的基本测试手段。通常循环伏安测试技术下的电容值计算方法适用于双电层电容器,即循环伏安曲线呈现明显的矩形特征。如果偏离矩形特征,采用积分方法计算比电容值,往往造成比电容值虚高。恒流充放电测试技术应用最为广泛,根据其充放电曲线的线性关系和电压降等参数即可计算电容器的充放电容量及等效串联电阻等。当放电曲线线性特征明显时,可以利用放电曲线的斜率进行计算;当放电曲线具有明显的氧化还原峰即线性特征不明显时,可以直接使用式(3-6-12)进行计算。交流阻抗测试技术可用于测定电极和电化学电容器内阻以及有关电极反应机理的相关信息,包括欧姆电阻、电解液离子的吸/脱附、电极过程动力学参数等。利用交流阻抗分析实验,观察超级电容器在不同速率与工作电压下的阻抗变化,可以建立超级电容器等效电路模型。此外,表征电极界面的双电层电容或电极电容直接响应于施加在电极界面上的交流电压所产生的交变电流,可根据阻抗谱的虚部与电容量进行关联从而计算电容值。但是,交流阻抗测试技术重点用于对电极反应机理的研究,而其用于电容值的计算仅作为辅助参考,因而在相关研究论文中,以交流阻抗测试技术计算超级电容器电容值的方法目前并没有得到广泛推广使用。

3.6.5　发展现状

超级电容器通常包含双电极、电解液、隔膜和集电器四部分,对超级电容器的研究具体体现在对这四部分的研究,在近几十年间取得了很大的进展。

电极材料是决定超级电容器的主要性能参数的关键。作为超级电容器的电极材料,不仅要求有高的比容量,而且应具备较低的内电阻,以满足大电流快速充放电的要求。同时,电极材料必须容易在电极/电解质界面上形成双电层电容或法拉第赝电容,并且具有适当的稳定性和导电性。常用的电极有碳材料电极、导电聚合物电极和金属氧化物电极。碳材料化学性质稳定,具有良好的耐腐蚀性、导电性和导热性,是应用最为广泛的电极材料,主要有活性炭、活性炭纤维、碳纳米管等[52];导电聚合物是一种新型的电极材料,可通过分子设计获得符合要求的材料,研究较多的有聚苯胺、聚吡咯、聚噻吩及其衍生物等;金属氧化物电极上可发生快速可逆的电极反应,并且该电极反应能深入电极内部,提高能量密度,目前研究最为成功的是二氧化钌和硫酸水溶液体系[53]。

电解液对超级电容器的性能也起着重要的作用,最需要考虑的特性是温度系数和电导率。在超级电容器中广泛使用的电解液有水系电解液、有机电解液和离子液体[125]。水系电解液的离子浓度高,离子半径小,电导率高,但其工作电压被限制在水的分解电压以内;有机电解液工作电压高,能量密度高,可大量生产,在商业市场中占据了主导地位。但是,一些有机溶剂如乙腈等具有一定的毒性。离子液体中的离子浓度很高,工作电压也很高,可以获得高电压窗口及高能量密度,但是它的黏度很高,离子在其中的运动会受到很大的束缚,所以电导率很低[51]。

集电器在超级电容器中所起作用主要有(1)汇聚电流,形成较大的对外电流输出。(2)起到负载电极材料的作用。在超级电容器中,集流体材料需要是良好的电子导体,内阻要低。(3)具有一定的孔隙,能够充分与电极材料接触。(4)不与电解液发生反应,稳定性高,抗腐蚀性强。常用的集电器包括铝箔、铜箔、不锈钢网、泡沫镍、碳纤维等[51]。

隔膜位于两个电极之间,浸在电解液中,起到阻止两个电极之间的电子传导、防止内部短路的作用,同时能够使电解液中离子尽量自由地通过。常用的材料有聚乙烯微孔膜、无纺布、玻璃纤维膜和聚丙烯膜。一般隔膜需满足几点要求,即厚度薄、孔隙率高、机械强度高。如何控制好隔膜的孔径尺寸是隔膜研究的关键。在制备隔膜的众多方法中,静电纺丝技术的工艺操作比较简单,制取的隔膜机械强度高、孔隙率高、孔隙大小可控,故而成为实验室制备隔膜最常用的方法。

尽管超级电容器的研究已经取得了很大的进步,但新一代超级电容器的研发还处于早期阶段。为了提高超级电容器的性能,未来还需要:(1)深入了解能源存储机制,即在电极和电解质界面发生的反应。(2)设计电极,形成层状的多孔微结构。(3)控制界面交互获得具有高电化学性能的结构。在投入实际应用的过程中,还有许多问题需要解决:(1)超级电容器自身的技术问题,即怎样提高能量密度。尽管制造工艺与技术的改进是提高其存储能力的一个好方法,但是从长远来看,寻找新的电极活性材料才是根本,同时也是难点。(2)电参数模型的建立问题。在某些领域,超级电容器模型可以等效为理想模型,但是在军

98

事应用中,尤其是在卫星和航天器的电源应用中,一些非理想参数可能会带来潜在的隐患。超级电容携带极高的能量,具备瞬间吞吐巨大能量的能力,因此,负载性质、负载波动或外部环境及偶然因素引起的扰动对系统稳定性可能造成的影响还需要进一步研究。(3)一致性检测问题。超级电容的额定电压很低(<3 V),在应用中需要大量的串联。实际应用中需要大电流充放电,而过充会对电容的寿命有严重的影响,因此,串联中的各个单体电容器上电压是否一致是至关重要的[53]。

第 7 节　燃 料 电 池

3.7.1　概述

燃料电池是一种将燃料与氧化剂的化学能通过电化学反应直接转换成电能的化学装置,又称电化学发电器。它是继水力发电、热能发电和原子能发电之后的第四种发电技术。燃料电池不受卡诺循环效应的限制,因此效率高。理论上燃料电池可以在接近 100% 的效率下运行,具有很高的经济性。目前,实际运行的各种燃料电池,由于技术因素的限制和整个装置系统的耗能,总的转换效率大多数在 45%~60%,如考虑排热利用,效率可达 80% 以上。燃料电池用燃料和氧气作为原料,电化学反应清洁、完全,排放的有害气体极少。燃料电池装置机械传动部件少,工作可靠,较少需要维修,比传统发电机组安静,没有噪声污染。由此可见,从节约能源和保护生态环境的角度来看,燃料电池是很有发展前途的能源动力装置。

通常情况下,燃料电池可以分为磷酸燃料电池、固体氧化物燃料电池、碱性燃料电池、质子交换膜燃料电池和熔融碳酸盐燃料电池等,见表 3-7-1。近年来,随着对燃料电池研究的日益深入,逐渐诞生了直接碳燃料电池、微生物燃料电池、直接甲醇燃料电池、葡萄糖/O_2 酶燃料电池等。在上述种类中,最早被开发的燃料电池为磷酸燃料电池和碱性燃料电池,也称为第一代燃料电池,发展至今已经拥有较为成熟的技术。而第二代燃料电池为熔融碳酸盐燃料电池,第三代燃料电池为固体氧化物燃料电池[54]。

表 3-7-1　燃料电池分类

	碱性燃料电池	质子交换膜燃料电池	磷酸燃料电池	熔融碳酸盐燃料电池	固体氧化物燃料电池
英文简称	AFC	PEMFC	PAFC	MCFC	SOFC
电解质	氢氧化钾溶液	含氟质子交换膜	磷酸	碳酸钾	固体氧化物
燃料	纯氢	氢、甲醇、天然气	天然气、氢	天然气、煤气、沼气	天然气、煤气、沼气
氧化剂	纯氧	空气	空气	空气	空气
效率	60%~90%	43%~58%	37%~42%	50%	50%~65%

	碱性燃料 电池	质子交换膜 燃料电池	磷酸燃料电池	熔融碳酸盐 燃料电池	固体氧化物 燃料电池
使用温度	60~120 ℃	80~100 ℃	160~220 ℃	600~1000 ℃	600~1000 ℃
优点	效率高；可以用非铂催化剂；可以采用双镍板双极板；成本低	使用温度低，可在室温下快速启动；可使用氢气、天然气/甲醇重整气作燃料，空气作氧化剂；运行安静、污染排放低；功率密度高、机动性好	利用廉价的碳材料为骨架；除以氢气为燃料外，有可能直接利用甲醇、天然气、城市煤气等低价燃料；不需要 CO_2 处理设备	燃料适应性广；使用非贵金属催化剂；高品位余热可用于热电联供	燃料适应性广；使用非贵金属催化剂；高品位余热可用于热电联供；电解质为固体；功率密度较高

相比于传统的电池，燃料电池主要具备以下优点：（1）发电效率高达 50%~60%，假如能够结合形成循环发电系统，其发电效率可以高达 70% 以上。（2）环境污染小，燃料电池以天然气等富氢气体为燃料时，二氧化碳的排放量比热机过程少 40% 以上，这对控制温室效应是十分重要的。另外，由于燃料电池的燃料气在反应前必须脱硫，而且按电化学原理发电，没有高温燃烧过程，因此几乎不排放氮和硫的氧化物，降低了对大气的污染。（3）比能量高，液氢燃料电池的比能量是镍镉电池的 800 倍，直接甲醇燃料电池的比能量比锂离子电池（能量密度最高的充电电池）高 10 倍以上。目前，燃料电池的实际比能量尽管只有理论值的 10%，但仍比一般电池的实际比能量高很多。（4）燃料电池结构简单，传动部件少，工作时噪声很低。即使在 11 MW 级的燃料电池发电厂附近，所测得的噪声也低于 55 dB。（5）燃料范围广，如天然气、石油、煤炭等化石燃料，以及沼气、酒精、甲醇等都可以作为燃料，因此燃料电池非常符合能源多样化的需求，可减缓主流能源的耗竭。（6）可靠性高，当燃料电池的负载有变动时，它会很快响应。无论处于额定功率以上过载运行或低于额定功率运行，它都能承受且效率变化不大。由于燃料电池的运行高度可靠，可作为各种应急电源和不间断电源使用。（7）易于建设，燃料电池具有组装式结构，安装维修方便，不需要很多辅助设施。燃料电池电站的设计和制造相当方便。

3.7.2 结构与原理

燃料电池和原电池类似，均包含电极和电解质两部分。其电动势是在氧化还原反应下形成的。但是二者又存在一定的差异，主要体现在燃料电池中的反应物并不是预先存储于电池内部，而是在发生反应时通入燃料气和氧化气反应后排出生成物，如图 3-7-1 所示。由此可见，燃料电池并非能量存储装置而属于转化装置，在反应过程中其电极和电解质并未直接参与到反应中。

燃料电池的主要组件为电极、电解质隔膜与集电器。

1. 电极

燃料电池的电极是燃料发生氧化反应与氧化剂发生还原反应的电化学反应场所，其性能的关键在于触媒的性能、电极的材料与电极的制程等。

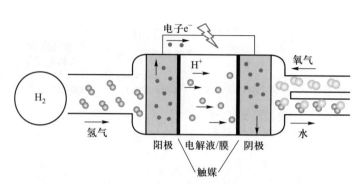

图 3-7-1　燃料电池工作原理

电极主要可分为两部分,即阳极和阴极,厚度一般为 200~500 mm,其结构与一般电池的平板电极不同,燃料电池的电极为多孔结构。因为燃料电池所使用的燃料及氧化剂大多为气体(如氧气、氢气等),而气体在电解质中的溶解度并不高,为了提高燃料电池的实际工作电流密度和降低极化作用,故将电极设计为多孔结构,以增加参与反应的电极表面积。这是燃料电池从理论研究阶段步入实用化阶段的关键原因之一。

目前,高温燃料电池的电极主要由触媒材料制成,例如固态氧化物燃料电池的 Y_2O_3- stabilized$-ZrO_2$(简称 YSZ)电极及熔融碳酸盐燃料电池的氧化镍电极等;而低温燃料电池的电极则主要是由气体扩散层支撑一薄层触媒材料而构成的,例如磷酸燃料电池与质子交换膜燃料电池的白金电极等。

2. 电解质隔膜

电解质隔膜的主要功能是分隔氧化剂与还原剂,并传导离子,故电解质隔膜越薄越好,但亦需顾及强度。就现阶段的技术而言,其厚度一般为几十毫米至几百毫米。对于材质,目前主要有两个发展方向:(1)先以石棉膜、碳化硅膜、铝酸锂($LiAlO_2$)膜等绝缘材料制成多孔隔膜,再浸入熔融锂-钾碳酸盐、氢氧化钾与磷酸等中,使其附着在隔膜孔内。(2)采用全氟磺酸树脂(如 PEMFC)及 YSZ(如 SOFC)。

3. 集电器

集电器又称双极板,具有收集电流、分隔氧化剂与还原剂、疏导反应气体等作用。集电器的性能主要取决于其材料特性、流场设计及加工技术。

电池工作时,燃料和氧化剂由外部供给,原则上只要反应物不断输入,反应产物不断排出,燃料电池就能连续地发电。这里以氢-氧燃料电池为例来说明燃料电池。

氢-氧燃料电池中发生的反应过程是电解水的逆过程。电极反应为

负极反应:
$$H_2 + 2OH^- \longrightarrow 2H_2O + 2e^-$$

正极反应:
$$\frac{1}{2}O_2 + H_2O + 2e^- \longrightarrow 2OH^-$$

电池反应:
$$H_2 + \frac{1}{2}O_2 \xlongequal{\quad\quad} H_2O$$

另外,只有燃料电池本体还不能工作,必须有一套相应的辅助系统,包括反应剂供给系统、排热系统、排水系统、电性能控制系统及安全装置系统等。燃料电池通常由形成离子导

电体的电解质板、其两侧配置的燃料极（负极）和空气极（正极），以及两侧气体流路构成，气体流路的作用是使燃料气体和空气（氧化剂气体）在流路中通过。实际使用的燃料电池因工作的电解质不同，经过电解质与反应相关的离子种类也不同。PAFC 和 PEMFC 中反应与氢离子（H^+）相关，发生的反应为

燃料极：
$$H_2 \longrightarrow 2H^+ + 2e^-$$

空气极：
$$2H^+ + \frac{1}{2}O_2 + 2e^- \longrightarrow H_2O$$

电池反应：
$$H_2 + \frac{1}{2}O_2 =\!=\!= H_2O$$

在燃料极，供给的燃料气体中的 H_2 分解成 H^+ 和 e^-，H^+ 移动到电解质中与空气极侧供给的 O_2 发生反应。e^- 经由外部的负荷回路，再返回到空气极侧，参与空气极侧的反应。一系列的反应促成了 e^- 不间断地经过外部回路，因而能够发电。从反应式 $H_2 + 1/2O_2 =\!=\!= H_2O$ 可以看出，H_2 和 O_2 生成了 H_2O，没有其他的反应，H_2 所具有的化学能转换成电能。但实际上，伴随着电极反应存在一定的电阻，引起部分热能的产生，从而使转换成电能的比例降低。引起这些反应的一组电池称为组件，产生的电压通常低于 1 V。因此，为了获得大的出力需采用组件多层叠加的方法获得高电压堆。组件之间的电气连接以及燃料气体和空气之间的分离采用隔板，上下两面中备有气体流路的部件，PAFC 和 PEMFC 的隔板均由碳材料组成[55]。

PAFC 的电解质为浓磷酸水溶液，而 PEMFC 电解质为质子导电性聚合物系的膜。电极均采用碳的多孔体，为了促进反应，以 Pt 作为触媒，燃料气体中的 CO 会使其中毒失活，降低电极性能。为此，在 PAFC 和 PEMFC 应用中必须限制燃料气体中 CO 含量，特别是对于低温下工作的 PEMFC，应更严格地限制 CO 含量。

磷酸燃料电池的基本组成和反应原理：燃料气体或城市煤气添加水蒸气后送到改质器，把燃料转化成 H_2、CO 和水蒸气的混合物，CO 和水进一步在移位反应器中经触媒转化成 H_2 和 CO_2。如此处理后的燃料气体进入燃料堆的负极（燃料极），同时将氧气输送到燃料堆的正极（空气极）进行化学反应，借助触媒的作用迅速产生电能和热能。

与 PAFC 和 PEMFC 不同，高温型燃料电池 MCFC 和 SOFC 则不需要触媒，以 CO 为主要成分的煤气化气体可以直接作为燃料使用，而且还具有利用其高质量排气构成联合循环发电等特点。

MCFC 的主要构成部件是含有电极反应相关物质的电解质（通常为 Li 与 K 的碳酸盐）和上下与其相接的两块电极板（燃料极与空气极），以及两电极各自外侧流通燃料气体和氧化剂气体的气室、电极夹等。在 MCFC 的工作温度（$600 \sim 700\ ℃$）下，电解质呈熔融状态，形成离子导电体。电极为镍系多孔质体，气室采用抗腐蚀性金属。

MCFC 的工作原理：空气极的 O_2（空气）和 CO_2 与电相结合，生成 CO_3^{2-}，电解质将 CO_3^{2-} 移到燃料极侧，与作为燃料供给的 H^+ 相结合，放出 e^-，同时生成 H_2O 和 CO_2。发生的反应如下：

102

燃料极：
$$H_2 + CO_3^{2-} \longrightarrow H_2O + CO_2 + 2e^-$$

空气极：
$$CO_2 + \frac{1}{2}O_2 + 2e^- \longrightarrow CO_3^{2-}$$

电池反应：
$$H_2 + \frac{1}{2}O_2 == H_2O$$

在这一反应中，e^- 同在 PAFC 中的情况一样，它从燃料极放出，通过外部的回路返回到空气极，e^- 在外部回路中不间断的流动实现了燃料电池发电。另外，MCFC 的最大特点是，必须要有利于反应的 CO_3^{2-}，因此，供给的氧化剂气体中必须含有 CO_2 气体。并且，电池内部填充触媒，将天然气的主要成分 CH_4 在电池内部改质并直接生成 H_2 的方法已开发出来了。在燃料是煤气的情况下，其主要成分 CO 和 H_2O 可反应生成 H_2，故可以等价地将 CO 作为燃料利用[56]。

SOFC 是以陶瓷材料为主构成的，电解质通常采用 ZrO_2（氧化锆），它构成了 O^{2-} 的导电体 Y_2O_3（氧化钇）作为稳定化的 YSZ（稳定化氧化锆）而应用。电极中燃料极采用 Ni 与 YSZ 复合多孔体构成金属陶瓷，空气极采用 $LaMnO_3$（氧化镧锰），隔板采用 $LaCrO_3$（氧化镧铬）。为了避免因电池的形状不同，电解质之间热膨胀差产生裂纹等问题，人们开发了在较低温度下工作的 SOFC。电池形状除了有同其他燃料电池一样的平板型外，还有为避免应力集中的圆筒型。SOFC 中发生的反应如下：

燃料极：
$$H_2 + O^{2-} \longrightarrow H_2O + 2e^-$$

空气极：
$$\frac{1}{2}O_2 + 2e^- \longrightarrow O^{2-}$$

电池反应：
$$H_2 + \frac{1}{2}O_2 == H_2O$$

在燃料极，H_2 经电解质而移动，与 O^{2-} 反应生成 H_2O 和 e^-。在空气极，O_2 和 e^- 生成 O^{2-}。电池反应同其他燃料电池一样，电池反应为 H_2 和 O_2 生成 H_2O。SOFC 属于高温工作型，因此，在无其他触媒作用的情况下可直接在其内部将天然气主要成分 CH_4 改质成 H_2 加以利用，并且煤气的主要成分 CO 可以直接作为燃料利用[57]。

3.7.3　电动势

燃料电池电极反应为氧化还原反应，其一般表达式为
$$a O + n e^- \Longleftrightarrow b R$$

对于气体电极，在负极，R 为气体，O 为离子；在正极，O 为气体，R 为离子。O 和 R 与电极上的 e^- 保持平衡时，这个电极的平衡电势 E 可用能斯特方程表示：

$$E = E^{\ominus} + \frac{2.303RT}{nF} \lg \frac{(a_O)^a}{(a_R)^b} \qquad (3-7-1)$$

式中，R 为摩尔气体常数，等于 8.314 $J \cdot mol^{-1} \cdot K^{-1}$；T 为热力学温度，单位为 K；F 为法拉第常数；a_O 为 O 的活度；a_R 为 R 的活度；$E^{\ominus}$ 为 $a_O = a_R = 1$ 时的标准平衡电势，即标准电极电势。

电池对环境所做的功等于电流 I 与电压 V 之积，相当于给定温度与压力条件下，电池自

动进行反应时体系的吉布斯自由能变,即生成物吉布斯自由能与反应物吉布斯自由能之差（ΔG）。ΔG 的值为负时,表示获得电能,即

$$-\Delta G = nF\Delta E = 2 \times 96500 \times 1.23 \text{J} = 2.37 \times 10^5 \text{ J} \tag{3-7-2}$$

在热力学上 ΔG 为

$$\Delta G = \Delta H - T\Delta S \tag{3-7-3}$$

式中,ΔH 为反应的焓变;ΔS 为反应的熵变。式(3-7-3)对于 $E^{\ominus}$ 仍成立,即

$$\Delta G^{\ominus} = -nFE^{\ominus} = \Delta H^{\ominus} - T\Delta S^{\ominus} \tag{3-7-4}$$

$\Delta G^{\ominus}$、$\Delta H^{\ominus}$、$\Delta S^{\ominus}$ 分别为标准吉布斯自由能变、标准焓变及标准熵变。

3.7.4 发展现状

大部分发达国家将大型燃料电池的开发作为重点研究项目,企业界也斥以巨资,从事燃料电池技术的研究与开发,已取得了许多重要成果。值得注意的是,这种重要的新型发电方式可以大大降低空气污染,并解决电力供应、电网调峰问题。2 MW、4.5 MW、11 MW 成套燃料电池发电设备已进入商业化生产,各等级的燃料电池发电厂相继在一些发达国家建成。燃料电池的高效率、无污染、建设周期短、易维护及低成本的潜力将引发 21 世纪新能源与环保的绿色革命。如今,在北美、日本和欧洲,燃料电池发电快步进入工业化规模应用的阶段,将成为继火电、水电、核电后的第四代发电方式。燃料电池技术在国外的迅猛发展必须引起我们的足够重视,它已是能源、电力行业不得不正视的课题。

迄今为止,国外基本上完成了燃料电池的性能研发,并且将其应用在汽车行业中,整车性能已经达到了传统汽车的水平,其成熟度进入了产业化阶段。主要体现在以下几个方面:(1)极大地提升了燃料电池发动机功率密度,与传统内燃机水平相差不大。(2)在 70 MPa 储氢技术的基础上,续航里程已经达到了传统汽车的水平。(3)燃料电池的寿命基本上可以满足汽车商用的要求。对于轿车,使用寿命>5000 h,对于大巴车,使用寿命>18000 h。(4)燃料电池能够适应低温环境,在-30 ℃ 的环境下依然可以工作。(5)燃料电池正朝着寿命长、成本低、功率密度高、性能高、可靠性好等方面发展。(6)注重在提升各个性能指标的基础上减少燃料系统的成本,从而实现跨国企业合作开发和资本兼并的发展模式。

我国的燃料电池研究始于 1958 年,原电子工业部天津电源研究所最早开展了 MCFC 的研究。20 世纪 70 年代时,在航空航天事业的推动下,我国的燃料电池研究呈现出第一次高潮。其间中国科学院大连化学物理研究所研制的两种类型的碱性石棉膜型氢氧燃料电池系统(千瓦级 AFC)均通过了例行的航空航天环境模拟试验。1990 年中国科学院长春应用化学研究所承担了 PEMFC 研究任务,1993 年开始进行直接甲醇质子交换膜燃料电池(DMFC)的研究工作。哈尔滨电站设备成套设计研究所于 1991 年研制出由 7 个单电池组成的 MCFC 原理性电池。20 世纪 90 年代初,中国科学院大连化学物理研究所、上海硅酸盐研究所、化工冶金研究所、清华大学等十几个单位进行了与 SOFC 有关的研究。到 20 世纪 90 年代中期,科技部与中国科学院将燃料电池技术列入"九五"科技攻关计划,这使我国进入了燃料电池研究的第二个高潮。

我国在燃料电池基础研究和单项技术方面取得了不少进展,积累了一定经验。但是,由

于多年来在燃料电池研究方面投入的资金较少,就燃料电池技术的总体水平来看,与发达国家尚有较大差距。我国有关部门和专家对燃料电池十分重视,1996 年和 1998 年两次在香山科学会议上对我国燃料电池技术的发展进行了专题讨论,强调了自主研究与开发燃料电池系统的重要性和必要性。近几年我国加强了在 PEMFC 方面的研究力度。2000 年中国科学院大连化学物理研究所与电工研究所已完成 30 kW 车用燃料电池的全部试验工作。

从整体上看,当前我国的燃料电池依然处于研发和小规模示范运行的阶段。国家为了发展燃料电池颁布了各种政策,并通过产学研形式,极大地促进了燃料电池汽车技术的发展,当前我国已经初步掌握了燃料电池关键材料、电堆、整车集成、动力系统、氢能基础设施建设等核心技术,初步构建了拥有自主知识产权的燃料电池轿车和城市客车动力系统技术平台,积极培育并扶持了一批跟燃料电池及零部件研发相关的企业,初步形成了燃料电池发动机、驱动电机、动力电池、储氢系统、DC/DC 变换器等重要零部件在内的配套研发体系,具备了百辆级燃料电池汽车及其动力系统的生产能力。我国在汽车整体布置、氢气消耗量、动力性等方面与世界先进水平的差距正在缩小,在动力系统集成与控制方面取得了显著进步,但是在重要零部件、关键工艺、材料、耐久性等方面依然存在一定差距[58]。

根据我国氢能联盟发布的《中国氢能源及燃料电池产业白皮书》可以看出,我国的燃料电池在今后将朝着以下四个方面发展:(1)继续加大高功率系统产品的研发;(2)通过优化系统结构来进一步提高产品的性能;(3)通过一系列控制策略和基础材料的研究来提高燃料电池的寿命;(4)优化零部件和规模化效应,持续降低燃料电池的成本。如表 3-7-2 所示,预计到 2050 年,我国燃料电池系统的比功率将突破 6.5 kW·L^{-1},在乘用车中使用寿命将大于 10000 h,在商用车中使用寿命将大于 30000 h,而固定式电源寿命将大于 100000 h。低温启动温度将降至 -40 ℃,系统的成本最低可以达到 300 元·kW^{-1}[59]。

表 3-7-2　中国燃料电池发展趋势

技术指标	现状 (2019)	近期 (2020—2025)	中期 (2026—2035)	远期 (2036—2050)
比功率/(kW·L^{-1})	3	3.5	4.5	6.5
寿命/h	>5000	>5000(乘用车) >15000(商用车)	>6000(乘用车) >20000(商用车)	>10000(乘用车) >30000(商用车)
低温启动温度/℃	-20	-30	-30	-40
成本/(元·kW^{-1})	8000	4000	800	300

<h1 align="center">第 8 节　其他类型电池</h1>

3.8.1　镁离子电池

1. 镁离子电池的提出

铅酸电池、镍镉电池、镍氢电池及锂离子电池被广泛应用于日常生活中。其中,铅酸电池和镍镉电池中含有有害元素铅和镉,且在使用过程中产生的废气和废液会严重污染环境;镍氢电池虽然具有污染少、质量轻、使用寿命长等优点,但其价格昂贵;锂离子电池生产成本较高、使用寿命较短、安全性较差,且锂元素在地壳中的含量较少,这使锂离子电池的应用受到很大的限制。镁是一种活泼金属,在地壳中含量居第 5 位。由于镁元素与锂元素在元素周期表中处于特殊的"对角线"位置,具有类似的性质及较小的离子半径,研究者提出用镁元素替代锂元素制造镁离子电池,以弥补锂离子电池存在的缺陷。

镁电池是以金属镁为负极、某些金属或非金属氧化物为正极的原电池。镁电池分为镁一次电池和镁二次电池。镁一次电池(镁锰干电池)与锌锰干电池相似,在电池体系 $Mg \mid Mg(ClO_4)_2 \mid MnO_2$ 中,以镁筒作为负极发生氧化反应,$Mg(ClO_4)_2$ 作为电解质传递镁离子,MnO_2 作为正极材料得到电子发生还原反应。

镁离子电池的工作原理与锂(钠)二次电池类似。根据对锂、钠电池的研发经验和技术,镁离子电池得到众多学者的广泛研究。然而,现阶段镁离子电池的研究发展还较为缓慢,主要是因为:(1) Mg^{2+} 具有较高的电荷密度和较小的离子半径(0.072 nm),溶剂化作用强,很难像 Li^+ 一样容易地嵌入基质中,这使得正极材料的选择较为困难;(2) 在大多数溶液中,金属镁负极表面会生成一层致密的钝化膜,导致其难以沉积/溶解,进而限制了镁的电化学活性。因此,探究并获得合适的电极材料及与之相匹配的电解质是未来实现高性能实用化镁离子电池的关键。

下面,以现阶段镁离子电池电极材料的比容量与电压关系的研究[60](如图 3-8-1 所示)为参考,对镁离子电池正极材料的最新研究进展进行详细阐述,同时对负极材料和电解质方面的研究成果进行简单介绍。重点讨论它们的性能、面临的问题及可行的解决方案。

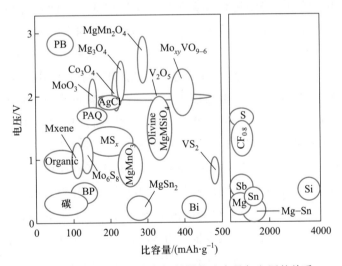

图 3-8-1　镁离子电池电极材料的比容量与电压的关系

2. 镁离子电池电极材料

(1) 正极材料:过渡金属氧化物中具有强的氧金属键,使其具有较高的离子特性,产生高的氧化电势。其中具有层状结构特征的包括钒系氧化物、三氧化钼(MoO_3)等。V_2O_5 晶体是由层状的 V_2O_5 多面体基体构成的,这种结构有利于镁离子的嵌入与迁移。

（2）负极材料：金属镁具有理论比容量（3833 mAh·cm^{-3}，见图 3-8-2）高、标准电势（2.37 V，vs.标准氢电极）低、无枝晶等优点，是可充镁电池最具前景的负极材料之一。但是，一方面，镁在含有三氟甲基磺酰基酰亚胺镁[Mg(TFSI)$_2$]、MgClO$_4$ 等常用盐的质子惰性溶剂的电解液中都会生成表面钝化膜，导致 Mg^{2+} 不能很好地在其表面进行可逆沉积。另一方面，Mg^{2+} 极化大，溶剂化作用强，嵌入基质困难，从而导致较差的倍率和循环性能。针对以上问题，研究者通过设计微纳结构改善储镁性能。例如，Liang 等[61]利用离子液体辅助化学还原法制备了纳米尺寸的 Mg 颗粒（N-Mg）。相比于块体的镁负极，超小 N-Mg 负极与 MoS$_2$ 正极表现出良好的储镁性能，其可逆放电比容量为 170 mAh·g^{-1}；还制备了不同纳米/微米尺寸结构的金属镁，均显示出良好的电化学性能。此外，利用 Ti(TFSI)$_2$Cl$_2$ 对镁负极进行预处理，形成的 Mg—O—Ti 键能够减弱 Mg 和 O 之间的亲和力，所得 Mg 箔表面光亮，从而提升电化学性能。

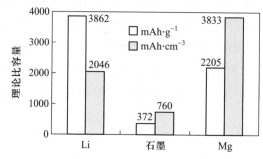

图 3-8-2　金属 Li、石墨和金属 Mg 的理论比容量对比

将 Sn、Sb 和 Bi 等金属与 Mg 进行合金化反应所形成的金属间化合物具有高体积比容量，是一类潜在的高比能可充镁电池负极材料。Arthur 等[62]利用电沉积法获得 Bi$_{0.88}$Sb$_{0.12}$ 和 Bi，作为负极材料在 1 C 下其循环性能大于 100 周；但利用同样方法所得的 Sb-Mg 电极，其较大的体积变化导致循环性能较差。Malyi 等[63]采用 DFT 研究了 Mg^{2+} 在 Si、Ge 和 Sn 中的扩散、电压及体积膨胀的变化，三者相比较而言，Si 的储镁容量高，但体积变化大；Ge 和 Sn 具有较小的体积膨胀和扩散能垒。Shao 等[64]利用 Bi 纳米管（BiNTs）作为 Mg^{2+} 嵌入型负极材料（图 3-8-3），其脱镁电位约 0.23 V，该材料展现出较高的可逆比容量（350 mAh·g^{-1} 和 3430 mAh·cm^{-3}），优异的循环稳定性（200 周循环后，其比容量衰减率仅为 7.7%）。相比较 Bi（385 mAh·g^{-1}），SnSb 用作储镁负极材料形成 Mg$_2$Sn 和 Mg$_3$Sb$_2$ 时，其理论比容量高达 768 mAh·g^{-1}，实验表明 SnSb 合金负极能够传递较高的可逆比容量（约 420 mAh·g^{-1}），具有良好的倍率（1 A·g^{-1} 电流密度下比容量约为 300 mAh·g^{-1}）和循环稳定性（500 mA·g^{-1} 下，200 周后比容量约保持在 270 mAh·g^{-1}）[152]。随后，Parent 等[65]在此基础上结合 DFT 计算探究了 Mg^{2+} 在 SnSb 纳米颗粒（<40 nm）中的脱嵌机制和转换过程。Bi-Sn 合金结合了 Sn 的高储镁比容量（903 mAh·g^{-1}）和 Bi 稳定的可逆性，纳米孔结构的 Bi-Sn 合金能够有效抑制材料在充放电过程中的体积膨胀，促进离子和电子的传输。除上述金属外，单层黑磷（P）作为储镁负极材料时，理论上具有较低的吸附能（-1.09 eV），所形成的 Mg$_{0.5}$P 能够保持晶体结构的稳定，但这还需要在后续的实验中进一步验证。碳基材料的存在拓宽了对负极

材料的选择。Er 等从理论上预测了 Mg^{2+} 在有缺陷的石墨烯和石墨烯同素异形体中的吸附行为,结果显示:含 25% 双空位缺陷的石墨烯拥有 1042 mAh·g^{-1} 的储镁比容量,其开路电压为 1.6 V,随着吸附镁浓度的增加而减小。随后,Kim 等通过计算发现石墨可以作为 Mg^{2+} 嵌入的基材,同时能够与其他线性溶剂实现可逆共嵌。此外,磷烯和硼墨烯也可以作为镁离子存储的负极材料。

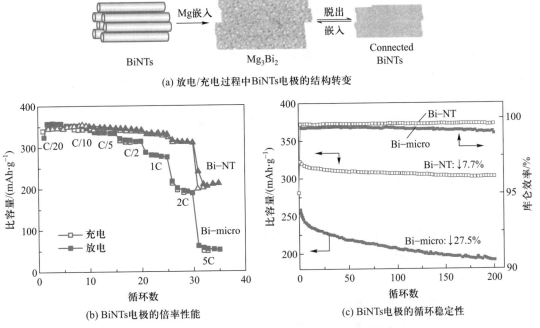

(a) 放电/充电过程中 BiNTs 电极的结构转变

(b) BiNTs 电极的倍率性能　　　　(c) BiNTs 电极的循环稳定性

图 3-8-3　BiNTs 电极的结构转变及其电化学性能

3.8.2　钾离子电池

锂电池的快速发展是近四十年来广泛研究的结果,但锂电池不能满足未来大型能源存储系统的需求,因为锂的自然资源有限,而且成本很高。与钠(甚至锂)电池相比,钾电池具有不可估量的优势。在碱金属和碱土金属中,钾是一种长期被忽视的能源存储材料。钠镁电池在过去的二十年中得到了广泛的研究,但其性能仍不能满足实际应用的要求。钾离子电池还处于起步阶段。一个重要的观点是,钾离子电池并不一定是电力设备中现有钾离子电池的替代品,它可以是具有自身适用性的电化学能源。以铅阴极、常规电解液和碳阳极组装而成的钾离子电池具有廉价且长期性能良好的特点,但它的能量密度较锂离子电池低。由于锂空气电池和锂硫电池的发展迟早会受到自然资源稀缺的限制,因此在初期阶段有必要将重点转向钾空气电池和钾硫电池。事实上,钾比锂和钠重得多,但从全电池的角度来看,在钾离子体系中,K^+ 虽然重,但在总质量中所占的比例并不大。

可以肯定地说,无论是钠离子电池还是钾离子电池,在能量密度上都无法与锂离子电池竞争。在便携式电子产品和电动汽车中,能量密度是最重要的衡量标准,除非锂的价格变得完全无法承受。钠离子电池和钾离子电池的优势仍然是低成本和长期的技术可持续性。因此,固定储能市场的竞争很可能是钠离子电池和钾离子电池之间的竞争。

非水溶液钾离子电池是一种新兴的候选电池。钾离子作为电荷载体的独特性能引起了人们对开发高性能电池正、负极材料的强烈兴趣。对电极的主要候选材料即硬碳(负极)和普鲁士白类似物(正极)的研发工作,已经取得了快速进展。在这种新型电池技术的初期阶段,我们认为应该把重点放在潜在的、可扩展的、廉价的电极材料研发和对其循环寿命特性的探索上。在未来市场上,钾离子电池和钠离子电池的区别可能在于其超长的循环寿命。在水溶液中,较大的水合锂离子通常被认为是不利于固态插入/提取的 PB 型电极。除了锂离子插入/提取破坏了铅的结构之外,其循环性较差;铅在锂电解质中的电化学行为不如在钾电解质中的电化学行为明确。虽然钾电解质中的氧化还原峰比较尖锐,即氧化还原体系的电势范围较窄,导致电池性能处于平缓状态,但是在锂电解质中,氧化还原峰比较广泛。

1. 钾离子电池种类

钾插层化学最近已被证明与石墨和非石墨碳相容。根据电解液的选择,有非水溶液钾离子二次电池和水溶液钾离子二次电池。我们将介绍:(1)一种采用摇椅操作原理的钾离子电池,其中正极和负极材料都采用拓扑插层化学进行电荷存储;(2)金属钾电池,包括钾氧(或空气)和钾硫电池。

2. 钾离子二次电池特点

虽然这类电池的速率决定因素是电极材料中的固态扩散,但载流子在电解液中的扩散尤为重要。与一般认识相反,溶剂化钾离子在溶液中小于锂离子和钠离子。这将导致更快的扩散和更高的离子电导率,并且伴随着更大的转移数。

3. 非水溶液钾离子电池(KIBs)

KIBs 正极:铁氰化物。在非水溶液钾离子电池中,一个主要问题是正极材料,其中 K^+ 可以可逆地嵌入/脱出。继第一个钾离子电池原型之后,首选仍然是铁氰化物,正如崔等和 Padigi 等最近证明的[66,67],它们对钾离子嵌入/脱出具有良好的循环性。普鲁士蓝(PB)、$KFe^{III}Fe^{II}(CN)_6$ 及其类似物因其优良的电化学行为而成为著名的电活性材料。PB 呈现出一种刚性结构,其中 $C\equiv N$ 基团与 Fe(Ⅱ)和 Fe(Ⅲ)结合,形成铁(Ⅱ)六氰化物[或称为铁(Ⅱ)六氰化物离子]和铁(Ⅲ)硫氰化物离子,如图 3-8-4 所示。注意,框架中 Fe 离子的氧化状态决定了框架的空穴中是否允许反离子。当配位铁均为 Fe(Ⅲ)时,结构中不允许出现反离子。将铅类似物的晶格结构与普通锂离子电池正极的晶格结构进行比较,揭示了铅的电化学性能具有异常循环性的原因。碱金属确实是层状金属氧化物结构中的支柱,如 $LiCoO_2$ 和 $KCoO_2$(图 3-8-5),在完全脱出后,晶格经历了严重的结构变化。这就是为什么锂离子电池的普通正极材料 $LiCoO_2$ 只有一半的比容量,因为锂离子进一步脱出会导致晶格击穿。然而,PB 的刚性结构与反离子的存在无关,反离子被安置在立方体内。这允许 K^+ 快速和可逆地嵌入/脱出。

普鲁士蓝类似物代表一类金属铁氰化物(hcf),化学式为 $A_xM[Fe(CN)_6]_y \cdot zH_2O$,A 代表碱金属离子,如 Li^+、Na^+、K^+ 等,M 代表过渡金属离子,包括铁、锰、钴、镍等。x 在 0 和 2 之间,其值取决于 M 和铁的化合价。普鲁士蓝类似物为典型的面心立方(FCC)晶体结构,空间群为 $Fm3m$。在这种立方结构中,MN_6 交替连接,与 FeC_6 正八面体的氰化物配体构建一个三维刚性框架,打开了离子通道和宽敞的间隙,可适应多种阳离子,如 Li^+、Na^+、K^+、Mg^{2+}、Ca^{2+} 及水分子。普鲁士蓝可以发生双电子转移反应,因为 M 和 Fe 离子都具有电化学活性,对于 $A_2M[Fe(CN)_6]$ 晶格中的 Li、Na 和 K 插层,这对应较高的理论比容量(分别约为 190 mAh·g^{-1}、170 mAh·g^{-1}、155mAh·g^{-1})。$A_2M[Fe(CN)_6]$、$AM[Fe(CN)_6]$ 和 $M[Fe(CN)_6]$ 之间的变换分别为普鲁士白(PW,常报道为淡蓝色)、普鲁士蓝和柏林绿(BG,又称普鲁士绿)。从循环性的角度来看,该材料尤其适合于 KIBs。除了作为锂离子电池的替代品,KIBs 的原型展示了制造持久电池的潜力,因为在水溶液条件下循环伏安测试实现了数百万次循环。最近由 Ling 等[68] 进行的计算研究表明,在插层过程中,阳离子大小会影响晶格能。虽然 Li^+ 和 Na^+ 嵌入的首选位置是面中心的 24d 位置,但较大的 K^+、Rb^+ 和 Cs^+ 嵌入的首选位置是体中心的 8c 位置。他们还报道了六氰亚铁(FeHCF)的嵌入电压与不同碱金属的离子半径之间的显著相关性,其中较大的离子嵌入会导致更高的电压,对于 Li^+、Na^+ 和 K^+,分别为 3.08 V、3.23 V 和 3.70 V。在能量密度方面,如果两种设备都使用 PB,那么 KIBs 的电势比钠离子电池要高得多。对铅基钠离子电池和钾离子电池性能的实验研究也表明,钾离子电池具有较高的电池电压,比容量保持能力明显较好。

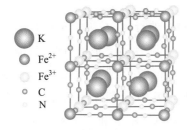

图 3-8-4　普鲁士蓝和
$KFe^{III}Fe^{II}(CN)_6$ 的结构

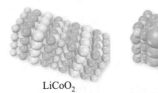

图 3-8-5　层状 $LiCoO_2$ 和设想层状 $KCoO_2$ 的晶格结构
($LiCoO_2$ 和 $KCoO_2$ 的观察方向是层状结构的横断面,
$LiCoO_2$ 的观察方向明显,而 $KCoO_2$ 的观察方向几乎无法区分)

　　PB 的刚性结构在循环过程中是相当稳定的,相应的电池不会因为结构的改变或扭曲而遭受共同的比容量衰退。与传统的锂离子电池正极材料相比,它的电导率更高,扩散速率更快。晶格的开放框架结构允许快速固态扩散,这是决定电池速率能力的一个关键参数。在锂离子插层的情况下,成功地对厚度为 120 nm 的薄膜铅正极进行了 3000 C 的极高速率充放电,提供了 85 mAh·g^{-1} 的比容量。以六氰亚铁的电化学行为为基础,接下来的两个连续的氧化还原反应将柏林绿转化为普鲁士蓝和随后的普鲁士白。

$$Fe^{III}Fe^{III}(CN)_6 + K^+ + e^- \longrightarrow KFe^{III}Fe^{II}(CN)_6$$
（BG）　　　　　　　　　　　　　（PB）

$$KFe^{III}Fe^{II}(CN)_6 + K^+ + e^- \longrightarrow K_2Fe^{II}Fe^{II}(CN)_6$$
（PB）　　　　　　　　　　　　　（PW）

　　PB 可氧化为 BG 或还原为 PW,这实际上是将所有单价阳离子嵌入 PB 及其类似物中的一般机制。Padigi 等[67] 在 KNO_3 的水电解质中制备了尺寸为 50~75 nm 的 BG 颗粒和尺寸为 2~10 nm 的 PB 颗粒,虽然 PB 晶格足够大,可以进行扩散,但其比容量分别为 121.4 mAh·g^{-1} 和 53.8 mAh·g^{-1}。与钾离子电池的所有阴极材料一样,反离子、固态扩散仍然是速率决定步骤。一般来说,化学合成控制着电活性材料的晶体结构和形态,电极的初始结构对电化学行为有很大影响。

FeHCF 作为 KIBs 正极材料最大的优点是其独特的晶体结构,这可能是其具有长循环性能和稳定储能性能的关键。如图 3-8-4 所示,PB 晶格实际上是一种 MOF(金属有机框架)结构,其坚固的骨架独立于反离子的存在。然而,简单的层状金属氧化物的晶格高度依赖于反离子的存在(见图 3-8-5 中的 $LiCoO_2$ 和 $KCoO_2$)。因此,很难在不改变结构的情况下从 $KCoO_2$ 中可逆地脱出 K^+ 并再次嵌入。即使对于 $LiCoO_2$,只有一半的理论比容量是可以实现的,因为晶格经历几个结构变化取决于 Li^+ 的浓度[145]。通过将 Li^+ 与 K^+ 交换,$KCoO_2$ 有一种设想的层状结构,但在实践中,晶格结构实质上改变为 $P4/nm$ 对称。在层状结构中用 Na^+ 代替 Li^+ 时,也观察到类似的行为,不仅晶格结构发生了改变,而且形貌也发生了较大的变化。FeHCF 晶格不像正极中的金属氧化物那样致密,例如 $LiCoO_2$,其中 PB 的密度约为 1.8 g · cm^{-3}。因此,它的比容量较低,这可能限制 FeHCF 正极基片在便携式电子设备或电动汽车上的应用。尽管 PB 及其类似物在 KIBs 中具有很好的循环性能,但是 KIBs 可能需要新型的正极材料来满足所有的实际需求。

4. 其他正极材料

Recham 等[69]研究了钾离子在锂离子电池正极材料中的行为,在第一个循环中钾离子被锂离子取代。这说明从普通的锂离子电池正极材料中去除钾离子是可行的,但问题是能否可逆地将钾离子再嵌入这些正极材料中。Mathew 等[70]能够在经典的溶胶-凝胶法制备的纳米孔非晶态 $FePO_4$ 中可逆地嵌入/脱出钾离子。在 EC/DEC(碳酸乙酯/碳酸二甲酯)中,在 1 mol · L^{-1} KPF_6 电解液中,$FePO_4$ 电极在 1.5~3.5 V(vs.K^+/K)提供了 156 mAh · g^{-1} 的初始放电比容量,并在 50 次循环中保留了其理论比容量的 70%。最近,Vaalma 等[71]报道了一种层状铋矿 $K_{0.3}MnO_2$,作为正极时,它在 1.5~4.0 V(vs.K^+/K)的电压窗口中具有高 136 mAh · g^{-1} 的比容量,平均电势为 2.8 V。然而,在这个高截止电势下,$K_{0.3}MnO_2$ 阴极的可逆性很差,这可能是在高压下不可逆的相变造成的。在 1.5~3.5 V 电压窗口中,该化合物具有良好的循环性能,经过 675 次循环后,其第 10 次循环比容量保持 68%。由于正极可能不包含可移动的钾离子,用硬碳/炭黑复合材料与钾的碳负极组装了完整的电池。在 1.5 mol · L^{-1} 双氟磺酰亚胺(KFSI)的 1:1 EC/DMC 溶剂化的电解质中,这样的全电池在 32 mA · cm^{-2} 电流密度下的初始比容量为 80 mAh · g^{-1}(基于正极),平均工作电势为 2.0 V。经过 100 次循环后,电池比容量下降到约 50 mAh · g^{-1}。

磷酸钛钾也被用作 KIBs 的正极材料。与锂离子电池中这类材料的性能相似,电池的性能本来就很差,因为电导率低,而且必须添加导电剂,如炭黑。事实上,大多数具有广阔的、适于扩散的立体通道的锂离子电池正极材料也可以用于 KIBs 中。

目前所测试的正极材料是很有前途的,但仍远不能成为 KIBs 实际开发的理想材料。铅及其类似物的可循环性是一个明显的优势,但由于低密度的六氰化物,其比容量远低于锂离子电池。另外,水分子在六氰化物晶格内的内在作用,可能存在安全风险。

据现有报道,普鲁士蓝正极的比容量可达 80 mAh · g^{-1},其平均氧化还原电势为 3.8 V

（vs.K⁺/K）。考虑到碳负极在 C/10 时的比容量为 262 mAh · g⁻¹，平均脱钾电势为 0.3 V（vs.K⁺/K），基于两个电极的质量，一个假设的全电池可以提供 201 Wh · kg⁻¹ 的能量密度。基于最先进的电池制造技术，真正的电池可以提供 110 Wh · kg⁻¹ 的能量密度。虽然这低于锂离子电池甚至钠离子电池，但如果 KIBs 在非水电解质中能够表现出极长的循环寿命，KIBs 可能会成为市场上的有力竞争者。

5. 负极材料

碱金属离子电池的另一个关键部件是负极材料。一般认为，由于与枝晶形成相关的安全问题，金属负极可能不实用。但是钾非常软，K 和 Na 的熔点分别为 64 ℃ 和 98 ℃，Li 的熔点为 179 ℃，这使得钾枝晶在机械强度上更加弱，可能避免了枝晶引起的热逃逸。但为了安全起见，负极选取插层材料是可取的，因此，它的工作电势和循环性直接影响电池的性能。对于锂离子电池来说，碳基负极材料不仅在研究中，而且在商业产品中都是最常见的。

以钠离子电池为例。虽然有数百种物质可以成功地嵌入石墨中，但脱溶钠嵌入石墨的通道中在热力学上是不利的。一个很有前景的方法是通过同时插入溶剂分子来扩大石墨层，这当然伴随着体积膨胀。对于钠离子电池，非石墨碳，包括硬碳和软碳，是很有前途的候选材料。有趣的是，碱金属石墨插层化合物（GIC）中最稳定的是钾石墨插层化合物（K-GIC）。这种稳定性是如此重要，以至于钾石墨插层化合物甚至被用作锂离子电池的负极材料。钾属一级结构，每个石墨层之间插入一层钾原子。显然，钾的相互作用导致石墨层间膨胀是不可避免的。人们利用范德瓦尔斯密度泛函和密度泛函理论计算了碱金属插入石墨中的能量。NaC_x 是不稳定的，它的形成在热力学上是不利的，而 LiC_x 和 KC_x 的形成焓是负的，较为稳定，但 KC_x 的形成在热力学上更有利。

图 3-8-6 为石墨中钾离子插层不同阶段的计算研究，与文献报道的实验结果一致。在大多数现有技术中，K-GIC 是通过在真空或惰性气氛下对金属钾和石墨的混合物进行热退火而制备的。直到最近才尝试将钾通过电化学嵌入石墨。Tossici 等[72,73] 研究了 KC_8 作为锂离子电池的预充电负极，其中钾离子在第一次全电池放电期间被提取，在充电期间，进入的锂离子被插入形成 Li-GIC。通过热处理比 LiC_6 更容易形成的 KC_8 负极，可以在锂离子电池中使用无锂正极。从石墨容器（如坩埚）电解熔盐的角度，Liu 等[74] 研究了钾在熔融 KF 中电化学嵌入石墨中，但形成的 K-GIC 非常不稳定，会形成剥离的石墨烯层。Liu 和 Wang 等研究了中空非石墨化碳纳米纤维作为 KIBs 的负极，其初始脱钾能力高，约为 300 mAh · g⁻¹。然而，电池表现出相对较差的循环性能，特定比容量衰减到 200 mAh · g⁻¹，在第二圈循环后为 80 mAh · g⁻¹。Jian 等首次报道了在 EC/DEC 溶剂化的 0.8 mol · L⁻¹ KPF₆ 非水电解质中室温电化石墨中插入/提取钾。石墨/K 半电池在 C/40 时具有高的可逆脱钾能力，达到 273 mAh · g⁻¹（1 C 时为 279 mA · g⁻¹ 形成 KC_8），接近其理论值 279 mAh · g⁻¹，这是一种很有前途的 KIBs 负极材料。非原位 XRD 研究证实，Ⅲ 期 KC_{36}，Ⅱ 期 KC_{24} 和 Ⅰ 期 KC_8 形式按顺序在钾/脱钾过程中恢复（见图 3-8-6）。通过循环性能的观察，在 C/2 的 50 个循环后，比容量保留 50%。在完全钾化时，石墨的理论体积膨胀为 61%，这对循环稳定性造成了不利的影响。引入封闭纳米孔可以改善石墨化材料的钾/脱钾循环性能。Xing 等报道了通过化学气相沉积乙醇前驱体将纳米多孔石墨烯渗透到纳米孔中，合成了低密度（0.92 g · cm⁻³）多纳米

112 晶石墨(注意,大块石墨的密度约为 2.2 g·cm^{-3})。中空的多纳米晶石墨很可能是封闭的,不允许吸收电解质,因为它的 N$_2$BET 比表面积只有 91 m^2·g^{-1}。这种新碳材料表现出更好的循环稳定性,因为它能更好地适应体积膨胀。就在 Jian 等报道石墨 KIBs 负极之后,Komaba 和 Luo 等[75,76]也报道了钾在石墨中的高可逆电化学插层。一组报告其石墨/K 半电池的比容量为 244 mAh·g^{-1},还研究了不同的黏合剂,包括聚偏二氟乙烯、羧甲基纤维素钠和聚丙烯酸钠。结果表明,后两种黏合剂有助于提高第一次循环库仑效率,但可逆比容量略有降低。在 Luo 等的研究中,石墨负极的可逆比容量为 208 mAh·g^{-1}。他们还研究了还原氧化石墨烯(RGO)的钾离子存储特性,其可逆比容量为 222 mAh·g^{-1}。值得注意的是,在还原氧化石墨烯中插入钾离子可显著提高其光学透明度,由 29.0% 提高到 84.3%。这不仅表明了石墨烯层的均匀叠加,也为在光电电化学电池中利用这种电活性材料提供了机会。

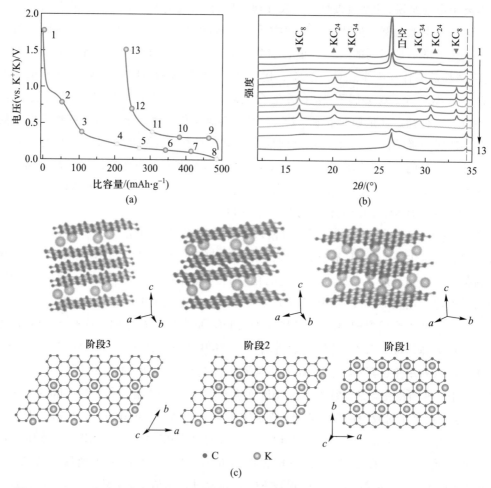

图 3-8-6　(a)非水溶液钾离子电池中石墨电极的充放电电势图;(b)在选定的充放电状态下石墨电极的非原位 XRD 衍射谱;(c)不同钾石墨插层化合物的结构图

为了解决石墨电极在去钾过程中的体积变化,提高其循环稳定性,Jian 等合成了密度较低(约 1.6 g·cm^{-3})的大块非石墨碳,石墨的密度约为 2.2 g·cm^{-3}。这些是非常典型的非石墨碳(通常称为非晶态碳):通过热解 PTCDA 得到的可石墨化软碳和通过水热碳化蔗糖得到的不可石墨化硬碳球。软碳显示出 270 mAh·g^{-1} 的高比容量,与石墨相当,在其电位剖面中观察到纯倾斜行为,类似于其作为钠离子电池负极的性能。软碳/K 半电池的循环稳定性比石墨/K 电池的更好,在 2C 下循环 50 次后,比容量保持率为 81.4%。软碳也表现出良好的速率能力,放电速率为 1 C、2 C 和 5 C 时,其比容量分别为 210 mAh·g^{-1}、185 mAh·g^{-1} 和 140 mAh·g^{-1}。HCS 的速率性能可与软碳相媲美,在 2 C 和 5 C 下,实际比容量分别为 190 mAh·g^{-1} 和 136 mAh·g^{-1}。迄今为止,HCS 在石墨、软碳和硬碳之间表现出了最好的循环稳定性,在 C/10 条件下,100 次循环后电极保留了初始比容量的 83%。以上结果都是用 PVDF 作为碳电极的黏合剂得到的。Ji 研究组的研究表明,当 NaCMC 用作这些非石墨碳负极的黏合剂时,具有更好的循环稳定性。在电解质/电极界面中,PVDF 很可能与钾甚至钠反应较多,但与锂反应甚少。HCS 中 Na 和 K 插层的电化学研究显示了不同的速率行为,而且具体的低电流速率下的 HCS/Na 半电池比容量更大。与 HCS/Na 半电池相比,HCS/K 半电池表现出更好的速率性能。人们用恒电流间歇滴定法测量了 HCS/K 半电池和 HCS/Na 半电池的离子扩散系数值,HCS/K 半电池的离子扩散系数略高。HCS/K 和 HCS/Na 之间的动力学性能比较需要进一步研究,特别是通过计算和模拟。另一个使得 HCS/K 比 HCS/Na 的速率行为更好的因素是前者相对于其对电极具有更高的工作电势。平均而言,钾化发生在 0.2 V 以上,而钠化发生在 0.05 V 左右。值得注意的是,锂化石墨的低电势平台可能出现在约 0.1 V(vs.Li$^+$/Li)。需要强调的是,对于在碳基材料中钾离子的存储,在实际可接受的电池性能方面还存在知识空白,了解在碳基材料中钾离子与溶剂分子的共插入将是很有必要的。

第 9 节　电解与电镀

3.9.1　电解的概念与原理

1. 电解的概念

电解是指在外加直流电压作用下,使电解质溶液在电极上发生氧化还原反应的过程。即电解是借外部电源的作用来实现化学反应向着非自发方向进行的过程。在电解时,电解池内发生的非自发变化是原电池中自发变化的逆过程。

电子从电源的负极流出,进入电解池的阴极,经过电解质溶液流经电解池的阳极,再回到电源的正极。因此,在电解池中电解质溶液的正离子向阴极移动,负离子向阳极移动。正离子在阴极上得到电子被还原,负离子在阳极失去电子被氧化,这就是电解过程。

2. 基本原理

为了使电解过程得以进行,应加一个与电解产物和电解液所构成的原电池的电动势大小相等、方向相反的电解电压,这一电压是理论上电解所必需的最小电压,称为理论分解电压。

对于可逆电解过程,分解电压与析出电势具有下列关系:

$$E_{分} = E_r = E_{阳} - E_{阴}$$

式中,E_r 为可逆电池的电动势;$E_{阳}$ 为阳极析出电势;$E_{阴}$ 为阴极析出电势。在实际电解时,由于电极上有电流通过,且电流密度较大,必定会产生较强的极化作用。因此在两电极上,特别是有气体(O_2 或 H_2)析出的电极上产生超电势。两个电极上超电势之和称为电池超电势,即

$$\Delta E = \eta_a + \eta_k$$

式中,η_a 为阳极超电势;η_k 为阴极超电势。除此以外,溶液本身有电阻,隔膜有电阻,导线与电极接触有电阻,电极本身也有电阻,这些都会引起电势降,因此实际电解时的电压比理论分解电压大,它包括上述各项的电势降:

$$E = E_r + \Delta E + IR_{液} + IR_{膜} + IR_{其他} \tag{3-9-1}$$

式中,$IR_{液}$ 为电解液产生的电势降;$IR_{膜}$ 为隔膜产生的电势降;$IR_{其他}$ 为电极本身、电极与导线接触电阻产生的电势降。

电解中离子电解的完全程度,一般可根据施加在电极上的电压及相应的能斯特方程来判断。反应中氧化态和还原态均为可溶物时,对于一个氧化还原平衡反应,Ox 为氧化态,Red 为还原态,其电极电势为

$$E = E^{\ominus} + \frac{RT}{nF}\ln\frac{C_{Ox}}{C_{Red}} \tag{3-9-2}$$

式中,$E^{\ominus}$ 为电极的标准电极电势;R 是摩尔气体常数;T 是实验温度;n 是电极反应中转移的电子数;F 是法拉第常数。

控制电势电解过程中,若仅有一种物质在电极上析出,且电流效率为 100%,电流与电解时间的关系为

$$i_t = i_0 10^{-kt} \tag{3-9-3}$$

式中,i_0 为开始电解时的电流;i_t 为时间 t 的电流;k 为常数,它与溶液性质等因素有如下关系:

$$k = \frac{26.1DA}{V\delta} \tag{3-9-4}$$

式中,D 为扩散系数,单位为 $cm^2 \cdot s^{-1}$;A 为电极表面积,单位为 cm^2;V 为溶液体积,单位为 cm^3;δ 为扩散层的厚度,单位为 cm;常数 26.1 中已包括将 D 单位转换为 $cm^2 \cdot min^{-1}$ 的换算因子 60。

3. 法拉第定律

电解池是在外加电源的作用下发生电极反应的。在电解过程中,发生电极反应的物质的量与通过电解池的电荷量有直接关系。法拉第经过大量的研究,创立了法拉第定律,其内容如下:(1)电流通过电解质溶液时,发生电极反应的物质质量与通过的电荷量成正比,即与其电流强度和通过电流的时间成正比。(2)在各种不同的电解质溶液中,通过相同的电荷量时,在电极上析出的每种物质的质量与该物质以原子为基本单元的摩尔质量 M_B 成正比,与参加反应的电子数 n 成反比。

经实验确认,在电极上析出 $\dfrac{M_B}{n}$ 的任何物质所需的电荷量都是 96485 C(库仑),这个电荷量称作"法拉第",是电化学中常用的一种常数,以 F 表示。

法拉第定律的数学表达式为

$$m = \frac{M_B Q}{nF} \quad \text{或} \quad m = \frac{M_B It}{nF} \tag{3-9-5}$$

式中, m 为电极上析出物质的质量,单位为 g; M_B 为物质以原子为基本单元的摩尔质量,单位为 g; Q 为电荷量,单位为 C; F 为法拉第常数,单位为 C·mol^{-1}; I 为电流,单位为 A; t 为通过电流的时间,单位为 s; n 为电极反应时一个原子得失的电子数。

由式(3-9-5)可知,只要通过电解池的电流以 100% 的电流效率用于电解反应,没有漏电现象和其他副反应发生,就可以根据所消耗的电荷量,计算出在电极上发生电解反应的被测物质的量。

3.9.2　金属电沉积和电镀原理

金属电沉积是指简单金属离子或配离子通过电化学方法在固体(导体或半导体)表面上还原为金属原子后附着于固体表面,从而获得一金属层的过程。电镀是金属电沉积过程的一种,它是由改变固体表面特性而改善外观,提高耐蚀性、抗磨性,增大硬度,提供特殊的光、电、磁、热等表面性质的金属电沉积过程。电镀与一般的金属电沉积过程的不同之处:电镀的镀层除应具有所需的力学、物理学和化学性能外,还必须很好地附着于物体表面,且镀层均匀致密、孔隙率小。金属镀层的性能依赖于其结构,而镀层的结构又受金属电沉积条件等的限制,因此,为了获得所要求的镀层,必须要研究金属电沉积过程的规律。

3.9.3　电镀过程及其生产工艺

电镀是以被镀工件(镀件)作为阴极浸入欲镀金属盐溶液中,被镀金属离子在阴极面上还原,从而获得牢固结合的金属膜的一种表面加工方法。阳极反应是被镀金属的阳极溶解或氧气析出。电镀时电解条件的控制就是使被镀金属的还原和阳极溶解具有相同的电流效率,以使镀液中被镀金属离子的浓度保持恒定。在一些场合,必须以盐类形式添加到镀液中以获得金属离子,此时要使用情性电极(常用 Pt),阳极反应为 O$_2$ 析出。电镀过程中阴极的处理、阳极材料、镀液、电流密度等条件的选择和控制至关重要。

电镀生产工艺流程一般包括镀前处理、电镀和镀后处理三步。

(1) **镀前处理**:镀前处理一般包括机械加工、酸洗、除油等步骤,是获得良好镀层的前提。机械加工是指用机械的方法,除去镀件表面的毛刺氧化层和其他机械杂质,使镀件表面光洁平整,这样可使镀层与基体结合良好,防止毛刺的发生,有时对于复合镀层,每镀一种金属均须先进行该处理。除机械加工抛光外,还可用电解抛光使镀件表面光洁平整;电解抛光是将金属镀件放入腐蚀强度中等、浓度较高的电解液中,在较高温度下以较大的电流密度使金属在阳极溶解,这样可除去镀件缺陷,得到洁净平整的表面,且镀层与基体有较好的结合力,减少麻坑和空隙,提高镀层的耐蚀性,但电解抛光不能代替机械抛光。

酸洗的目的是除去镀件表面氧化层或其他腐蚀物。常用的酸为盐酸,用盐酸清洗镀件表面,除锈能力强且快,但缺点是易产生酸雾(HCl 气体),对 Al、Ni、Fe 合金易发生局部腐蚀,不适用。改进的措施是使用加入表面活性剂的低温盐酸。除钢铁外的金属或合金亦可考虑用硫酸、乙酸及其混合酸来机械酸洗。需要说明的是,对于氰化电镀,为防止酸带入镀液中,酸洗后还需进行中和处理,以避免氰化物的酸解。

除油的目的是消除基体表面上的油脂。常用的除油方法有碱性除油和电解除油,此外还有溶剂(有机溶剂)除油和超声波除油等。碱性除油是基于皂化原理,除油效果好,尤其适用于除重油,但要求在较高温度下进行,能耗大。电解除油是利用阴极析出的氢气和阳极析出的氧气的冲击、搅拌及电解质的作用来进行的,但阴极会引起氢脆,阳极会引起腐蚀。需要说明的是,在镀前处理的各步骤中,由一道工序转入另一道工序均需经过水洗步骤。

(2)**电镀**:镀件经镀前处理后,即可进入电镀工序。在进行电镀时必须注意电镀液的配方、电流密度的选择及温度、pH 等的调节。需要说明的是,单盐电解液适用于形状简单、外观要求不高的镀层,络盐电解液分散能力高,电镀时电流密度和效率低,主要适用于表面形状较复杂的镀层。

(3)**镀后处理**:镀件经电镀后表面常吸附着镀液,若不经处理可能腐蚀镀层;水洗和烘干是最简单的镀后处理。视镀层使用的目的,镀层可能还需要进行一些特殊的镀后处理,如镀 Zn、Cd 后的钝化处理和镀 Ag 后的防变色处理等。

3.9.4　常见的电镀层

锌、锡、铜、镍、铬、银金镀层是常用的镀层。镀锌和镀镉主要用于保护钢及铁基合金;铜镀层用于电子工业及作为铜镍铬防护装饰性镀层的底层;锡镀层用于食物包装铁罐的保护层和作为焊接的电接触;镀铬的主要目的是保持美观和光泽的表面及提高硬度和耐磨性;银镀层和金镀层可用于装饰、反射器和电接触。

1. 镀镍

镍镀层作为保护各种钢铁制品的中间层,是铜镍铬防护性装饰镀层的主体,在电镀工业中占有很重要的地位,广泛应用于机械制造、轻工业和国防工业等领域。

镍镀液一般为酸性,以硫酸镍和氯化镍为主,以硼酸为缓冲剂。若不加光亮剂,则得到暗镍镀层;光亮镍镀液需同时加入第一类(初级)光亮剂和第二类(次级)光亮剂。第一类光亮剂分子中具有$=CSO_2-$结构,如糖精,能使镀层晶粒细化,但单独使用时不能产生全光亮镀层,只有第二类光亮剂配合使用时才能使镀层达到全光亮。第二类光亮剂分子中常含有双键或三键等不饱和基团,如香豆素,能使镀液具有较好的整平性,能降低底层张应力;但是用量过多时会带来压应力,也不能单独使用。硫酸盐型(低氯化物)镀镍液,即 Watts(瓦特)镀镍液在工业上的应用最为普遍,基本工艺条件:$250\sim350$ g·L^{-1} $NiSO_4$·$7H_2O$,$30\sim60$ g·L^{-1} $NiCl_2$·$6H_2O$,$35\sim40$ g·L^{-1} H_3BO_3,$0.05\sim0.10$ g·L^{-1}十二烷基硫酸钠,pH 为 $3\sim4$,温度为 $45\sim65$ ℃,电流密度为 $1.0\sim2.5$ A·dm^{-2},阳极为镍板。

光亮镀镍的主要工艺条件:$250\sim300$ g·L^{-1} $NiSO_4$·$7H_2O$,$30\sim50$ g·L^{-1} $NiCl_2$·$6H_2O$,$35\sim40$ g·L^{-1} H_3BO_3,$0.05\sim0.15$ g·L^{-1}十二烷基硫酸钠,pH 为 $4\sim4.6$,温度为 $40\sim50$ ℃,电流密度为 $1.5\sim3$ A·dm^{-2},糖精和丁炔二醇。镀镍工艺的关键技术是添加剂,国内外学者都积极进行添加剂的开发研究。

2. 镀铜

铜镀层是使用最广泛的一种预镀层。锡焊件、铅锡合金、锌压铸件在镀镍、金、银之前都要镀铜,用于改善镀层结合力;铜镀层还用于局部的防渗碳、印制板孔金属化,并用作印刷辊的表面层。镀铜的电镀液有酸性及碱性两类。酸性镀液成分简单、毒性小、价格便宜,在搅拌下可用较高的电流密度,故产率较高,但是镀层结晶较大,分散能力较差。碱性镀液毒性大、价格较贵,但镀层结晶细致光滑。

酸性镀铜的主要工艺条件:$200 \sim 250$ g·L^{-1} CuSO$_4$·5H$_2$O,$45 \sim 75$ g·L^{-1} H$_2$SO$_4$,$10 \sim 80$ g·L^{-1} NaCl,适量光亮剂,pH 为 $1.2 \sim 1.7$,温度为 $20 \sim 32$ ℃,电流密度为 $1 \sim 5$ A·dm^{-2},阳极为磷铜板。

酸性镀铜光亮剂有四氢噻唑硫酮(H1)、苯基聚二硫丙烷磺酸钠(S1)、聚乙二醇(P)等,一般配合使用,例如加入 0.001 g·L^{-1} H1,$0.01 \sim 0.02$ g·L^{-1} S1,$0.03 \sim 0.05$ g·L^{-1} P。

3. 镀锡

镀锡薄板用途广泛,主要用于制罐及罐头食品工业及用作化学、医药、纺织染料、工业用油、电器、仪表和军工等方面的包装材料。镀锡薄板美观、无毒,便于处理,容易涂饰和印刷。由于锡的熔点低,故常用热浸镀锡,但此法不易控制镀层的厚度及均匀性。用酸性或碱性溶液镀锡,可得到较好的镀层,尤以碱性镀锡更佳。

碱性镀锡的主要工艺条件:$40 \sim 60$ g·L^{-1} Na$_2$SnO$_3$·H$_2$O,$10 \sim 16$ g·L^{-1} NaOH,$20 \sim 30$ g·L^{-1} NaAc,温度为 $70 \sim 85$ ℃,电流密度为 $0.4 \sim 0.7$ A·dm^{-2},阳极为纯锡板。

酸性镀锡的主要工艺条件:$45 \sim 55$ g·L^{-1} SnSO$_4$,$60 \sim 100$ g·L^{-1} H$_2$SO$_4$,$80 \sim 100$ g·L^{-1} 甲酚磺酸,$2 \sim 3$ g·L^{-1} 明胶,$0.8 \sim 1$ g·L^{-1} 2-萘酚,温度为 $15 \sim 30$ ℃,电流密度为 $0.5 \sim 1.5$ A·dm^{-2}。

4. 镀银

该镀层用于防止腐蚀,增加电导率、反光性和美观性,广泛应用于电器、仪器、仪表和照明用具等制造工业。镀银电解液种类较多,但仍以氰化物应用最广。这种镀液稳定可靠,电流效率高,有良好的分散能力,镀层结晶细致有光泽;最大缺点是毒性大,污染环境。

氰化物镀银的主要工艺条件:$30 \sim 40$ g·L^{-1} AgCl,$65 \sim 80$ g·L^{-1} KCN(总),$30 \sim 40$ g·L^{-1} KCN(游离),温度为 $10 \sim 35$ ℃,电流密度为 $0.1 \sim 0.5$ A·dm^{-2}。

习 题

1. 铅酸电池充电时负极析出的是何种气体?

2. 铅酸电池的标称电压为多少?

3. 阀控式密封铅酸电池胶帽阀的关键作用是什么?

4. 蓄电池初期放电的特点是什么?

5. 锂电池与锂离子电池有什么区别?

6. 钠离子电池的正极材料和负极材料各有哪些?各有何特点?

7. 目前锂硫电池存在的问题是什么?

8. 锂离子电池与锂硫电池的区别有哪些?

9. 锂硫电池在充放电过程中经历几个平台？在这些平台上经历哪些反应？

10. 锂空气电池中的电解液可分为水系电解液和非水系电解液,其中非水系电解液的基本要求有哪些？

11. 超级电容器与电池能量存储的不同体现在哪些方面？

12. 简述超级电容器和电池存储电荷的密度差异。

13. 简述超级电容器的特性与优点。

14. 计算 Maxwell K2 型超级电容器的 SE 和 SD。超级电容器参数如下:3000 F,2.7 V, ϕ 60.4 mm ×138 mm 圆柱形,$M = 0.51$ kg。以 J 和 Wh 表示结果。

15. 已知某高能量锂离子单体 $U_{oc} = 3.6$ V,内部电阻 $R_i = 0.55$ mΩ,应用式 $P_{pk} = \dfrac{2}{9}\dfrac{U_{oc}^2}{R_i}$。 假设 $P/E > 100$ 需要 2 s,求峰值功率。

16. 燃料电池的定义是什么？

17. 燃料电池的种类有哪些？并加以说明各自的电解质种类(三个即可)。

18. 简述燃料电池相比于传统电池的优势。

19. 质子交换膜燃料电池的独特性体现在何处？

20. 燃料电池的理论效率是如何定义的？

21. 简述碱性燃料电池的工作原理。

22. 请说明碱性燃料电池的正极氧化剂中不能含有二氧化碳的原因。

23. 对于一个室温下的氢-氧燃料电池,纯氢气的压力为 3 atm,而空气的压力为 5 atm, 试从热力学预测电池电压。

24. 对燃料电池 $H_2 | H_2SO_4(稀) | O_2$,试计算电解质的氢离子浓度与平衡电势关系。

25. 氢氧燃料电池技术是目前受到广泛关注的清洁动力技术之一,电池的运行分为纯氢、纯氧和纯氢、压缩空气两种工作方式。已知:298.15 K 时,$\varphi^{\ominus}[H_2O, H^+ | O_2(g) | Pt] = 1.229$ V。

(1) 写出氢氧燃料电池的电池反应式和正极、负极反应式,并标出反应电子数。

(2) 写出氢氧燃料电池的电池结构简式。

(3) 当电池两极工作压强均为 300 kPa 时,试计算在 298.15 K 时以纯氢、纯氧和纯氢、压缩空气供氧工作时电池的电动势。(假定空气中 O_2 质量分数为 21%。)

26. 直接甲醇质子交换膜燃料电池(DMFC)是目前国内外研究的热点之一。该电池是一种利用化学反应能 $CH_3OH(l) + \dfrac{3}{2}O_2(g) \longrightarrow CO_2(g) + 2H_2O(l)$ 直接转化为电能的装置,在电池的一极导入氧气,另一极为 CH_3OH 水溶液。已知 25 ℃时:

	$CH_3OH(l)$	$O_2(g)$	$CO_2(g)$	$H_2O(l)$
$\Delta_f H_m^{\ominus}/(kJ \cdot mol^{-1})$	−238.7	0	−393.51	−285.83
$S_m^{\ominus}/(J \cdot K^{-1} \cdot mol^{-1})$	127	205.14	213.7	69.91

试求：

（1）DMFC 的电池结构式；

（2）25 ℃时，电池反应的 $\Delta_r G_m^{\ominus}$；

（3）25 ℃时，电池反应的理论电动势。

27. 简述镁离子电池的工作原理。

28. 与传统电池相比，镁离子电池有何优势及劣势？

29. 简述钾离子电池的工作原理。

30. 简述金属电沉积的过程。

31. 简述电镀的目的。

32. 按照主要离子的存在形式，电镀溶液可分为哪两类？

33. 请说明金属电沉积的基本历程及物理意义。

34. 电镀层应具备的基本条件是什么？

35. 为什么提高基体金属的光洁度往往可以改善覆盖能力？

36. 在 298 K 时，用 Pb(s) 电极来电解 H_2SO_4 溶液（$0.10 \ mol \cdot kg^{-1}$，$\gamma_t = 0.265$），若在电解过程中，把 Pb 阴极与另一摩尔甘汞电极相连组成原电池，测得其电动势 $E = 1.0685$ V。试求 $H_2(g)$ 在 Pb 阴极上的超电势（只考虑 H_2SO_4 的一级解离）。已知 $E_{甘汞} = 0.2802$ V。

参 考 文 献

科学小故事

第4章

氢能

第1节 概　述

氢能是指以氢及其同位素为主体的在反应过程中或氢的状态变化过程中所释放的能量,包括氢核能和氢化学能两大部分[1]。氢能是一种理想的二次能源,作为一种全新的用能方式,氢能的利用能够横跨电力、供热和燃料三个领域,促使能源供应端融合,提升能源使用效率。截至目前,已经有诸如新能源制氢补充发电、燃料电池汽车、分布式发电等众多应用模式(见图4-1-1)。近年来,可再生能源(风电、光伏发电等)的迅猛发展和电动汽车产业的兴起进一步提高了市场对于氢能技术的预期。但是由于其二次能源的基本属性,氢气的清洁和环保性不应仅体现在最终利用上,还要着眼于生产氢气的一次能源的来源及氢气的制备、运输、存储和最终使用等环节。从全生命周期的角度考察,这些环节都需要消耗能源资源,这样可能会带来相应的污染物与温室气体的排放。

图4-1-1　氢能的应用模式

4.1.1　氢的分布和性质

氢是自然界普遍存在的元素,水是氢的"仓库",含 11% 的氢。此外,泥土约含 1.5% 的氢,石油、天然气、动植物体也含有氢。在整个宇宙中,按原子百分数计算,氢是含量最多的元素。研究表明,在大气层中,按原子百分数计算,氢约占 81.75%。在宇宙空间中,氢原子的数目比其他所有元素原子的总和约大 100 倍。但是自然状态的游离氢在地球上和大气中含量极少,因此需要将含氢物质加工后才能得到氢气。

氢既可以泛指氢元素,包括它的同位素氕、氘、氚,也可以指氢气。图 4-1-2 展示了自然界中氢的三种同位素的原子结构。除了这些常见的氢的同位素外,还存在以人工方法合成的同位素,如氢 4(包含了一个质子和三个中子)、氢 5(包含了一个质子和四个中子)、氢 6(包含了一个质子和五个中子)、氢 7(包含了一个质子和六个中子)。

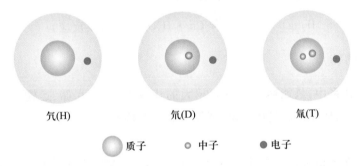

图 4-1-2　自然界中氢的三种同位素的原子结构

氢气的一些理化性质见表 4-1-1。

表 4-1-1　氢气的一些理化性质

项目	氢气	对比
密度(气态)	$0.089 \ kg \cdot m^{-3}$($0 \ ℃$,$0.1 \ MPa$)	天然气的 1/10
密度(液态)	$70.79 \ kg \cdot m^{-3}$($-253 \ ℃$,$0.1 \ MPa$)	天然气的 1/6
沸点	$-252.76 \ ℃$($0.1 \ MPa$)	比天然气低 $90 \ ℃$
熔点	$-259.125 \ ℃$	比甲烷低 $77 \ ℃$
质量能量密度(LHV)	$120.1 \ MJ \cdot kg^{-1}$	汽油的 3 倍
体积能量密度(常压,LHV)	$0.01 \ MJ \cdot L^{-1}$	天然气的 1/3
相对能量密度(液态,LHV)	$8.5 \ MJ \cdot L^{-1}$	LNG 的 1/3
火焰速度	$346 \ cm \cdot s^{-1}$	甲烷的 8 倍
爆炸范围	4%~77%(空气中体积分数)	比甲烷宽 6 倍
自点火温度	$585 \ ℃$	汽油为 $220 \ ℃$
点火能量	$0.02 \ MJ$	甲烷的 1/10

注:LHV 指热值;LNG 指液化天然气。

氢气的化学性质主要是可燃性和还原性。氢气常温下性质稳定,在点燃或加热的条件下能与许多物质发生化学反应。

(1) 可燃性:氢气是一种极易燃的气体,燃点只有 574 ℃,氢气与氧气混合有燃烧甚至发生爆炸的危险,氢气在空气中发生燃烧的范围为 4%~77%(体积分数)。在氧气环境中,氢气的燃烧范围为 4%~94%(体积分数)。当氢气浓度低于 4% 时,即使在非常高的压力下,氢气和氧气混合都不会燃烧。人们利用氢气的这个特点,把氢气用于潜水作业。

氢气在空气中燃烧,实际上是氢气和空气中的氧气发生化合反应,生成水并放出大量的热。

$$2H_2(g) + O_2(g) \xrightarrow{\text{点燃}} 2H_2O \qquad (\text{化合反应})$$

(2) 还原性(使某些金属氧化物还原):氢气具有还原性,可用来冶炼金属,可与氧化铜发生置换反应,将黑色氧化铜还原为红色铜单质。

$$H_2(g) + CuO \xrightarrow{\text{高温}} Cu + H_2O \qquad (\text{置换反应})$$

4.1.2 氢能的特点

在整个能源体系中,氢能体现出越来越大的优越性,它可存储、运输和再生,来源多元化,并且具有优良的环保性。具体来说,氢能具有以下特点:

1. 质量轻

氢气是自然界中相对分子质量最小的物质,是无色、无味的双原子分子气体,不会对人体构成危害,燃烧产物仅为水,不污染环境。氢气的密度非常小,跟同体积的空气相比,氢气质量约为空气的 1/14。

2. 导热性好

所有气体中,氢气的导热性($0.163 \text{ W} \cdot \text{m}^{-1} \cdot \text{℃}^{-1}$)最好,其导热系数比大多数气体高出 10 倍。因此,在能源工业中氢气是很好的传热载体。

3. 穿透强

在高温高压下,氢气可透过钯、镍、钢等金属薄膜,甚至可以穿过很厚的钢板。当钢板放置于一定温度和压力的氢气中时,渗透于钢的晶格中的氢原子会引起钢结构的缓慢变化,导致钢板脆化。这是高压钢瓶存储氢气困难的重要原因。

4. 来源广

氢是自然界普遍存在的元素,除空气中的氢气外,它主要以化合物的形态存储于水中。氢能可以有多种来源,如天然气、核能、太阳能、风力、生物燃料、煤矿、其他化石燃料、地热等。

5. 燃能高

氢气具有可燃性。纯净的氢气点燃时,可安静地燃烧,发出淡蓝色的火焰。1 kg 氢气的热值为 34 000 kcal,是同质量汽油热值的三倍。氢氧焰温度达 2 800 ℃,高于常规液化气。据推算,如果把海水中的氢全部提取出来,它所产生的总热量是地球上所有化石燃料放出的总热量的 9 000 倍。

6. 应用广

氢是主要的工业原料,也是最重要的工业气体和特种气体。氢可以气态、液态或固态的氢化物的形式存在,能适应储运及各种应用环境的不同要求,在石油化工、电子工业、冶金工业、食品加工、浮法玻璃、精细有机合成、航空航天等方面有着广泛的应用。而且氢气可以通过燃烧产生热能,在热力发动机中产生机械功,还可以作为能源材料用于燃料电池,或转换成固态氢用作结构材料。用氢代替煤和石油,不需要对现有的技术装备做重大改造,现有的内燃机稍加改装即可使用。

第 2 节　氢的制备和纯化

氢气是一种重要的工业原料,同时也是未来的主要能源,正逐渐被世界各国所关注和重视。如图 4-2-1 所示,氢的制备主要有化石燃料制氢,水制氢、生物质制氢等。传统制氢技术需要消耗煤、石油、天然气等化石燃料,这些不可再生资源不能长期作为原料,且在制氢过程中,CO_2、SO_2 等气体排放量大,污染环境。因此,如何对传统制氢方法进行改进以提升制氢效率,降低碳、硫的排放;如何利用可持续的原料开发低能耗、环保、高效率的新型制氢方法已成为当前能源发展过程中重点关注和研究的热点。几年来新能源制氢逐渐发展,水作为自然界中最丰富的资源之一,用来制氢不仅原料充足,而且对环境无污染。根据采用分解技术的不同,可将水制氢方法分成电解水制氢、光解水制氢、热解水制氢、热化学循环水分解制氢等。此外,生物质制氢也逐渐兴起,其原料来源广泛,应用前景光明,但存在产氢速率慢和效率低等问题。

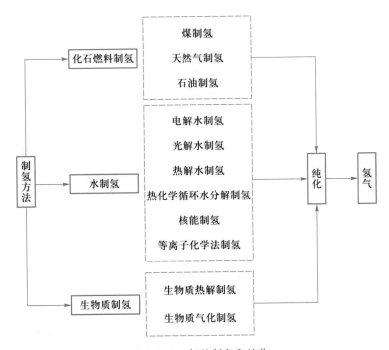

图 4-2-1　氢的制备和纯化

4.2.1　化石燃料制氢

煤、石油和天然气等含碳和氢的化石燃料是目前制氢的主要原料,化石燃料制氢生产工艺相对成熟,但是存在储量有限、污染严重和碳排放量大等问题。

1. 煤制氢

煤制氢可分为煤气化制氢和煤焦化制氢,这两种方法的共同之处是将固态煤转化成氢气等气态产物。煤气化制氢是指在高温常压或加压条件下,煤与水蒸气、氧气等发生不完全氧化反应,生成的合成气经净化、一氧化碳变换以及氢气提纯等处理后获得高纯度的氢气(见图 4-2-2)。煤气化技术分为地面气化技术和地下气化技术。煤地下气化,就是将地下处于自然状态下的煤进行有控制的燃烧,通过对煤的热作用及化学作用产生可燃气体。

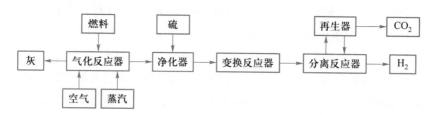

图 4-2-2　煤气化制氢过程

煤焦化制氢是在隔绝空气的条件下于 900~1000 ℃制取焦炭,并获得焦炉煤气。按照体积分数计算,焦炉煤气中氢气的含量约为 60%,其余为 CH_4 和 CO 等,这两种气体在高于 1000 ℃的温度下通过赤热的焦炭可作为城市煤气使用。过程中存在水蒸气,会发生水煤气反应,即

$$H_2O(g) + C(s) \Longrightarrow CO(g) + H_2(g)$$

该反应是吸热反应。在实际生产中,通过交替地向发生炉中通入空气,使焦炭燃烧成 CO_2 来产生足够的炉温,再通入水蒸气进行水煤气反应。

将水煤气和水蒸气一起通过填有氧化铁钴催化剂的变换炉(400~600 ℃)时,可以将 CO 转化成 H_2 和 CO_2:

$$CO(g) + H_2O(g) \Longrightarrow H_2(g) + CO_2(g)$$

在加压下,通过水洗除去 CO_2,然后经过铜洗塔,用氯化亚铜的氨水溶液洗涤,除去最后痕量的 CO 和 CO_2,但这样得到的氢气中含有来自空气的氮气[2]。

目前,煤制氢主要存在投资成本高、污染严重和碳排放量大等问题,若推广应用,应设法降低装置投资成本和控制二氧化碳排放。

2. 天然气制氢

天然气制氢技术主要包括甲烷水蒸气重整、甲烷部分氧化、甲烷自热重整、甲烷绝热转化等。甲烷水蒸气重整是目前工业上天然气制氢应用最广泛的方法。传统的甲烷水蒸气重整过程包括原料的预热和预处理、重整、水汽转移反应、CO 的除去和甲烷化。甲烷水蒸气重整反应是一个强吸热反应,反应所需要的热量由天然气的燃烧供给,反应如下所示:

$$CH_4(g) + H_2O(g) + Q \Longrightarrow CO(g) + 3H_2(g)$$

此反应要求在高温下进行,温度维持在 750~920 ℃,反应压力通常在 2~3 MPa。由于在重整制氢过程中,反应需要吸收大量的热,制氢过程的能耗很高,仅燃料成本就占总生产成本的 50% 以上,且反应需要在耐高温不锈钢材质的反应器内进行。此外,反应产物中包含约 12% 的 CO,可通过水汽转移反应进一步转化为二氧化碳和氢气,反应如下所示:

$$CO(g) + H_2O(g) \Longrightarrow CO_2(g) + H_2(g) + Q$$

甲烷部分氧化是一个轻放热反应,并且反应速率比甲烷水蒸气重整反应快 1~2 个数量级,反应为

$$CH_4(g) + 1/2O_2(g) \Longrightarrow CO(g) + 2H_2(g) + Q$$

同时,由于甲烷部分氧化法可以实现自热反应,无须外界供热,可避免使用耐高温的不锈钢材质反应器,装置的固定投资明显降低。但是,反应过程需要采用纯氧,从而增加了空气分离装置投资和制氧成本。此外,催化剂床层的局部过热、催化材料的反应稳定性及操作系统存在爆炸的潜在危险,这些是限制甲烷部分氧化法工业化应用的关键技术问题。

甲烷自热重整由甲烷水蒸气重整和甲烷部分氧化两部分组成,一个是吸热反应,一个是放热反应,结合后将会形成一个新的热力学平衡,反应体系本身可实现自供热。该工艺同甲烷水蒸气重整工艺相比,变外供热为自供热,反应热量利用较为合理,既可限制反应器内的高温,又降低了体系的能耗。但是由于甲烷自热重整过程中,强放热反应和强吸热反应是分步进行的,因此,反应器仍需使用耐高温的不锈钢材质。另外,甲烷自热重整工艺控速步骤是反应过程中水蒸气重整反应,使甲烷自热重整工艺具有装置投资较高、生产能力较低的缺点,但是仍具有生产成本较低的优点。

甲烷绝热转化制氢是指甲烷经高温催化分解为氢和碳,该过程不产生二氧化碳,是连接化石燃料和可再生能源的过渡工艺过程。甲烷绝热转化反应是温和的吸热反应,其能耗明显低于甲烷水蒸气重整法。反应过程简单,不需要水汽置换和除去 CO₂ 过程。该工艺具有流程短和操作单元简单的优点,可明显降低制氢装置投资和制氢成本。但若要大规模工业化应用,还需解决副产物碳是否具有市场前景的关键问题。若大量制氢的副产物碳不能得到很好的应用,其规模的扩大必然受到限制,该工艺的操作成本会增加。

3. 石油制氢

石油制氢的原料是石油深加工后的残余物及常压/减压渣油等重油,由于市场价值低,相比其他制氢原料更具价格优势。一般采用重油部分氧化法制取氢气,即在反应温度高达 1423~1588 K 条件下,重油中的碳氢化合物与水蒸气、氧气发生反应,先生成一氧化碳和氢气,再将一氧化碳与水蒸气进行水煤气变换反应,继续转化成氢气。该制氢方法的主要缺点在于重油部分氧化后的气体中存在硫化物,脱硫处理会增加设备投资成本。

4.2.2　水制氢

水作为自然界中最丰富的资源之一,用其来制氢不仅原料充足,且对环境无污染。根据采用的分解技术的不同,水制氢可分成电解水制氢、光解水制氢、热解水制氢、热化学循环水分解制氢、核能制氢和等离子化学法制氢。

1. 电解水制氢

电解水制氢是一种成熟的传统制氢方法,全球约 4% 的氢气都通过此法制得,制氢过程是氢与氧燃烧生成水的逆过程。其原理是在电驱动下,电解池中的水在阴极还原成氢气,在阳极氧化成氧气。电解水工艺过程比较简单,也不会产生污染,但分解水的能量需由外界提供,且消耗量大。针对电解水方法的不足之处,已开发了碱性电解池、质子交换膜电解池和固体氧化物电解池等,电解效率由 70% 提高到 90%,但考虑到发电效率,实际上电解水制氢的能量利用效率不足 35%,这些不利因素限制了电解水制氢的大规模应用。未来的发展方向是与太阳能、风能、水力资源及地热能等清洁能源相结合,从而降低制氢成本。电解水反应在电解槽中进行,由于水的导电性较差,通常会在水中加入电解质来增强导电性。根据电解质种类的不同,可以分为碱性电解水制氢、质子交换膜电解水制氢及固体氧化物电解水制氢等。

(1) **碱性电解水制氢**:碱性电解水制氢是一种成熟的制氢技术,已广泛应用于电力、电子等工业领域。图 4-2-3 为碱性电解水制氢电解槽的示意图,由阳极、阴极、电源、隔膜、电解质组成,电极一般为镍电极。电解质通常为 20%~30% 的 NaOH 或 KOH 溶液,因为酸对电极和电解槽有腐蚀性,而盐会在电解过程中生成副产物[3]。碱性电解液的优势明显,不需要昂贵的催化剂,且使用时间较长,可超过 10 年。当使用碱性电解质(如 KOH)时其反应为[3]

阳极反应:　　　　　　$4OH^- \Longrightarrow O_2(g) + 2H_2O(l) + 4e^-$

阴极反应:　　　　　　$4e^- + 4H_2O \Longrightarrow 2H_2(g) + 4OH^-$

总反应:　　　　　　　$2H_2O(l) \Longrightarrow 2H_2(g) + O_2(g)$

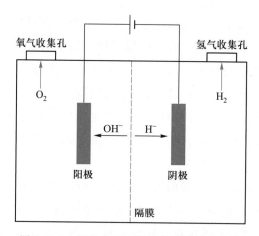

图 4-2-3　碱性电解水制氢电解槽的示意图

该技术存在的主要问题是液体电解质中高欧姆损耗产生的低电流密度。整个碱性电解水制氢系统中,电阻主要来自三个方面:外电路电阻、传输电阻、电化学电阻,其中传输电阻是造成高欧姆损耗的主要原因。传输电阻是指电解过程中所产生的电阻,如在电极表面生成的气泡、用于分离 H_2 和 O_2 的隔膜等,均会对电子的传导产生影响。针对高欧姆损耗,可以通过电解质循环,改变电极表面性质或加入惰性表面活性剂等方法加速气泡的逸出。还可以开发新型隔膜替代现有隔膜,降低隔膜电阻。

（2）**质子交换膜（PEM）电解水制氢**：PEM 电解采用的质子交换膜既是离子传导的电解质，又能隔离气体。图 4-2-4 为 PEM 电解水制氢的原理图，水通入阳极区氧化为氧气，质子以水合质子形式通过质子交换膜在阴极还原为氢气。阳极和阴极主要为贵金属催化剂，如阳极为金属铱，阴极为金属铂。与碱性电解水技术相比，PEM 技术显著减小了电解槽尺寸和质量，电解电流密度高，且产生的氢气纯度高。

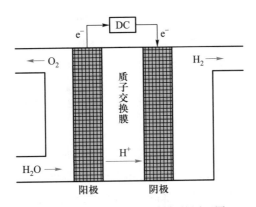

图 4-2-4　PEM 电解水制氢的原理图

PEM 电解水技术的主要问题在于成本高。RuO_2 和 IrO_2 一般为 PEM 电解水阳极的优级催化剂，Pt 是氢析出反应的基准电催化剂，这些贵金属的高成本阻碍了 PEM 电解水技术的发展及规模化应用。另外，质子交换膜的造价也较高，且这种质子交换膜在使用过程中会发生降解，使用寿命较短。目前，质子交换膜的使用寿命问题还未找到明确的解决途径；针对贵金属催化剂，目前主要通过降低催化剂载量和开发合金催化剂等途径降低其成本。

（3）**固体氧化物电解水制氢**：固体氧化物电解水技术采用的电解质主要为固体氧化物，通常为 Y_2O_3、ZrO_2，电极一般为金属陶瓷。其反应过程是水在阴极接受电子产生氢气和 O^{2-}，O^{2-} 通过电解槽传导至阳极产生 O_2。固体氧化物电解水制氢的工作温度是 700～1000 ℃，反应的高温致使该技术的效率比碱性电解水制氢和 PEM 电解水制氢的效率更高。固体氧化物电解水制氢技术目前处于开发阶段，研究重点在于提高陶瓷材料在高温下的耐久性。

表 4-2-1 为三种电解水制氢技术的对比。可以发现，碱性电解水制氢技术具有使用寿命长的优点，但是电解质使用的 KOH 或者 NaOH 溶液会污染环境，该技术电流密度也较低。PEM 电解水制氢技术具有电流密度大、氢气纯度高等优点，安全性和操作简便性也较好，但由于成本高等原因，目前仅适用于小规模的氢气生产。固体氧化物电解水制氢技术的系统效率高于另外两种技术，但其工作温度过高，目前仍处于研究阶段。

表 4-2-1　三种电解水制氢技术的对比

	碱性电解水制氢	PEM 电解水制氢	固体氧化物电解水制氢
电解质	20%～30%KOH 水溶液	聚合物电解质	固体氧化物电解质
电极	Ni	Pt、Ir	Ni-金属陶瓷
阳极反应	$2OH^- \longrightarrow 1/2O_2 + H_2O + 2e^-$	$H_2O \longrightarrow 1/2O_2 + 2H^+ + 2e^-$	$O^{2-} \longrightarrow 1/2O_2 + 2e^-$

续表

	碱性电解水制氢	PEM 电解水制氢	固体氧化物电解水制氢
阴极反应	$2H_2O+2e^-\longrightarrow H_2+2OH^-$	$2H^++2e^-\longrightarrow H_2$	$H_2O+2e^-\longrightarrow H_2+O^{2-}$
电流密度/($A\cdot cm^{-2}$)	0.3~0.5	1~2	0.5~1
工作温度/℃	40~90	50~90	700~1000
操作压力/kPa	100~3000	100~3000	
氢气纯度/%	99.5~99.9998	99.9~99.9999	
系统效率/%	68~77	62~77	89
系统寿命/h	>100000	>40000	

2. 光解水制氢

太阳能是最为清洁而又取之不尽的自然能源,光解水制氢是太阳能光化学转化与存储的最佳途径,意义重大。1972 年,日本学者 Fujishima 和 Honda 描述了第一个 TiO_2 半导体电极所组成的电化学电解槽,它通过光解水的方法把光能转化成化学能,揭示了利用太阳能分解水制氢的可能性。光解水制氢反应由下式描述:

$$太阳能 + H_2O(l)\longrightarrow H_2(g) + 1/2O_2(g)$$

将水直接分解成氧和氢是很困难的,但先把水分解为氢离子和氢氧根离子,再生成氢和氧就容易得多。基于此原理,先进行光化学反应,再进行热化学反应,最后再进行电化学反应即可在较低温度下获得氢和氧。上述步骤中分别利用了太阳能的光化学作用、光热作用和光电作用。此方法为大规模利用太阳能制氢奠定了基础。其关键是寻找光解效率高、性能稳定、价格低廉的光敏催化剂。此方法制氢最重要的优点是原料来源广。但目前该技术的效率和稳定性依然无法满足工业化生产的标准,大规模的光催化制氢系统研发较少。

光解水制氢的原理是光照射到催化剂上发生诱导效应,由于光的能量大于催化剂禁带的能隙,价带中的电子跃迁至导带,产生电荷,在价带中产生空穴,电荷参加还原反应在阴极生成氢气,空穴参加氧化反应在阳极生成氧气。光解水制氢技术经历了光电化学池、光助络合催化和半导体光催化三个主要阶段。光电化学池制氢效率低、结构比较复杂,因此不易放大。光助络合催化制氢以三联吡啶钌为光敏剂,在 AM1.5 模拟日光照射下光电转化效率达 7% 左右。虽然效率比光电化学池有所提高,但还需添加催化剂和电子给体等,且络合物成本高、稳定性差,故较难推广应用。半导体光催化制氢的研究现已成熟,主要原理是利用光催化剂(TiO_2、过渡金属氧化物、层状金属氧化物及能利用可见光的复合层状物等)分解水制得氢气。现在主要工作在于研发高效光催化剂以进一步提高制氢效率。

光催化分解水制氢存在的主要问题如下:

(1)光能量损失,光催化过程中光经过一次能量浓缩器、反应器、反应溶液的过程易发生折射和吸收,太阳能无法被充分利用。对此,应着重研究开发高效的浓缩器,减少光能的散失,从而改善光的吸收。

（2）电荷重组，即电子对重新组合，在催化较慢的界面，易出现激发电荷的聚集，出现严重的电子重组问题，降低了氢气的生成效率。为避免电荷发生重组，向水中加入一些牺牲试剂（如甲醇、乙醇等）或者某些电解质来改善光催化；某些掺杂其他金属（Pt、Au、Ag、Ni）的催化剂能明显实现电子对的空间分离，提高电子的接受能力。

（3）质量流障碍，即多相催化环境反应中，反应物和产物转移会引起质量和能量流失。分子和离子从大量的流体流到光催化反应位点，经历扩散、接受电子后在催化剂表面产生氢气和氧气，气体成核和生长过程造成界面催化反应慢，引起严重的逆反应并产生严重的能量流失，不利于氢气的生成。对此，应详细研究催化剂表面电子的转移行为和传质过程，防止高电荷在催化剂表面的富集，促使反应逆向进行，提高制氢效率。

（4）催化剂效率，主要受其带隙和其接受光类型的影响。催化剂的灵敏度取决于其带隙能量，还原电势和氧化电势必须保持在催化剂的带隙内才能发生光催化反应。通常能发生光催化的带隙能量必须位于 $1.23 \text{ eV} < E_g < 3.26 \text{ eV}$，因此需要研发带隙低、催化效率高的催化剂。

3. 热解水制氢

热解水制氢就是将水加热到一定的高温，使水分解成氢气和氧气，最后通过分离制得纯氢的过程。热解水制氢有两种方法，即直接分解制氢和热化学循环水制氢。前者需要把水或水蒸气加热到 3000 K 以上，水才能分解，分解效率高，不需要催化剂，但考虑到高温热源难以匹配、对反应器适用材料要求苛刻及氢氧混合存在爆炸隐患等问题，水的直接热解实用性不强。

后者是在水中加入催化剂，使水的分解温度降至 900~1200 K，催化剂再生后可循环使用。相比于直接热解水和电解水制氢方法，虽然热化学循环水分解制氢步骤更烦琐，系统更复杂，但是其存在以下优势：反应温度基本低于 1273 K，热源易匹配，可以结合太阳能、核能等新能源；制氢效率较高，可达 50% 左右；能源利用效率更高；在不同反应模块内生成氢气和氧气，不需要额外分离装置。

根据循环过程中使用物质的不同，一般将热化学循环水分解制氢分成四大体系，即金属氧化物体系、金属卤化物体系、含硫体系以及杂化体系。

（1）**金属氧化物体系**：该体系使用金属氧化物作为中间物，通过活泼金属/低价态金属氧化物与高价态金属氧化物之间进行相互转换来实现水的分解。在这个过程中高价氧化物（MO_{ox}）在高温下分解成低价氧化物（MO_{red}）放出氧气，MO_{red} 被水蒸气氧化成 MO_{ox} 放出氢气，这两步反应的焓变相反[4]。

$$MO_{ox} \longrightarrow MO_{red}(M) + 1/2O_2$$
$$MO_{red}(M) + H_2O \longrightarrow MO_{ox} + H_2$$

该体系采用的金属氧化物包括铁氧化物、锌氧化物、镁氧化物、锰氧化物、铈氧化物、锡氧化物、铁酸盐等复合金属氧化物及其掺杂体系等。使用金属氧化物热化学循环水分解制氢时，第一步分解反应所需温度较高，故一般与集中太阳能热源耦合。该体系优点在于步骤简单，即氢气和氧气在不同反应中生成，所以不存在高温气体分离困难等问题；同时也存在一些不足，包括过程温度高、热效率低、产氢量小、材料要求高、集中太阳能热源有待改进及连续操作困难等。

（2）**金属卤化物体系**：金属卤化物体系中,采用金属卤化物与水反应,经过一系列化学反应(一般至少四步)后制得氢气和氧气。与金属氧化物体系相比,反应步骤增多,但热效率较高。该体系中最著名的是日本东京大学发明的绝热 UT-3 循环。该体系最高温度在 1030 K 左右,比较容易实现,如采用高温气冷堆或太阳能供热等。使用的金属 Ca、Fe,廉价易得,有利于降低成本。反应过程热效率高达 35%~40%,如果同时发电,效率还可以再提高 10%。存在的问题是原料 $CaBr_2$ 水解反应速率较慢,CaO 溴化反应烧结严重及廉价的耐腐蚀材料的研制等。

（3）**含硫体系**：含硫体系主要包括硫碘(SI 或 IS)循环、硫酸-硫化氢循环、硫酸-甲醇循环和硫酸盐循环等。其中,硫碘循环最早由美国 CA 公司提出,随后受到广泛关注和研究。目前,除美国外,法国、意大利、德国、日本、韩国、中国和印度等国家的相关科研机构均选择 SI 循环作为未来太阳能或者核能制氢的首选流程。整个闭路循环实现净输入 H_2O 和合适的热量即可生成 H_2 和 O_2,如图 4-2-5 所示。

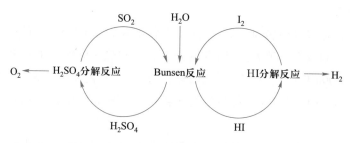

图 4-2-5　热化学 SI 循环水分解制氢原理

（4）**杂化体系**：杂化体系是热化学过程和电解过程联合组成的体系,简化了热化学循环分解水制氢流程,降低了电解温度,实现较高的热效率。目前,研究较多的杂化体系有硫酸-溴杂化循环、硫酸杂化循环、烃杂化循环、金属-金属卤化物杂化循环和金属-金属杂化循环等。其中,金属-金属卤化物杂化循环的铜-氯(Cu-Cl)循环是近年的研究热点,加拿大原子能公司和美国阿尔贡国家实验室都对其进行了广泛的研究。该循环最主要的优点在于反应最高温度只有约 800 K,对材料要求低,且与核能耦合非常合适。据理论计算,铜氯循环制氢效率可达 43%。

4. 核能制氢

核能是清洁的一次能源,经过半个多世纪的发展,核电已经成为清洁、安全、成熟的发电技术。核能制氢(nuclear production of hydrogen)就是将核反应堆与先进的制氢工艺耦合,进行氢的大规模生产。实质上,核能制氢过程是一种热化学循环分解水的过程,核能制氢设施的布置如图 4-2-6 所示。未来的核能系统分成两大类:(1)采用闭合循环的快中子堆,以便在实现持久的电力生产的同时,使铀的需求和长寿命高放废物的负荷最小;(2)高温气冷堆,使核能生产为工业提供高温工艺热,用于制氢和生产合成燃料。未来的核能-氢能系统除了要采用先进的核能系统之外,还要采用先进的制氢工艺。对工艺的要求是(1)原料资源丰富,即利用水分解制氢;(2)制氢效率高(制氢效率定义为所生产的氢的高热值与制氢所耗能量之比);(3)制氢过程中不产生温室气体。按照上述要求,热化学循环工艺和蒸汽高温电解有很好的应用前景。

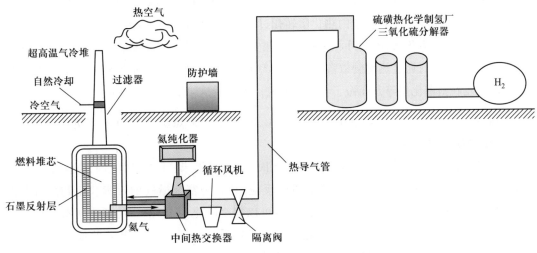

图 4-2-6　核能制氢设施的布置

核能制氢对未来的氢能发展有促进作用,在未来能源领域具有很大的应用潜力:

(1)氢是未来最有希望大规模利用的清洁能源;核能是清洁的一次能源,半个多世纪以来已经有了长足的发展;核能制氢是二者的结合,其最终实现商业应用将为氢能经济的到来开辟道路。

(2)在核能领域,先进的高温气冷堆的发展为实现核能制氢提供了可能。核能制氢可采用的工艺,如蒸汽高温电解和热化学循环的研究都已经取得了令人振奋的进展,尽管距离目标的实现还有很长的路要走,但前景无疑是光明的。

(3)我国已经确定了积极发展核电的方针,与此同时,国家对氢能技术的发展也很重视,包括核氢技术在内的氢能技术的发展已经成为我国新能源领域的一个热门课题[5]。

5. 等离子化学法制氢

等离子化学法制氢是在离子化较弱和不平衡的等离子系统中进行的。原料水以蒸汽的形态进入高频放电反应器。水分子的外层失去电子,处于电离状态。电场电弧将水加热至 5 000 ℃,水被分解成 H、H_2、O、O_2、OH 和 HO_2,其中 H 与 H_2 的含量达到 50%。为了使等离子体中氢组分含量稳定,必须对等离子进行淬灭,使氢不再与氧结合。等离子化学法制氢的方法也适用于硫化氢制氢,可以结合污染的防治进行氢的生产。等离子化学法制氢过程能耗很高,因而制氢的成本也高。

4.2.3　生物质制氢

目前,广泛研究的生物质制氢有生物质热解制氢、生物质气化制氢,还有微生物法制氢和生物质超临界水气化制氢,后者相关内容将在第 7 章第 6 节中详细介绍。

1. 生物质热解制氢

生物质热解制氢是以生物质(木屑、稻壳、秸秆等)为原料,在隔绝空气或氧气的条件下加热,使其转化为富氢燃气的过程。其中,气体中还含有 CO、CO_2、CH_4 和其他碳氢化合物。根据热解温度的不同,产物可以划分为,低温(< 500 ℃)慢速热解产物,以木炭为主;中温(500 ~ 650 ℃)快速热解产物,以生物油为主;高温(700 ~ 1100 ℃)闪速热解产物,以可燃气体为主。生物质热解制氢是一个非常复杂的热化学转化过程,受到热解温度、压力、反应时间、催化剂等诸多因素的影响。近年来,国内外相关研究者探索了以农业废弃物、林业废弃物、城市生活垃圾、生物油等为原料,通过热解制取富氢燃气。为了提高氢气的产率,研究者在反应器设计、反应参数、开发新型催化剂等方面做了大量的研究。生物质热解制氢反应如下:

$$生物质 + Q \xrightarrow{\triangle} H_2 + CO + CO_2 + CH_4 + C_nH_m + 焦油 + 焦炭 + H_2O + 有机化合物$$

2. 生物质气化制氢

生物质气化制氢是生物质原料在气化炉(固定床、流化床、气流床等)内,高温下通过气化介质(空气、氧气、水蒸气等)与生物质进行反应,转化为富氢燃气的过程。生物质气化制氢温度一般为 800 ~ 1000 ℃,该温度下生物质可以完全转化为 H_2 和 CO(理想状态),但实际状态下还生成了 CO_2、CH_4 和其他碳氢化合物。生物质气化制氢技术最大的优点是产生的 H_2 含量高、燃气热值高。在使用催化剂的条件下,产生的气体中 H_2 的体积分数一般在 40% ~ 60%。生物质气化制氢的主要影响因素为气化温度、停留时间、压力、催化剂、物料特性等。一般来说,制氢工艺分为原料的预处理、气化制氢、气体净化等,其简单工艺流程如图 4-2-7 所示。目前,我国在生物质气化制氢方面还处在实验室研究阶段,近年来,多家研究单位在生物质气化制氢方面加大了研究力度,同时也取得了一些显著成果。

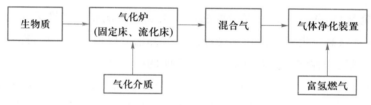

图 4-2-7　生物质气化制氢工艺

3. 存在的问题及展望

通过总结生物质热解制氢与气化制氢的原理,以及国内外研究现状,得出以下几点:

(1)生物质热解制氢技术具有工艺简单、能源利用效率高等优点,在使用催化剂的条件下,热解气中 H_2 的体积分数一般在 30% ~ 50%,但由于载气(N_2、He 等)的加入使得热解气的热值降低,限制了它的进一步应用。热解过程还会产生焦油,不仅腐蚀和堵塞管道,还会造成环境污染等问题。生物质气化制氢的气化过程同样有焦油产生,如何解决焦油问题对生物质气化制氢具有重要意义[6]。

(2)催化剂对热解制氢与气化制氢至关重要。目前研究较多的催化剂主要有以下五类:① 天然矿石类,如白云石、橄榄石等;② 镍基催化剂;③ 碳酸盐类,如 Na_2CO_3、$CaCO_3$ 等;④ 金属氧化物类,如 CaO、Al_2O_3、SiO_2、Cr_2O_3 等;⑤ 其他,如 $ZnCl_2$、复合催化剂等。其中,催化效果比较好的主要有白云石和镍基催化剂,但镍基催化剂价格昂贵,应用很少;白云石催化活性较高,但存在三个缺陷:① 自身强度低,很容易破碎成粉末,造成管路的堵塞;② 随着反应的进行,反应活性逐渐降低,使用寿命短;③ 高温下易分解释放出 CO_2,不利于反应的正向进行。

目前,研究和开发出一种新型有效的催化剂将对生物质热解制氢与气化制氢工艺的开发与应用产生很大的推动作用。该催化剂能够提高 H_2 产量,降低热解温度,促进焦油裂解。如果可以实现热解制氢与气化制氢的工业化,制氢的生产成本将大大降低,这不仅可以缓解能源危机,对社会的可持续发展也具有重要意义。生物质热解制氢与气化制氢是未来的发展趋势。

4.2.4　氢的纯化

氢气的应用日益广泛,氢气的分离与纯化技术的研究也日益深入。随着半导体工业、精细化工和光电产业的发展,半导体生产工艺需要使用 99.999% 以上的高纯氢。利用各种方法获得的粗氢气(氢含量<95%)、含氢尾气和含氢废气,均需进一步分离或纯化,才能制成满足多种需要的工业氢气或高纯氢气。目前,氢气的纯化技术主要分为三大类:物理法、化学法、膜分离法。其中物理法主要分为低温分离法与变压吸附法;化学法包括金属氢化物法与催化脱氧法;膜分离法包括钯金属膜扩散法和聚合物膜扩散法,见表 4-2-2。

表 4-2-2　几种氢气纯化技术的比较

技术	原理	原料气	纯度/%	回收率/%	生产规模	技术缺点
变压吸附法	气体混合物中选择性吸附气体杂质	任何富氢气体	99.9999	70~85	小	吹扫有氢损失,使回收率降低
低温分离法	气体沸点不同,低温下气体混合物中部分冷凝析出	石化废气	90~98	95	大	必须进行预处理去除 CO_2、H_2S 和 H_2O
金属膜扩散法	氢选择性扩散穿过钯合金膜	任何含氢气体	99.9999	99	小~中	含硫化合物及不饱和烃会降低渗透效率
聚合物膜扩散法	不同气体通过薄膜的扩散速率不同	氨吹扫气	92~98	85	小~大	He、CO_2 和 H_2O 可能也透过薄膜
催化脱氧法	通过与氢气的催化反应去除氧气	氢氧气体	99.9999	99	小~大	多用于电解水纯化,催化剂易中毒
金属氢化物法	氢与金属形成氢化物的可逆反应	纯氢	99.9999	75~95	小~中	回收材料易中毒

1. 变压吸附法

变压吸附法纯化氢气的基本原理是利用固体材料对气体混合物的选择性吸附及吸附量随压力改变而变化的特点,通过周期性改变压力来吸附和解吸,从而实现气体的分离和提纯。这一技术最早由美国联碳公司发明,并推广到各个国家。进入 20 世纪 70 年代后,该技术获得迅速发展,逐渐成为一种主要的气体高效分离提纯技术。

在工业上变压吸附法通常使用的吸附剂是固相,吸附质是气相,同时采用固定床结构和两个或更多的吸附床系统,从而可以保证吸附剂能交替进行吸附与再生,进而能持续进行分离过程。变压吸附法主要由以下三个基本过程组成：（1）在相对较高的吸附压力下，吸附床通入混合气体后，易被吸附剂吸附的组分选择性吸附，而不易吸附的杂质组分则从流气床口流出；（2）吸附剂通过抽真空、降压、置换冲洗盒等方法使吸附剂解吸，然后再生；（3）解吸剂通过不易吸附的杂质组分使吸附床加压，从而达到吸附压力值，以便进行下一次吸附。变压吸附法可以一步除去所需产品以外的多种杂质组分。分离或纯化氢气时，杂质组分作为吸附相而被分离掉，氢气作为吸余相连续地输出。

变压吸附法具有以下优点：低能耗、产品纯度高、可灵活调节、工艺流程简单、可实现多种气体的分离、自动化程度高、操作简单、吸附剂使用周期长和装置可靠性高。最大的缺点是产品回收率低，一般只有 75% 左右。目前，变压吸附法的研究主要是围绕提高氢气回收效率展开的，包括优化纯化流程、变压吸附与选择性扩散膜联用等。

2. 低温分离法

低温分离法的基本原理是在相同的压力下，利用氢气与其他组分的沸点差，采用降低温度的方法，使沸点较高的杂质部分冷凝下来，从而使氢气与其他组分分离开来，得到纯度 90%~98% 的氢气。在 20 世纪 50 年代以前，工业制氢主要是采用低温分离法进行的，主要用于合成氨和煤的加氢液化。

低温分离法在分离前需要进行预处理，先除去 CO_2、H_2S 和 H_2O，然后再把气体冷却至低温，去除剩余的杂质气体。此法适用于氢含量较低的气体，如石化废气，氢气的回收率较高。但是在实际操作中需要使用气体压缩机及冷却设备，能耗高，且在适应条件、温度控制方面存在着许多问题，一般适用于大规模生产。

3. 金属膜扩散法

Thomas Graham 在 1866 年首先发现钯具有选择性透氢性。在氢透过钯的工作温度下，其他所有气体的透过率基本可以忽略不计，因此钯可以作为制取高纯氢（>99.9999%）的高效扩散体，随后就有研究人员利用这一性质发展钯纯化氢气的工业化应用。但是如果纯钯长期用作氢的扩散体，效果很不好，因为纯钯扩散体在氢的气氛中经过多次加热和冷却循环后容易发生起皱、扭曲和开裂，从而产生氢脆。解决这一问题的最好方法是将钯合金化。直到 1956 年，Hunter 研制出了 Pb-Ag 合金膜，有效缓解了纯钯的氢脆问题，并且提高了钯膜的氢透过率，使钯的透氢技术得到了实用性的突破。

钯合金膜法纯化氢气有很多优点：纯化效率高，纯化后的氢气纯度可达 99.9999%；氢气回收率极高，可达 99%，几乎没有氢气的损耗；抗杂质气体毒化的能力强，适用于多种气体类型下的氢气纯化。但是采用钯合金膜纯化氢气也有很明显的缺点，如回收速率低、钯膜的透氢速率不高，这导致生产量很小，且钯合金膜极为昂贵，生产成本很高，因此无法实现工业上的大规模应用。

4. 聚合物膜扩散法

最早使用聚合物膜来分离氢气的是杜邦公司，他们于 1965 年发明了聚酯中空纤维膜分离器来分离氢气。但是膜的厚度过高，强度不够大，分离器在结构上存在一些缺陷，没能在工业上获得广泛应用。直到 1979 年，Monsanto 公司研制出了"Prism"中空纤维膜分离器，广泛应用于工业中氢气的纯化，例如从合成氨驰放气或从甲醇驰放气中回收氢气，从炼厂气中回收和提浓氢气用于油品加氢及 H_2/CO 的调比。

聚合物膜扩散法纯化氢气的基本原理:在工作压力下,气体通过聚合物膜的扩散速率不同,从而可以达到分离氢气的效果。它主要适用于以下情形:原料气的气量小,进气压力较高,原料气中氢浓度较高,在低压条件下的富氢气体或在高压条件下的贫氢气体。聚合物膜扩散法操作简单,适用范围较广,同时氢气回收率也较高,但是回收的氢气压力较低,一般可以将它与变压吸附法或低温分离法联合使用,从而达到最好的效果。

5. 催化脱氧法

催化反应是工业上常用的去除杂质气体的方法之一,将催化反应应用于电解氢的纯化,从而发展出了催化脱氧法。传统的催化脱氧法主要分为以下两种:一是采用贵金属作为催化剂,利用氢氧反应生成水的原理脱除氧,经分子筛除水后得到氢气;二是采用 Cu、Mn、Ag 等金属作为还原剂,利用金属的氧化还原反应脱除氧。除去的杂质气体主要有 O_2、CO_2、H_2O。

催化脱氧法的反应原理如下:

$$2H_2 + O_2 \xrightarrow{\text{催化剂}} 2H_2O$$

$$CO_2 + H_2 \xrightarrow{\text{催化剂}} H_2O + CO$$

氢氧催化反应由七个阶段组成:一是反应物从气体向固体界面内扩散;二是反应物向催化剂孔内进行扩散;三是反应物吸附于催化剂内表面上;四是反应物在催化剂内表面上发生反应;五是反应生成物通过内表面进行脱附;六是反应生成物向催化剂孔外扩散;七是反应生成物从固-气界面向气流扩散。

催化脱氧法具有原理简单、操作简单、设备成本低的优点。但缺点也非常明显,即处理杂质气体时有 H_2O 和 CO 生成,催化剂易被毒化。通常通过添加吸附器——分子筛来去除催化脱氧的产物,如 H_2O 和 CO。如果发生催化剂中毒的情况,一般针对毒化物质选用合适的催化剂。

6. 金属氢化物法

储氢合金在适当的温度和压力下,可以直接与氢气发生可逆反应,生成金属氢化物。储氢合金可以在降温升压时吸收氢,升温减压时释放氢,同时表面具有很高的活性。利用这一性质,储氢合金可用于纯化氢气。

在吸氢过程中,由于合金的催化作用,氢分子先分解为氢原子,接着向金属内部扩散,最后固定在金属晶格内的四面体结构或八面体结构内,杂质气体会在金属颗粒之间形成物理吸附。而当合金进行加热时,从金属晶格内排放出来的氢气纯度可达到 99.9999%,因此金属氢化物法通常被广泛应用于氢气的存储和净化领域。

利用金属氢化物纯化氢气时极易吸附杂质气体的性质,发展出了金属氢化物回收材料和金属氢化物纯化材料。金属氢化物回收材料利用金属氢化物在高压下会选择性吸附待纯化气体中的氢,随后在低压下又可逆地释放出氢的性质达到纯化氢的目的;金属氢化物纯化材料利用材料表面的高活性,直接吸除待纯化气体中的杂质气体而富集氢。为了实现氢气的高效纯化,选用金属氢化物纯化材料时应考虑两个条件:对杂质气体的纯化效率及吸附容量高;吸放氢平台高,氢滞留量低。

金属氢化物法具有产出氢纯度高(99.9999%)、操作简单、能耗低、材料价格低廉等特点,是获得高纯氢的最适用的技术之一。但缺点也比较明显,在回收氢气过程中,材料易与杂质气体发生反应,引起材料中毒而失活,从而降低纯化效率,失去回收能力,同时氢处理量相对较小,仅适用于中小规模生产。

在选用纯化方法时,应根据实际情况进行选择。从生产规模的要求来看,上述几种方法不仅都满足小规模实验室,而且都可以在大规模工业生产上应用。但从实际应用和经济性方面考虑,只有聚合物膜扩散法和催化脱氧法能满足要求,大规模工业生产氢气都采用变压吸附法与低温分离法,其余的方法包括金属膜扩散法与金属氢化物法只适用于中小规模的生产。此外,原料气中所含氢的浓度大小和气体成分,以及所能达到的氢气纯度与回收率也是纯化方法选择的重要因素。实际应用中,一般需要综合考虑以上因素,选用最佳的一种纯化方法,或者几种纯化方法联合使用,方能满足要求。

第 3 节　氢 的 储 运

氢的储运是氢能应用的前提。储氢问题涉及生产、运输、最终应用等环节,储氢问题不解决,氢能的应用则难以推广。氢是气体,它的输送和存储比固体煤、液体石油更困难。一般而论,氢可以气体、液体、化合物等形态存储。氢的存储方式主要有高压气态储氢、低温液态储氢和储氢材料储氢等。氢气虽然有其独特的物理和化学性质,但它的存储和输运所需的技术条件却基本上与天然气的大致相同,可以通过管道输送、装在高压气体钢瓶中或以液氢形式存储和输运。通常用储氢密度衡量氢的储运效率与便利性。美国能源部提出的车载氢源的要求:质量储氢密度和体积储氢密度分别为 6% 和 60 kg·m^{-3}。由于氢气的沸点低,深度压缩与液化能耗高,且氢气易于扩散和泄漏,爆炸范围宽,同时氢分子还会渗入金属内部发生氢脆,影响容器和管道的安全性能。如图 4-3-1 所示,在氢气加工厂通常贴有安全警告标志和防火措施,氢的储运过程中安全、高效和无泄漏损失成为人们优先考虑的因素。

图 4-3-1　氢的储运

4.3.1　储氢原理及方法

储氢方式分为物理储氢和化学储氢两大类。物理储氢主要有高压气态储氢、低温液态储氢、活性炭吸附储氢、碳纤维和碳纳米管储氢等。化学储氢主要有金属氢化物储氢、有机氢化物储氢、无机物储氢等[7]。衡量储氢技术性能的主要参数是储氢体积密度、质量分数、充放氢的可逆性、充放氢速率、可循环使用寿命及安全性等。许多研究机构和公司都提出了储氢标准。目前,美国能源部公布的标准较为权威,适用于工业应用的要求,即理想储氢技术需满足含氢质量分数高、储氢的体积密度大、吸收释放动力学快速、循环使用寿命长和安全性高等。从技术条件和目前的发展现状看,高压气态储氢、低温液态储氢及金属氢化物储氢三种方式更适合商用要求。

1. 高压气态储氢

高压气态储氢是指在氢气临界温度以上,通过高压压缩的方式存储气态氢。通常采用气罐作为容器,简便易行。其主要优点是存储能耗低、成本低(压力不太高时)、充放氢速率快,在常温下就可进行放氢,零下几十摄氏度低温环境下也能正常工作,而且通过减压阀就可以调控氢气的释放速率。基于上述优点,高压气态储氢已成为较成熟的储氢方式。

普通高压气态储氢瓶的压力通常为 15 MPa,储氢密度低,占地体积大。通过增大内压提高储氢密度是高压气态储氢容器的发展方向。高压气态储氢容器主要经历了金属储氢容器、金属内衬纤维缠绕储氢容器和全复合纤维缠绕储氢容器三个发展阶段。全复合纤维缠绕结构是轻质高压气态储氢容器的一个重要发展方向。这种多层压力容器主要由内衬、过渡层、纤维增强层和外层纤维保护层组成,各层均有不同的作用。

高压气态储氢应用主要有固定式运输、车载运输和散货运输。其中,在车载储氢系统中的应用最为活跃,使用的储氢气瓶大多数为金属内衬纤维缠绕储氢气瓶。目前,35 MPa 高压气态储氢罐已经是成熟的产品,丰田公司的 70 MPa 高压气态储氢罐应用于商用燃料电池车型上,如图 4-3-2 所示。考虑到经济方面的问题,压力并不是越高越好。70 MPa 压力下,储氢量和压力不再呈线性关系,压力的翻倍只能使储氢量提高 40% ~ 50%。压力增加,会导致气瓶壁厚增加,从而导致容器质量增加,降低储氢效率。研究人员通过计算认为,压力为 5 ~ 60 MPa 时将满足最佳的成本效益。高压气态储氢的主要不足是,需要厚重的耐压容器,且需要消耗较大的氢气压缩功,产生较大的能耗,并且存在氢气泄漏和容器爆破等不安全因素。

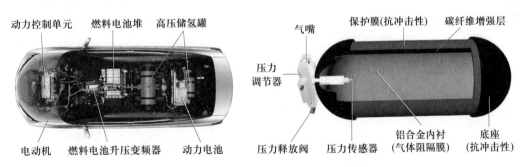

图 4-3-2　氢能源汽车构造及车载储氢罐

气体的压力、温度与体积之间一般具有如下关系:

$$Z = \frac{pV}{RT} \tag{4-3-1}$$

式中,p 为气体压力;V 为气体体积;T 为温度;R 为摩尔气体常数($R = 8.314$ J · mol^{-1} · K^{-1})。

Z 称为压缩因子(或压缩系数),是理想气体状态方程($pV = nRT$)用于实际气体时必须考虑的一个校正因子,用以表示实际气体受到一定压力压缩后与理想气体受到同样的压力压缩后在体积上的偏差。

$$Z = \frac{V_{实际}, p}{V_{理想}, p_0} \qquad (4-3-2)$$

对应状态原理：

$$Z = \frac{pV_m}{RT} = \frac{p_c V_{m,c}}{RT} \cdot \frac{\dfrac{p}{p_c} \cdot \dfrac{V_m}{V_{m,c}}}{\dfrac{T}{T_c}} = Z_c \frac{p_r V_r}{T_r} \qquad (4-3-3)$$

式中，p_r，V_r，T_r 分别称为对比压力、对比体积和对比温度，统称对比参数。对比参数反应气体所处的真实态偏离临界状态的"倍数"。不同的气体如果有相同的对比压力和对比温度，就称这些气体处于相同的对比状态，或称对应状态。Z_c 称为临界压缩因子，是将压缩因子概念应用于临界点得到的参数。实验测得的大多数物质的 Z_c 值在 $0.26 \sim 0.29$，这一规律反映了各种气体在临界状态时偏离理想态的程度大致相同。

各种不同的气体，只要有两个对比参数相同，则第三个对比参数也大致相同。这个经验规律即是对应状态原理：

$$Z = f(p_r, T_r) \qquad (4-3-4)$$

对应状态原理的确定，说明各气体处于对应状态时，其压缩因子具有相似的值。

图 4-3-3 所示为普遍化压缩因子图，它来源于实验数据，是一个在允许误差范围内的近似值。压缩因子图可以在高压下应用，回避气体的特征函数，使用简便。

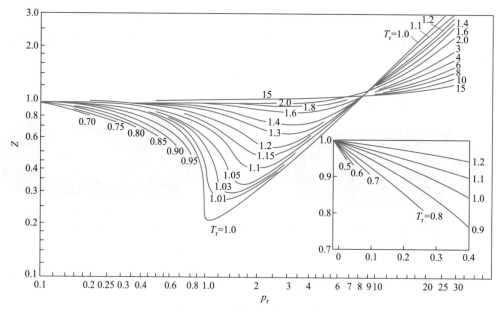

图 4-3-3　普遍化压缩因子图

氢的压缩因子见表 4-3-1。

表 4-3-1　氢的压缩因子

压力/MPa	0.1013	10	25	35	70	100
压缩因子	1	1.065	1.166	1.236	1.489	1.702

2. 低温液态储氢

低温液态储氢具有较高的体积能量密度。常温常压下,液态氢的密度为气态氢的 845 倍,与同一体积的储氢容器相比,其储氢质量大幅度提高。低温液态储氢工艺特别适宜于存储空间有限的运载场合,如航天飞机用的火箭发动机、汽车发动机和洲际飞行运输工具等。若仅从质量和体积上考虑,低温液态储氢是一种极为理想的储氢方式。

液氢的熔点为 $-259.2\ ℃$,使得低温液态储氢容器必须使用超低温特殊容器。由于储槽内液氢与环境温差大,必须严格绝热,同时必须控制储槽内液氢的蒸发损失,并确保储槽的安全(抗冻、承压)。低温液态储氢的装料和绝热不完善则容易导致较高的蒸发损失,其存储成本较高,安全技术也比较复杂。高度绝热的储氢容器是目前研究的重点。

目前已研发出一种壁间充满中空二氧化硅微珠的绝热容器。这种二氧化硅微珠直径为 $30\sim150\ \mu m$,中间空心,壁厚 $1\sim5\ \mu m$ 。在部分微珠上镀上厚度为 $1\ \mu m$ 的铝。这种微珠热导率极小,颗粒非常细,可完全抑制颗粒间的对流换热。将部分镀铝微珠(一般为 $3\%\sim5\%$)混入不镀铝的微珠中可有效切断辐射传热。这种新型的热绝缘容器不用抽真空,但绝热效果远优于普通高真空的绝热容器,是一种理想的液氢存储容器。美国宇航局已广泛采用这种新型的储氢容器。

将氢气经特殊处理溶解在液态材料中,实现氢能的常态化、安全化应用,甚至普通矿泉水瓶也能装运,这一愿景有望逐步实现。中国地质大学(武汉)可持续能源实验室开发的液态储氢技术已经完成了实验室阶段的研究,正准备进行大规模中试和工程化试验[8]。

3. 金属氢化物储氢

研究发现,某些金属具有很强的捕捉氢的能力,在一定的温度和压力下,这些金属能够大量“吸收”氢气,反应生成金属氢化物,同时放出热量。如果将这些金属氢化物加热,它们又会分解,将存储在其中的氢气释放出来。这些会“吸收”氢气的金属称为储氢合金。常用的储氢合金有稀土系(AB_5 型)、钛系(AB 型)、锆系(AB_2 型)、镁系(A_2B 型)四大系列。自 20世纪 70 年代起,储氢合金就受到重视。为改善合金的储氢性能,同时降低成本,研究者们在合金成分、制备工艺等方面进行了不懈的探索。

储氢合金的优点是有较大的储氢容量,其单位体积储氢高达 $40\sim50\ kg\cdot m^{-3}$,是相同温度、压力条件下气态氢的 1000 倍,相当于储存了 1000 atm 的高压氢气。储氢合金安全性较好,即使遇枪击也不爆炸。

储氢合金的缺点是质量储氢密度低,多数储氢合金的质量储氢密度仅为 $1.5\%\sim3\%$,在车上使用会增加很大的负载。另外,储氢合金易粉化。储氢时金属氢化物的体积膨胀,而解离释氢过程又会发生体积收缩。经多次循环后,储氢合金易破碎粉化,氢化和释氢变得越发困难。例如,具有优良储氢和释氢性能的 $LaNi_5$,经 10 次循环后,其粒度由 20 目降至 400目。如此细微的粉末,在释氢时容易混杂在氢气中堵塞管路和阀门。储氢合金的低温特性不好,要使储氢合金释放氢,必须向合金供应热量,AB_n 型合金所需最低温度为 $40\sim50\ ℃$,而镁基合金则需 $300\ ℃$ 左右。实际应用中还需热交换设备,进一步增加了储氢装置的体积和质量,同时车上的热源也不稳定,因此储氢合金难以在汽车上应用。

4. 低压吸附储氢

低压吸附储氢基于吸附剂的表面力场作用,本质上是气体分子和固体表面原子电荷分布的共振波动,吸附力则是范德华力。吸附材料有碳基材料、金属有机骨架化合物材料、共价有机骨架化合物材料和微孔/介孔沸石分子筛等储氢材料。

5. 其他的储氢方式

根据用途不同,其他的储氢方式分为无机物储氢、地下岩洞储氢、"氢浆"新型储氢、玻璃空心微球储氢等方式。以复合储氢材料为重点,做到吸附热互补、质量吸附量与体积吸附量互补的储氢材料已有所突破;掺杂技术也有力地促进了储氢材料性能的提高。

4.3.2　常见的储氢材料

1. 碳基储氢材料

碳基材料吸附储氢是近年来出现的利用吸附理论的物理储氢方法。氢在碳基材料中吸附存储主要分为在活性炭上吸附存储和在碳纳米材料上吸附存储。碳基储氢材料主要有高比表面积活性炭、石墨纳米纤维、碳纳米纤维和碳纳米管等。

(1) **活性炭**:活性炭(activated carbon,AC)又称碳分子筛,是一种独特的多功能吸附剂。其优点有孔隙度高、比表面积大、吸附能力强、表面活性高、循环使用寿命长、储氢量大及成本低等。活性炭储氢利用其高比表面积在中低温(77~273 ℃)、中高压(1~10 MPa)的条件下以吸附方式储氢;氢气的吸附量与碳基材料的比表面积成正比,比表面积越大,氢气吸附量越大;氢气的吸附量也与温度和压力密切相关,温度越高、压力越小,氢气的吸附量越少。

(2) **石墨纳米纤维**:石墨纳米纤维(graphite nanofibers,GNF)是一种由含碳化合物经金属催化剂分解并一层层沉淀后再堆积在一起的石墨材料,主要类型有薄片状、管状、带状、棱柱状和鲱鱼骨状。其储氢能力取决于直径、结构和质量。石墨纳米纤维由于其结构特征及复合特性的特殊性,在储氢领域的发展前景非常广阔。

(3) **碳纳米纤维**:碳纳米纤维的比表面积很大,表面能够吸附大量的氢气,便于氢气进入碳纳米纤维;氢气分子的动力学直径(0.289 nm)小于碳纳米纤维的层间距,便于大量的氢气进入碳纳米纤维的层间;碳纳米纤维有中空管,氢气可凝结在中空管中,因而碳纳米纤维储氢密度较高。

(4) **碳纳米管**:碳纳米管是一种具有特殊结构(径向尺寸为纳米量级,轴向尺寸为微米量级,管子两端基本上都封口)的一维量子材料。碳纳米管主要由呈六边形排列的碳原子构成数层到数十层的同轴圆管。层与层之间保持固定的距离,约为 0.34 nm,直径一般为 2~20 nm。氢气在碳纳米管中的吸附存储机理比较复杂,根据吸附过程中吸附质与吸附剂分子之间相互作用的区别,以及吸附质状态的变化,可以分为物理吸附和化学吸附。其研究重点主要集中在 H_2 在碳纳米管内的吸附性质、存在状态、表面势和碳纳米管直径对储氢密度的影响等。H_2 在碳纳米管中的吸附为单分子层吸附,饱和吸附量的对数值随温度升高线性下降。在 77 K 时,碳纳米管的吸附为物理吸附,吸附量为 2%。研究表明,单壁碳纳米管在 298 K、10~12 MPa 下,质量储氢密度可达 4.2%。

2. 有机骨架化合物储氢材料

（1）**金属有机骨架化合物（MOF）储氢材料**：MOF 是由含氧、氮等的多齿有机配体（大多是芳香多酸或多碱）与过渡金属离子自组装而成的聚合物。以新型阳离子、阴离子及中性配体形成的 MOF 材料具有孔隙率高、孔结构可控、比表面积大、化学性质稳定、制备过程简单等优点。由于其可控制的孔隙大小、孔隙几何形状和易于设计的特点，MOF 已经成为气体存储的重要材料。图 4-3-4 展示了几种常见的 H_2 在 MOF 中的存储方式，如相互渗透、嵌入、H_2 溢流、线性膨胀以及利用 MOF 的结构特征（开放的金属位点、功能团）[9,10]。在最新的报道中，Bambalaza 等研究了动态温度变化对 UiO-66 金属有机骨架储氢能力的实验演示[11]。研究发现，去羟基化反应发生在 150~300 ℃。在 77 K 和 10000 kPa 时，羟基化的 UiO-66 粉的吸氢能力达到 4.6 wt%，比去羟基的 UiO-66（3.8 wt%）高出 21%。压实时，去羟基化 UiO-66 微球的吸氢能力从 3.8 wt% 下降到 1.3 wt%，降低 66%，而羟基化 UiO-66 微球的吸氢能力从 4.6 wt% 下降到 4.2 wt%，仅降低 9%。这表明，羟基化 UiO-66 的吸氢能力至少是去羟基化 UiO-66 的 3 倍，因此，羟基化 UiO-66 在储氢方面更有前景。

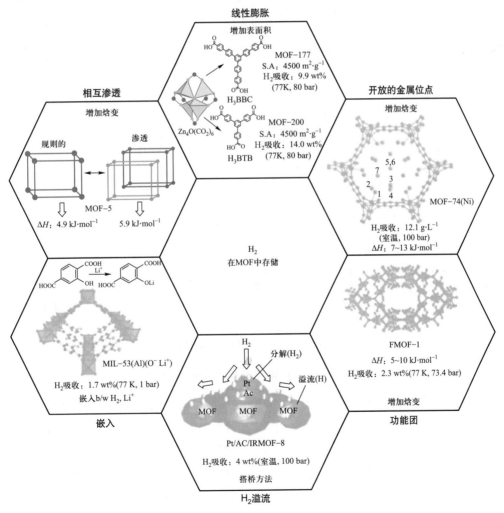

图 4-3-4　几种常见的 H_2 在 MOF 中的存储方式

（2）**共价有机骨架化合物（COF）储氢材料**：COF 材料是指由轻原子（氢、硼、碳、氮等）通过共价键连接形成的具有二维拓扑结构的晶体材料。COF 材料拥有较低的密度、高的热稳定性及固有的多孔性，在气体吸附、非均相催化、能量存储等领域有着广泛的应用潜力。与MOF 材料相比，COF 材料的热稳定性和化学稳定性更为突出，且密度更小，科学家们正致力于探究新一代 COF 材料在储氢方面的应用，常见的 COF 储氢材料有 COF-1、COF-6、COF-8 等（如图 4-3-5 所示），它们的吸氢性能见表 4-3-2。Yaghi 课题组揭示了 COF 储氢材料对氢气的吸附在低压范围、高压范围、低温范围、高温范围都是一个可逆的物理过程，故具有很好的储氢优势[12]。然而，大量的研究结果表明，COF 材料和其他的多孔材料一样，在室温下，储氢容量远低于储氢载体实际应用的要求。

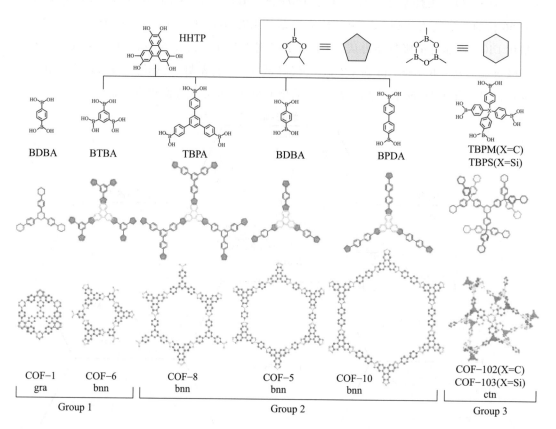

图 4-3-5　常见的 COF 储氢材料

表 4-3-2　部分 COF 储氢材料的吸氢性能

材料	BET 比表面积/（$m^3 \cdot g^{-1}$）	孔体积/（$cm^3 \cdot g^{-1}$）	质量储氢密度（$T=77$ K）/%
COF-1	750	0.30	1.48*
COF-5	1670	1.07	3.58*
COF-6	750	0.32	2.26*
COF-8	1350	0.69	3.50*
COF-10	1760	1.44	3.92*

材料	BET 比表面积/($m^2 \cdot g^{-1}$)	孔体积/($cm^3 \cdot g^{-1}$)	质量储氢密度($T = 77$ K)/%
COF-102	3620	1.55	7.24[*]
COF-103	3630	1.54	7.05[*]
COF-11 Å	105	0.05	1.28(1 bar)
COF-14 Å	805	0.41	1.22(1 bar)
COF-18 Å	1263	0.69	1.55(1 bar)

* 氢气的饱和吸附量。

3. 无机非金属储氢材料

氢元素与非金属形成的无机非金属储氢材料的储氢密度可达 19 wt%。无机非金属氢化物主要有两大类:配位氢化物和分子型氢化物。配位氢化物吸放氢过程会伴随着自身结构的分解与重组,组成氢化物的原子会发生扩散与迁移。分子型氢化物的吸放氢过程则更复杂,它是分多步进行的。

(1) **配位铝复合氢化物储氢材料**:配位铝复合氢化物的表达通式为 $M(AlH_4)_n$,其中 M 为 Li、Na、K、Mg、Ca 等。最具代表性的是 $NaAlH_4$ 与 Na_3AlH_6。

$NaAlH_4$ 的放氢过程是分多步进行的,储氢密度可达 7.4 wt%。由于动力学的原因,$NaAlH_4$ 的放氢温度为 210℃,而吸氢温度为 270℃。通过添加少量的 Ti 催化剂可显著改善其吸放氢动力学和热力学性能,吸放氢温度可降低至约 150 ℃,并促进其可逆吸放氢反应。但是由于其本身储氢可逆性差等原因,这种材料暂时无法全面应用。

(2) **金属氮氢化物储氢材料**:金属氮氢化物的表达通式为 $M(NH_2)_n$,其中 M 为 Li、Na、K、Mg、Ca 等。最具代表性的是 $LiNH_2/LiH$、$Mg(NH_2)_2/LiH$ 和 $LiNH_2/LiBH_4$。

目前认为 $LiNH_2/LiH$ 体系有两种放氢机理。一种是 $LiNH_2-LiH$ 之间的协同作用机制;另一种是氨气充当媒介机制,其放氢温度在 150 ℃ 以上。$Mg(NH_2)_2/LiH$ 体系的放氢温度一般较低,但其放氢密度可达 9.1 wt%。通过调节 $Mg(NH_2)_2$ 与 LiH 的成分比例,可以改变其反应过程。对 $LiNH_2/LiBH_4$ 的研究发现,当 $LiNH_2$ 与 $LiBH_4$ 的摩尔比为 2:1 时,它的理论储氢密度可达 11.9 wt%。这类储氢材料虽然具有很高的储氢密度,但反应所需温度高、速率慢,无法满足实际应用的要求,因此有待改进。

(3) **金属硼氢化物储氢材料**:金属硼氢化物的表达通式为 $M^{n+}[BH_4]_n$,其中 M 为 Li、Na、K、Mg 等,由金属氢化物与乙硼烷在乙醚中反应得到的,理论储氢密度基本都高于 10 wt%。其中最典型的代表是 $LiBH_4$ 和 $Mg(BH_4)_2$。

$LiBH_4$ 具有较大的理论质量储氢密度(18.5%)和体积储氢密度(121 kg·m^{-3}),但其动力学性能差、脱氢温度高,这阻碍了其实际应用。

$Mg(BH_4)_2$ 的储氢密度为 14.9 wt%,具有较好的热稳定性,在室温下可以满足质子交换膜燃料电池的使用要求。在 400 ℃、95 MPa 氢压条件下,可以对硼化镁进行氢化,直接得到 $Mg(BH_4)_2$。

(4) **氨硼烷化合物储氢材料**:氨硼烷化合物 NH_3BH_3,理论储氢密度高达 19.6 wt%,且热

144　稳定性好、放氢条件温和,是当下最具有研究价值的储氢材料之一。

通过掺杂碱金属可以提高其放氢量,但也会产生较多的副产物。如果只掺杂金属元素(如 Mn、Zn),得到的金属氨硼烷化合物可以抑制其副产物,但是金属氨硼烷化合物相对分子质量过大,会消耗更多的能量。氨硼烷化合物在放氢时会产生许多产物,所以对这些产物进行再生利用是非常有必要的,其过程由消解、还原、氨化三步组成,经过这三步后的产物将重新转化成氨硼烷化合物,再生率一般为 60%。目前,提升氨硼烷化合物的放氢效率、抑制杂质气体的产生、提高产物再生率,是这类材料得以应用的关键。

4. 金属氢化物储氢材料

(1) **钒系合金储氢材料**:钒系合金已较早地应用于氢的存储、净化、压缩及氢的同位素分离等领域。具有体心立方结构(body-centered cubic structure,BCC)的钒系合金的优点为储氢量大(VH_2 的理论储氢密度为 3.8 wt%)、吸放氢容易且反应速率快等。其缺点为合金的表面容易被氧化生成一层氧化膜,使其活化难度增大,熔点高、金属钒的价格高导致其制备成本高,且常温常压下放氢不彻底等。这一系列问题使钒系储氢材料的大规模应用变得困难。

(2) **镁系合金储氢材料**:单质镁储氢密度高达 7.7 wt%,但其吸放氢性能差,暂时不能应用。镁系合金储氢材料的代表是 Mg-Ni 系合金。在常温常压下,$MgNi_2$ 一般是不会发生吸氢反应的,所以研究的 Mg-Ni 系合金主要是指 Mg_2Ni 合金,储氢密度为 3.62 wt%。该合金的吸氢温度约为 250 ℃,放氢温度约为 300 ℃。目前该领域存在的最大问题是 Mg 在制备过程中会持续挥发,因此很难制备出比较纯净的化合物。

Mg-Co 系合金储氢材料中,Mg_2CoH_5 的储氢密度为 4.5 wt%,但需要在十分苛刻的条件下才能进行充放氢。镁系储氢材料还有 Mg-Fe-H 系合金等,其代表为 Mg_2FeH,储氢密度为 5.4 wt%,同样,该氢化物的制备过程相当困难。

(3) **钙系合金储氢材料**:Ca 的氢化物 CaH_2 可以作为储氢材料,其储氢密度为 4.8 wt%。它的化学性质比镁的氢化物更加稳定,这就意味着 CaH_2 更难将氢气放出来。$CaNi_5$ 储氢材料是 Ca-Ni-M 系合金的代表,是在稀土储氢材料 $LaNi_5$ 的基础上研发出来的。$CaNi_5$ 的储氢密度高达 1.9 wt%,比 $LaNi_5$ 提升了约 0.5 wt%。但该材料在吸放氢循环过程中的循环寿命与稳定性极差,因而相关研究很少。

在 $CaNi_5$ 储氢材料的研究基础上,发展出了 Ca-Mg-Ni 系合金 $Ca_3Mg_2Ni_{13}$,其在吸放氢过程中具有很好的动力学性能,但热力学性能不好。

(4) **钛系合金储氢材料**:常见的钛系合金有 Ti-Fe 系、Ti-Mn 系、Ti-Cr 系、Ti-Zr 系等。AB 型的 TiFe 合金是研究重点,理论储氢密度为 1.86 wt%。TiFe 合金具有成本低、制备方便、资源丰富、可在常温下循环地吸放氢且反应速率快等优点。但其缺点是活化困难,需要较高的温度与压力才能将其活化。并且该材料的抗气体毒化能力很差,在吸放氢过程中还伴随着滞后现象。

与 TiFe 合金相比,储氢密度相似的 Ti-Co 系合金更容易被活化,而且抗毒化能力有很大提高,缺点是其放氢温度比 Ti-Fe 系合金高。Ti-Mn 系合金具有较高的储氢密度,可达 2 wt%。该材料容易活化、抗毒化能力好、价格适中,且在常温下具有很好的吸放氢性能。

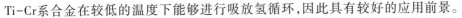

Ti-Cr 系合金在较低的温度下能够进行吸放氢循环,因此具有较好的应用前景。

(5) **锆系合金储氢材料**:锆系合金的优点是储氢量大、反应速率快、易活化、没有滞后现象等,缺点是稳定性较差。研究表明,添加 Ni、Mn、Cr、V 等元素能够显著改善其储氢性能。Zr-Ni 系合金储氢量较大、室温下较稳定、吸放氢所需压力低、催化活性和耐腐蚀性强、电化学性能好,但存在吸放氢可逆性差等问题。将微量稀土元素加入 Zr-Cr-Ni 系合金中,可显著提高其活化性能、增大储氢量、增加电化学容量、延长循环寿命等,但也存在活化难、放电能力差、成本高等问题。

(6) **钯基固溶体储氢材料**:英国化学家发现钯具有吸附氢气的能力。块状的钯不仅可以大量地吸附氢气,而且还具有选择吸附的能力,这一功能被应用于氢气净化方面。钯吸放氢后体积会膨胀,进而损坏其表面的薄膜,因此需要添加一些合金元素,解决其因为相变而引发的体积膨胀问题,防止其表面薄膜的损坏。钯净化氢气就是利用扩散原理,在浓度梯度的驱使下,氢分子在薄膜表面变成氢原子,然后扩散到另一面析出,等重新形成氢分子后脱附。除氢气外,其他气体无法通过薄膜,因此钯膜可以提纯氢气[13]。

(7) **稀土系合金储氢材料**:稀土系合金以 LaNi₅ 为代表,于 1969 年在 Philips 实验室被发现,其优点为储氢性能优良(储氢密度 1.4 wt%)、吸氢能力强、易活化、对杂质不敏感、吸放氢不需高温高压等,缺点为吸氢后晶胞体积膨胀较大、易粉化、吸放氢能力易失、成本高等。为解决这些问题,研究者们采用了多种方法,如多元合金化、非化学计量、热处理、快速凝固法等。

5. 液体有机氢化物储氢材料

液体有机氢化物利用不饱和液体有机物与氢的可逆反应的性质,即加氢反应和脱氢反应进行储氢。液体有机氢化物储氢的优点是储氢量大、存储和运输简单、可重复使用、加氢反应放出大量热可供利用。经研究,从储氢过程的能耗、储氢量、物理化学特性等方面考虑,烯烃、炔烃和芳烃等不饱和有机物储氢材料中,单环芳烃的储氢性能是最好的,如苯、甲苯的储氢量较大且加脱氢过程可逆,是一类不错的储氢材料。

6. 其他储氢材料

(1) **微孔高分子储氢材料**:微孔高分子储氢材料是指经由刚性和非线性的有机单体组装而成的具有微孔结构的网状高分子材料。对于储氢材料的实际应用而言,如果可以合成出一种完全由 C、H、O、N 等较轻元素构成且具有微孔结构的新型材料,那么这种新合成的材料就有可能表现出比 MOF 材料更加优异的储氢性能。微孔高分子储氢材料的储氢密度可达 3.04 wt%,其孔道结构是无规则排布的,材料本身具有无定形的特点,以及稳定的化学性质,相信在未来会有更大的发展前景。

(2) **中空玻璃微球体储氢材料**:中空玻璃微球体(hollow glass microspheres,HGM)的外径一般在毫米级或亚毫米级,壁厚在几微米到几十微米,球壳的主要成分为 SiO₂,同时含有 K、Na、B 等元素,具有中空结构和孔壁结构,其储氢密度在 15 wt% 以上。目前,中空玻璃微球体作为储氢材料还存在一定的技术问题,如球体的厚度与壁厚均匀性的控制等。几何参数将直接决定中空玻璃微球体的储氢能力与储氢量。

4.3.3　氢气运输

氢气运输是氢能系统中的关键组成之一,它与氢的存储技术密不可分。

管道运输适用于距离短、用量大、用户集中、使用连续且稳定的地区,无论在成本上还是在能量消耗上管道运输都是非常有利的方法。在大型工业联合企业中,氢气的管道运输已经实现。对现有运输天然气和煤气的管道稍加改造,即可用于氢气的运输。但值得注意的是,氢气的发热量为 10798.59 kJ·m⁻³,约为天然气的 1/3,要运输相同能量氢气,需加粗管道或提高压力,同时还要考虑常温下氢的致脆性。

高压钢瓶或钢罐装的氢气通常由卡车或船舶等运输工具运至用户外,由于储氢质量只占运输质量的 1%~2%,此类运输经济性较差。液氢运输可采用罐车、鱼雷车(见图 4-3-6 和图 4-3-7)、油轮或管道等,运输效率高。如国外已有 3.5~80 m³ 的公路专用液氢槽车,深冷铁路槽车也已问世,储液氢量可达 100~200 m³,可以满足用氢大户的需要,是较快速和经济的运氢方法。美国宇航局专门建造了输送液氢的大型驳船,船上的杜瓦罐储液氢的容积可达 1 000 m³ 左右,能将路易斯安那州的液氢从海上运输到佛罗里达州,这样无疑比陆上运输更加经济和安全。但由于储氢容器和管道需要严格绝热,同时为确保安全,氢气运输系统的设计、结构和工艺均较复杂,成本较高[14]。

图 4-3-6　氢气运输罐车

图 4-3-7　氢气运输鱼雷车

用金属氢化物储氢桶(或罐)进行储氢可得到与液氢相同或更高的储氢密度,可用各种交通工具运输,安全且经济。氢气存储于有机液体,如甲基环己烷-甲苯-氢体系,其储氢量

大,用管道或储罐等运输更为方便。表 4-3-3 给出了不同氢气运输方式的比较。

表 4-3-3　不同氢气运输方式的比较

	运输工具	运输量范围	应用情况	优缺点
气态运输	集装格	5~10 kg/格	广泛应用于商品氢运输	非常成熟,运输量小
	长管拖车	250~460 kg/车	广泛应用于商品氢运输	运输量小,不适宜远距离运输
	管道	310~8900 kg/h	主要应用于化工业,未普及	一次性投资成本高,运输效率高
液态运输	槽车	360~4300 kg/车	国外应用广泛,国内仍仅应用于航天液氢	液化投资大,能耗高,设备要求高
	管道	—	国外较少,国内没有	运输量大,液化能耗高,投资大
	铁路	2300~9100 kg/车	国外很少,国内没有	运输量大,液化能耗高

第 4 节　氢能的应用

在目前的国民经济中,氢能在很多领域都有广泛的应用。概括地说,氢能的应用领域涉及民用、储能、电力、交通、工业和航天领域,如图 4-4-1 所示。氢在能源领域可与电力、热力、油气、煤炭等能源品种联用互补,优化能源结构。

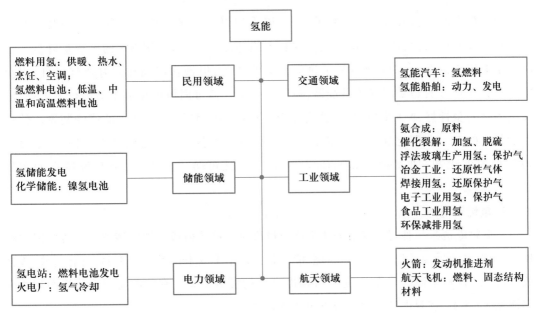

图 4-4-1　氢能的应用体系

4.4.1 民用领域

1. 燃料用氢

随着化石燃料的日益枯竭及其对环境污染的加重,氢能代替化石燃料已是势在必行。氢气的热值很高,为 283 kJ·mol^{-1}。氢既可作燃料燃烧,又可通过燃料电池发电供家庭取暖、空调、冰箱和热水器等使用,如图 4-4-2 所示。不过氢燃烧要解决其安全、无公害燃烧方法等问题。氢是一种理想的清洁燃料,燃烧过程中不生成 CO、CO_2、SO_x 及烟尘等污染物。但是,如果采用常规扩散焰燃烧,燃烧产物中会产生大量对人体有害的气体污染物 NO_x;如采用混焰燃烧,可以大幅度降低产物中 NO_x 的生成,但容易造成回火而烧坏燃烧器,不能保证安全燃烧。

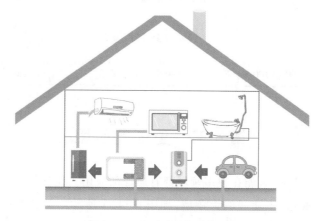

图 4-4-2　氢能在家庭中的应用

为了解决回火和低 NO_x 燃烧的矛盾,可以采用以下两种方法。一种方法是改进空气吸入型燃烧器的结构,使空气由火焰内部和火焰外部两路供入,使 NO_x 的生成量降低。这种燃烧器用于高温(>1200 ℃)和供热强度大的装置,但操作时须控制好燃烧条件,以免回火。另一种方法是采用催化燃烧器,使氢气与空气通过固体催化剂床层进行无焰燃烧。此类燃烧安全性好,NO_x 生成量少,适合于温度低(<500 ℃)、热强度小的燃烧装置。使用性能优良的 Pt-Pb 催化剂可以在室温下使氢气和空气燃烧。考虑到民用的特点,也可采用廉价的催化剂,如 MnO_2、CuO、CoO_2、Ag_2O 等,既可防止回火,又可获得较高的燃烧效率。

2. 氢燃料电池

氢燃料电池是一种将氢和氧的化学能通过反应直接转换成电能的装置。与传统能源相比,氢燃料电池反应过程中不需要燃烧,能量转换效率不受卡诺循环的限制,具有高效、零排放、可再生、燃料来源广等优点,是一种洁净高效的发电方式。有关电池理论计算的相关介绍详见 3.1.5 节,燃料电池相关内容见第 3 章第 7 节。

只有燃料电池本体存在还不能工作,还需要相应的辅助系统,包括反应剂、供给系统、排热系统、排水系统、电性能控制系统及安全装置等[15]。

4.4.2　储能领域

氢储能发电和镍/金属氢化物电池是氢能应用于储能领域的两种重要方式。氢储能发电技术是利用氢气作为能源存储的中间体,在电力生产过剩时将多余的电力生产转化为氢气,并加以存储,在电网电力供应不足时,将储存的氢气通过燃料电池生产电力或转化为甲烷,为常规燃气涡轮发电机提供动力的技术。在全球范围内,氢储能发电技术被广泛认为是一种调节电网供需电能的潜在解决方案。氢储能发电具有能源来源广泛、存储时间长、能源效率高、环境友好等优点,可以有效解决电网削峰填谷、新能源稳定并网等问题,提高电力系统安全性、可靠性、灵活性,推进智能电网和节能减排、资源可持续利用战略。国内外围绕氢能的应用已开展了广泛的研究,但是关于氢储能在电力系统中的应用,尤其是在可再生能源发电中的应用研究较少。目前氢储能发电成本较高,大规模储氢尚存在安全问题,氢燃料电池的效率仍不理想。大规模储能技术特性及成本比较见表 4-4-1。

表 4-4-1　大规模储能技术特性及成本比较

储能技术	成熟度	投资成本/(元·kW^{-1})	效率/%
抽水储能	商业化	5000~6000	71~80
压缩空气	示范	3000~5500	42~75
氢储能	示范	20000	40~50

镍/金属氢化物(简称镍氢,Ni/MH)电池在手机、笔记本电脑、电动汽车的应用方面已获得很大成功。镍氢电池以金属氢化物(MH)为负极活性材料、Ni(OH)$_2$为正极活性材料、KOH 水溶液为电解质。充电时,电解水生成的氢原子(H)立刻扩散至合金中,形成氢化物,实现负极储氢;放电时,氢化物分解出的氢原子又在合金表面氧化为水,不存在气体状态的氢分子(H$_2$)。镍氢电池的充放电机理非常简单,仅仅是氢在金属氢化物电极和 Ni(OH)$_2$电极之间的碱性电解质中的运动,称为"摇椅"机理,见图 4-4-3。

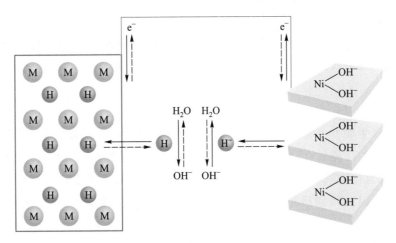

图 4-4-3　镍氢电池工作原理

具体反应为

正极反应：

$$M + H_2O + e^- \underset{\text{放电}}{\overset{\text{充电}}{\rightleftharpoons}} MH + OH^-$$

负极反应：

$$Ni(OH)_2 + OH^- \underset{\text{放电}}{\overset{\text{充电}}{\rightleftharpoons}} NiOOH + H_2O + e^-$$

电池反应：

$$Ni(OH)_2 + M \underset{\text{放电}}{\overset{\text{充电}}{\rightleftharpoons}} NiOOH + MH$$

储氢材料用作镍氢电池的负极时必须满足以下条件：

（1）可逆储氢容量高；

（2）有合适的吸放氢平台压力；

（3）有快速吸放氢的动力学性能；

（4）良好的耐腐蚀性及长的循环寿命；

（5）稳定的化学组成；

（6）原材料来源丰富。

4.4.3　电力领域

氢能发电是指利用氢气和氧气燃烧，组成氢氧发电机组。这种机组是火箭型内燃结构发动机配以发电机，不需要复杂的蒸汽锅炉系统，结构简单，维修方便，启动迅速，要开即开，欲停即停。在电网低负荷时，还可吸收多余的电来电解水，生产氢和氧，以备高峰时发电用，这种调节作用十分有利于电网的运行。另外，氢和氧还可直接改变常规火力发电机组的运行状况，提高电站的发电能力。2010 年 7 月，全球首座氢能源发电站于意大利正式建成投产。2019 年 8 月，我国第一个兆瓦级氢能源储能电站在安徽省六安市成功落户。

发电机在运行过程中由于能量转换、电磁作用和机械摩擦会产生一定的热量。为了使发电机温度不超过与绝缘耐热等级相应的极限温度，应采取冷却措施使这些部件有效地散热。氢气密度小、比热容大、导热系数较大、化学性质较稳定，是冷却发电机转子常用的介质。氢气在发电机的腔室内循环，依次穿过冷、热风室，由冷却器冷却。

氢能在国内能源电力领域的应用前景仍有部分争议，几乎所有的氢能和燃料电池技术还依赖于公共财政的支持，但我国在制氢方面具有良好的基础，工业副产氢和可再生能源制氢已开展项目示范。我国氢能联盟已牵头开启氢能在综合能源系统中的应用研究。

4.4.4　交通领域

利用氢能产生动力来驱动汽车、火车和舰船等运输工具，在能源开发、节能及环境保护等方面具有显著的环境效益、经济效益和社会效益。根据用氢方式的不同，氢能汽车可分为液氢汽车、金属氢化物汽车、掺杂汽油汽车及镍氢电池汽车等。由于氢能汽车排气对环境的污染小，噪声低，因此特别适用于行驶距离不长而人口密集的城市、住宅区及地下隧道等地方。

目前，氢能的利用仍存在储氢密度小和成本高等问题，前者使汽车连续行驶的路程受限，后者主要是由于液氢供应系统费用过高造成的。因此，人们一直致力于开发储氢量大、质量轻的储氢材料。

 我国氢能汽车
研发情况

4.4.5　工业领域

氢气在现代工业中主要作为石油领域和化学工业的重要原料。全球每年在工业领域消耗的氢气量超过了 $5×10^{10}$ Nm^3（Nm^3 是指在 0 ℃，1 个标准大气压下的气体体积）。

1. 合成氨用氢

为了改善石油和天然气等化石燃料的品质，必须对其进行精炼，如烃的增氢、煤的气化、重油的精炼等，这些过程都要消耗大量的氢气。在化学工业中，制备甲醇和合成氨均需要氢气作原料，尤其是合成氨，用氢量最大。全球约 70% 的氢气都用于合成氨，我国合成氨的用氢量更高，占氢气总产量的 80% 以上。德国化学家哈伯首次把氮和氢合成氨由理论转化为实际工业生产。合成氨反应在高温高压下进行：

$$N_2 + 3H_2 \underset{\text{催化剂}}{\overset{\text{高温、高压}}{\rightleftharpoons}} 2NH_3$$

2. 催化裂解用氢

石油精制工艺过程是使用大量氢气炼制汽油的催化裂解工艺过程。在原始的直接蒸馏工艺中，根据原油的组成，所得汽油的质量占石油质量的 5%～15%，而剩余的重油大部分通过催化裂解转化成汽油。如果将原油的高沸点馏分在催化剂存在下加热到高温，碳原子长链便会断裂成短链。这种"不饱和"汽油的氢碳比值低于 2.2，在汽车中使用时燃烧性能不良，并且在存储过程中易变质。这就需要使用催化剂在高压下进行加氢反应，使得产物的氢碳比值处于 2.2～2.4，获得优质汽油。另外，由于石油产品原料通常含硫，在石油工业中需要对许多含硫原料，如硫醇、硫醚、硫化物、硫酸酯等进行加氢脱硫处理，把原油中的硫转化成硫化氢，并通过碱性物质加以吸收，以获得高质量的清洁燃料。所涉及的化学反应如下：

$$S + H_2 \longrightarrow H_2S$$
$$H_2S + Ca^{2+} \longrightarrow CaS + 2H^+$$

3. 浮法玻璃生产用氢

氢和氮在玻璃工业中常作为保护气。浮法玻璃成型时，设备中装有熔融的锡液，它极易被氧化，生成氧化锡，造成玻璃沾锡，进而增加锡的消耗量。因此，需要将锡槽密封，并连续不断送入纯净的含量为 2%～8% 的氢氮混合气，维持槽内正压与还原气氛，保护锡液不被氧化。

4. 冶金工业用氢

在冶金工业中，氢主要用作还原气将金属氧化物还原成金属。此外，在高温锻压一些金属器材时，氢可作为保护气使金属不被氧化。金属铁的冶炼方程式如下：

$$Fe_2O_3 + 3H_2 \overset{\triangle}{\rlap{=}=} 2Fe + 3H_2O$$

5. 焊接用氢

干燥的氢气常用作炉中钎焊时的还原保护气。氢气在氧气中燃烧的温度可达 3100 K。氢气通过电弧的火焰时分解成原子氢,生成的原子氢飞向熔接表面,金属依靠吸收原子氢的热被进一步加热、熔化,其焊接表面的温度高达 3800 ~ 4300 K。这种原子氢可用于最难熔的金属、高碳钢、耐腐蚀材料、有色金属等的熔融和焊接。用原子氢进行焊接的优点在于能防止焊接部位被氧化,使焊接的部位不产生氧化皮。

6. 电子工业用氢

氢气可作为反应气、还原气或保护气,因此它可以应用在一些电子材料的生产与衬底的制备、氧化工艺、外延工艺和化学气相淀积(CVD)技术中。半导体集成电路生产对气体纯度要求极高,微量杂质的"掺入",将会改变半导体的表面特性,甚至造成成品率降低或造成废品。在制造非晶体硅太阳能电池中,需要用到纯度很高的氢气。非晶硅薄膜半导体在太阳能转换和信息技术等方面具有广阔的应用前景。

光导纤维的开发和应用已经规模使用,石英玻璃纤维是光导纤维的主要类型。在光纤预制棒制造过程中,采用氢氧焰加热,需经数十次沉积,对氢气纯度和洁净度都有一定要求。

电真空材料和器件,如钨和钼的生产,用氢气还原氧化物粉末,再加工制成线材和带材。所用的氢气纯度越高,水含量越低,还原温度越低,所得钨、钼粉末就越细。氢闸管、离子管、激光管等各种充气电子管对填充气体纯度要求更高,显像管制造中所使用的氢气纯度要大于 99%。

7. 食品加工工业用氢

食品加工工业中,许多天然食用油的不饱和性很高。氢化处理后,所得产品可稳定存储,并能抵抗细菌的生长,提高油的黏度。植物油加氢氢化所用的氢,纯度要求很高,一般需严格提纯后方可使用。食用油的加氢产品可加工成人造奶油和食用蛋白质等,非食用油加氢可得到肥皂和畜牧业饲料的原料。

8. 环保减排用氢

各国都在积极开发利用工业气体来改善环境,这为工业气体的应用提供了机会。在减少空气中的污染物的排放方面,氧气和氢气起到了重要作用。95% 的空气污染是由燃油燃烧所排放的 SO_2 引起的,因此,燃油脱硫是否完全成为能否控制环境污染的关键因素之一。氢气可用于石脑油、粗柴油、燃料油的加氢脱硫。燃油加氢脱硫可采用直接脱硫和间接脱硫两种方法。目前含硫量低的原油被大量采炼,储量越来越少,因而不得不采炼密度大、含硫量高的低质原油,所以氢用量越来越大。

氢作为一种高能燃料,其燃烧值(以单位质量计)为 121061 kJ·kg^{-1},在燃料中最高,汽油的为 44467 kJ·kg^{-1},乙醇的为 27006 kJ·kg^{-1},甲醇的为 20254 kJ·kg^{-1}。液氢和液氧组合的推进剂所产生的比冲高达 390 s,在航空航天工业中具有重要的应用。

早在 20 世纪 40 年代,氢气已经应用于火箭发动机的液体推进剂。随着现代航空航天技术的发展,液氢为人类探索太空提供了重要的能源保障,是航天飞机最安全有效的能源。中国、美国和俄罗斯等国均投入大量的人力、物力和财力研发更加高效的氢能应用装置来减小航天飞机的自重,保障续航能力。目前,人们开发出一种"固态氢"新材料,它比液氢的能量密度高,可以作为航天飞机或宇宙飞船的结构材料[16]。

氢能代替传统能源进入高能耗的航空航天工业,可减少传统的不可再生能源的消耗,进而减少对环境的破坏。氢能应用于航空器,可减少现有航空器尾气污染,可改造航空器动力系统,甚至可带来航空航天工业的新革命。

第 5 节　氢能安全

2019 年 6 月 1 日(当地时间),美国加州某空气产品公司的一辆氢气配送拖挂车发生爆炸。事故发生后,丰田汽车公司和现代汽车公司同时宣布,在事件调查结束前,暂停在挪威销售氢燃料电池汽车。同年 6 月 10 日(当地时间),挪威首都奥斯陆郊外一座无人值守的加氢站发生起火、爆炸[见图 4-5-1(a)]。在这之前,5 月 23 日,韩国的一家太阳能制氢公司的氢燃料储罐发生爆炸,据悉当时正在进行氢气生产和使用等测试[见图 4-5-1(b)]。

在氢能产业快速发展之时,20 天内接连发生三起爆炸事故,引起了全球氢能产业界的高度关注,也给氢燃料电池汽车的发展敲响了警钟。

(a)　　　　　　　　　　　　　　　(b)

图 4-5-1　(a)加氢站爆炸和(b)氢燃料储罐爆炸事故现场

4.5.1　氢的安全性

氢的各种内在特性决定了氢能系统有不同于常规能源系统的危险特征,如易燃、易泄漏、氢脆等[17]。与常规能源相比,氢有很多特性:着火范围宽、着火能低、火焰传播速率快、扩散系数和浮力大。因此,为了氢能系统的进一步发展,必须对氢能使用中的安全问题进行研究。

1. 泄漏性

氢是最轻的元素,比液体燃料和其他气体燃料更容易从小孔中泄漏。例如,透过薄膜的扩散,氢气的扩散速率是天然气的 3.8 倍[18]。表 4-5-1 列出了氢气和丙烷相对于甲烷的泄漏特性。

2. 爆炸性

在户外,氢气燃烧速率很小,爆炸的可能性很小,除非有闪电、化学爆炸等高能量引爆氢气雾。但是在密闭的空间内,氢气燃烧速率会快速增大,可能会发生爆炸。氢气爆炸极限的体积分数为 4%~77%,相比甲烷的 5%~15%,其爆炸极限体积分数的范围很宽。为了避免爆炸,需将氢气体积分数控制在 4% 以下。通常的做法是使用氢浓度传感器实时监控,并在必要时使用风扇排风,降低氢浓度。

表 4-5-1　氢气和丙烷相对于甲烷的泄漏特性

		甲烷 CH_4	氢气 H_2	丙烷 C_3H_8
流动参数	空气中的扩散系数/$(cm^2 \cdot g^{-1})$	0.16	0.61	0.10
	0 ℃下黏度/$(10^{-7} Pa \cdot s)$	110	87.5	79.5
	密度(70 ℃、1 atm)/$(kg \cdot m^{-3})$	0.666	0.08342	1.858
相对泄漏率	扩散	1.0	3.8	0.63
	层流	1.0	1.26	1.38
	湍流	1.0	2.83	0.6

3. 扩散性

与其他气体(如丙烷和天然气)或液体(如汽油)燃料相比,氢气具有更大的浮力,能以很快的速率上升;同时,氢气具有更大的扩散性,能快速地横向移动扩散。因此,在室外发生氢气泄漏时,氢气的快速扩散对安全是非常有利的。氢气将沿着多个方向迅速扩散,并伴随着氢气浓度的下降。而在室内,氢气的扩散可能有利也可能有害。如果泄漏很少,氢气会快速与空气混合,体积分数保持着着火下限之下;如果泄漏很多,快速扩散会使混合气很容易达到着火点,不利于安全。

4. 可燃性

氢气是一种极易燃的气体,燃点为 574 ℃,同时氢气与空气混合时可燃范围很广(体积分数 4%~77%),这使氢气非常容易点燃。由于氢的浮力和扩散性很好,可以说氢是很安全的燃料。不同燃料的燃烧特性见表 4-5-2。

表 4-5-2　不同燃料的燃烧特性

		氢	甲烷	丙烷	汽油
着火限(空气中)	着火下限（LFL）/%	4	5.3/3.8	2.1	1
	着火上限（HFL）/%	77	15	10	7.8
	最小着火能/MJ	0.02	0.29	0.3	0.24
自燃温度/℃	最小	520	630	450	228~570
	热空气注入	640	1040	885	—
	镍铬电热丝	750	1220	1050	—

5. 氢脆

氢气与金属材料长期接触或进行特定工艺过程时,金属材料会发生氢渗透或者吸氢现象,并使材料的机械性能发生严重退化,进而发生脆断。

锰钢、镍钢及其他高强度钢容易发生氢脆,这些钢材长期暴露在氢气中,尤其是在高温高压下,其强度会大大降低。因此,如果与氢气接触的材料选择不当,就会导致氢气泄漏。

如果材料合适,就可以避免因氢脆产生的安全风险,如铝和一些合成材料,就不会发生氢脆。现有的输送天然气的管道网,可以安全可靠地输送氢气,不必考虑"氢脆"的问题。

4.5.2　氢能安全法规

从 20 世纪 90 年代开始,氢能的研究一直是热点,发达国家和地区在氢能政策、法律体系架构的研究中处于领先地位。目前,我国专门针对氢能立法的学术研究成果较少,但不少学者在新能源法律制度构建、可再生能源法律制度完善和循环经济法律制度研究中提到了对于氢能立法的建议。杨解军于 2008 年在关于可再生能源立法研究现状中提到,氢能属于可再生能源,具有来源广、热值高、清洁无污染等优势,用作燃料电池的前景非常广阔。氢能法律属于针对具体类型的可再生能源立法的研究,属于《中华人民共和国可再生能源法》的单行法规。陈兴华在 2012 年指出我国目前的可再生能源存在立法细分不够的问题,仅依靠一部《中华人民共和国可再生能源法》难以实现对具体可再生能源的开发利用,需要针对具体类型能源分别立法,实现法律层级的完善。国内学者从发展战略、氢能政策等方面展开的探讨成果对氢能的推广、氢能法律制度的研究起到了重要的作用。王赓等于 2017 年从我国氢能的发展现状入手,对氢能发展中的加氢站建设、氢安全等重要问题进行分析,认为我国目前的氢能和燃料电池的国家标准体系框架初步建立,提出了我国氢能发展应选择多元化战略规划的建议。张卫东在 2017 年提到,联合国开发计划署与我国科学技术部共同推进的"中国燃料电池公共汽车商业化示范项目"将在 2020 年前实现我国燃料电池汽车商业化应用政策和法规的实施,建议选择具有中国特色的氢能发展道路。伊文婧等于 2018 年以表格形式整理了我国氢能的发展政策,其中包括支持氢能发展的地方试点及规划、中短期政策和中长期战略,并通过与发达国家政策的对比,分析我国存在的差距,提出我国氢能发展的政策建议应从以下五方面着手:(1)从顶层设计制定氢能发展蓝图,做好总体规划;(2)加大相关技术研发和专利保护;(3)加大氢能研发的资本投入,通过政策帮扶等激励手段推进氢能商业化;(4)加快基础设施建设,在天然气中加氢,利用现有天然气基础设施,刺激新的清洁氢气供应;(5)通过试点的形式发展、推广氢能产业区。

 我国氢能法律
及政策

第 6 节　氢能应用展望

氢是一种零碳排放的能源载体,可以用于交通运输,作为石油精炼、氨生产的原料,还可用于金属精炼和住宅部门的加热、烹饪等方面。氢气有潜力成为整合不同基础设施的能源载体,以提高经济效率、可靠性、灵活性,其中许多用途将有助于减少电力和交通部门的碳排放。氢还可以为电力部门提供大规模的长期(季节性)能量存储,氢能源存储系统可以提供辅助电网服务,如应急、负荷跟踪和调节储备,这些服务可以提供额外的能量来源,从而降低电解制氢的成本。此外,氢燃料电池汽车可能在未来低碳交通中发挥重要作用,特别是对于具有长距离或高能量密度要求的应用场景,如卡车和公共汽车等重型车辆。除交通运输外,氢能在能源企业、工业用户及建筑部门的商业化应用应作为氢能战略参考指标,明确氢能在低碳能源系统转型中的战略作用。

尽管氢技术在整合不同的能源系统方面具有巨大的潜力,但是研究和开发方面的进一步发展仍然是加速广泛应用的必要条件,其中最迫切的需求包括:(1) 开发高稳定性和高活性的新材料,用于制备更高性能的电解槽、存储设备和燃料电池;(2) 获得有关国家和地区范围内制氢成本的更多数据;(3) 评估电解槽的操作灵活性,允许兆瓦级电解槽参与发电市场以显著降低电解制氢的成本,但为此需要采取更多的政策和监管措施。

我国氢能产业目前仍处于市场导入期,氢能的"制—储—运—用"环节与世界先进水平仍存在较大差距。需要尽快将氢能经济纳入国家能源体系中,研究制订国家氢能发展路线图、明确氢能利用目标与产业布局,引导地方根据区域特点差异化发展氢能产业。氢能产业化布局基础设施较为薄弱,应加强氢能产业链关键技术攻关和应用。加快推进可再生能源制氢、氢储能、氢能利用等关键技术协同研究,对关键材料及核心部件技术创新加大投入。

总之,"氢能经济"不仅要考虑氢能如何快速落地,更要将氢能放在农业、工业、能源产业、交通行业、服务业等整体发展的大格局下通盘考虑。除了提升研发技术、改进使用材料等,氢能及燃料电池应用实现成本下降的关键因素在于市场规模,我国恰能成为市场规模大幅增加的重要推动力。我国是能源需求大国,能源需求量还将在较长时期内保持增长。发展氢能产业,特别是发展基于"绿氢"的氢能产业,是践行能源革命战略、保障国家能源安全的重要选择。

习　题

1. 氢能有何优点?目前大规模应用氢能源存在哪些主要问题?

2. 简述燃料电池作为一种新型发电装置在我国国民经济发展中的重要性。

3. 简述氢能在我国能源转型中的地位和作用。

4. 工业制氢的方法有哪些?其原理分别是什么?

5. 储氢材料的储氢原理是什么?你认为理想的储氢合金需要什么条件?

6. 氢气制成后,主要的运输方式有哪些?需要注意哪些问题?

7. 氢的存储与运输是氢能应用的前提,但氢无论以气态还是液态的形式存在,密度都非常低。求气态氢和液态氢($-253\ ℃$)的密度(以 $g \cdot L^{-1}$ 表示)。

8. 写出使用碱性电解水制氢时的电极反应。设生成氢气 100 g,那么需要电解水的质量为多少?

9. 装氧气的钢瓶体积为 20 dm^3,温度在 15 ℃时压力为 100 atm,经使用后,压力降低到 25 atm。问共使用了多少千克的氧气?(已知:氧气的 $T_c = 154.3$ K,$p_c = 49.7$ atm。)

10. 电池 Pt, $H_2(p^{\ominus}) | H_2SO_4(aq) | O_2(p^{\ominus})$, Pt 在 298 K 时,$E = 1.228$ V。已知液体水的

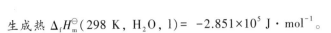
生成热 $\Delta_f H_m^{\ominus}(298\ \mathrm{K},\ H_2O,\ l)= -2.851\times10^5\ \mathrm{J} \cdot \mathrm{mol}^{-1}$。

（1）写出电极反应和电池反应；

（2）计算此电池电动势的温度系数；

（3）假定 273~298 K 时此反应的 $\Delta_r H_m$ 为一常数,计算电池在 273 K 时的电动势。

11. 油田气中各烃类的百分组成为 CH_4:84.01%, C_2H_6:5.73%, C_3H_8:3.13%, C_4H_{10}: 2.64%, N_2:3.521%, CO_2:0.969%, 油田气流量为 620 $\mathrm{m}^3 \cdot \mathrm{h}^{-1}$, 水蒸气流量为 2400 $\mathrm{kg} \cdot \mathrm{h}^{-1}$, 试计算水气比及水碳比。

12. 某装置的进抽余油量为 4.25 $\mathrm{t} \cdot \mathrm{h}^{-1}$, 工业氢流量 20200 $\mathrm{m}^3 \cdot \mathrm{h}^{-1}$, 返回氢量 430 $\mathrm{m}^3 \cdot \mathrm{h}^{-1}$, 工业氢中氢气含量为 97.3%, 甲烷含量为 2.7%。试计算工业氢产氢收率和纯氢收率（氢气密度取 0.09 $\mathrm{g} \cdot \mathrm{L}^{-1}$）。

13. 5 mol 氢气完全燃烧,假设能量完全转换为电能,问能转化为多少度电?（已知 1 $\mathrm{kW} \cdot \mathrm{h}= 3.6\times10^6\ \mathrm{J}$。）

14. 已知在 25 ℃、1.013×10^5 Pa 下,1 mol 氢气完全燃烧生成液态水放出 283 kJ 热量。现有 25 ℃、1.013×10^5 Pa 下的 H_2 和 CH_4 的混合气体 0.5 mol,完全燃烧生成一定质量的 $CO_2(g)$ 和 10.9 g $H_2O(l)$, 放出 203 kJ 热量,问 1 mol CH_4 完全燃烧生成 $CO_2(g)$ 和 $H_2O(l)$ 放出的热量为多少千焦?

15. 金属储氢材料应具备哪些条件?

16. 天然气转化为合成气的主要方法有哪些? 写出相应的反应方程式。

参 考 文 献

科学小故事

第5章

能源核物理

核能发电是重核元素在中子的轰击下发生原子核裂变时,因质量亏损而释放出大量能量,由适当的冷却剂吸收其释放的热量,并转变为蒸汽推动汽轮发电机组发电的过程。其中发生核裂变反应的设备称为核反应堆,是核能发电的关键设备。冷却剂可以是水、重水、氦气、二氧化碳、液态钠、液态铅或液态铅铋共晶混合物。截至 2020 年 9 月,我国已建成运行的核电站有十几座。其中,秦山核电站是我国自行设计、建造和运营管理的第一座压水堆核电站。目前,秦山核电站有 9 台机组,已全部投产发电,总装机容量达到六百多万千瓦,年发电量约五百亿千瓦时,成为国内核电机组数量最多、堆型最丰富、装机最大的核电基地[1]。本章将主要介绍核物理方面的基础知识,包括原子的组成结构、基本性质、核结合能和核衰变机理等。

第 1 节 概 述

5.1.1 原子的组成和结合能

物质是由原子构成的。原子由带正电荷的原子核与围绕原子核不断旋转运动的带负电荷电子组成。原子的直径约为 10^{-12} cm(指电子轨道的直径,假定为球形)。

原子核是由更小的核子构成的紧密整体,占原子质量的 99.95% 以上,但仅占原子体积的很小一部分,约为 $1/10^{15}$,而电子质量较小,却以更大的体积移动。原子核主要由质子和中子组成,中子呈电中性,用符号 n 表示;质子带一个单位正电荷,用符号 p 表示。质子和中子的质量十分接近,而电子的质量小得多,所以原子核是原子的重心,几乎所有原子质量都集中在原子核上。在最轻的氢原子(由 1 个质子和 1 个电子组成)中,原子核的质量约为电子的 1836 倍。在最重的自然铀原子(由 92 个质子、146 个中子和 92 个电子组成)中,其原子核的质量大约是 92 个电子质量的 4750 倍。

元素原子核中的质子或中子数目决定了其原子核特性。原子核中质子与中子的总数 A 称为原子核的质量数,原子核中的质子数称为原子序数,常用 Z 表示。由不同 A 构成的原子核称为核素,以 $^A_Z X$ 来表示,其中 X 是其化学符号。由于 X 本身已经隐含原子序数,因此也常

将 $_Z^A X$ 简写成 $^A X$，如 $_{92}^{235}U$ 经常写成 ^{235}U。元素的化学性质由原子核中的质子数决定，而不是由相对原子质量决定。质子数相同而中子数不同的同一种元素的多种原子称为同位素。在已知的 118 种化学元素中，有 1500 多种不同的原子核，其中约 300 种是稳定的同位素，约 1200 种是放射性同位素。同位素的化学性质一致，因此一般不能用化学方法区分，只能用物理方法或核物理方法加以区分。

在目前的核电厂中，铀是重要的元素，其在自然界中存在三种同位素，质量数分别为 234、235 和 238。表 5-1-1 所示为天然铀中的三种同位素的比例和各自的相对原子质量。

表 5-1-1 天然铀中的三种同位素的比例和各自的相对原子质量

质量数	比例/%	同位素相对原子质量
234	0.005	234.11
235	0.720	235.11
238	99.285	238.12

中子具有粒子性和波动性，它与原子核的相互作用过程有时表现为两个粒子的碰撞，有时表现为中子波与原子核的相互作用。中子与原子核的反应过程同能量密切相关，通常按照能量的大小将中子分成三种：能量超过 0.1 MeV 的称为快中子；能量在 1 eV ~ 0.1 MeV 的称为中能中子；能量低于 1 eV 的称为慢中子或热中子。中子与原子核的相互作用主要有散射和吸收两种。散射分为弹性散射与非弹性散射。核反应堆产生的中子在介质中不断地发生弹性和非弹性散射，直到中子的平均能量与介质原子的平均能量相等，这个过程称为慢化。介质原子或分子一直处于热运动状态，其平均能量取决于介质温度，故称为热能，具有这种平均能量的中子称为热中子。

吸收反应指中子与原子核碰撞后，被原子核俘获，形成一个处于激发态的复合核，其激发能等于中子动能和中子在复合核中的结合能之和。吸收分为俘获、核裂变等形式。如果激发能很大，复合核便分裂成两部分（称裂变碎片），并以巨大的能量向不同方向飞去，同时释放数个中子，这就是裂变反应。如果激发能不足以使复合核裂变，则复合核通过释放 γ 光子等粒子失去多余能量返回基态，称辐射俘获反应。俘获反应放出的粒子有 γ 光子、α 粒子、质子等，分别称为 (n,γ) 反应，(n,α) 反应和 (n,p) 反应。

原子裂开或质子等结合成原子的过程中，伴随着质量差异，这称为原子核的质量亏损。这些减少的质量，以能量的形式释放出来。根据爱因斯坦相对论中的质量和能量之间的关系，质量亏损相当于系统能量的变化。即

$$\Delta E = \Delta m c^2 \qquad (5-1-1)$$

式中，ΔE 为能量的变化，单位为 J；Δm 为质量亏损，单位为 kg；c 为真空中的光速，其值为 3.0×10^8 m·s^{-1}。

在原子物理学中，习惯用电子伏特（eV）表示能量。1 eV 表示任意一个带单位电子电荷的粒子不受阻碍地通过 1 V 电势差所获得的能量。根据已知的电子电荷大小可以计算得到：

$$1 \text{ eV} = 1.6 \times 10^{-19} \text{ J}$$

如果将重的原子核分裂成轻的原子核，由于质量亏损，可以释放出大量的能量，这就是**核裂变能**。而两个轻的原子核结合成一个较重的原子核时，质量亏损会更多，对应的能量释

放也更大,这就是**核聚变能**。目前核电厂中应用的是核裂变原理。

5.1.2 核裂变原理及反应堆

核裂变反应是指一个可裂变原子核俘获一个中子后形成一个复合核,复合核经过一个短暂的不稳定激化阶段后,分裂成两个碎片(通常是两个,即所谓的二元裂变),同时释放中子(通常为两个或三个)和大量能量的过程。裂变反应中经常用到以下几个概念[2]:

(1) 可裂变元素:能在中子作用下发生裂变的元素;

(2) 可转换核素:能通过俘获中子变成容易裂变的核素;

(3) 裂变产物:裂变碎片和衰变产物;

(4) 瞬发中子:裂变发生时由碎片发射出来的中子;

(5) 缓发中子:裂变发生一段时间后由裂变碎片经 β 衰变发出的中子。

核裂变反应可用下列一般核反应式来描述:

$$U + n \longrightarrow X_1 + X_2 + Xn + E \qquad (5-1-2)$$

式中,U 为可裂变核;n 是中子;X_1 及 X_2 分别代表两个裂变碎片核;X 为每次裂变平均放出的次级中子数;E 为每次裂变过程中所释放的能量。在以 U 为裂变材料中的反应堆中,主要裂变反应如下:

$$_{92}^{235}U + _0^1 n \longrightarrow FF_1 + FF_2 + X_0^1 n + 200\ \text{MeV} \qquad (5-1-3)$$

式中,$_{92}^{235}U$ 为裂变材料铀235;$_0^1n$ 为中子;FF_1 和 FF_2 为两个裂片碎片;X 为裂变过程中放出的中子数量,$X = 2$ 或 $X = 3$,一般可以取 $X = 2.5$。

对 ^{233}U、^{235}U、^{239}Pu 等易裂变元素,每次裂变释出的能量大约为 200 MeV。在 ^{235}U 的一次裂变中,裂变碎片的动能约占总释放能量的 80%。^{235}U 裂变释放的能量分布见表 5-1-2。

表 5-1-2 ^{235}U 裂变释放的能量分布

能量形式	能量/MeV
裂片碎片的动能	168
裂片中子的动能	5
瞬发能量	7
裂变产物 γ 衰变-缓发 γ 能量	7
裂变产物 β 衰变-缓发 β 能量	8
中微子能量	12

如果把一定数量的铀放在一起,其中一些 ^{235}U 被宇宙射线中的中子击中,会产生核裂变,从而释放能量,也会产生中子。这种反应能维持下去的可能情况有三种:

(1) **自发裂变**:当 ^{235}U 的含量很少(如天然铀中只含 0.720%),且堆放得比较松散时,则每次裂变放出的 2~3 个中子都散失到空间,只有偶尔的 1~2 个中子能击中其他铀核。这样的裂变反应不会连续不断地进行。天然铀矿就是这种情况,一般每千克铀元素中每秒钟仅有几个原子核发生裂变,叫作自发裂变。

(2) **核爆炸**:如果这堆元素中 ^{235}U 的含量非常高,达 90% 以上,而且堆放得又很紧凑,则一个铀的裂变放出的 2~3 个中子会引起 2~3 个原子核裂变,产生的 4~9 个中子又会引起 4~9 个原子核裂变,放出 8~27 个中子,再引起 8~27 个原子核裂变,如此迅速蔓延,使核裂变不断倍增,能量释放十分剧烈。如果这堆铀元素有一定数量,如几千克,就会发生核爆炸。

(3) **链式裂变反应**:当中子与铀核发生反应时,铀核通常分裂为两个中等质量的裂片碎片,同时产生 2~3 个中子,并释放出能量。在适当条件下,这些新产生的中子又会引起下一轮核裂变,这样一代一代发展下去,就成为一连串的核裂变反应,这种反应过程称为链式裂变反应,如图 5-1-1 所示。

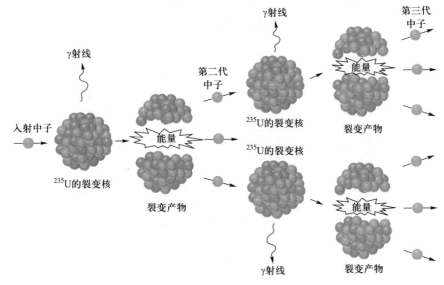

图 5-1-1　链式裂变反应示意图

核裂变反应过程中,一个中子使一个铀核发生裂变后新产生 2~3 个中子。因此,在少数铀核发生核裂变后,可以不再依靠外界补充中子,核燃料就能继续自持地裂变下去,这称为自持链式裂变反应。自持链式裂变反应的条件:当一个核燃料俘获一个中子产生核裂变以后,在新产生的中子中,至少要有一个中子能够引起另外一个核燃料的裂变。中子在一个有限大小的堆芯内运动,数目的变化有四种情况:中子被吸收并发生裂变;核燃料吸收中子不发生裂变;中子被有害吸收;中子泄漏损失。

当前,核能发电主要是基于重核元素在中子的轰击下发生原子核裂变时,因质量亏损而释放出大量能量,由适当的冷却剂吸收其释放的热量,并转变为蒸汽推动汽轮发电机组发电的过程。其中发生核裂变反应的设备称为核裂变反应堆(fission reactor),是核能发电的关键设备。裂变反应堆是一种实现可控核裂变链式反应的装置,是核能工业中最重要的装置之一。1942年 12 月,费米领导的研究组建成了世界上第一座人工裂变反应堆,首次实现了可控核裂变链式反应。裂变反应堆主要由核燃料、减速剂、控制棒、冷却剂、反应层等组成。民用堆又可以分为慢中子堆、快中子堆。到 20 世纪 70 年代前期,慢中子堆技术已进入成熟阶段,其特征是大型慢中子堆核电站的发电成本显著地低于火电站。技术比较成熟的慢中子动力堆有压水堆、沸水堆、重水堆三种。快中子反应堆是指没有中子慢化剂的核裂变反应堆。各种反应堆核电站示意图如图 5-1-2 所示。表 5-1-3 给出了几种重要核反应堆的优缺点以及各自的特点。

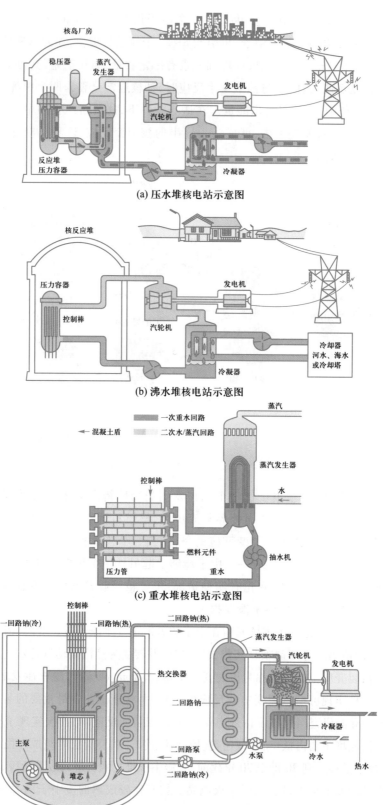

(a) 压水堆核电站示意图

(b) 沸水堆核电站示意图

(c) 重水堆核电站示意图

(d) 快冷钠堆核电站示意图

图 5-1-2　各种反应堆核电站示意图

表 5-1-3　几种重要核反应堆的优缺点以及各自的特点

类型	冷却剂	慢化剂	核燃料	优点	缺点
压水堆	净化的普通水	净化的普通水	浓缩铀	结构紧凑,体积小,功率密度高,安全可靠且造价便宜	压力容器制作要求高,设备比较复杂
沸水堆	净化的普通水	净化的普通水	低富集度的 UO_2	压力容器压力低,设备制作工艺简单;放射性杂质可直接进入汽轮机	堆芯体积大
重水堆	重水、轻水或有机化合物	重水	UO_2	燃料经济性好;可采用天然铀作核燃料,不需要建立同位素分离工厂	体积大,需要大量重水,投资成本高;卸料燃耗较浅,后处理成倍增加
快中子堆	液态 Na 或 Na-Ka 合金	不需要	^{239}Pu	堆内平均中子能量高,功率密度大	中子辐照率较大,对材料要求苛刻;燃料初装量大限值其商用

5.1.3　核聚变原理及反应堆

核聚变(nuclear fusion)又称核融合、融合反应、聚变反应或热核反应。核聚变是指轻原子核(如氘和氚)结合成较重原子核(如氦)时释放出巨大能量,如图 5-1-3 所示。因为化学是在分子、原子层次上研究物质性质、组成、结构与变化规律的科学,而核聚变是发生在原子核层面上的,所以核聚变不属于化学变化。轻原子核是指质量小的原子,主要是指氢原子。只有在极高的温度和压力下核外电子才能摆脱原子核的束缚,两个原子核才能互相吸引而碰撞到一起,发生原子核互相聚合作用,生成新的质量更重的原子核(如氦),核聚变是与核裂变相反的核反应形式[3]。核聚变燃料可来源于海水和一些轻核,所以核聚变燃料是无穷无尽的。利用核能的最终目标是要实现受控的核聚变反应堆,地球上蕴藏的核聚变能约为蕴藏的可进行核裂变元素所能释放出的全部核裂变能的 1000 万倍。人类的能源需求依靠核聚变能够得以最终解决。随着聚变物理学、技术和材料的不断发展,核聚变发电成本会在几十年内得到进一步的优化。

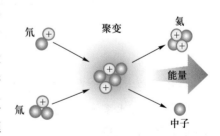

图 5-1-3　核聚变反应示意图

在所有的核聚变反应中,氢的同位素——氘和氚的核聚变反应(即氢弹中的核聚变反应)是相对比较容易实现的。氘氚核反应堆不产生污染环境的硫、氮氧化物,不释放温室效应气体。氘氚混合气体能产生大量核聚变反应的前提是气体温度必须达到 1 亿摄氏度以上,此时气体原子中带负电荷的电子和带正电荷的原子核已完全脱开,各自独立运动。这种完全由自由的带电荷粒子构成的高温气体称为"等离子体"。超过 1 万摄氏度的气体不能用任何材料构成的容器约束,而是利用具有闭合磁力线的磁场(因为带电荷粒子只能沿磁力线

164 运动)来约束。从 20 世纪 70 年代开始,科学家发明的托卡马克装置成为聚变能研究的主要方向。托卡马克装置又称环流器,是一个由环形封闭磁场组成的"磁笼",像一个中空的面包圈。等离子体被约束在"磁笼"中,形成巨大的环电流。

作为聚变能实验堆,国际热核聚变实验堆(ITER)把上亿摄氏度、由氘氚组成的高温等离子体约束在体积达 837 m³ 的"磁笼"中,产生 50 万千瓦的聚变功率(相当于一个小型热电站的水平),持续时间达 500 s。这是人类第一次在地球上获得持续的、有大量核聚变反应、产生接近电站规模的受控聚变能。ITER 主要包括实验堆本体、供电系统、氚工厂、供水(包括去离子水)系统、高真空系统和液氮液氦低温系统等。实验堆本体是整个 ITER 的核心,核聚变反应在其内部进行。实验堆本体是一个能产生大规模核聚变反应的超导托卡马克,俗称"人造太阳"。超导托卡马克中心是高温氘氚等离子体环,其中存在 15 MA 的等离子体电流,核聚变反应功率达 50 万千瓦。中心的高温等离子体与周围的真空腔室之间用包层模块隔开,屏蔽包层将吸收 50 万千瓦热功率及核聚变反应所产生的所有中子。核聚变的结构材料主要是薄层结构材料、真空腔室材料及低温杜瓦结构材料[15]。在屏蔽包层外是巨大的环形真空室(见图 5-1-4)。

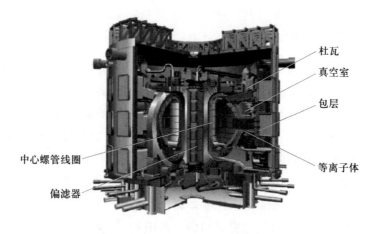

图 5-1-4　ITER 本体模型

ITER 真空室(简称真空室)为双层不锈钢结构。真空室及其室内部件上沉积的热量通过托卡马克冷却水系统传输到周围环境。冷却水系统是专为含氚和周围有放射性腐蚀产物的环境而设计的。整个托卡马克装置处在一个低温恒温器内,在发热部件和 4.5 K 低温冷却的磁体之间有 80 K 的热屏蔽层。真空室是具有多种功能的部件,包括:(1)提供产生和维护高质量真空的坚固边界,这是限制杂质进入等离子体所必需的;(2)支撑真空室内部件和其引起的机械负荷;(3)参与中子防护,并且在脉冲放电期间移除里面相应的功率,在没有得到其他冷却剂的情况下能移除所有真空室内部件的衰减热量;(4)提供一个等离子体MHD 稳定的连续导体壳,其环向一匝电阻约为 8 μΩ;(5)通过窗口为诊断、加热系统、抽气、水管等提供接近等离子体的所有通路;(6)以高的可靠性为氚和活化灰尘提供第一个约束壁垒。为保证水冷却,使用了两个独立的水冷环。通过自然的热对流移除真空室内所有部件的衰减热量(如果它们没有被直接冷却下来)。真空室里水温维持在 100 ℃(真空室内部件烘烤期间为 200 ℃),真空室内部件冷却温差限制在 50 ℃ 左右。

防护包层被划分成两部分,前面部分可以与后面部分分开。后面部分径向厚度约为 30 cm,是由钢和水做成的纯防护层。前面部分,即"第一壁",由几种材料组成:1 cm 厚的铍铠板,1 cm 厚的铜以尽可能传导热载,还有约 10 cm 厚的钢结构。在全部 ITER 设备中,这个部件大部分被活化,并且被氚污染。在非正常情况下,它可能与等离子体接触,产生局部大量热沉积而遭到损伤,因而必须被原位修理或更换。由于真空室受到包层模块的屏蔽,可以采用 316TI 控氮不锈钢,而包层的结构材料将受到高温、高通量、强中子的辐照,又受到冷却剂的侵蚀,在聚变堆脉冲运行的情况下,还承受疲劳和蠕变的损伤,因此第一壁和偏滤器的结构材料在使用中受到严重的辐照、高温、化学和应力作用。聚变反应堆第一壁材料受氘、氚聚变反应所产生的 α 粒子的轰击会造成氦的积累。由于氦是惰性气体的原子,可以认为它在金属中是不溶的,不能形成金属-氦的合金,很容易在晶界、位错处析出,随着时间的积累在材料的内部会产生氦泡。氦泡的产生损伤了金属材料的微观结构,影响了材料的宏观性质,导致材料的延伸率变小、蠕变断裂时间和疲劳寿命显著缩短,材料的使用寿命变短,发生氦脆现象,图 5-1-5 显示了辐照诱导的缺陷和脆化。

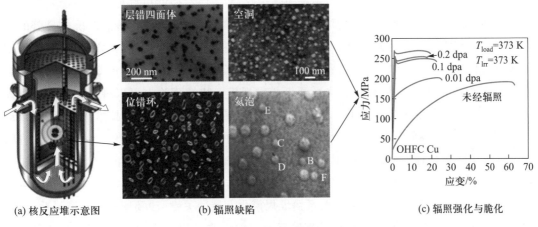

(a) 核反应堆示意图   (b) 辐照缺陷   (c) 辐照强化与脆化

图 5-1-5 辐照诱导的缺陷和脆化

候选材料必须有较好的抗辐照损伤性能,能在高温应力状态下运行,与面向等离子体和其他包容材料相容,能承受高温表面的热负荷。同时结构材料还必须具有储量丰富和容易制造等特点。结构材料选择还受到冷却剂和氚增值剂的影响。因此,要全面考虑核聚变反应堆结构材料面临的各项因素,如氚增值材料、冷却剂、中子倍增器、面向等离子体的材料、氚障碍、绝缘性等,还要考虑到材料的经济性、可适用性、焊接性能、性能检测方法和安全性。除此之外,还要考虑材料在受到中子辐照后发生核嬗变作用的低放射性,这要求材料具有低活性。近年来人们在反应堆材料对工作环境和辐照剂量要求的基础上,考察了许多材料,如奥氏体不锈钢、铜合金、钛合金、铬合金、镍合金、低活化结构材料(铁素体/马氏体钢,包括 ODS 氧化物弥散强化钢、钒合金和陶瓷材料)及适用于高通量的材料(钨等)。对上述材料进行了耐高温、耐冷却剂腐蚀、抗高能中子辐照的性能试验和综合评价,低活化铁素体/马氏体钢、钒合金和 SiC/SiC 复合材料作为未来核聚变反应堆第一壁及包层候选材料进行系统的研究。低活化铁素体/马氏体钢相对另外两种材料来说有比较成熟的工艺技术,它被用于 ITER 的试验包层模块和继 ITER 后的下一代聚变示范动力堆的第一壁和包层结构材料。虽然对钒合金和 SiC/SiC 复合材料的研究比较少,制作加工技术也不是很成熟,但是它们具有许多比低活化铁素体/马氏体钢更好的优点,如优良的耐高温性能和较高的热力学效率等,因此有可能成为最终商用聚变堆的新型结构材料。

5.1.4　核能领域未来发展路线和理念

福岛事故后,国际社会对新建核电机组的安全性提出了更高的要求,第三代先进压水堆被寄予厚望。安全性仍然是核电发展的前提,实现安全性与经济性的优化平衡是第三代核电发展面临的现实挑战。目前国内外在建的第三代压水堆如 AP1000、EPR 都有不同程度的延期,造成首堆经济性较差,从而引发公众质疑核电经济性逐步变差。在核能规模化发展阶段,核设施运行与维修技术需要升级。当存在大量高龄机组时,必须全面升级运行维修技术,实现从"低端手工式"到"高端智能式"作业的转变;核电设备的可靠性、老化管理技术及应急响应技术都需要尽快完善和提高[19]。

美国于 2001 年发起第四代核能系统国际论坛(GIF),希望能更好地解决核能发展中的可持续性、安全与可靠性、经济性、防扩散与实体保护等问题。第四代核能系统最显著的特点是强调固有安全性,是解决核能可持续发展问题的关键环节。GIF 提出六种堆型,包括钠冷快堆、铅冷快堆、气冷快堆、超临界水堆、超高温气冷堆和熔盐堆。预计 2030 年前后将会有部分成熟的第四代堆推向市场,之后逐渐扩大规模。快堆理论上可以将铀资源利用率提高到 60% 以上,有望成为一种千年能源。钠冷快堆是目前第四代堆中技术成熟度最高、最接近商用的堆型,也是世界主要核大国继压水堆之后的重点发展方向。钠冷快堆增殖比高,配合先进干法后处理和元件快速制造技术可以实现较短的燃料倍增时间,有利于核能快速扩大规模,应该尽早地开展相关的基础研究。钠冷快堆首先需要通过示范堆证明其安全性和经济性。快堆配套的燃料循环是关系快堆规模化发展的关键,涉及压水堆乏燃料后处理、快堆燃料元件生产和快堆乏燃料后处理等环节。如果非常规铀开发取得突破,如海水提铀技术,那么快堆能源供应的需求会弱化,嬗变超铀元素和长寿命裂变产物的需求会强化。即使快堆的定位从增殖转向嬗变,发展规模相应减少,但快堆及其燃料循环发展还是必需的。考虑到快堆燃料循环的建立需要数十年的时间,应该尽早开展相关的研究工作,加强技术储备。

除了发电,核能在供热(城市区域供热、工业工艺供热、海水淡化)和核动力领域都很有发展潜力。开发模块化压水堆、超高温气冷堆、铅冷快堆等小型化多用途堆型,可以作为核能发展的重要补充。小型模块化反应堆(SMR)具有固有安全性好,单堆投资少,用途灵活的特点。美国政府从 20 世纪 90 年代以来一直在资助开发 SMR,希望用 SMR 来替代大量即将退役的小火电机组。全球范围内提出了约 50 种 SMR 设计方法和概念。正在建设示范工程的包括我国的 HTRPM(高温气冷堆)、阿根廷的 CAREM-25(一体化压水堆)、俄罗斯的 KLT40S(海上浮动堆)。我国的高温气冷堆技术世界领先,在此基础上发展超高温气冷堆,将是核能多用途利用的重要方式之一。其他第四代堆技术尚处于研发阶段,在某些技术上具有一定的优势,但也存在着需要克服的工程难题,应该首先加强共性基础问题的研究。

第 2 节 核反应堆化学理论概述

5.2.1 放射性核化学

放射性是自然界中存在的一种自然现象。一切物质都是由原子构成的,每个原子都包含有一个原子核。大多数物质的原子核是稳定不变的,会自发地发生某些变化,这些不稳定的原子核在发生变化的同时会产生各种各样的射线,这种现象就是人们常说的"放射性"。

绝大多数元素的天然存在形式是稳定的,但从钋开始的几种元素,如镭(88)、钍(90)和铀(92),则全部由不稳定的放射性核素所组成。此外,铊(81)、铅(82)和铋(83)主要以稳定同位素形式存在于自然界中,但也存在一些放射性核素。这些不稳定的物质以一定的速率进行自发的变化,即进行放射性蜕变(又称放射性衰变),形成一种核稳定的原子粒种[4]。

除了上面提到的放射性物质以外,在最近几年人们还造出了已知元素的"人造放射性同位素"。它们或者通过在加速器中用带电荷粒子轰击稳定元素得到,或者通过俘获中子得到,或者由核裂变得到。这些人造放射性同位素中,少数发射 α 粒子,但大多数(包括大部分裂变产物)是负 β 粒子发射体。人造放射性同位素的形成过程可以描述为一个运动粒子 $\left[\text{如}\ \alpha(_2^4\text{He}^{2+}),\beta^-(_{-1}^0e),\beta^+(_{+1}^0e),\gamma(_0^0\gamma),\text{d}(_1^2\text{H}),\text{P}(_1^1\text{H})\ \text{和}\ \text{n}(_0^1\text{n})\ \text{等}\right]$ 和一个静止粒子发生碰撞而引发的核反应,称为诱导核反应,其中运动粒子称为轰击粒子,静止粒子称为靶核。

例如,用 α 粒子轰击 ^{14}N 核,产生一个质子和 ^{17}O。

$$_7^{14}\text{N} + _2^4\text{He} \longrightarrow _8^{17}\text{O} + _1^1\text{H} \tag{5-2-1}$$

诱导核反应有时被称为粒子-粒子反应,一种粒子是反应物,另一种粒子是产物。诱导核反应也叫嬗变反应,即由一种元素转变为另一种元素的反应。至今,通过诱导核反应已经合成出了 2 000 多种(人造)放射性核素。

5.2.2 放射性衰变

能自发地放射各种射线的同位素称为放射性同位素。放射性同位素产生各种射线而发生核转变的过程称为放射性衰变。衰变前的放射性同位素称为母体,衰变过程中产生的新同位素称为放射成因同位素,或叫子体。在放射性衰变过程中,母体的原子数目随时间不断减少,子体的原子数则不断增加。若放射性母体经过一次衰变就转变成一种稳定的子体,称为单衰变。有时,放射性母体可经历若干次衰变,每次衰变所形成的中间子体都是不稳定的,本身又会发生衰变,一直持续到产生稳定的最终子体为止,这种衰变叫连续衰变。像这样由一个放射性母体、若干个放射性中间子体和一个最终稳定子体所形成的衰变链称为衰变系列。大多数放射性同位素是按一种母体只转变成另一种子体的方式发生衰变。少数放射性同位素可以有两种或多种衰变方式,形成不同的子体。即一种母体能同时产生两种子体,这样的衰变称为分支衰变。这几种衰变类型在自然界中都存在。

在放射性衰变过程中,放射性母体同位素的原子数衰减到原有数目的一半所需的时间称为半衰期,记作 $t_{1/2}$。放射性母体同位素在衰变前所存在的平均时间称为平均寿命,记作 τ。半衰期是放射性同位素衰变的一个主要特征常数,它不随外界条件、元素状态或质量变化而变化,放射性同位素的半衰期的长短差别很大,短的仅千万分之一秒,长的可达数百亿年,半衰期越短的同位素,放射性越强。在自然界出现的天然放射性核素,按其质量,可以划分为 Th、U 和 Ac 三个系列。其中 Th、U 和 Ac 是三个系列中半衰期最长的成员。它们通过一系列的 α 衰变和 β 衰变,变成原子序数为 82 的铅的同位素。

衰变事件完全随机发生,无法预测特定原子核衰变的确切瞬间,但是任何一种放射性物质的原子核在单位时间内都有一定的衰变率。衰变率取决于原子核的种类,每一种原子核都有自己对应的衰变率,而且等于常数(每个放射性同位素都有一个特征性的,定义明确的每单位时间衰减的概率,用 λ 表示,并以衰减常数命名)。这是原子核本身的固有属性,与所有物理和化学条件(如放射性核素的温度、压力、浓度等)无关。放射性原子核由于其内部动力学特性而自发衰减,因此其衰减常数永不变。对于某一种核,每一时刻的衰变率正比于当时存在的放射性同位素的原子个数(在任意时刻 t 包含 N 个放射性原子的样本中,在短时间间隔 dt 中平均发生的衰变 dN 数与 dt 和 N 成正比),放射性衰变的统计规律为

$$dN/dt = -\lambda N \tag{5-2-2}$$

式中,λ 为这种放射性原子的衰变常数;N 为某一时刻放射性原子的数量。

对式(5-2-2)进行积分,可得

$$N = N_0 e^{-\lambda t} \tag{5-2-3}$$

式中,N_0 为 $t=0$ 时刻放射性原子数量;N 为 $t=1$ 时剩余的放射性原子数量。

根据所发射粒子的类型,放射性衰变的类型有如下五种。

(1)**α 辐射**:原子核衰变时放出 α 辐射(或称 α 射线),核本身转变为另一种新的原子核。α 射线是带两个正电荷的氦核流,粒子的质量大约为氢原子的四倍,速度约为光速的 1/15,电离作用强,但穿透力小,只要用一张纸或者 0.1 mm 厚的铝箔即可阻止或吸收 α 射线,但吸入体内危害大。母核放射出 α 射线后,子体的核电荷数和质量数与母体相比分别减少 2 和 4。子核在元素周期表中左移两格,如

$$_{88}^{226}\text{Ra} \longrightarrow _{86}^{222}\text{Rn}^{2-} + _{2}^{4}\text{He}^{2+} \tag{5-2-4}$$

一般认为,只有质量数大于 209 的核素才能发生 α 衰变,因此,209 是构成一个稳定核的最大核子数[4]。

(2)**β 辐射**:当原子核内部中子和质子比例超过稳定极限时,同位素就会放出电子流或正电子流,称为 β 辐射(或称 β 射线)。β 射线为负电子或正电子,即 e^{-1} 或 e^{+1},它的电离作用弱,穿透力一般。影响距离比较近,只要辐射源不进入体内,影响就不会太大,但是一旦照射皮肤后烧伤明显。核素经 β 衰变后,质量数保持不变,但是子核的核电荷数较母核增加一个单位,在元素周期表中右移一格,如

$$_{82}^{210}\text{Pb} \longrightarrow _{83}^{210}\text{Bi} + _{-1}^{0}e + _{0}^{0}\nu \tag{5-2-5}$$

(3)**K 俘获**:K 俘获是指原子核"吸收"一个电子时,核中的一个质子变成一个中子,原子序数减 1,总的质量数不变。人工富质子核可以从核外 K 层俘获一个轨道电子,将核中的一个质子转化为一个中子和一个中微子:

$$_1^1P + _{-1}^0e \longrightarrow _0^1n + _0^0v \tag{5-2-6}$$

$$_4^7Be + _{-1}^0e(K) \longrightarrow _3^7Li + _0^0v \tag{5-2-7}$$

在 K 电子俘获的同时还会伴随有 X 射线的放出,这是由于处于较高能级的电子跃迁回 K 层补充空缺所造成的。

(4) γ辐射:γ射线(γ辐射)是原子核由激发态回到低能态时发射出的一种射线,它是一种波长极短的电磁波(高能光子),只有能量,无静止质量。它的电离作用弱,穿透力很大,能穿透人体和建筑物,危害距离远。γ射线不为电场、磁场所偏转,显示电中性,比 X 射线的穿透力还强,因而有硬射线之称。它可以透过 200 mm 厚的铁板或 88 mm 厚的铅板,其光谱类似于元素的原子光谱。发射出 γ射线后,原子核的质量数和电荷数保持不变,只是能量发生了变化。

(5) 中子辐射:中子辐射为裂变过程中放出的中子流,具有高中子数的核都可能发生中子衰变。不过,由于原子核中中子的结合能较高,所以中子衰变较为稀少。

$$_{36}^{87}Kr \longrightarrow _{36}^{86}Kr + _0^1n + _0^0v \tag{5-2-8}$$

原子核通过自发衰变或人工轰击而进行的核反应与化学反应有根本的不同,化学反应涉及核外电子的变化,但核反应的结果是原子核发生了变化。化学反应不产生新的元素,但在核反应中,一种元素嬗变为另一种元素。化学反应中各同位素的反应是相似的,而核反应中各同位素的反应不同。化学反应与化学键有关,核反应与化学键无关。化学反应吸收和放出的能量为 $10 \sim 10^3$ kJ·mol^{-1},而核反应的能量变化在 $10^8 \sim 10^9$ kJ·mol^{-1}。最后,在化学反应中,反应前后物质的总质量不变,但是在核反应中会发生质量亏损。

5.2.3　核裂变反应堆的反应性和控制

核反应堆的运行离不开中子,中子存在于除氢气以外的所有原子核中,是构成原子核的重要组成部分。核反应堆的链式裂变反应启动需要中子点火,核反应堆的停止和功率调节依赖控制棒的插入和移动。反应堆中子源包括两级:初级中子源由连接板和初级中子源棒组成,共两组,每组含有一根初级中子源棒,材料为 Cf 源或 Po-Be 源,它会自发地发射出中子。初级中子源采用双层不锈钢包覆,用于反应堆首次起动。次级中子源组件结构与控制棒组件基本相同,共两组,由连接柄和次级中子源棒组成。次级中子源棒由不锈钢包壳、Sb-Be 源芯块和上下端塞组成。Sb-Be 源是一种稳定的源材料,锑在反应堆运行期间吸收中子活化,锑的 γ射线轰击铍而释放出中子。次级中子源组件用于反应堆换料后启动。

核反应概率的大小与中子能量有关,中子能量越低,核反应概率越高。在一般情况下,可裂变核发射出的中子的飞行速率比其被其他可裂变核的捕获的中子速率要快,因此为了产生链式反应,就必须要将中子的飞行速率降下来,这时就会使用慢化材料将快中子慢化成热中子。对慢化材料和反射材料有下列要求:(1) 热中子吸收截面小、散射截面大;(2) 抗辐照、耐腐蚀、化学温度性和热稳定性好;(3) 导热率大、热膨胀系数小;(4) 与冷却剂和堆芯结构材料相容性好;(5) 固体慢化材料和反射材料应具有足够的强度;(6) 来源方便、容易制造、成本低。

根据上述要求,适合作反应堆慢化材料或反射材料的有轻水、重水、石墨、铍、氧化铍和

170

氢化锆等。前三种是最常用的慢化材料或反射材料。铍和氧化铍多用在材料试验堆与空间堆上，氢化锆多用在脉冲堆上。慢化材料的核特性常用慢化能力 $\xi \Sigma_s$ 和慢化比 $\xi \Sigma_s/\Sigma_a$ 来描述。前者表示单位体积慢化材料全部核的慢化能力。显然，人们要求慢化材料的散射截面大，即中子与慢化材料核发生弹性散射的概率要大。表 5-2-1 列出了不同材料的慢化能力和慢化比。

表 5-2-1　不同材料的慢化能力和慢化比

	轻水	重水	铍	石墨
$\xi \Sigma_s/\mathrm{cm}^{-1}$	1.35	0.176	0.158	0.062
$\xi \Sigma_s/\Sigma_a$	70	5400	143	192

可以看出，重水是一种很好的慢化材料，它的中子吸收截面小，并可发生 (γ,n) 辐射反应而为链式反应提供中子，因此核燃料的利用率高。可利用天然铀作为燃料，例如重水反应堆。但重水价格高，需防止泄漏、减少损耗和去除杂质等。对重水的处理包括密封、回收、净化以及控制 PD 值（重水酸度）等，要求严格。所以重水堆核电站比压水堆的辅助系统多、结构复杂。轻水的慢化能力相对最强，故以水为慢化材料，堆芯尺寸可以做得比较小。然而水的吸收截面较大，故以水为慢化材料的反应堆，须用富集铀作为燃料。轻水价格低廉，来源丰富，在动力堆中广泛应用。铍有较大的慢化比，吸收截面较小，其慢化能力比石墨好，作慢化材料可缩小堆芯尺寸，但铍有剧毒、价格昂贵、易产生辐照肿胀、塑性差和不易加工成型，因此，目前只是在研究堆中得到应用。石墨也有较大的慢化比，但石墨的 $\xi \Sigma_s$ 值较小，故以石墨为慢化材料的反应堆的堆芯较大。石墨在试验堆、生产堆和气冷堆中得到了广泛的应用。

反应堆内中子密度（或中子通量密度、反应堆功率）变化 e 所需要的时间，称为反应堆周期 T。反应堆周期 T 可以用来描述堆内中子密度随时间的变化速率。反应堆处于稳态平衡时，由裂变反应产生的中子数恰好与吸收及泄漏而损伤的中子数相等。因此，中子密度不随时间变化。运行中的反应堆由于种种原因，如介质的温度效应、裂变产物的毒物效应、燃料的燃耗效应、控制棒的运动等都会引起运行的反应堆的有效增值因子 k_{eff} 的变化。此时，中子将处于不平衡状态。

裂变中释放的中子可以分成两类，即瞬发中子和缓发中子。占裂变中子总数 99% 以上的瞬发中子在裂变后 $10^{-17}\sim10^{-14}$ s 的极短时间内发射出来，另外不到 1% 的缓发中子在裂变后几秒到几分钟之间陆续发射出来。当反应堆处于临界状态时，中子的产生率和损失率相等，因而没有必要区分瞬发裂变中子和缓发裂变中子。然而在研究中子密度随时间变化的情况下，缓发中子是特别重要的。正是因为缓发中子的作用，堆内中子密度变化的周期变长了，这才使得反应堆的控制成为可能。大多数原子核含中子偏多的裂变产物进行 β-衰变，在少数情形下，所产生的子核处于某种激发态，并具有足够的能量，因而可能发射一个中子。缓发中子就是这样产生的，其特征半衰期由实际中子发射体的母核素（称为先驱核素）的半衰期决定。对缓发中子发射的实验研究表明，^{232}Th、^{233}U、^{235}U、^{238}U、^{239}Pu 等核素在裂变过程中，都存在缓发中子的发射[5]。缓发中子虽然只占裂变中子的不到 1%，但由于它的存在，每

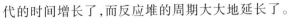

代的时间增长了,而反应堆的周期大大地延长了。

核反应堆由核燃料、慢化剂、冷却剂及结构材料等组成,不可避免地有一部分中子要被非裂变材料吸收,同时还有一部分中子要从反应堆中泄漏出去。因此,在实际的反应堆中,并不是全部的裂变中子都能引起裂变反应。一个反应堆能否实现自持链式裂变反应,取决于上述裂变吸收、非裂变吸收和泄漏等过程中中子的产生率和消失率之间的平衡关系。如在上述的反应过程中,产生的中子数等于或多于消耗掉的中子数,则链式裂变反应将会自持地进行下去。

热中子反应堆运行后,反应性发生变化的主要因素包括:反应堆临界后从冷态到热态的过渡时,慢化剂和燃料的温度升高,将引入一个负反应性;裂变产物的中毒,主要是^{135}Xe、^{149}Sm,反应性将减小;燃料不断消耗,尽管压水堆中有新的易裂变核素产生,但总的趋势是反应性不断地减小;在运行工况变更时,反应性也要发生变化。为了保证反应堆有一定的工作寿期,以满足启动、停堆和功率变化的要求,反应堆的初装量必须大于临界装量以便有一个适当的初始剩余反应性。同时,必须提供控制和调节这个剩余反应性的手段,使反应堆的反应性保持在所需的各种数值上。具体来说,反应性控制的任务如下:

(1)紧急控制:当反应堆需要紧急停堆时,反应堆的控制系统能迅速地引入一个大的负反应性,以快速停堆,并达到一定的停堆深度。要求紧急停堆系统有极高的可靠性。

(2)功率调节:当外界负荷或堆芯温度发生变化时,反应堆的控制系统必须引入一个适当的反应性,以满足反应堆功率调节的需要。

(3)补偿控制:反应堆在运行初期具有较大的剩余反应性,随着反应堆的运行,剩余反应性不断减少,为了保持反应堆临界,必须逐渐地从堆芯中移出并控制毒物。

热中子反应堆的有效增殖因子 $k_{eff} = \varepsilon p \eta f P$,原则上表达式中每一因子的控制都能达到对 k_{eff} 的控制。实际上,对于一个具体反应堆,燃料的富集度、燃料与慢化剂的相对组分都已确定。此时,快裂变因子 ε、热中子裂变因子 η 是基本不变的,控制逃脱共振吸收概率 p 也不太有效。所以反应性控制主要是通过对热中子利用系数 f 和不泄漏概率 P 来实现的。有些重水堆通过控制堆内重水的水位以改变 P 及 f 来达到反应堆的启动、停堆及运行的目的。压水堆主要是通过插入控制棒来改变堆的热中子用系数 f 和不泄漏概率 P 使反应堆运行在一定的功率水平上。对于大型压水堆,在采用控制棒的同时,还采用了化学控制和加可燃毒物。

控制棒插入反应堆内,从两方面改变反应堆的增殖因子。一是插入控制棒吸收堆内的中子,使反应堆的热中子系数 f 降低。二是控制棒使中子通量密度分布发生某种形式的畸变,从而增加系统内中子的泄漏,即反应堆的不泄漏概率 P 减小了,使反应堆的有效增殖因子降低。当有控制棒在堆内时,中子通量密度的弯曲度或曲率比较大,堆表面处的中子通量密度梯度也比较大,从而泄漏的中子流也就比较大。对许多反应堆来说,控制棒具有增加吸收和增加泄漏这两种效应,确定控制棒对系统有效增殖因子的影响是同等重要的。图 5-2-1 显示了控制棒在不同状态下的作用。

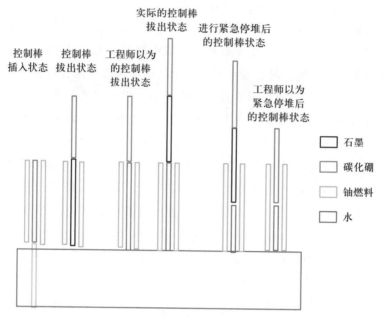

图 5-2-1 控制棒在不同状态下的作用

5.2.4 反应堆水化学与核材料氧化腐蚀的关联作用

均匀腐蚀是核反应堆高温氧化水中的一种常见现象,如图 5-2-2 所示。它的均匀腐蚀可导致材料均匀减薄、降低结构承载强度,甚至导致材料整体的破坏。当氧化膜的稳定性较差时,就会发生均匀腐蚀,且均匀腐蚀发生在反应器的整个表面。均匀腐蚀首先发生在点蚀点或金属表面最弱的点。当温度高于某一特定温度时,某些合金或不锈钢反应釜中均会出现均匀腐蚀,如不锈钢、含 Ni 合金的钝化区域及含 PO_4^{2-} 浓度较高的 Ti 合金区域。此外,卤素离子也能破坏反应器中的钝化膜并引发超临界水中的均匀腐蚀。均匀腐蚀是由扩散速率控制的,因此它的腐蚀速率是可以预测的。局部腐蚀虽然集中在表面个别点或某些区域,但它们隐蔽地向纵深处发展,其危害性更大。

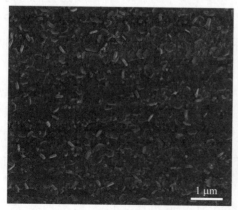
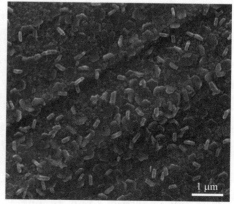

图 5-2-2 核级不锈钢的均匀腐蚀

点蚀是局部腐蚀的一种类型,大多数发生在金属钝化的状态下。通常,金属氧化膜能够对反应器起到保护作用。但是,在 Cl⁻、Br⁻、H₂SO₄ 存在的非临界区域或在 Cl⁻ 暴露的超临界区域,不锈钢或含 Ni 合金材质的反应器中的保护性氧化膜很容易受到局部性的破坏,如图 5-2-3 所示。点蚀最容易发生在含有夹杂物的区域和晶间区域,并且随着反应器内温度的升高,体系中的氧化膜强度逐渐减弱,从而加重点蚀的腐蚀程度。由于点蚀的发生是随机的、不可预测的,因此点蚀是一种很危险的腐蚀类型。

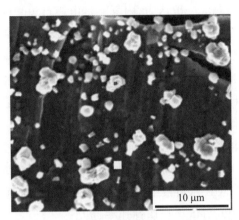

图 5-2-3   FeCrAl 铁素体不锈钢在压水堆水化学偏离工况下的点蚀形貌图

晶间腐蚀大多发生在晶间区域,主要是由于晶间边界和其相邻的晶粒区域与主相的化学性质不同。此外,在晶间边界还会形成类似金属碳化物或氮化物的新相,这也会导致晶间腐蚀。由于晶间腐蚀的深度和对材料的破坏能力较低,因此,相比而言,晶间腐蚀没有其他腐蚀类型严重。但是,如果反应器经历较长时间的晶粒溶解和机械压力作用,其晶间腐蚀最终将会导致严重的应力腐蚀开裂。应力腐蚀开裂是一种极其危险的腐蚀类型。应力腐蚀开裂一般发生在晶间或晶粒中,此外,在 H₂ 或 O₂ 存在的高温水中也极易出现。应力开裂腐蚀的发生不仅需要破坏性的阴离子,还需要有一定的机械应力的存在。即使在破坏性阴离子浓度较低的情况下,较高的外界应力也会使应力腐蚀开裂发生。应力腐蚀开裂一般会导致反应釜泄漏或彻底毁坏。如果再有类似 H₂ 等气体从泄漏处释放出来,那么火灾甚至是爆炸就不可避免了。

在严格控制冷却水水质的条件下,不锈钢的平均腐蚀速率很小,且冷却剂中有无硼酸对不锈钢的腐蚀影响不大。另外,镍基和铁镍合金比不锈钢具有更好的耐蚀性,在高温蒸汽中 Inconel-600 和 Incoloy-800 的腐蚀速率仅为不锈钢的 1/3～1/2。尽管燃料包壳材料(Zr-4 合金或 M5 合金)的抗腐蚀性能均很好,但是高温下当燃料包壳遇到氯离子会加速腐蚀,当氧存在时,它会促进氯离子对燃料包壳的侵蚀。影响燃料包壳合金氧化膜物相组成和转变的因素主要有合金中化学成分、表面制备和表面玷污、合金中的杂质含量、环境中的杂质、pH、环境压力、温度、冷却剂流速等,而与水化学直接相关的因素主要有以下三个方面:

(1) **环境中杂质的影响**:水和蒸汽中的杂质离子对 Zr-4 合金和 M5 合金的耐蚀性能产生不利的影响,尤其是氟、氯等侵蚀性离子。如微量氟离子就能显著增加锆合金的初始腐蚀速率和吸氢量。若冷却水中含有氯离子,奥氏体不锈钢的应力腐蚀、点蚀和缝隙腐蚀的敏感

174 性增大,有氧存在时将会促进氯离子的危害作用。所以要求反应堆冷却水必须纯净度高、卤素和氧含量尽量低,并要求 pH 偏碱性(由锂和硼的浓度协调控制)。

(2) **溶解氢的影响**:正常运行冷却剂中所含的溶解氢量对 Zr-4 合金的腐蚀没有什么影响。氢对锆合金的破坏作用主要表现在氢脆方面,在高燃耗的情况下,反应堆冷却剂中过量的氢有导致 Zr-4 合金包壳管吸氢而产生氢脆的风险。M5 合金的吸氢性能比 Zr-4 合金提高了很多,产生氢脆的风险也大大地降低了。燃料包壳管的内氢化是迄今为止危害压水堆燃料组件完整性的最严重问题。一般认为,内氢脆是由燃料包壳内部残余水分造成的,这些水分和锆合金包壳内表面作用生成氧化膜并放出氢气,若氧化膜完好,则可阻止氢向金属渗透。但随着锆水反应的继续,氧被消耗,氢在积累,逐渐形成一种缺氧状态。因而没有足够的氧继续形成和修复氧化膜,最后氧化膜开始出现缺陷点(也称击穿点)。氢即通过缺陷点透入金属基体,为氢脆打开了缺口。氢化物的生成过程伴有相变的体积变化,形成疏松结构,当功率变化时,应力的作用造成燃料包壳的破裂。

(3) **pH 的影响**:碱性溶液对燃料包壳的腐蚀影响较大,碱浓度越高,锆合金腐蚀速率越大。尤其在发生泡核沸腾时,LiOH 可能在堆内构件或缝隙处浓缩,引起锆合金局部腐蚀。M5 合金中 Nb 的氧化物在 LiOH 水溶液中有相当大的溶解度,远远高于 ZrO_2 在 LiOH 水溶液中的溶解度,因此,碱浓度越高,M5 合金腐蚀速率越大。

在压水堆核电厂中,广泛采用硼酸(主要是利用硼酸中 ^{10}B 对中子的吸收特性)来进行反应性控制。硼酸是一种弱酸,易溶于水,化学性质稳定。但是,加入硼酸后会使反应堆冷却剂呈酸性,对反应堆结构材料产生酸蚀等不利影响,对堆芯中燃料组件 Zr-4 合金包壳材料的腐蚀更不容忽视。大量的研究结果和运行经验表明,冷却剂稍偏碱性可降低结构材料的腐蚀风险,减少腐蚀产物向堆芯的迁移,并降低腐蚀产物的活化。冷却剂温度也是影响腐蚀产物量的一个重要因素,在碱性介质中,亚铁离子在冷却剂中的溶解度存在一个最小值(特定温度),并且 pH 越高,最小溶解度对应的特定温度就越低。此后,亚铁离子的溶解度随温度升高迅速增加。这表明,在碱性介质中,腐蚀产物从系统较热的表面上溶解转移到较冷表面上沉积下来。考虑到堆芯较高的温度,维持冷却剂的高 pH,不仅能防止回路腐蚀产物向堆芯转移,而且还能将堆芯沉积的腐蚀产物迁移出去。但是,过高的碱性会引起锆合金腐蚀,碱浓度越高,腐蚀速率越快。因此,选择一个合适的 pH,可减少运行中的腐蚀产物,使其在反应堆压力容器中有正溶解性。

在压水堆中各种射线、粒子与冷却剂存在不同程度的冷却作用,其中最重要的是 γ 射线、α 射线、β 射线与冷却剂的反应。当冷却剂中引入 B 作为中子吸收剂时,B 原子与中子反应所释放的 β 射线、α 射线和 Li 反冲核的影响不可忽视。反应堆冷却剂中存在着各种各样的氢氧自由基,它们组成多种分子,如水(H_2O)、二氧化氢(HO_2)、过氧化氢(H_2O_2)等。在通常情况下,这些分子性质很稳定。但是在核反应堆中,电离辐射引起水和水溶液的化学性质变化。从射线轰击水溶液分子,通过辐射作用传递能量,使核反应堆冷却剂溶液中存在各种分子产物和大量的辐射自由基产物。这些自由基产物非常活泼,性质极其不稳定,难以聚集到测量水平,无法对其进行直接的测量。如果氢、氧元素的含量过高,会导致包壳的腐蚀问题更加严重。

反应堆内的强辐照会使冷却水发生分解反应和复合反应,当二者平衡后,水的净分解率不大。但水中若含有溶解氧,则会促进水的辐照分解,产生各种氧化性产物,引起材料腐蚀。氧本身是一种很活泼的腐蚀元素,可以直接与金属发生反应,使金属腐蚀。尤其是在反应堆中,氧更是其他元素侵蚀钢材的催化剂,氧含量和中子通量二者相互促进,强烈地影响锆合金的腐蚀,在中子辐照下冷却剂中的氧能够很明显地加大腐蚀效率。溶解氧对回路及反应堆堆芯损害极大。在实际的反应过程中,溶解氧的含量应小于 100 μg/kg($T>120$ ℃)。

5.2.5　一回路水化学的优化标准和手段

当前三代 PWR 核电站的设计寿命为 60 年,将来还可能延至 80~100 年。在 PWR 核电站如此长的服役周期内,一回路运行水化学的优化控制是降低其辐射剂量率、防止压力边界关键设备腐蚀损伤、保持燃料性能最经济、最有效的途径之一,本质上是通过水化学与设备材料的交互作用改善表面腐蚀产物膜或氧化膜的特性[6]。因此,掌握 PWR 核电站一回路水化学与设备材料腐蚀损伤的关系是至关重要的,也是当前国际上核反应堆水化学研究和应用领域关注的热点。

在反应堆的运行期间,一回路水化学的控制对燃料包壳的完整性有着很直接的影响。如果水化学的控制不当,容易出现如下问题:(1)燃料元件包壳发生腐蚀,影响燃料元件使用寿命;(2)燃料棒表面腐蚀产物结垢,影响传热效率;(3)严重时候会引起燃料元件包壳破损,有可能导致裂变产物泄漏事故的发生。压水堆核电站一回路水化学控制的主要目的就是尽可能降低核电站一回路系统设备腐蚀、磨损等引起的危害效应,保证核电站系统设备的长期安全性和可靠性,降低反应堆厂房的辐射场,减少对环境的影响。通过一回路水化学的控制实现以下目标:

(1)**确保燃料包壳的完整性**:装有燃料芯块的包壳锆合金是防止功率运行期间产生的裂变产物释放到环境中的第一道屏障。因此,保护燃料包壳的完整性是核电厂运行安全的主要目标。锆合金可能面临腐蚀、氢脆,以及由于腐蚀产物在其表面沉积传热效率下降导致包壳表面温度升高而引起锆合金包壳抗腐蚀性能恶化的问题,这三个问题都与水化学密切相关。

(2)**确保一回路压力边界的完整性**:一回路系统是防止活化腐蚀产物和裂变产物(燃料包壳破损)放射性物质向环境释放的第二道屏障。通过良好的一回路水化学控制,使一回路系统和反应堆辅助系统的均匀腐蚀减至最小且尽可能避免局部腐蚀开裂,确保一回路压力边界的完整性。

(3)**最小化堆芯外辐射场**:控制良好的水质,保证良好的工作环境,使腐蚀产物的产生、释放和堆芯转移量减至最小,以降低辐射场剂量率,使工作人员所受的辐射剂量保持在尽量低的水平,以减少对身体健康的影响。水质控制不好的核电站,通常具有较高的辐射场,其辐射剂量往往是良好水化学情况的核电站年集体剂量的几倍。

压水堆核电站一回路水化学主要控制手段就是按照电厂化学技术规范的要求,对反应堆冷却剂系统及其辅助系统的化学与放射化学参数实施完整的监测,及时将反应堆冷却剂系统水的硼/锂浓度比、溶解氢含量调整到最佳的范围值内;将系统内的化学杂质含量控制在允许的限值之内,以减少反应堆冷却剂系统的腐蚀及腐蚀产物向堆芯迁移,降低一回路辐射场,提高机组运行效率[15]。这主要包括以下几个方面:

（1）**调控不同浓度的硼或锂**:硼或锂对燃料包壳的腐蚀及 Zr 合金的吸氢和氢脆的影响不同（见图 5-2-4）,需要探索最佳的水化学控制条件。国际原子能机构（IAEA）及一些国家针对锆合金包壳材料在反应堆内的腐蚀行为及水化学对包壳的腐蚀影响都做了大量的研究工作,制定了相应的"压水堆一回路水化学导则"。这些导则对压水堆核电站的一回路水化学控制提供了良好的依据。中国核动力研究设计院开展了反应堆水化学监测与控制、燃料包壳材料（锆合金）的腐蚀特性、水质与堆结构材料的相容性等水化学研究工作,设计了秦山第二核电厂反应堆水化学技术规范,为推进我国核电国产化做出了重大贡献。

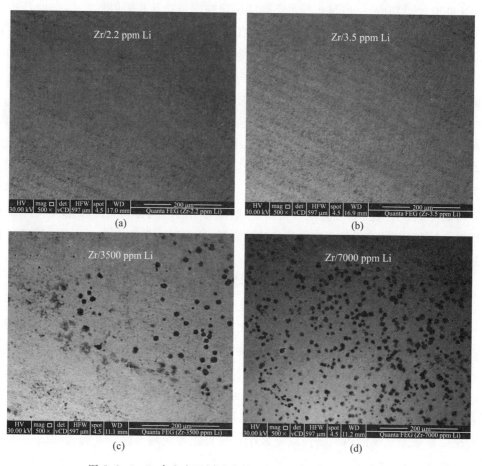

图 5-2-4　Zr 合金在不同浓度的 LiOH 溶液中腐蚀后的形貌

（2）**环境 pH 调控**:田湾核电站两台 106 万千瓦压水堆核电机组采用添加氢氧化钾（KOH）调节一回路 pH,同时通过加氨来调节一回路溶解氢浓度;秦山核电站一期一台 30 万千瓦压水堆核电机组、秦山核电站二期两台 60 万千瓦压水堆核电机组、大亚湾核电站两台98.4 万千瓦压水堆核电机组、岭澳核电站一期两台 99 万千瓦压水堆核电机组都采用添加富集氢氧化锂,通过硼-锂协调的方法控制一回路冷却剂的 pH,以保证一回路压力边界的完整性。使反应堆冷却剂系统处于偏碱性的还原性环境,抑制系统的腐蚀和腐蚀产物转移。同时通过向一回路系统添加氢,限制水的辐射分解和氧的产生,控制氧含量[7];秦山核电站三期 CANDU 型重水反应堆一回路水化学控制方法与压水堆一回路水化学控制方法基本相同,只是采用普通氢氧化锂调节一回路 pH,并且将 pH 控制在 10.2~10.8(期望值为 10.2~10.4),维持一回路系统过量溶解氘(3~10 mL·kg^{-1}的范围),以降低氧浓度。如图 5-2-5 所示,Zr-4 合金在经过硼酸调节 pH 后表面腐蚀坑明显减少。

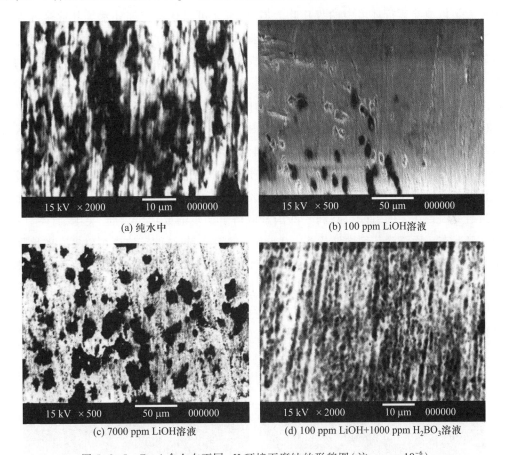

(a) 纯水中   (b) 100 ppm LiOH溶液

(c) 7000 ppm LiOH溶液   (d) 100 ppm LiOH+1000 ppm H$_2$BO$_3$溶液

图 5-2-5   Zr-4 合金在不同 pH 环境下腐蚀的形貌图(注:ppm = 10^{-6})

(3)**化学平台除氧**:在反应堆冷却剂温度升高到 80 ℃时,向反应堆冷却剂中加入一定量的联氨,联氨与冷却剂中氧的反应式为 N$_2$H$_4$·H$_2$O + O$_2$ —→ N$_2$ + 3H$_2$O。在高温下,联氨将分解产生 NH$_3$ 和 N$_2$。这些反应产物(氨气、氧气和水)本身对反应堆冷却剂系统是无害的,但是氨浓度过高会影响化溶系统净化床的运行,将其中的锂置换出来。同时,由于氨是弱碱,也可能会置换出阴离子,因此,在进行除氧的过程中,应对联氨的浓度进行控制,添加联氨的量应尽可能满足反应堆冷却剂中的溶解氧含量低于 100 μg·kg^{-1},反应堆冷却剂中的联氨剩余量和分解生成的氨总量不超过 1.0 mg·kg^{-1}。

(4)**主系统加氢抑制氧的辐射分解**:反应堆正常功率运行时,一回路冷却剂经受 γ 射线为主的混合射线的辐照而引起水的辐射分解,其总反应式为 H$_2$O + γ —→ H$_2$ + 1/2O$_2$。该化学反应是一个可逆反应,当水中含有溶解氧时,反应向逆反应方向进行。因此,加氢能够有效地抑制水的辐射分解,消除水中游离氧,降低水中氧化性辐射产物的浓度,从而大大地减少冷却剂对结构材料的腐蚀。加氢还能抑制水中氮（$3H_2 + N_2 \longrightarrow 2NH_3$），避免氮与氧在水中生成硝酸（$2N_2 + 5O_2 + 2H_2O \longrightarrow 4HNO_3$）使 pH 降低而加速材料腐蚀。所以在运行时维持反应堆冷却剂中适量的溶解氢，从而保证在各种运行条件下的还原性环境。由于反应堆锆合金具有吸氢的特性，在吸收氢元素后，包壳的力学性能恶化，产生氢脆。所以反应堆冷却剂中的溶解氢含量不应太高。大量的运行经验表明，在反应堆冷却剂中 $14 \sim 15 \ \mathrm{cc \cdot kg^{-1}}$ 的氢浓度就足以清除运行环境中的氧化物。但是，氧还可以从反应堆补水等其他来源加入反应堆冷却剂中。所以，当反应堆运行时，必须保持过量的氢浓度。技术规范要求，反应堆的溶解氢的控制范围为 $25 \sim 50 \ \mathrm{cc \cdot kg^{-1}}$。在反应堆功率运行期间，为了避免氢对包壳的腐蚀，要求一般将反应堆冷却剂的溶解氢控制在 $25 \sim 35 \ \mathrm{cc \cdot kg^{-1}}$（期望值）的范围内，这足以减少锆合金的腐蚀风险，并抑制一回路的腐蚀产物的生成。

（5）**向冷却剂中注入锌元素**：在 20 世纪 90 年代，美国、日本和欧洲一些国家的压水堆核电站进行了锌注入实验，即向一回路冷却剂注入浓度为 $5 \sim 35$ ppb 的 Zn，由于 ^{65}Zn 产生的放射射线的能量远低于 ^{60}Co 和 ^{58}Co，通过锌离子和钴离子竞争腐蚀层中晶体的电子空穴，可以阻止设备表面沉积的 ^{60}Co 和 ^{58}Co 向水中释放，从而间接地降低辐射场水平和保护堆芯材料。该研究项目在美国、日本、欧洲一些国家取得了初步的成功。目前，美国、日本、欧洲一些国家普遍在一回路冷却剂中注入 $5 \sim 30$ ppb 的锌溶液，较高的锌浓度可以更有效地降低一回路水压力破损效应的发生[8]。部分核电站采用贫化锌代替天然锌，以避免锌元素被更多地活化成放射性的 ^{65}Zn，这种方法比注入天然锌能更有效地降低剂量率。图 5-2-6 所示为 ZIRLO 合金在 360 ℃，18.6 MPa 下不加锌与加锌的水溶液中腐蚀后的氧化物分布图。可以看出，加锌条件下氧化物的数量有所减少。

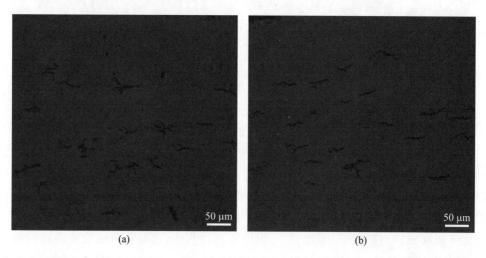

图 5-2-6 ZIRLO 合金在 360 ℃，18.6 MPa 下不加锌（a）与加锌（b）的水溶液中腐蚀后的氧化物分布图

总的来说，需要掌握不同调节参数之间的特殊配合，同时要兼顾和满足不同的物化条件，有时候满足其中一个条件而另一个条件却不一定满足。例如，高 pH 条件下运行将降低堆芯外辐射场，氢氧化锂浓度过高会增加材料腐蚀破裂的可能；低 pH 下运行会增加燃料包壳表面的沉积物从而导致燃料破损。为了增加电站的发电量，降低发电成本，提高核电的竞

争力,核电厂采用富集度更高的燃料组件,混合堆芯循环开始的临界硼浓度将会增加。初始临界硼浓度的增加,必将影响系统的酸性腐蚀。同时,由于硼浓度的提高,对应反应堆冷却剂的 pH 也发生了很大变化,而冷却剂的 pH 又是影响腐蚀速率的一个关键因素,这对一回路水化学控制也提出了新的要求和挑战。

第3节　反应堆的热源热传导、蒸汽发电及燃料后处理

反应堆的热源来自核裂变过程中和过剩中子引起的(n,γ)反应所释放出来的热量,每次核裂变释放出来的总能量平均约为 200 MeV。其中瞬发的核裂变过程中,裂变碎片通常停留在燃料元件内部,裂变中子大部分在慢化剂中,瞬发 γ 射线在反应堆中各处。缓发的核裂变过程中,裂变产物衰变的 β 射线,大部分在燃料元件内部,小部分在慢化剂内,裂变产物衰变的 γ 射线在堆内各处。堆芯是一个强大的辐射源,它所放出的γ射线、中子流等,绝大部分被反射层、热屏蔽、压力壳和生物屏蔽中的元素所吸收或减弱,最终转变为热能;只有极少量的辐射线逸出堆外。占释放总能量约90%以上热量均释放在反应堆的堆芯中,5%在慢化剂中,5%在反射层、热屏蔽和堆内部件中。要使反应堆在某一功率下安全运行,就必须采用适当的传热系统把堆内热量传输出来,以便保证反应堆内各处的温度都不超过限定值。

5.3.1　反应堆堆芯产热材料

核燃料是反应堆内核裂变反应自持的关键。核燃料通常为固态,能量密度大,运输、存储方便,由易裂变元素(如^{233}U、^{235}U、^{239}Pu、^{241}Pu)组成(广义上还包括聚变堆的燃料氘和氚)。其中天然存在的只有^{235}U。^{233}U 和^{239}Pu 是由^{232}Th 和^{238}U 在反应堆中通过(n,γ)反应,再经过β 衰变而得到的,故称为再生核燃料,^{232}Th 和^{238}U 也称为可转换核素[3]。^{235}U 是自然界中存在的唯一能够在任何中子能量下裂变的同位素,但从矿石中提取的^{235}U 仅占天然铀的0.720%,其余基本上是同位素^{238}U(99.275%)。通常,较低的比例不足以维持链式反应,因此,使用浓缩铀^{235}U(质量分数为 3%~5%)作为燃料,以氧化物颗粒 UO_2 的形式(半径约为1 cm)堆叠在几米长的圆柱形金属棒(即燃料棒)中。如图 5-3-1 所示,由于核燃料元件在反应堆运行过程中受到辐射和腐蚀损伤,核燃料裂变产生的、能强烈吸收中子的裂变产物(如^{135}Xe、^{149}Sm 等)不断积累等原因使链式反应难于维持,燃耗不能无限地加深。当燃耗达到一定限度时,就必须更换核燃料元件,保证反应堆维持正常的链式反应,避免元件破损。一般来说,一根燃料棒只能使用其质量的 3%左右。

核燃料受到高温、气态和固态裂变产物及高能粒子的作用和影响,随之将引起热应力、晶格破坏和肿胀,还会产生内压和腐蚀的危害,从而使燃料的比功率、燃耗及燃料棒直径的大小受到限制。为了避免这些危害,提高燃料元件性能,使其能够稳定可靠和长期高效地工作,燃料芯体应满足下列要求:(1) 具有足够的强度、抗辐照、耐腐蚀和包容裂变产物的能力;(2) 具有良好的热稳定性,在深燃耗下能保持燃料芯块尺寸和形状稳定;(3) 导热性能好、热膨胀系数小、熔点高、组织稳定、耐受比功率(单位燃料质量所产生的热功率)和功率密度(单位体积堆芯所产生的热功率)提高的能力强;(4) 化学稳定性好、与包壳相容性好;

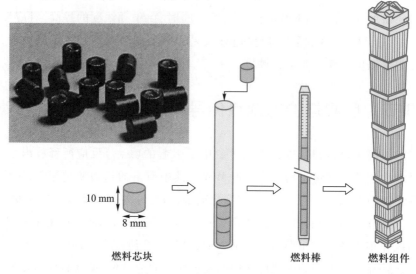

图 5-3-1　燃料组件示意图

（5）成本低、后处理方便。核燃料分为金属铀燃料、陶瓷燃料（如碳化铀、二氧化铀）、弥散体燃料等。燃料的分类和应用堆型见表 5-3-1。

表 5-3-1　燃料的分类与应用堆型

燃料形式	物质形态	燃料材料	应用堆型
固体燃料	金属型 金属 合金	U U–Al U–Mo U–ZrH U_3Si_2–Al	石墨慢化堆 快堆 脉冲堆 重水堆
	陶瓷	UO_2 $(U,Pu)O_2$ $(U,Pu)C$ $(U,Pu)N$	轻水堆、重水堆等 快堆 快堆 快堆
	弥散型 金属-金属 陶瓷-金属 陶瓷-陶瓷 金属陶瓷	UAl_4–Al UO_2–Al $(U,Th)O_2$–(PyC,SiC)–Gr $(U,Th)O_2$–(PyC,SiC)–Gr，UO_2–W	MTR HFIR 高温气冷堆 高温气冷堆
液体燃料	水溶液 悬浮液 液态金属 熔盐	$(UO_2)SO_4+H_2O$ $U_3O_8·H_2O$ U–Bi UF_4–LiF–BeF_2–ZrF_4	沸水堆 水均匀堆 熔盐堆

金属铀熔点为 1133 ℃,具有三种同素异构体。钚(Pu)是人工易裂变材料,临界质量比铀小,在有水的情况下,650 g 的钚即可发生临界事故。钚的熔点很低(640 ℃),一般都以氧化物的形式与 UO_2 混合使用。钍吸收中子后可以转换为易裂变的 U,它在地壳中的储量很丰富。钍的熔点较高,直至 1400 ℃ 才发生相变,且相变前后均为各相同性结构,所以辐照稳定性较好,这是它优于铀、钚之处。钍在使用中的主要限制为辐照下蠕变强度很低,一般以氧化物或碳化物的形式使用。金属铀燃料在堆内使用的主要缺点:有同质异晶转变;熔点低;存在尺寸不稳定性;最常见的是核裂变产物使其体积膨胀(称为肿胀);加工时形成的结构使铀棒在辐照时沿轴向伸长(称为辐照生长),虽然不伴随体积变化,但伸长量有时可达原长的 4 倍。此外,辐照还使金属铀的蠕变速度增加(50~100 倍)。这些问题通过铀的合金化虽有所改善(U-Zr、U-Mo),但远不如采用 UO_2 陶瓷燃料[4]。

陶瓷燃料包括铀、钚等的氧化物、碳化物和氮化物,其中 UO_2 是最常用的陶瓷燃料。UO_2 的粉末压缩成圆柱形小块,并在高温下烧结,形成高密度的陶瓷燃料芯块。图 5-3-2 所示是其晶体结构。UO_2 的熔点很高(2865 ℃),高温稳定性好。陶瓷燃料的缺点是密度低、导热性能差、易催化。辐照时 UO_2 燃料芯块内可保留大量裂变气体,所以燃耗(指燃耗份额,即消耗的易裂变核素的量占初始装载量的百分数)达 10% 时也无明显的尺寸变化。它与包壳材料锆或不锈钢之间的相容性很好,与水也几乎没有化学反应,因此普遍用于轻水堆中。但是 UO_2 的热导率较低,核燃料的密度小,限制了反应堆性能的进一步提高。在这方面,碳化铀(UC)则具有明显的优越性。UC 的热导率比 UO_2 高几倍,单位体积内的含铀量也高得多。它的主要缺点是与水会发生反应,一般用于高温气冷堆。UO_2 燃料在反应堆内产生热能,由于氧化物导热性能差,燃料棒内沿径向的温差大,形成大的温度梯度,棒中心温度高达 2000 ℃,外缘温度只有 500~600 ℃,热应力会导致表面出现裂纹。随着燃耗的加深,将会出现芯块变形开裂,燃料包壳变形。裂变产物形成的气体析出还会导致燃料棒内部压力升高,造成体积肿胀,裂变产物还会腐蚀包壳管内壁。

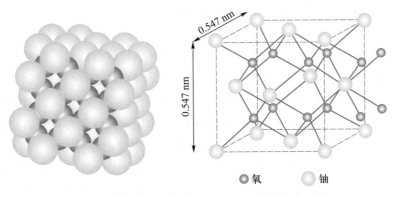

0.547 nm

0.547 nm

●氧　　○铀

图 5-3-2　陶瓷燃料 UO_2 的晶体结构

弥散型燃料是指将核燃料弥散地分布在非裂变材料中。在实际应用中,广泛采用由陶瓷燃料颗粒和金属基体组成的弥散体系。微细颗粒的燃料相均匀地弥散在非裂变材料基体中。其中燃料相采用铀与铝的金属间化合物,或铀的氧化物、碳化物和氮化物,或其他易裂变材料;基体材料采用 Al、Be、Mg、Zr、Nb、W、不锈钢及陶瓷材料等。这样就可以把陶瓷的高熔点和辐照稳定性与金属较好的强度、塑性和热导率结合起来。细小的陶瓷燃料颗粒减轻了温差造成的热应力,连续的金属基体又大大减少了裂变产物的外泄。由裂变碎片所引起的辐照损伤基本上集中在燃料颗粒内,而金属基体主要是处在中子的作用下,所受损伤相对较轻,从而可达到很深的燃耗。这种燃料在研究堆中得到广泛应用。在弥散型燃料中由于基体对中子的吸收和对燃料相的稀释,必须使用浓缩铀。包覆颗粒燃料也是一种弥散体系。在高温气冷堆中,采用铀、钍的氧化物或碳化物作为核燃料,并将其弥散在石墨中。由于石墨基体不够致密,因而要在燃料颗粒外面包上耐高温的、坚固而气密性好的多层外壳,以防止裂变产物的外泄和燃料颗粒的膨胀。外壳是由不同密度的热解碳和碳化硅(SiC)组成的,其总厚度应大于反冲原子的自由程,一般在 $100 \sim 300$ μm。整个燃料颗粒的直径为 1 mm。使用包覆颗粒燃料不仅可达到很深的燃耗,而且大大地提高了反应堆的工作温度,是一种很有前途的核燃料类型。弥散型燃料已成功应用的例子:实验堆用的 UAl_4-Al、U_3Si_2-Al 和高温气冷堆用的包覆燃料颗粒弥散在石墨基体中制成球或块状燃料等。

目前,世界上大多数反应堆使用 UO_2 作为燃料芯块,但是 UO_2 材料的热导率较低,当反应堆发生功率飞升或冷却剂丧失事故时,UO_2 导热较慢,可能导致芯块过热,导致安全隐患,严重时甚至导致燃料元件破裂或熔融。2011 年福岛核电站事故中,反应堆堆芯燃料中的锆合金包壳在事故工况下与高温水蒸气发生剧烈氧化反应,继而产生大量的氢气和热量,最终导致反应堆堆芯熔化和氢气爆炸,对社会和环境造成极大负面影响。自此之后,国内外纷纷展开对事故容错燃料的研究开发。相较于传统的 UO_2-Zr 合金燃料体系,事故容错燃料能够在反应堆正常运行工况下维持或提高燃料性能,并在事故发生后相当长的一段时间内维持堆芯完整性,提供足够的时间裕量来采取事故应对措施。基于 UO_2 的复合物燃料已经发展成为一种很有前景的高热导率芯块燃料,适合作为事故容错芯块材料。这种复合物芯块材料以 UO_2 为基础,混入一定量的高热导率添加物,如 BeO、SiC、C、Mo、Cr_2O 等,组成 UO_2+SiC、UO_2+ BeO、UO_2+C、UO_2+ Mo、UO_2+Cr_2O 的高热导率复合物燃料。此外,U_2Si_3 燃料、UN - U_3Si_2 燃料、全陶瓷粉末(FCM)燃料也有较好的热物理性能,应用前景好,受到了研究者们的广泛关注。

图 5-3-3 所示为燃料包壳材料图。燃料包壳材料是装载燃料芯体的密封外壳,其作用是防止裂变产物逸散、避免燃料受冷却剂腐蚀及有效地导出热能,包壳是核电站的第二道安全屏障,燃料元件能否在堆内安全可靠且长期有效地工作,同包壳材料密切相关。包壳材料的强度、塑韧性和蠕变性能以及抗腐蚀、抗辐照能力,决定着元件包壳尺寸的稳定性;包壳材料的核性能和导热性能影响着中子损失率和能否最大限度地导出热能。而包壳的热稳定性、完整性和导热性又决定着燃耗和比功率的大小,因此包壳材料对反应堆的功能保证、特征体现及安全性和经济性都起着重要的作用。另外,在堆芯结构材料中,以包壳材料的工况最苛刻:它内受裂变产物、外受冷却剂的腐蚀和温度、压力的作用,并受到强烈的中子辐照和冷却剂的冲刷、振动,以及热应力、热循环(开、停堆)应力和燃料肿胀等作用。为了保证燃料元件在堆内成功地运行,包壳材料应具备如下性能:(1)热中子吸收截面小、感生放射性小、半衰期短;(2)强度高、塑韧性好、抗腐蚀性强,对晶间腐蚀、应力腐蚀和吸氢不敏感;(3)热强性、热稳定性和抗辐照性能好;(4)导热率高、热膨胀系数小、与燃料和冷却剂相容性好;

（5）易加工、便于焊接、成本低。

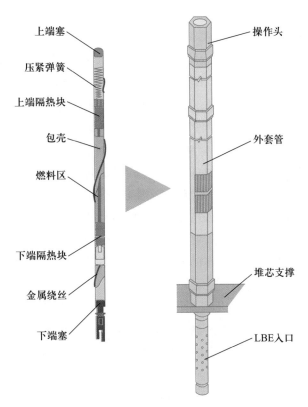

图 5-3-3   燃料包壳材料图

锆合金的热中子吸收截面小、导热率高、机械性能好,具有良好的加工性能,与 UO_2 相容性好,具有良好的抗腐蚀性能和足够的热强性,所以锆合金被广泛用作水冷动力堆的包壳材料和堆芯结构材料。它们主要有 Zr-2、Zr-4 和 Zr-2.5%Nb 三种合金,以及美国新发展的ZIRLO 合金(1Sn-1Nb-0.1Fe)、日本的 NDA 合金、法国的 M5 和低锡锆合金、俄罗斯的 Zr-1Nb 合金和 Zr-Sn-Nb E635 合金等其他合金。含 1.5%Sn,0.10%Fe,0.05%Ni 和 0.10%Cr 的Zr-2 合金已经广泛用于作沸水堆的元件包壳材料。Zr-2 合金中的 Ni 对吸氢敏感,为减少氢脆除去了 Ni 并相应增加了 Fe 含量,以补偿 Ni 的合金化作用(增强氧化膜牢固性、阻止氧离子向金属界面扩散),从而演变成含 1.5%Sn、0.2%Fe、0.1%Cr 的 Zr-4 合金。试验表明,它对氢的吸收率比 Zr-2 合金小 4 倍,但抗腐蚀性能略有降低。Zr-4 合金主要用作压水堆和CANDU 堆的元件包壳与沸水堆的定位格架材料。Nb 在 β-锆相中溶解度很大,经 880 ℃ 水淬、550 ℃ 真空时效 24 h 后,可使高温强度比 Zr-2 合金高 1.3~1.6 倍,故 Zr-2.5%Nb 合金被用作 CANDU 堆的压力管材料。

锆合金使用中的主要问题是腐蚀带来的危害。辐照引起的性能恶化虽然也有威胁,但没有腐蚀造成的隐患大。例如,碘的应力腐蚀、包壳管吸氢致脆、氢化锆呈径向分布时的危害及冷却剂中杂质在包壳管上的沉积等,都易于引起包壳破裂或限制燃耗提高。为防止这些危害,在工艺上和水质处理上都采取了相应的措施,如控制氢化物取向、尽量减少元件管内部的水分、在包壳内壁镀一层纯锆或石墨,以阻挡有害裂变气体的侵蚀、促进松弛局部拉应力及避免磨蚀等。

经研究,目前能够替代 Zr 合金的事故容错燃料包壳材料可分为陶瓷材料和金属材料两类:陶瓷材料主要以 SiC/SiC 复合材料为代表;金属材料主要有以 FeCrAl 为代表的 Fe 基合金和以 Mo 为代表的难熔金属及其合金。上述三种替代 Zr 包壳的材料各有其利弊,均未达到工程应用水平,并且都存在待解决的关键性问题。其中 FeCrAl 合金的研发进展最快,目前在热学性能、力学性能、抗腐蚀性能、抗辐照性能等方面表现较好,但在工业加工和焊接等方面仍有待进一步的改善。就 SiC/SiC 复合材料而言,SiC 自身的高脆性导致力学强度不足,不同的研究者提出了不同的结构设计思路试图降低包壳管失效概率,但包壳最终的结构设计仍未确定,而辐照引起的热导率急剧降低及连接密封和加工制造等方面还在不断地研究当中。Mo 及 Mo 合金的力学性能和抗辐照性能较好,但抗腐蚀性较差,解决思路主要集中在提高钼的纯度、调整合金的元素成分、进行表面涂层等方面。目前,对后两种材料包壳管的加工能力均未达到薄壁长管的工业制造水平。对于这几种候选包壳材料,需要建立属性数据库和一套完善的标准来衡量材料的质量。此外,还需开发相应的程序来评估包壳在堆内的行为。

由于 Zr 合金的破坏都是从表面开始的,涂层技术是以较低成本提高材料服役性能的有效手段[9]。郑州大学胡俊华教授通过溅射手段在 Zr 合金上制备出不同类型的涂层来提高其耐蚀性能;基于等离子体溅射,利用缺陷调控制备的二氧化锆纳米薄膜在辐照和氧化作用下的原位自稳定机制,对缺陷状态和相变关联性进行了研究,通过高分辨透射电镜原位捕捉到了辐照诱导的原子混排区域、m-t 相变及马氏体相变相关的界面原子错配;结合第一性原理计算提出了辐照诱导自增强的抗氧化机理;解决了锆合金表面氧化层的应力积累和常规失效问题,如图 5-3-4 所示。开展了多层组合膜选择性氧化和阻氧机理:巧妙地利用不同元素亲氧行为之间的差异及氧化物蒸气压和阻氧能力的差别,建立了 Zr/M 稳定的多层膜体系,利用 STEM 技术获得了热驱动元素扩散及界面处冶金结合的直接证据。该涂层体系显示出了极强的阻氧能力,可替代合金表面自然形成的钝化膜,应用于常规氧化环境;另外制备出的单相 Zr(Fe,Nb) 在模拟压水堆条件(320 ℃、16.4 MPa)下被氧化。通过研究其氧化诱导的多层结构,分析了非晶化和元素 Fe 重新分布之间的相互作用,并首次发现了氧诱导的旋节线分解。上述研究对进一步提高核电安全性、开发出更多的核包层和高温功能部件材料具有重要的意义。

5.3.2　传热介质特性概述

传热介质也叫冷却剂。放热过程是燃料元件包壳表面与冷却剂之间直接接触时的热交换,即热量由包壳的外表面传递给冷却剂的过程。冷却剂是循环在反应堆一回路内的载热流体。它的功能除将核裂变能带出反应堆,使之转化为电能或热能外(非动力堆除外),还可以有下列作用:(1) 冷却反应堆内所有部件,以便保证它们正常服役;(2) 携带流体可燃毒物,如 PWR 冷却剂中的硼酸和高温气冷堆中的 BF_3 等;(3) 携带除氧剂和调节 pH 的添加剂,以减少一回路设备的腐蚀;(4) 事故工况下能迅速带走燃料发出的热量,避免堆芯被烧毁[10]。

快中子撞击^{235}U 核使其分裂并产生两个碎片和三个快中子。裂变碎片与燃料棒中的周

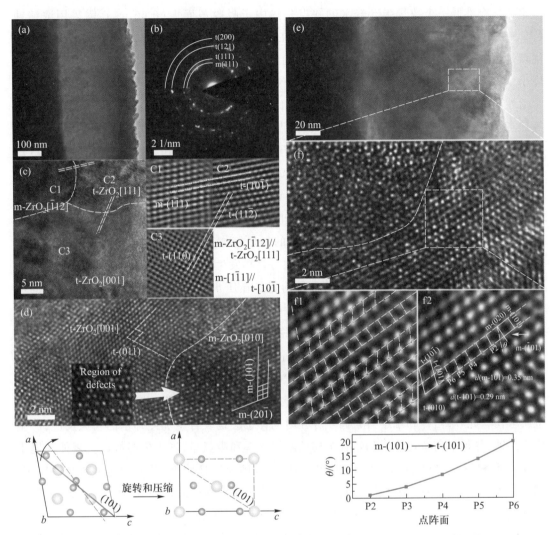

图 5-3-4　（a）非晶氧化锆涂层经过 8.64×10^{15} ions/cm² 辐照后的形貌（明场）；（b）衍射斑点显示 t-ZrO₂ 为主，m-ZrO₂ 共存的两相结构；（c）两相共存的三角晶界处形貌；（d）辐照影响区域及晶格畸变情况；（e,f）两相界面，界面上存在晶格畸变区域；（f1,f2）两相界面程序叉齿型结构（叉齿型两相界面伴随着晶格畸变的过渡区的形成，基于此提出了辐照稳定四方向的结构模型）

围原子碰撞、减速并最终停止。在此过程中，快中子将动能转化为热能，结果使燃料棒温度升高，冷却液在此过程中起到传热介质的作用。为保证反应堆正常和安全运行，冷却剂应具备以下性能：（1）导热性能好、比热容大、黏度小，以便增大载热效率和减小唧送功率；（2）核性能好，即热中子吸收截面小、散射截面大、（n,γ）反应少、半衰期短，以便回路检修和简化屏蔽；（3）抗辐照性能和化学稳定性好、腐蚀性小；（4）沸点高、熔点低、纯度高；（5）来源方便、容易净化处理、成本低。

　　根据上述要求，常用的冷却剂有轻水、重水、CO₂、氦气和液态钠等。其中以轻水应用最广泛，它在轻水堆中还兼作慢化剂和反射器。因为轻水的运动黏度（黏度/密度 = 1.3×10^{-5} cm² · s⁻¹）比 CO₂ 的（1.2×10^{-5} cm² · s⁻¹）和氦气的（0.6 cm² · s⁻¹）小，所以轻水堆的唧送

186

功率比气冷堆低一个数量级。轻水的缺点是热中子吸收截面大（0.66 b[①]）、需采用浓缩铀（2%~4%）作燃料。此外，轻水沸点低，需要在高压下运行才能获得锆的传热效率。重水的优点是热中子吸收截面小（0.0011 b）、慢化剂比大（2100），用它作冷却剂和慢化剂，中子损失小，可用天然铀作燃料，但重水比较昂贵。气冷冷却剂的优点是中子吸收少、放射性低、化学活性小、没有相转变，因此气冷堆的安全性比较高，但具有导热性差、密度小、唧送功率大等缺点。液态钠的导热性能好、比热容大、沸点高（881 ℃）、熔点低（97.8 ℃）、黏度小，纯钠同不锈钢的相容性比较好，且液态钠是单原子液体，没有辐照损伤，所以钠被用作快堆冷却剂。但是钠是元素迁移的有效载体，在高温区容易发生钢的脱碳，在低温区容易产生渗碳。此外，不锈钢表面的 Cr、Ni、Mn 元素在高温下易被钠溶失，生成铁素体变质层。这些变化将会降低回路管材的性能和表面抗腐蚀性。溶出的元素迁移到管道低温区，会造成沉积，若通过活性区将会带来放射性危害。蒸汽发生器的传热管如果泄漏，激烈的钠水反应也是一个危险的隐患。总的来说，在核反应堆中冷却剂与材料发生反应会导致材料均匀减薄、结构承载强度降低，甚至可能被破坏。其中最常见的就是在压水堆中冷却水与结构材料发生的电化学腐蚀反应，其中危害性最大的是具有脆性破坏特征的应力腐蚀。

在压水堆中，一回路所用的锆合金、不锈钢和镍基合金等长期与高温高压水及其辐照分解产物相接触，虽然它们在这些环境中的抗腐蚀性能良好，但若冷却水中含有氯离子，奥氏体钢的应力腐蚀、点腐蚀和缝隙腐蚀的敏感性增大，有氧存在时更促进氯离子的危害[11]。因此，促使燃料元件包壳和蒸汽发生器传热管由早期采用的不锈钢，分别被锆合金和镍基合金所取代。此外，当冷却水中有氟离子存在时同样也会诱发合金和冷却水的腐蚀反应，产生应力腐蚀，并且氟离子还能增加锆合金初始腐蚀速率和吸氢量，增大氢脆倾向。氢能抑制水中氮（$3H_2+N_2\longrightarrow2NH_3$），避免氮与氧在水中生成硝酸使 pH 降低，从而加速材料腐蚀反应。可见在压水堆一回路中，要想降低材料和冷却水的腐蚀反应，采取加氢、加锂、过滤、离子交换和喷淋除气一系列措施，以保证水质的纯净和 pH 稳定在最佳范围内。

压水堆中二回路系统中材料和冷却水的反应和一回路类似，但二回路无须考虑各种中子、γ 射线对腐蚀产物的活化作用，如辐照使冷却水分解产生各种氧化性辐解产物。但是，目前压水堆二回路及其相应冷却系统使用的水和天然海水含有大量的电解质和溶解氧，尽管对二回路冷却水进行了严格的前期处理，但仍有少量溶解氧和氯化物保存下来，且在反应堆启动、停止时存在有空气漏入、回水器泄漏或海水漏入等问题。以往的经验表明，必须使二回路中蒸汽发生器的腐蚀降到最低。镍基合金因不受冷却水中氯离子和氢氧基的影响，被广泛用于压水堆二回路蒸汽发生传热管中，其中最具代表性的是镍基 690 合金和镍基 600 合金。并且镍基 690 合金由于具有优异的抗腐蚀性能和抗应力腐蚀性能，逐渐替代镍基 600 合金成为 PWR 核电站蒸汽发生器传热管的首选材料。

在沸水堆中，冷却水与材料的腐蚀反应和压水堆中一回路类似，但是不同的是，由于沸水堆中不存在二回路水循环，所以堆芯辐照产生的氢和氧会在水-蒸汽回路中迁移。特别是氧的浓度在局部地区差别很大，因此与压水堆相比，沸水堆中冷却水与材料的腐蚀反应更

① 1 b = 10^{-24} cm^2。

强。由于氧的腐蚀作用,其浓度必须受到控制,和压水堆的方法一样,都是在堆芯中加入氢。

在快中子反应堆中,不锈钢与 500 ℃ 以上的熔融钠相接触,可能发生传质腐蚀的现象。在典型情况下,高温钠流将铁素体(高碳)钢内的碳溶出并转移到邻近的奥氏体(低碳)钢部件上。于是,两种钢的机械性能都变差了。因此,在钠流动的系统内,应避免同时采用铁素体与奥氏体钢制作的部件。液态钠使碳转移的另一种更常见的现象,就是由于钠系统内两个部件温度不同而发生的传质。碳在热端溶于钠内,而在冷端由于溶解度减小而析出。传质率随着温度的增大而增加。虽然这种脱碳现象只发生在钢的表面,但其后果是使得某些钢材的破坏极限强度显著降低。高温钠内的传质现象与其含氧量有关。因此,后者必须加以控制。在许多情况下,可采用"冷阱"方法。冷阱指的是主冷却剂回路内的某一区域(如一个旁路)保持较低温度(如 170 ℃ 左右)。在此冷阱内,由于氧在钠中的溶解度随温度降低而减小,故以氧化钠固体形态析出,可以定期除去。如果采用冷阱还不能使得钠中的含氧量减小到允许的程度,可以采用温度为 600~700 ℃ 的"热阱",利用固体金属(如锆屑或海绵锆)与氧产生化学反应将氧除去。

5.3.3　蒸汽动力转换系统

蒸汽动力转换系统是由汽轮机发电机组、凝汽器、凝结水泵、给水加热器、除氧器、给水泵、蒸汽发生器、汽水分离器等设备组成的。水作为冷却剂在反应堆中吸收核裂变产生的热能成为高温高压水,然后沿管道进入蒸汽发生器的 U 形管内,将热量传给 U 形管外侧的汽轮机工质(水),使其变为饱和蒸汽,然后进入汽轮机膨胀做功,将蒸汽焓降放出的热能转变为汽轮机转子旋转的机械能。汽轮机转子与发电机转子两轴刚性相连,因此,汽轮机直接带动发电机发电,把机械能转变为电能。做功后的蒸汽(乏汽)被排入冷凝器,由循环水(如海水)进行冷却,凝结成水。凝结水由凝结水泵输送,经低压加热器进入除氧器。除氧水由给水泵送入高压加热器加热后重新返回蒸汽发生器,如此形成热力循环。

蒸汽发生器是核电站的关键设备之一,图 5-3-5 所示为核岛内部设备的蒸汽发生器结构示意图,连通一回路和二回路,其是否发生故障,关系到核电站是否能够安全地运行。蒸汽发生器的传热管很容易发生破裂,根据全世界核电站的运行经验,蒸汽发生器传热管破裂事故是核电站发生概率最高的事故之一。蒸汽发生器的传热管一旦发生破裂事故,将导致回路的冷却剂流向二回路,从而造成一回路

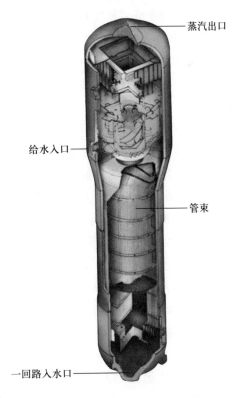

蒸汽出口

给水入口

管束

一回路入水口

图 5-3-5　核岛内部设备的蒸汽
发生器结构示意图

冷却剂丧失,同时可能造成反应堆堆芯损坏,对环境造成放射性污染,对人的健康造成巨大威胁。蒸汽发生器传热管面积占一回路承压面积的 80% 左右,但是传热管是整个一回路压力边界中最薄弱的部分。只要有一根蒸汽发生器传热管破裂,就可能造成放射性物质的泄漏。传热管对保障核电站安全运行极为重要,世界各国都在积极寻找各种方法,改良蒸汽发生器传热管的抗腐蚀性能。任何材料都只有在一定的条件下才具备优良的抗腐蚀性能,而且传热管的损坏还与蒸汽发生器的热工水力特性和水质条件密切相关。

蒸汽发生器中的传热管数量多达几千根,以备在寿期内所发生的泄漏管子被堵塞住以后,仍具有足够的散热面积。传热管泄漏是影响反应堆正常运行的重要原因。为减少泄漏,避免一回路放射性介质污染二回路,传热管应能承受高温、高压、管内外介质的压差和腐蚀及水力振动等工况的作用。因此,传热管材料应具备下列性能:(1) 热强性、热稳定性和焊接性能好;(2) 基体组织稳定,导热率高、热膨胀系数小;(3) 抗均匀腐蚀和抗局部腐蚀能力强;(4) 具有足够的塑性和韧性,以便适应弯管、胀管的加工和振动。法国首先采用了 690 合金,作为新一代蒸汽发生器的传热管,690 合金在各种水环境中抗腐蚀性能都很好,因此 690 合金被认为是目前最好的第三代压水堆蒸汽发生器传热管材料。

5.3.4　核燃料的再循环和废料处理

在商业核能循环的各阶段,生产国防核材料期间,作为研究和医学应用而制备各种同位素时的副产物,以及在高能物理实验各材料的辐照过程中,都会产生不少核废料,最大的核废料源是核裂变发电。核废料具有放射性水平高或放射性持续时间长的特征,危害特别大,即使不接触、吸入或摄入该物质,辐射也会从远处对人体造成伤害。深埋地下的核废料中的放射性核素在衰变过程中放射出衰变热,相当于在地下介质场附加了一个热源。热源的存在影响地下介质场的核素迁移;温度变化也可能造成裂隙张开与闭合,即影响地下应力场。此外,核废料固化体的核素可能从包装容器中浸出,随着地下水的迁移有可能进入生物圈,从而对人类环境造成影响。半衰期短的核废料危害时间相对来说较短,处置较易。而半衰期长的核废料造成的危害持续时间久,处理困难。核废料的安全处理与处置是核循环的最后一个环节。各种类型的放射性核废料的处置取决于其性质。核废料的放射性性质要求在处理、调节、存储和处置材料方面采取特殊的处理措施。

核废料特征:(1) 放射性,核废料一般都具有放射性,唯一的消除方法是靠自身的放射性核素不断衰变,普通的物理、化学和生物方法都无效;(2) 射线危害,核废料放出的射线通过物质时发生电离和激发作用,引起生物体辐射损伤;(3) 热能释放,核废料中放射性核素会通过衰变不断放出热能,所包含的放射性核素越多,释放的热能越多,从而导致核废料温度和盛放核废料的容器温度都不断升高,具有一定的危险性。

核废料来源:(1) 铀(钍)矿山、水冶厂、精炼厂、铀浓缩厂、钍冶金厂、燃料元件加工厂等;(2) 各种类型反应堆,包括研究堆、核电站、核动力船舰、核动力卫星等;(3) 反应堆辐照过的燃料元件(乏燃料)的后处理与提取裂变元素和超铀元素的过程;(4) 核废物处理与核燃料和核废物运输过程;(5) 放射性同位素的生产和应用过程,包括中高能加速器的运行,医院、研究所及高等院校的相关研究活动;(6) 核武器的生产、试验和爆炸过程;(7) 核设备的退役过程。

经核电站使用过的含有放射性核素的水形成了放射性废液。放射性废液具有易浸透、有腐蚀性、不易存储等特点,所以它的处理尤为重要。处理放射性废液,核电站除了可以通过存储衰变除去放射性或者稀释到无害水平后排放到江河、湖泊和海洋中外,还可以通过蒸发、化学沉淀、离子交换、电渗析等处理方法,将放射性废液分离成净化液和浓缩液,从而达到净化的目的。俄罗斯核电站采用双蒸发器处理系统处理放射性废液,处理后的液体再经二级离子交换处理,净化系数从 10^3 提高到 10^5。美国采用反渗透废液处理技术,实现废水回用,以满足“零液体排放”要求,并可针对某些元素进行高纯度净化或去除。美国 Comanch Peak 核电站将其用于去除放射性,特别是 Co 胶体,Cs 和 I 达到监测不到水平,净化系数达 $5.7×10^4$。内陆核电站的含氚废水,在废水处理后,排入冷却塔循环冷却水中,通过蒸发向大气排放。

对固体废物同样有严格的管理。核电站运行中产生的放射性固体废物,主要包括沾污的设备、废树脂器具和劳保用品等。这些废物经压缩减容打包后存储在废物暂存库。为增加核电站废物暂存库的利用空间,低中放射性固体废物的处置首先就是要实施压缩、焚烧等减容措施。焚烧是将可燃的低中放射性固体废物烧成灰,可以获得很大的减容比。焚烧产生的尾气同样要经过净化,监测达标后才可以排放,保证不会污染环境、有害健康。由低中放射性废液蒸发后产生的浓缩物、残留液以及低中放射性固体废物焚烧后产生的灰烬,聚集较多的放射性核素,为了不让它们扩散开来,水泥固化、玻璃固化等方法非常有效。核电站最常用的方法是水泥固化法。把放射性废物按特定的配方浇铸在水泥泥浆中,凝固成坚硬的水泥固化体后,封装在密闭容器中永久封存,等待最终处置。深埋是放射性废物的最终归宿,为其选定一个合适的处置场进行地质处置,与人类的生活环境长期有效隔离,是目前国际公认的放射性废物处置方式。

核废料固化:放射性废液固化,能长期禁锢放射性核素。通常以辐照稳定性、热稳定性、机械稳定性和化学稳定性来度量其性能。主要的固化处理方法如下:水泥固化、沥青固化、塑料固化、玻璃固化、人造岩石固化等,仅具有理论基础[12]。核废料处理后的处置:(1)海洋处置,在海床下存储,在海洋的大部分区域,海床都由厚重的黏土构成,最适合吸收放射性衰变产物;(2)近地表处置;(3)地质处置;(4)太空处置。近年来新兴的核废料处置技术还有冰冻处理、液压笼处理和埋入俯冲带等。

习　题

1. 什么是核能? 核能主要应用于哪些领域? 其产生的主要方式是什么?

2. 本章介绍的核裂变堆类型主要有哪些?

3. 与轻水堆、压水堆相比,重水堆具有哪些优势和不足?

4. ITER 实验堆主要包括哪些内容? 核心是什么? 其中的主要部件是什么?

5. 第四代核能系统国际论坛(GIF)中涉及核能发展的哪些问题? 其中关键环节是什么?

6. 什么是放射性现象?

7. 什么是放射性衰变现象? 自然界中存在哪些类型的放射性衰变?

8. 什么是放射性核素的半衰期和平均寿命?

9. 什么是瞬发中子? 它们是如何产生的?

10. 试比较 H_2 与 D_2O 作为慢化剂的优、缺点。

11. 简述燃料芯体应满足的要求及其原因。

12. 简述核燃料的分类。

13. 金属铀燃料有何缺点?

14. 简述 UO_2 这种陶瓷燃料的特点。

15. 简述燃料包壳管的作用及要求。

16. 假设堆芯内所含燃料是富集度 3% 的 UO_2; 慢化剂为重水 D_2O, 慢化剂温度为 260 ℃, 并且假设中子是全部热能化的, 在整个中子能谱范围内都适用 1/v 定律。试计算中子注量率为 $10^{13} cm^{-2} \cdot s$ 处燃料元件内的体积释热率。

17. 已知 ^{224}Rn 的半衰期为 3.66 天, 问一天和十天后衰变的比例分别是多少? 若开始有 1 μg, 问一天和十天后分别有多少原子发生衰变?

18. 已知 ^{15}N 的结合能为 115.49 MeV, ^{15}O 的 β^+ 衰变能为 1.73 MeV, 中子的 β^- 衰变能为 0.78 MeV, 试求 ^{15}O 的结合能。

参 考 文 献

科学小故事

第 6 章

太阳能

第 1 节　太阳能概述和半导体基础

6.1.1　太阳能概述

能源是人类社会赖以生存和发展的重要物质基础。随着全球人口的不断增长和社会经济的快速发展,人们对能源的消耗和依赖程度也逐渐增强。目前,在全球能源消耗结构中,煤炭、石油、天然气等传统化石燃料仍占据重要的位置。但化石燃料储量有限,且伴随着化石燃料的利用,随之带来的环境污染问题也日益严峻。

基于可持续发展和能源安全的考虑,开发和利用可再生能源已成为全球各国的重要战略选择。在众多可再生能源中,太阳能以其独特的优势受到人们的瞩目。太阳能能量巨大、清洁无污染,且不受地域限制,如何对其进行高效开发和利用将成为解决能源危机和环境污染的关键所在。现今,太阳能的利用方式主要有光热转换、光电转换及光化学转换。

太阳可以等效为每时每刻释放着电磁波的黑体(表面温度为 6000 K),太阳光谱主要包括紫外光区(波长<0.4 μm)、可见光区(波长 0.4~0.76 μm)及红外光区(波长>0.76 μm),见表 6-1-1。然而,由于太阳辐射到达地面时,经过大气层中氧气、臭氧、水蒸气及悬浮微粒和灰尘等的吸收和散射,到达地面的能量会大幅度降低,如图 6-1-1 所示。

表 6-1-1　大气外层太阳光谱分布

光线类别	波长/μm	辐射强度/($W \cdot m^{-2}$)	比例/%
紫外光区	<0.4	95.69	7
可见光区	0.4~0.76	683.50	50
红外光区	>0.76	587.81	43

太阳常数是指在日地平均距离上,大气上界垂直于太阳光线的单位面积单位时间接受的太阳辐射。由于辐射度高且测试环境难以控制,所以该测定值有一定的差异。目前公认

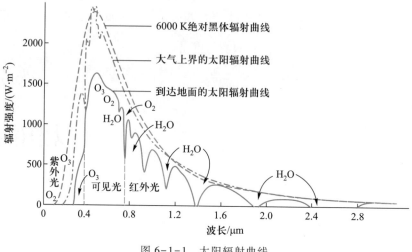

图 6-1-1 太阳辐射曲线

的数值为 1981 年世界气象组织公布的 $(1367\pm7)\,\mathrm{W\cdot m^{-2}}$。

太阳辐射在大气中的衰减可以用大气质量(air mass,AM)来衡量。

$$AM = \frac{1}{\cos\theta} \tag{6-1-1}$$

式中,θ 为太阳和头顶正上方所成的角度,称为天顶角。在地球大气层外面,由于太阳辐射不穿过大气层,该处大气质量为 AM0。

当太阳在头顶正上方时,即 $\theta=0°$,此时太阳辐射通过大气层路程最短,大气质量称为 AM1。由于地球表面不同地区的太阳光谱成分和强度不同,为方便统一标准,国际上将 θ 为 48° 时的太阳辐射,即 AM1.5,作为一种典型的光谱标准,其太阳总辐射强度为 1000 W·m^{-2},如图 6-1-2 所示[1]。

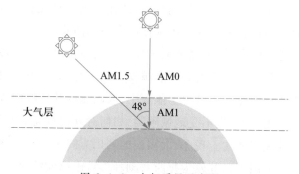

图 6-1-2 大气质量示意图

6.1.2 半导体基础

在太阳能的三大利用途径中,光电利用与光化学利用均建立在半导体材料基础之上,详细了解半导体的基本性能可以更好地对太阳能进行开发和利用。

原子中的电子在原子核和其他电子的作用下,分别处于不同的能级。当多个原子相互靠近形成晶体时,相邻原子间的电子能级会发生重叠,电子不再局限于某一原子,可以从一个原子转移到相邻原子上,即可以在整个晶体中运动,称为电子的共有化运动。

当 N 个原子组成晶体时,原来的单一能级将分裂成 N 个相距很近的能级,形成近似连续的能带,如图 6-1-3 所示。此时,共有化的电子不在一个能级上运动,而是在晶体的能带内运动,此能带称为允带。允带之间因没有能级而称为禁带。内层电子处于低能级,共有化程度低,能级分裂得较小,能带较窄。而外层电子,特别是价电子,所处能级高,共有化运动显著,能级分裂得较大,能带较宽。

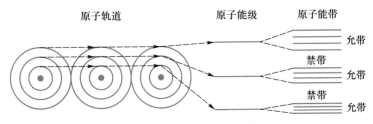

原子轨道　　　　　原子能级　　　原子能带

允带

禁带

允带

禁带

允带

图 6-1-3　原子能级分裂示意图

固体按导电性可以分为导体、半导体和绝缘体。所谓导电,是电子在外电场作用下发生定向移动。电子由低能级到高能级依次填充能带如图 6-1-4 所示。一般,原子的内层能级都被电子占满,称为满带。能被电子占满的最高能带称为价带。对于被电子部分占满的能带,在外电场作用下,电子可以跃迁到未被占据的能级,形成电流,这种能带称为导带。金属原子中价电子占据的能带是部分占满的,因此电导率很大。绝缘体和半导体能带情况类似,在 0 K 时,能级从上到下依次为空带、禁带和满带。当温度升高或光照射时,满带中的少量电子可以被激发到空带中去,同时,在满带中留下空的量子态,称为空穴。这些电子和空穴在外电场作用下可以参与导电。半导体禁带宽度为 1~2 eV,价带中的电子在一定条件下可以跃迁到导带中,使材料具有导电性。而绝缘体禁带宽度较大,一般大于 5 eV,价带中的电子难以跃迁到导带中,所以电导率很小。

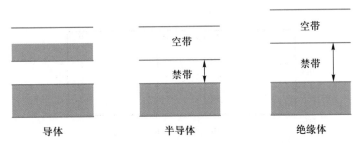

空带

空带

禁带

禁带

导体　　　　　　半导体　　　　　绝缘体

图 6-1-4　导体、半导体、绝缘体的能带示意图

实际应用中的半导体,其原子排列并不严格地遵循周期性,其中存在各种形式的杂质和缺陷,而微量的杂质和缺陷会对半导体的性质产生决定性的影响。

例如,将 ⅤA 族元素(如磷)掺入晶体硅中,磷原子将占据硅原子的晶格位置,磷原子 5 个价电子中的 4 个将与周围的硅原子形成共价键,而多余的价电子被束缚在原子核周围。一旦接受能量激发,这个价电子很容易脱离杂质原子的束缚,从杂质能级跃迁至导带,成为自由电子,同时磷原子由于少了一个价电子而变为带正电荷的磷离子。我们将这种能够释放电子而产生导电电子并形成正电荷中心的杂质称为施主杂质或 n 型杂质,见图 6-1-5 (a)。通常把主要依靠导带电子导电的半导体称为 n 型半导体。

如果将 ⅢA 族元素(如硼)掺入晶体硅中,硼原子的 3 个价电子与周围的硅原子形成共价键时,还缺少一个电子,需从别处的硅原子中夺取一个电子,于是在晶体硅中产生一个空

194　穴,空穴被束缚在硼原子附近。当接受较少能量激发时,空穴挣脱束缚,成为自由移动的导电空穴,而硼原子因为多了一个价电子而变为带负电荷的硼离子。我们将这种能够接受电子而产生导电空穴并形成负电荷中心的杂质称为受主杂质或 p 型杂质,见图 6-1-5(b)。通常把主要依靠空穴导电的半导体称为 p 型半导体。

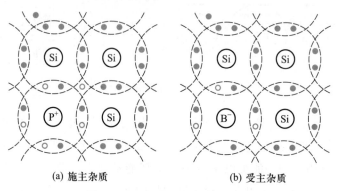

(a) 施主杂质　　　　　　　　　(b) 受主杂质

图 6-1-5　施主杂质和受主杂质

　　将 p 型半导体与 n 型半导体通过一定的工艺结合在一起,在两者的交界处就形成了具有特定功能的结构,即 p-n 结。p 型半导体空穴多电子少,而 n 型半导体电子多空穴少。当形成 p-n 结时,在浓度梯度作用下,空穴从 p 区扩散至 n 区,留下带负电荷的离子,在 p-n 结附近 p 区形成负电荷区;电子从 n 区扩散至 p 区,留下带正电荷的离子,在 p-n 结附近 n 区形成正电荷区。通常把这些带电荷离子所带电荷称为空间电荷,它们所在的区域为空间电荷区[2]。

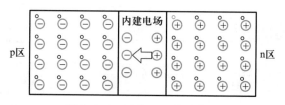

图 6-1-6　平衡 p-n 结示意图

　　在空间电荷区出现了由正电荷指向负电荷,即 n 区指向 p 区的电场,称为内建电场,如图 6-1-6 所示。在内建电场作用下,电子和空穴出现了与扩散方向相反的漂移运动。随扩散运动的进行,空间电荷区逐渐扩展,内建电场逐渐增强,导致载流子漂移运动也逐渐增强。在无外加电压情况下,扩散和漂移达到动态平衡,此时,p-n 结对外不呈现电流。

第 2 节　太阳能光热利用

6.2.1　太阳能光热利用概况

　　太阳能光热利用是将太阳辐射的能量收集起来,通过与物质的相互作用转换成热能并加以利用[3]。目前,太阳能光热利用主要分为两个层次:一是中低温应用,包括太阳能热水系统、太阳能干燥、太阳能蒸馏、太阳能采暖、太阳能温室等低于 100 ℃ 的应用领域,已达到实用化阶段;二是中高温应用,包括太阳能制冷空调、太阳能热发电等高于 100 ℃ 的应用领域,正处于研发和示范推广阶段。随着聚光型太阳能集热器的发展,太阳能光热利用在高温领域也正走向实用化[4]。根据《中国可再生能源发展路线图 2050》,太阳能光热利用将逐渐从以热水系统为主向工农业全面发展,具有广阔的应用市场和前景。本部分主要介绍常见的太阳能光热利用技术。

6.2.2　太阳能热水系统

太阳能热水系统通过把太阳辐射能转化为热能,将水从低温加热到高温,以满足人们在生活、生产中的热水使用,目前已得到广泛应用。太阳能热水系统主要由太阳能集热系统和热水供应系统组成,其中集热器吸收太阳辐射的能量并传递给传热介质,是太阳能热水系统的关键。根据集热器技术革新过程,可将其分为平板式集热器、全玻璃真空管式集热器和热管式真空集热器。

1. 平板式集热器

平板式集热器由吸热板、透明盖板、保温层和外壳四部分组成,如图 6-2-1 所示。太阳光透过透明盖板照射到涂有吸收涂层的吸热板上,吸热板升温并将热量传递给排管内传热工质。吸热板材料大多为铜,也可以是铝合金、钢材、镀锌板等。透明盖板容易透过可见光,而不易透过红外光,阻止吸热板以红外光的形式向外散发能量,形成温室效应,使传热工质能带走更多热量而提高集热器的热效率。集热器外壳内的隔热材料为保温层,可减少热量损失。

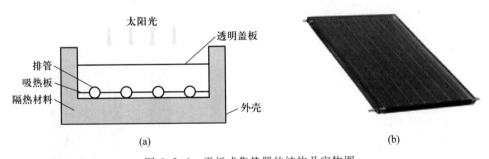

图 6-2-1　平板式集热器的结构及实物图

平板式集热器结构简单,运行可靠,热流密度低,可承压运行,热水温度达 30~70 ℃,与建筑结构结合良好。但由于吸热板和透明盖板之间的空气夹层会产生对流散热,吸热板和外壳会向外传导散热,因此存在较大的热损失,在低温环境中集热效率低,在北方严寒地带的应用受到限制。

2. 全玻璃真空管式集热器

全玻璃真空管式集热器由两根同轴玻璃管组成,内玻璃管和外玻璃管之间抽成真空,吸收涂层沉积在内玻璃管的外表面,形成吸收体,将太阳辐射转化为热能,加热内玻璃管内的传热流体(见图 6-2-2)。集热管采用单端开口设计,开口端通过内玻璃管和外玻璃管熔封连接起来,内玻璃管另一端为密闭半球形,带有吸气剂的弹簧支架将内玻璃管圆头端支撑在外玻璃管内表面。内玻璃管吸收太阳辐射后温度升高产生热膨胀,圆头端为热膨胀自由端。弹簧支架上的吸气剂可吸收集热器在玻璃、弹簧支架和吸收涂层释放的气体,以及外界渗透到真空夹层内的气体,从而维持夹层的真空度。这种集热器的集热效率高,但不能承压,易爆裂,易结垢,不适合与建筑一体化设计。

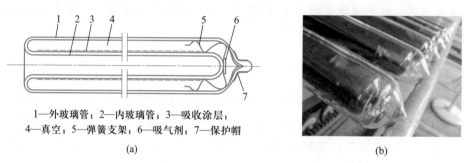

1—外玻璃管；2—内玻璃管；3—吸收涂层；
4—真空；5—弹簧支架；6—吸气剂；7—保护帽

(a)　　　　　　　　　　　　　　(b)

图 6-2-2　全玻璃真空管式集热器的结构及实物图

3. 热管式真空管集热器

热管式真空管集热器由热管、金属吸热板、玻璃管、金属封盖、弹簧支架、蒸散型吸气剂、非蒸散型吸气剂等组成,其中热管包括蒸发段和冷凝段两部分(见图 6-2-3)。热管式真空集热管一般使用重力热管,又称为热虹吸管。集热器在工作时,金属吸热板吸收太阳辐射并转换为热能,传导给热管,使热管蒸发段工质汽化。工质蒸汽上升到热管冷凝段后,在低温内表面凝结并释放热量,传递给集热器的传热介质。冷凝后的液态工质依靠自身重力流回热管蒸发段,然后循环以上过程。由于液态工质需要依靠自身重力从冷凝段回到蒸发段,因此冷凝段必须处于上方。在安装时,集热器需要与地面保持 15° 以上的倾角。

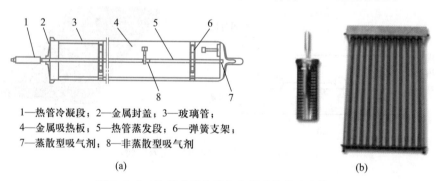

1—热管冷凝段；2—金属封盖；3—玻璃管；
4—金属吸热板；5—热管蒸发段；6—弹簧支架；
7—蒸散型吸气剂；8—非蒸散型吸气剂

(a)　　　　　　　　　　　　　　(b)

图 6-2-3　热管式真空管集热器的结构及实物图

热管式真空管利用汽化潜热传递热能,其传热系数比相同尺寸的金属棒热导率大几个数量级。重力热管最大特点是没有吸液芯,与特殊条件下使用吸液芯的热管相比,具有结构简单、成本低、制备方便、工作可靠等优点。

6.2.3　太阳能制冷空调

传统的空调制冷技术大部分以电为动力,用制冷剂把冷空间的热量转移到大气中去,不仅使环境温度升高,用电负荷增大,而且制冷剂中的氟化物会破坏大气臭氧层,产生温室效应。从理论上讲,太阳能制冷空调有两种实现方式:第一种是先实现光电转换,再用电能驱动空调;第二种是将太阳能转化的热能作为驱动空调系统的能量。因前者需要利用太阳能发电技术,故太阳能制冷空调一般指热能驱动的空调技术,其制冷系统主要有两种,分别为吸收式制冷系统和吸附式制冷系统。

1. 吸收式制冷系统

吸收式制冷是利用吸收剂的吸收和蒸发特性进行制冷的技术,已进入应用阶段。根据吸收剂的不同,可分为氨-水吸收式制冷和溴化锂-水吸收式制冷,其中溴化锂-水制冷由于能效比(COP)高、对热源温度要求低、无毒性以及环境友好,占据了研究和应用的主流地位。溴化锂-水吸收式制冷系统主要由太阳能集热器、热水型溴化锂吸收式制冷机(溴冷机)、热水箱、冷水箱、循环水泵、冷却水塔和自动控制系统等部分组成[5],如图 6-2-4 所示。

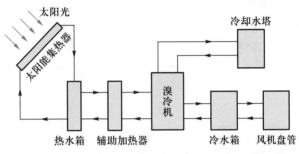

图 6-2-4 太阳能驱动的溴化锂-水吸收式制冷系统示意图

太阳能制冷空调首先将被太阳能集热器加热的水储存在热水箱中,当热水箱中的热水温度达到一定值时,水箱向溴冷机提供所需的热水,从溴冷机流出的低温热水流回热水箱,并再次由太阳能集热器加热成高温热水。当太阳能不足时,可使用辅助加热器提高热水温度,以满足空调的要求。而溴冷机产生的冷水首先储存在冷水箱中,再由冷水箱分别向各个空调提供冷水,以达到制冷的目的。

2. 吸附式制冷系统

吸附式制冷系统仍处于实验研究阶段,其原理是利用吸附床中固体吸附剂对制冷剂的周期性吸附和解吸附过程实现循环制冷。吸附式制冷系统主要包括吸附集热器、蒸发器、冷凝器、储液器、节流阀、真空阀等(见图 6-2-5)。常用的吸附剂-制冷剂工质对有活性炭-甲醇、活性炭-氨、硅胶-水、氯化钙-氨、金属氢化物-氢等。

吸附式制冷具有系统结构简单、运行费用低、运动部件少、噪声小、能利用低品位热源等优点。因太阳辐射具有间歇性,吸附式制冷系统都是以基本循环方式运行的,白天系统为解析过程,晚上为吸附制冷过程,故太阳能吸附式制冷系统的工作循环是间歇式的。要实现制冷的连续性,必须

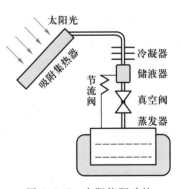

图 6-2-5 太阳能驱动的
吸附式制冷系统示意图

使用两台或多台吸附集热器,通过吸附集热器加热和冷却运行状态的切换,实现不间断

制冷。

6.2.4 太阳能热发电

太阳能热发电是利用集热器将太阳辐射能转换成热能并通过热力循环进行发电的过程,是太阳能热利用的重要方面[6]。集热器向蒸发器供热,所用工质通常为水,工质在蒸发器或锅炉中加热为过热蒸汽,然后进入涡轮机,通过喷管加速后驱动叶轮旋转,从而带动大电动机发电。离开涡轮机的工质仍然为蒸汽,但其压力和温度都已大大降低,成为饱和蒸汽,然后进入冷凝管,向冷却水或空气释放潜热,凝结成液体。凝结工质最后被重新泵送回蒸发器或锅炉中,开始新的循环。一般来说,太阳能热发电系统有槽式、塔式、碟式和菲涅尔式四种[7]。

1. 槽式太阳能热发电系统

槽式太阳能热发电系统全称为槽式抛物面反射镜太阳能热发电系统,此系统借助经过串并联排列的槽形抛物面聚光器将太阳光反射到聚热管上,将水加热成蒸汽,推动汽轮机发电。系统配备一个辅助燃烧炉,作为太阳能不足时的补充。槽式太阳能热发电系统如图 6-2-6 所示。

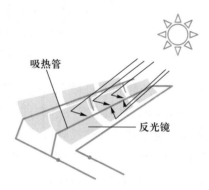

吸热管

反光镜

图 6-2-6 槽式太阳能热发电系统

要提高槽式太阳能热发电系统的运行效率,首先需要自动跟踪装置,要求槽式聚光器时刻对准太阳,从源头上最大限度地提供太阳能。据统计,跟踪所获得的能量比非跟踪要高出 37.7%。另外要控制传热液体回路的温度与压力,以满足汽轮机的要求,实现系统的高效发电。

由于太阳能反射镜是固定在地上的,所以不仅能更有效地抵御风雨的侵蚀破坏,还可大大降低反射镜支架的造价。采用菲涅尔凸透镜技术突破了以往一套控制装置只能控制一面反射镜的限制,可以对数百面反射镜同时进行跟踪,将数百平方米或数千平方米的阳光聚焦到光能转换部件上,改变了以往整个工程造价大部分在自动跟踪装置的成本上的局面。同时尽可能采取国产化的集热核心部件、镜面反射材料和高温直通管,降低了发电系统的成本和运输安装费用。这两项突破克服了长期制约槽式太阳能热发电系统大规模应用的技术障碍,为实现太阳能中高温设备标准化制造和产业化、规模化运作开辟了广阔的道路。

2. 塔式太阳能热发电系统

塔式太阳能热发电系统又称集中式太阳能热发电系统。如图 6-2-7 所示,在大面积的场地上装有诸多大型太阳能反射镜,利用计算机控制跟踪太阳的定日镜群,将太阳光聚集在中央接收塔的接收器上,用来产生高温以加热工质。塔式太阳能热发电系统聚光比可达 300~1000,接收器可收集 100 MW 的辐射,产生 1100 ℃ 的高温。传热工质可以是水、液态盐等,通过热交换产生过热蒸汽或高温气体,驱动发电机组,从而将太阳能转换为电能。

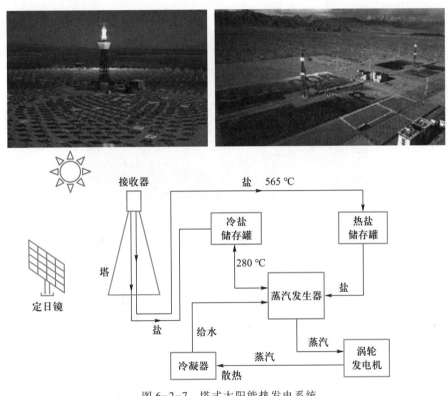

图 6-2-7　塔式太阳能热发电系统

塔式太阳能热发电系统的关键技术在于定日镜、接收器和蓄热材料。定日镜由反射镜、太阳跟踪系统、基座和通信系统组成,将太阳辐射反射到塔顶的接收器,是投资最多和占地面积最大的部件;接收器是系统的核心部件,将太阳能转换为传热工质的热能;太阳能受季节、昼夜和气象的影响较大,蓄热材料有利于保证发电系统的热源稳定性。

塔式太阳能热发电系统的优点是聚光倍数高,易达到较高的工作温度;阵列中的定日镜越多,聚光比越大,接收器的集热温度就越高;接收器散热面积相对较小,热损失少,容易获得较高的光热转换效率。

3. 碟式太阳能热发电系统

碟式太阳能热发电系统又称盘式太阳能热发电系统,是世界上最早出现的太阳能动力系统,也是光电转换效率最高的太阳能热发电系统,最高效率可达 29.4%。碟式太阳能热发电系统主要由碟式聚光镜(反射镜)、接收器、斯特林发动机(一种外燃机,依靠加热器加热工质进行运作,在机组内发动机带动发电机运转发电。斯特林循环由两个定容吸热过程和

200 两个定温膨胀过程组成)和发电设备组成,如图 6-2-8 所示。每个碟式太阳能热发电系统都有一个汇聚太阳光的旋转抛物面反射镜,圆形的反射镜形状与碟子相似,故称为碟式反射镜。反射镜面积为几十到几百平方米,由小镜面拼接成近似圆形的镜面。碟式太阳能热发电系统借助双轴跟踪,旋转抛物面反射镜将接收的太阳能集中在其焦点的接收器上,并转换为热能,可将传热工质加热到 750 ℃。在接收器上安装热电转换装置,从而将热能转换为电能。碟式太阳能热发电系统可以作为边远地区的小型电源独立运作,一般功率为 10~25 kW,聚光镜直径为 10~15 m。

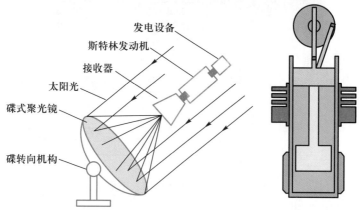

图 6-2-8　碟式太阳能热发电系统和斯特林发动机

碟式太阳能热发电系统可以单机标准化运行,具有寿命长、综合效率高、运行灵活性强的优点,既可作为分布式系统单独供电,也可并网发电。但碟式太阳能热发电系统也有一定的缺点:对光学和机械系统的精度要求高,造价昂贵;高聚光产生过高甚至具有破坏性的温度,并不能充分发挥其高聚光的优点;热储存困难,热熔盐储热技术危险性大且造价高。

4. 菲涅尔式太阳能热发电系统

菲涅尔式太阳能热发电系统的工作原理与槽式太阳能热发电系统的类似,只是用菲涅尔结构的聚光镜替代抛面镜。利用线性菲涅尔反射聚光集热器,吸收太阳辐射,产生高温高压蒸汽推动发电机发电。此类系统聚光倍数只有数十倍,因此产生的蒸汽质量不高,整个系统的年发电效率仅能达到 10% 左右;但由于系统结构简单、直接使用导热介质产生蒸汽等特点,其建设和维护成本相对较低。菲涅尔式太阳能热发电系统如图 6-2-9 所示。

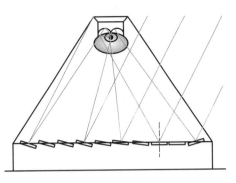

图 6-2-9 菲涅尔式太阳能热发电系统

6.2.5 太阳能采暖

太阳能采暖系统是指通过集热器收集太阳能,将冷水加热转换成方便使用的热水,然后输送到地板采暖系统、散热器系统等发热末端进行采暖的系统。太阳能采暖房大部分使用太阳能低温热水地板辐射采暖,也可以把建筑物作为介质,用自然交换的方法来采暖。由于建筑物的朝向和太阳光散热不均,自然交换供热技术具有不稳定性等缺点,采暖技术还不成熟。

1. 太阳能采暖系统

主动式太阳能采暖系统(见图 6-2-10)包括太阳能集热器和辅助泵,用来吸收太阳光辐照能量以加热空气或水。这些系统也可以配备能量储存设备,以便储存能量在没有太阳辐照的时候继续采暖。主动式太阳能采暖系统可以根据太阳能集热器中使用的流体而分为两大类:一是使用液体的系统,采用水或防冻溶液为太阳能集热器中的热传导流体;二是使用空气的系统,采用空气为太阳能集热器中的热传导流体。在配备能量储存设备的系统中,工作流体通常是液体。

被动式太阳能采暖系统(见图 6-2-11)通过建筑物本身,直接利用太阳光中的热能。可以采用朝南的窗户以使更多的阳光照射到内部空间,也可采用合适的建筑材料来增加吸收到

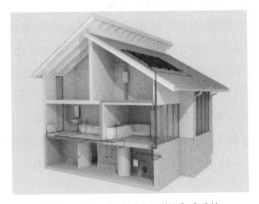

图 6-2-10 主动式太阳能采暖系统

图 6-2-11 被动式太阳能采暖系统

内部空间的热能并减少流失到周围环境的热能。太阳光中的热能可以通过直接吸热、间接吸热和分离吸热三种方式进入内部空间。直接吸热是指建筑物的材料(如瓦片和混凝土)会储存辐射入建筑物内部的热能,并把热能缓慢地释放出来;间接吸热是指利用位于太阳和居住空间之间(通常是墙)的材料,以储存和释放热量;分离吸热是指从主要居住空间以外的地方采集太阳能,如从房屋附加的日光室收集太阳能并将产生的暖空气自然地流向房屋其他部分。

2. 太阳能采暖的主要特点

太阳能采暖是一项环保工程,与普通采暖方式的主要区别是热源不同,普通采暖主要利用燃煤、电、油、气等,而太阳能采暖则是利用太阳能,无污染且可再生。太阳能采暖经济效益显著,一般 3~5 年即可收回投资成本,而它的使用寿命可达 20 年左右。太阳能采暖清洁安全,有利于节能减排,不会产生传统煤燃烧采暖引起的一氧化碳中毒危险,也不会发生烫伤等意外,还可以免费获得洗浴热水,是一举多得的节能减排工程。

3. 太阳能采暖系统与太阳能热水系统的异同

太阳能采暖系统与太阳能热水系统都是利用集热器收集太阳热能并用于系统中,二者有许多相同之处,但在应用目的、应用对象等方面有很大的不同,在实际的设计安装中也有许多不同的特点。

两者的集热和蓄热技术基本相同。太阳能采暖系统和太阳能热水系统的集热设备、保温水箱和管道安装等方面基本相同。集热设备都可以是平板式集热器、真空管集热器、聚光型集热器等。保温水箱的原理和制作方法也基本相同,甚至在管道、管材、管件、保温层厚度和材料选择等方面,也有相同之处。

两者的应用目的不同。普通太阳能热水系统是为了满足生产或生活需要的热水,这些热水就是最终的产品,会被直接用掉。而太阳能采暖系统主要是为了收集太阳热能,并把这些热能传输到室内,热水在这里只是工作介质(工质),并不是最终产品。

两者的安装工艺要求不同。太阳能热水系统一般有较完整的安装场地或安装平台,热水系统与建筑结合比较容易,故比较容易排布太阳能集热器阵列。而太阳能采暖工程一般是家庭太阳能热利用工程,太阳能集热器阵列的排布必须与用户的房屋建筑相适应,这就加大了安装排布的难度;不仅如此,如果是斜屋顶建筑,对集热系统构件和工艺的要求就会相应提高,以达到既要集热效果好,又要满足建筑物外观协调和美观的要求。

两者对储热水箱的储存量要求不同。普通太阳能热水系统根据定温或定时用水的要求,要求储热水箱能把每天产生的热水储存下来供用户使用,储水量与集热面积成正比,可达几百千克到几百吨。而太阳能采暖系统一般不要求很大的储热水箱,因为过大的水箱会增加系统的造价和热量损失。

两者的运行循环模式不同。太阳能热水系统一般包括集热和储热两个系统,其使用设施作为末端装置,只是把热水分散到各处用掉,一般不与上游的集热和储热系统发生反馈性关联。太阳能采暖系统一般是三元系统,包括太阳能集热系统、储热系统和用热系统,三个系统相互关联、相互影响。

通过以上比较可以看出,太阳能采暖系统与太阳能热水系统有很大的区别,在设计时不能照搬热水系统的设计,应该用逆向思维设计满足供暖需求的集热、储热、传输和用热的设备型号和运行模式。

6.2.6　太阳能干燥

利用太阳能干燥是人类利用太阳能历史最悠久、应用最广泛的一种形式。早在几千年前,我们的祖先就已把食品和农副产品直接放在太阳底下摊晒,待物品干燥后再储存放置。这种露天自然的被动式干燥一直延续至今,但是也存在诸多弊端:效率低,周期长,占地大,易受阵雨、梅雨等气候条件的影响,也易受风沙、灰尘、苍蝇、虫蚁等的污染,难以保证被干燥食品和农副产品的质量。

太阳能干燥是指利用太阳能干燥器对物料进行干燥,可称为主动式太阳能干燥。如今,太阳能干燥技术的应用范围进一步扩大,已从食品、农副产品扩大到木材、中药材、工业产品等。

干燥过程是利用热能使固体物料中的水分汽化并扩散到空气中的过程。物料表面获得热量后,将热量传入物料内部,使物料中所含的水分从物料内部以液态或气态方式扩散到物料表面,然后通过物料表面的气膜扩散到空气中去,使物料中所含的水分逐步减少,最终成为干燥状态。因此,干燥过程实际上是一个传热、传质的过程。

太阳能干燥通常以空气为干燥介质。在太阳能干燥器中,集热器吸收太阳能并加热空气,热空气与被干燥物料接触,将热量不断传递给被干燥物料,使物料中水分不断汽化,并把水汽及时带走,从而使物料得以干燥。要完成这样的过程,必须使干燥介质中水汽的分压低于被干燥物料表面水汽的压力,压差越大,干燥过程就进行得越快。因此,必须及时地将干燥介质中的水汽带走,以保持一定的水汽推动力。如果压差为零,就意味着干燥介质与物料的水汽达到平衡,干燥过程就停止。图 6-2-12 为温室型太阳能干燥器示意图。

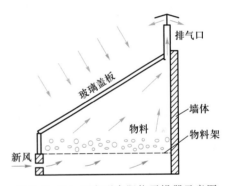

图 6-2-12　温室型太阳能干燥器示意图

与常规能源干燥相比,太阳能干燥将太阳能转换成热能,节省干燥过程中所消耗的燃料,具有节约能源和保护环境的优点。与露天自然干燥相比,太阳能干燥在特定的装置内完成,可提高干燥温度、缩短干燥时间、提高生产效率和产品质量。

第 3 节　太阳能光电利用

6.3.1　太阳能电池基本原理和发展概况

太阳能电池也称为光伏电池,是通过光电效应或光化学效应直接将太阳能转换为电能的一种装置,是太阳能利用的一种重要方式。与其他发电技术相比,太阳能发电清洁、无污染,是一种可持续发展的能源利用技术。自 1839 年法国物理学家 Becquerel 发现"光生伏特"效应以来,太阳能电池的发展历史已经长达 180 多年。1883 年 Charles Fritts 在半导体硒上涂覆一层超薄金,实现了第一块太阳能电池的制备。在 20 世纪初,科学家们开始对光伏效应进行理论研究。1954 年美国贝尔实验室报道了第一个实用化单晶硅太阳能电池,光电转换效率为 6%,光伏发电技术由此发展起来。由于昂贵的成本和低的光电转换效率,太阳能电池首先被应用于空间领域。随着 1973 年石油危机的爆发,人们开始对新能源产生极大的关注,特别是地面大规模太阳能电池供电,受到各国政府的高度重视。此后,在科学家和产业界的努力下,太阳能电池的成本和光电转换效率不断得到改善和提高,光伏发电一步步迈向产业化、规范化发展,成为人们可依赖的可再生能源保障。

太阳能电池工作原理的基础是半导体 p-n 结(详见 6.1.1 节)的光生伏打效应。简单地说,这是当物体受到光照时,其体内的电荷分布状态发生变化而产生电动势和电流的一种效应。图 6-3-1 所示为太阳能电池结构示意图,当太阳光照射 p-n 结时,在半导体内的价电子由于获得了光能而释放电子,相应地产生电子-空穴对,并在内建电场的作用下,电子被驱向 n 型区,空穴被驱向 p 型区,从而使 n 型区有过剩的电子,p 型区有过剩的空穴;于是就在 p-n 结附近形成了与势垒电场方向相反的光生电场。光生电场的一部分抵消势垒电,剩余部分使 p 型区带正电荷、n 型区带负电荷;于是就使得 n 型区与 p 型区之间的薄层产生电动势,即"光生伏打"电动势。当接通外电路时,便有电能输出。

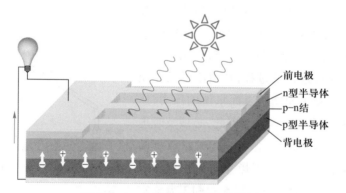

图 6-3-1　太阳能电池结构示意图

评价太阳能电池光伏性能好坏最直接的方法就是在标准测试条件下(大气质量为 1.5,入射光强度为 100 mW · cm^{-2},温度为 25 ℃)对其进行光电流密度-电压(J-V)的曲线测试。从 J-V 图中可以得到四个关键参数:短路电流密度(J_{sc})、开路电压(V_{oc})、填充因子(FF)、光电转换效率(η)。

J_{sc} 是当没有外加负载,太阳能电池处于短路状态时的电流,即图 6-3-2 中 J-V 曲线在 y 轴上的截距。J_{sc} 和太阳能电池的面积密切相关,要消除太阳能电池对面积的依赖,通常用

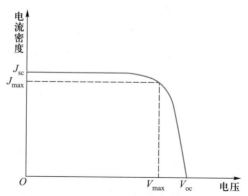

图 6-3-2　光照条件下太阳能电池的
J-V 曲线

短路电流密度 J_{sc} 来评价器件性能。J_{sc} 的大小直接取决于光照强度及电池的光学特性,如吸收、反射等;此外,J_{sc} 还与载流子的收集效率相关。

短路电流密度 J_{sc} 是短路电流与电池活性面积的比值,其物理意义是电路处于短路情况下的电流密度。J_{sc} 可由入射单色光电子转化效率(incident photoelectron conversion efficiency,$IPCE$)在整个波长范围内积分获得

$$J_{sc} = \int qF(\lambda)\left[1 - r(\lambda)\right]IPCE(\lambda)\,\mathrm{d}\lambda \qquad (6\text{-}3\text{-}1)$$

开路电压 V_{oc} 是指太阳能电池处于开路状态,即电阻无穷大时的电压,对应于 J-V 曲线在 x 轴上的截距。V_{oc} 本质上由半导体材料间的能级差决定,同时,界面性能及载流子的复合等都会对其产生影响。V_{oc} 计算公式为

$$V_{oc} = \frac{k_0 T}{q}\ln\left(\frac{I_L}{I_s} + 1\right) \qquad (6\text{-}3\text{-}2)$$

式中 I_L 是光生电流;I_s 是反向饱和电流。

填充因子 FF 也叫曲线因子,为电池最大输出功率(P_{max})与 V_{oc} 和 I_{sc} 乘积的比值:

$$FF = \frac{P_{max}}{V_{oc} \cdot I_{sc}} = \frac{V_{max} \cdot I_{max}}{V_{oc} \cdot I_{sc}} \qquad (6\text{-}3\text{-}3)$$

式中,V_{max} 和 I_{max} 分别是最大输出功率对应的电压和电流。FF 反映了太阳能电池质量的优劣,FF 越大,太阳能电池的输出特性越趋近于矩形,输出功率越大。

光电转换效率 η 是电池最大输出功率(P_{max})与输入功率(P_{in})的比值,该数值的大小可以直接反应太阳能电池性能的高低:

$$\eta = \frac{P_{max}}{P_{in}} = \frac{FF \cdot V_{oc} \cdot I_{sc}}{P_{in}} \qquad (6\text{-}3\text{-}4)$$

外量子效率(external quantum efficiency,EQE)是单位时间内外电路中所产生的电子数 N_e 与入射单色光子数 N_p 的比值。其数学表达式为

$$EQE = \frac{1240 J_{sc}}{\lambda P_{in}} \qquad (6\text{-}3\text{-}5)$$

对太阳能电池材料一般有如下要求:(1)半导体材料具有合理的禁带宽度和较高的光电转换效率;(2)生产工艺简单,有利于工业化大规模生产;(3)材料应绿色环保,对生态环境的影响尽可能小;(4)光伏发电材料应具有较高的稳定性和较长的使用寿命。

6.3.2　太阳能电池分类

半导体材料是太阳能电池的关键部分,根据材料不同,可以将太阳能电池分为以下几类:硅基太阳能电池、化合物薄膜太阳能电池、染料敏化太阳能电池、有机太阳能电池、钙钛矿太阳能电池。

1. 硅基太阳能电池

作为地球范围内分布最广的元素之一,硅元素构成了地壳总质量的 27.7%,仅次于第一位的氧(49.4%)。硅基太阳能电池是目前市场上占有率最高的太阳能电池,根据硅片厚度

206

不同,可以分为晶体硅太阳能电池和硅基薄膜太阳能电池。晶体硅太阳能电池又可以分为单晶硅太阳能电池、多晶硅太阳能电池;硅基薄膜太阳能电池又可以分为非晶硅薄膜太阳能电池、微晶硅薄膜太阳能电池、纳米晶硅薄膜太阳能电池。

单晶硅太阳能电池是以高纯度(99.999%)的单晶硅棒为原料的太阳能电池,在众多硅基太阳能电池中,单晶硅太阳能电池的光电转换效率最高,技术也最成熟。通常是先制得多晶硅或无定形硅,再用直拉法或悬浮区熔法从熔体中生长出棒状单晶硅。然后将单晶硅棒切成厚约 0.3 mm 的圆薄片,再经抛磨、掺杂、扩散、烧结、成型等步骤制成单体片,即可按照所需规格组装太阳能电池板,通过串联或并联的方法输出一定的电流和电压。硅基太阳能电池板主要由铝框、玻璃、电池片、EVA、背板、接线盒等部分构成,各部件的运行可靠性能及价格成本将直接影响太阳能电池板的使用寿命及销售价格,进而影响整个太阳能发电系统。硅基太阳能电池的主要生产流程如图 6-3-3 所示[8]。

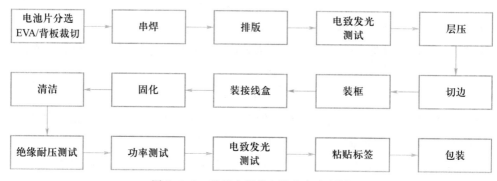

图 6-3-3　硅基太阳能电池生产流程图

为了进一步提高单晶硅太阳能电池效率,除不断加强晶体质量方面的基础研究外,也需要对器件进行优化设计,如表面结构化、发射区钝化、分区掺杂等技术研究。开发的单晶硅太阳能电池主要有平面单晶硅太阳能电池和刻槽埋栅电极单晶硅太阳能电池。但单晶硅太阳能电池的制备需要消耗大量的高纯硅材料,工艺烦琐,电耗很大,且太阳能电池组件平面利用率低,致使单晶硅价格居高不下,要想大幅度降低其成本是非常困难的。在降本增效大趋势下,多晶硅太阳能电池应运而生。

相较单晶硅太阳能电池,多晶硅太阳能电池对原材料的纯度要求较低,原料来源也较广泛。多晶硅材料大多是含有大量单晶颗粒的集合体,或者用废次单晶硅材料和冶金级硅材料熔化浇铸而成。多晶硅太阳能电池主要是通过浇铸多晶硅技术得到的,该技术省去了昂贵的单晶拉制过程,用纯度低的硅作投炉料,耗料、耗电均较少,铸锭工艺主要有定向凝固法和烧铸法两种。但多晶硅太阳能电池也有缺点,如较多的晶格缺陷导致其转换效率比单晶硅太阳能电池低。

非晶硅太阳能电池工艺简单、材料消耗少、沉积温度低、质量轻,适于大批量生产,因此受到人们的重视,并得到迅速发展。其制备方法主要有等离子增强化学沉积法、反应溅射法和低压化学气相沉积法等。然而,非晶硅的光学带隙宽度为 1.7 eV,使得材料本身对太阳辐射光谱的长波长区域不敏感,这限制了其光电转换效率的进一步提升,且其效率会随着光照时间的延续而衰退,即光致衰退,从而使电池性能不稳定。

微晶硅薄膜是由微小的硅晶粒和非晶硅混合相组成的半导体材料,可采用与非晶硅兼容的技术制备。微晶硅薄膜太阳能电池具有过渡层结构,稳定性好,光电转换效率高,光致衰退效应相对较弱,同样适合低温工艺和大面积生产。其主要问题是材料制备过程中生长速率较低,不利于降低制造成本。

纳米晶硅薄膜是由尺寸均匀、排列有序的纳米级直径的微小硅晶粒组成的。它是一种典型的纳米材料,由于它的表面效应、量子尺寸效应、量子限域效应和量子隧道效应,纳米晶硅薄膜具有许多新的物理性能。此外,纳米晶硅具有宽带隙、高吸收系数、高电导率等特点,是薄膜材料的研究热点。

2. 化合物薄膜太阳能电池

硅基太阳能电池虽然技术成熟、可靠性高,但材料消耗大、成本高,这限制了其大规模生产和应用。化合物薄膜多为直接带隙半导体材料,光吸收系数较高,仅需几微米厚就可以制备高效的太阳能电池,因此原材料使用少,成本较低。此外,其可以沉积于柔性衬底,抗辐射性能强,应用空间弹性较大。化合物薄膜太阳能电池主要分为三大类:ⅢA–ⅤA族,如砷化镓(GaAs)等;ⅡB–ⅥA族,如碲化镉(CdTe)等;ⅠB–ⅢA–ⅥA族,如铜铟镓硒(CIGS)系列等。

GaAs 是典型的ⅢA–ⅤA族化合物半导体材料,其带隙宽度为 1.43 eV,具有良好的光吸收系数,抗辐照能力强,对热不敏感,是极佳的太阳能电池材料。GaAs 的制备类似硅半导体材料的制备,有晶体生长法、直接拉制法、液相外延法、气相沉积法等。但由于 Ga 比较稀缺,As 有毒,这些在很大程度上限制了 GaAs 电池的普及。目前,GaAs 多用于太空项目,如航空航天器等都在使用 GaAs 太阳能电池发电系统。

CdTe 是具有闪锌矿结构的ⅡB–ⅥA族化合物,具有与太阳能光谱匹配的禁带宽度(约 1.46 eV),成本低、易制备、化学稳定性好,是太阳能电池的优选材料。CdTe 薄膜太阳能电池的制备可以采用升华法、气相输运沉积法、电沉积法、溅射法、真空蒸镀法、气相沉积法、原子层外延法等。由于 CdTe 存在自补偿效应,制备高电导率同质结较困难,故 CdTe 薄膜太阳能电池通常以 CdS/CdTe 异质结为基础,其典型结构如图 6-3-4 所示。目前,制约 CdTe 薄膜太阳能电池发展的因素主要有两方面:(1) Te 在地壳中储量有限,无法应对太阳能电池的大规模应用;(2) Cd 有剧毒,在生产过程中会对人类健康和环境造成严重危害。

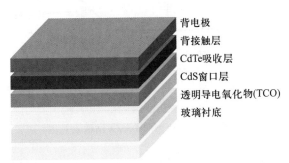

图 6-3-4　CdTe 薄膜太阳能电池典型结构示意图

CIGS 属于ⅠB-ⅢA-ⅥA 族化合物,由ⅡB-ⅥA 族化合物衍化而来,其中ⅡB 族元素被ⅢA 族(Ga、In)和ⅠB 族(Cu)取代而形成四元化合物。CIGS 薄膜的光吸收系数可达到 10^5 cm^{-1},通过控制 Ga 掺杂量,可使禁带宽度在 1.04~1.70 eV 之间变化,理论转换效率可达到 25%~30%。电池性能稳定,无明显光致衰退现象,具有良好的发展前景。CIGS 薄膜太阳能电池目前最常用的制备方法为多元共蒸发法、溅射硒化法及电沉积法,其结构如图 6-3-5 所示。虽然 CIGS 薄膜具有其他材料无可比拟的优势,但还有一些问题需要解决:In、Ga 两种金属在地壳中的储量均十分有限;生产成本高。

Al	Al	Al
AZO窗口层		
i-ZnO窗口层		
CdS缓冲层		
CIGS光吸收层		
Mo背电极		
钠钙玻璃衬底		

图 6-3-5　CIGS 薄膜太阳能电池结构示意图

(AZO 为掺杂 Al 的 ZnO 层)

3. 染料敏化太阳能电池

染料敏化太阳能电池(dye-sensitized solar cells,DSSCs)是继硅基太阳能电池和化合物薄膜太阳能电池之后,通过模仿自然界光合作用而研制的一种新型光电化学太阳能电池。DSSCs 因具有制备工艺简单、生产成本低、环境友好以及弱光环境下发电等特点,引起了科学家的广泛关注。早期的 DSSCs 多采用致密半导体膜吸附染料,染料只能在表面单层吸附,对光的利用率很低,而多层染料又会阻止电荷的有效传输,导致器件光电转换效率一直较低,达不到实用水平。直到 1991 年瑞士 Grätzel 教授首次以介孔 TiO$_2$ 薄膜作为光阳极,联吡啶钌配合物作为染料,Pt 作为对电极,获得了 7.1% 的电池效率,从此开辟了 DSSCs 发展的新篇章。

典型的 DSSCs 主要由以下几个部分组成:导电基底、光阳极、染料、氧化还原电解质、对电极。导电基底是整个电池的支撑部分,为保证染料可以吸收入射光,基底材料需要满足较高的透光率,同时基底材料还起收集电子的作用,故应具有良好的导电性,常用的基底材料为氟掺杂二氧化锡(fluorine-doped Tin oxide,FTO)导电玻璃;光阳极多为宽禁带半导体,如 TiO$_2$、ZnO 等,其主要作用是吸附染料分子并传输光生电子;染料是整个 DSSCs 的核心,承担着吸收太阳光并产生光生电子的作用;氧化还原电解质作为电荷传输的重要媒介,将光阳极与对电极紧紧相连,常用的氧化还原电对为 I^-/I_3^-;对电极的主要功能是收集外电路的电子并催化还原电解质中氧化态物种,常用的对电极材料为 Pt[9],见图 6-3-6。

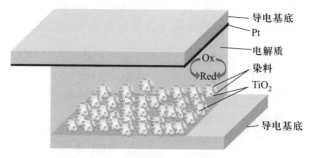

图 6-3-6　典型的 DSSCs 结构示意图

在太阳光照射条件下,染料分子 D 吸收光子 $h\nu$[图 6-3-7 中(1)],由基态跃迁至激发态,由于激发态不稳定且其最低未占分子轨道(LUMO)能级高于 TiO$_2$ 导带能级,在能级差作用下,激发态电子迅速注入 TiO$_2$ 导带,染料分子失去电子转换为氧化态[图 6-3-7 中(2)]。电子经过介孔半导体光阳极传至 FTO 导电基底,再经外电路传至对电极。电解质中的 I$^-$ 将氧化态的染料分子还原至基态[图 6-3-7 中(3)],而 I$_3^-$ 则扩散至对电极,在催化剂作用下,被外电路电子重新还原[图 6-3-7 中(6)和(7)],从而完成一个光电循环。

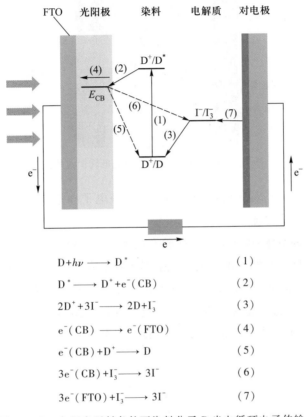

$$D + h\nu \longrightarrow D^* \tag{1}$$

$$D^* \longrightarrow D^+ + e^-(CB) \tag{2}$$

$$2D^+ + 3I^- \longrightarrow 2D + I_3^- \tag{3}$$

$$e^-(CB) \longrightarrow e^-(FTO) \tag{4}$$

$$e^-(CB) + D^+ \longrightarrow D \tag{5}$$

$$3e^-(CB) + I_3^- \longrightarrow 3I^- \tag{6}$$

$$3e^-(FTO) + I_3^- \longrightarrow 3I^- \tag{7}$$

图 6-3-7　太阳光照射条件下染料分子 D 光电循环电子传输图

4. 有机太阳能电池

有机太阳能电池是以具有光敏性的有机半导体作为光吸收层的一类新型太阳能电池。其材料来源广泛、无污染、具有分子可调控性,制备工艺简单、可低温操作,质量轻、成膜效果好,适用于柔性、大面积生产,具有巨大的潜在商业应用价值。有机太阳能电池的工作原理同样是基于半导体光伏效应,一般认为其光电转换过程包括以下几个步骤[10](图 6-3-8)。

(1)**激子的形成**:太阳光照射电池器件,活性层吸收太阳能,电子由最高已占分子轨道(HOMO)能级跃迁至最低 LUMO 能级,从而在 HOMO 能级形成空穴,电子/空穴相互束缚,形成电子-空穴对,即激子。在此过程中,半导体带隙、光的反射和透过均会对光子的吸收产生作用。

(2)**激子的扩散与分离**:在浓度梯度的作用下,激子扩散至材料界面,并在内建电场的作用下实现激子分离以形成电子和空穴。激子的分离概率及扩散长度是影响该过程的重要因素。

(3)**载流子的传输**:电子和空穴在内部电场作用下,定向传输至两端电极。在传输过程

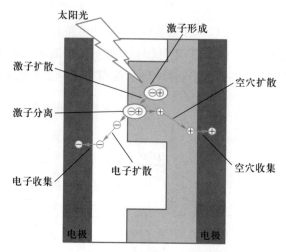

图 6-3-8 有机太阳能电池光电转换过程

中,电子和空穴会发生复合,材料内部的缺陷也会捕获电子和空穴,造成器件性能下降。最后被正负电极收集形成光电流。

（4）**电子和空穴的收集**:电子和空穴传输至电极界面并被电极收集,从而形成光电流和光电压。活性层与电极的接触及电极处的势垒都会对载流子的收集产生一定的影响。

如图 6-3-9 所示,最早研究的有机太阳能电池器件结构为单质结,将有机半导体,如菁类、卟啉、导电聚合物等,嵌入正负两极之间,形成"三明治"结构。由于电子和空穴在同一有机半导体内传输,复合概率大大增加,器件光电转换效率普遍较低。

Al
活性层
ITO
透明基底

(a) 单质结

Al
受体
给体
ITO
透明基底

(b) 双层异质结

Al
给体-受体共混
ITO
透明基底

(c) 本体异质结

图 6-3-9 有机太阳能电池器件结构示意图

（注:ITO 为铟掺杂氧化锡）

1986 年,邓青云采用四羧基苝的一种衍生物作为受体,铜酞菁作为给体,创造性地提出双层异质结结构电池器件,激子在给体/受体界面分离,电子和空穴分别在受体和给体材料中传输,大大减小复合概率。但是由于激子扩散长度有限,未到达界面时就已经发生了复合,从而限制器件性能的提高。

后来,余刚和 Heeger 等将共轭聚合物给体与富勒烯衍生物受体混合在一起旋涂成膜,制备了具有互穿网络结构的本体异质结有机太阳能电池,实现有机太阳能电池的革命性突破。在该结构中,激子的扩散距离明显缩短,电子/空穴得到有效分离,电池效率显著提升,本体异质结结构是目前研究最为广泛的器件结构。

从上述器件工作原理和结构的描述可知,给体、受体材料是有机太阳能电池的重要组成部分。一些常用的给体、受体材料的化学结构式如图 6-3-10 所示。

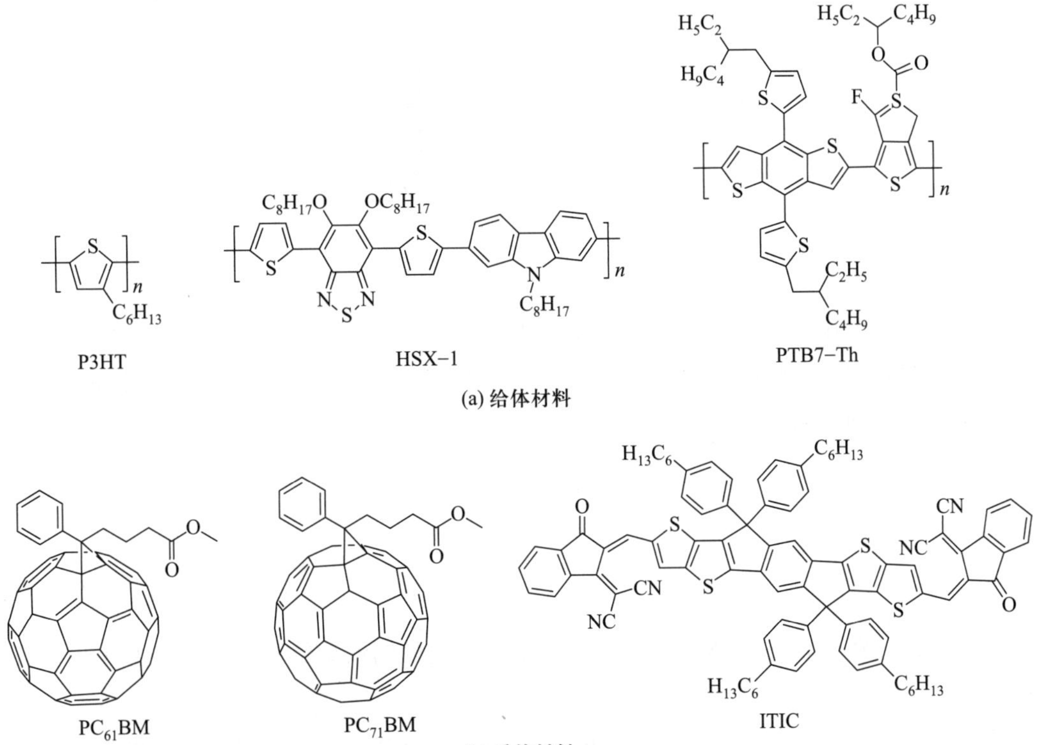

(a) 给体材料

(b) 受体材料

图 6-3-10　一些常用的给体、受体材料的化学结构式

经过科研工作者的不懈努力,有机太阳能电池的光电转换效率已达到 17.4%,但依然没有实现工业化应用。一方面原因是有机材料的激子寿命和扩散长度普遍较短,这就限制了器件光电转换效率的提升;另一方面原因是空气中的水和氧会导致组件的老化或变性。如何解决这两个问题直接关系到有机太阳能电池能否早日实现商业化。

5. 钙钛矿太阳能电池

目前,晶体硅太阳能电池仍占据市场的主流地位,但其光电转换效率已接近理论极限,提升空间非常有限。钙钛矿材料因具有光吸收系数高、激子束缚能小、载流子寿命长及带隙可调等特征而引起了人们的极大关注。2009 年,日本科学家 Miyasaka 率先将有机-无机杂化的钙钛矿材料 $CH_3NH_3PbX_3$ (X = Br、I) 作为光敏剂用于 DSSCs 中,得到能量转换效率为 3.8% 的器件,由此引发了钙钛矿太阳能电池(perovskite solar cells,PSCs) 的研究热潮。随着科学家在制备方法、材料优化及器件结构等方面的不断研究,截至目前,认证的光电转换效率已高达 25.2%,钙钛矿太阳能电池被誉为“光伏领域的新星”。

钙钛矿是以俄罗斯地质学家 L.A.Perovski 的名字来命名的,最初单指钛酸钙($CaTiO_3$)这种矿物,后来把结构与之类似的晶体统称为钙钛矿物质。一般来说,钙钛矿的结构式为 ABX_3,如图 6-3-11 所示,B 与 X 配位形成八面体结构,其中 B 位于八面体的体心,主要是具有 +2 氧化态的 ⅣA 族金属,如 Pb^{2+}、Sn^{2+}、Ge^{2+} 等。X 位于八面体顶点,主要是卤素阴离子,

如 Cl^-、Br^-、I^- 等。A 则填充于八面体三维网络形成的空隙中,一般是有机或碱金属阳离子,如 $CH_3NH_3^+$、$NH_2CHNH_2^+$、Cs^+ 等。

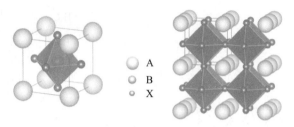

图 6-3-11　钙钛矿的晶体结构

在外界温度和压力影响下,理想钙钛矿结构会发生一定的畸变,从而影响钙钛矿的稳定性。为了定量描述钙钛矿结构的稳定性,常用容忍因子(t)和八面体因子(μ)来描述结构稳定性与离子半径的关系:

$$t = \frac{r_A + r_X}{\sqrt{2}(r_B + r_X)} \tag{6-3-6}$$

$$\mu = \frac{r_B}{r_X} \tag{6-3-7}$$

式中,r_A、r_B、r_X 分别代表 A、B、X 的离子半径。对于稳定的钙钛矿结构,t 值一般为 0.88~1.1,μ 值为 0.45~0.89[11]。

典型的 PSCs 主要由透明导电玻璃、电子传输层、钙钛矿、空穴传输层、背电极组成,其器件结构通常可以分为以下三类(见图 6-3-12):介孔结构、n-i-p 平面结构和 p-i-n 平面结构。介孔结构的 PSCs 是基于 DSSCs 发展而来的,区别在于用钙钛矿代替染料,将钙钛矿填充于介孔金属氧化物(如 TiO_2、Al_2O_3)中。但该结构容易导致钙钛矿成膜不平整或者覆盖不均匀等问题,造成电子-空穴复合,电池效率降低。由于钙钛矿材料的双极性特点,平面结构的 PSCs 引起了科研人员的极大兴趣。与介孔结构相比,平面结构的 PSCs 只需将钙钛矿直接沉积在电子传输层和空穴传输层之间,从而形成 n-i-p 和 p-i-n 两种平面结构,工艺简单,大大降低电池的制备成本。此外,p-i-n 平面结构适用于低温器件制备。

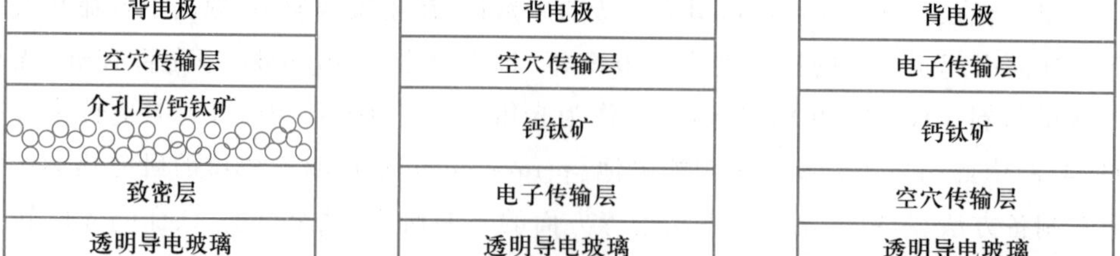

背电极		
空穴传输层		
介孔层/钙钛矿		
致密层		
透明导电玻璃		
(a) 介孔结构		

背电极
空穴传输层
钙钛矿
电子传输层
透明导电玻璃
(b) n-i-p平面结构

背电极
电子传输层
钙钛矿
空穴传输层
透明导电玻璃
(c) p-i-n平面结构

图 6-3-12　PSCs 器件结构

虽然 PSCs 分为三种不同的结构,但其工作原理是相同的:钙钛矿中的光敏剂(如 $CH_3NH_3PbX_3$)吸收能量大于材料禁带宽度的太阳光,经历光激发和电荷分离过程从而产生电子-空穴对,在钙钛矿与载流子传输层能级差的作用下,光生电子经过电子传输层移动到掺氟二氧化锡导电衬底,空穴通过空穴传输层移动至金属位点。电子和空穴分离后,光生电荷载流子在 PSCs 前后触点上产生电势差,在外电路存在下形成电流。钙钛矿因电子受激产生的空穴则被空穴传输材料(HTM)传输到背电极,被外电路中的电子还原,从而形成一个电化学回路。实际上,在电荷转移过程中,一些不应存在的电子-空穴对的复合会发生在所涉及层的界面处,为保证 PSCs 的性能,光生电荷的生成与传输速率必须比电子-空穴对复合的速率更快。常用的钙钛矿和载流子传输材料以及能级结构如图 6-3-13 所示[12]。

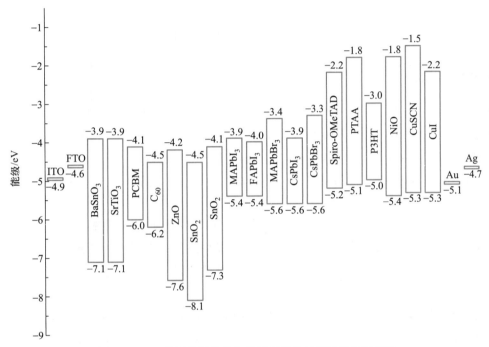

图 6-3-13 常用的钙钛矿和载流子传输材料以及能级结构

均匀致密、结晶良好的钙钛矿薄膜是 PSCs 获得高光电转换效率的关键因素。目前,钙钛矿薄膜的制备方法主要有一步法、两步法、气相沉积法等。一步法是将一定比例的前驱体混合溶于溶剂中,再旋涂于载流子传输层上,经过退火处理即可得到钙钛矿薄膜。该方法操作简单,但薄膜覆盖率较差。为进一步改善薄膜质量,人们首先在基底上旋涂一层钙钛矿前驱体,然后通过浸泡或旋涂的办法沉积另一种前驱体,通过扩散反应形成钙钛矿薄膜。气相沉积法则可以排除溶剂的干扰,获得致密性和均一性更高的钙钛矿薄膜,并且可以对薄膜厚度进行精准调控。此外,通过喷墨打印、丝网印刷等方式也可制备大面积钙钛矿薄膜。

6.3.3 太阳能光伏发电系统

太阳能光伏发电系统是利用太阳能电池的光生伏特效应,将太阳辐射能直接转换为电能的发电系统,主要包括光伏组件、蓄电池、光伏控制器、光伏逆变器,还包括电力计量仪表、连接电缆、安装框架、交直流接地及防雷装置、环境监测设备、跟踪系统等。

单独一块太阳能电池器件无法满足负载的电压和功率要求,需要将若干电池组件通过串/并联方式组成光伏方阵才能正常工作。需要注意的是,在串联电池串中,总电流等于最小组件的输出电流。当单串光伏组件功率不能满足要求时,需要将多串组件进行并联,此时,需要尽可能保证每串的工作电压一致,从而减少并联失配带来的损失。

光伏组件只能在太阳光照射情况下实现能量转换,并且发电量随太阳辐射强度变化而变化。蓄电池可以将光伏组件在晴天发出的多余电量储存起来,供夜间或阴雨天使用。常见的蓄电池有铅酸电池、镍镉电池、镍氢电池、锂电池等。每种电池特性不同,在选用时,要考虑功率密度、寿命周期、操作温度及维修成本等。表 6-3-1 列出了常见蓄电池的特性参数。

表 6-3-1　常见蓄电池特性参数

电池种类	能量密度 Wh·kg^{-1}	效率 %	寿命 a	使用周期	操作温度范围/℃ 充电	操作温度范围/℃ 放电
铅酸电池	20~40	80~90	3~20	250~500	−40~40	−15~50
镍镉电池	30~50	60~70	3~25	300~700	−20~50	−45~50
镍氢电池	40~90	80~90	2~5	300~600	0~45	−20~60
锂电池	90~150	90~95	—	500~1000	0~40	−20~60

光伏控制器是对光伏发电系统进行管理和控制的重要设备,主要功能如下:(1) 防止蓄电池过充电和过放电,延长蓄电池使用寿命;(2) 极性反接保护,负载、控制器、逆变器和其他设备短路保护,以及雷电保护功能等;(3) 温度补偿功能,监测显示光伏发电系统的各项工作状态。

光伏逆变器是将光伏组件产生的直流电转换为交流电,以满足各种交流负载、设备供电及并网需要的装置。作为光伏组件和电网之间的重要桥梁,光伏逆变器需要具备以下功能:(1) 高效地将直流电转换为交流电,包括最大功率点跟踪控制和逆变功能;(2) 将光伏系统输出的电能妥善地并入电网,通过调整自身参数,适应电网电压、频率、相序等参数;(3) 对光伏系统的保护功能,如孤岛保护(防止分布式电源并网发电系统非计划持续孤岛运行的继电保护措施)、绝缘监测和电位诱发衰减防护等。

第 4 节　光　催　化

6.4.1　光催化概述

通过光化学反应使光能转换为化学能是利用太阳能的另一种重要形式。光化学反应是指物质在可见光或紫外光等光照射下吸收光能而发生的化合、分解、氧化和还原等化学反应。太阳能光化学利用在解决世界能源和环境问题中具有重要作用,其主要利用方式有光催化、光电催化、光敏化学,以及生物/半导体耦合光催化等人工模拟光合作用。

作为催化学科的一个重要研究方向,光催化这一专业术语直到 20 世纪 70 年代才逐渐为人们所熟悉。根据国际纯粹与应用化学联合会（IUPAC）的定义，光催化是指通过催化剂或感光基质对光吸收而进行的催化反应。自然界植物的光合作用（见图 6-4-1）是一种最典型的光催化现象，受其启发，人们提出并设计了一个能够收集并有效地将太阳能转换为化学能的系统，即人工模拟光合作用。

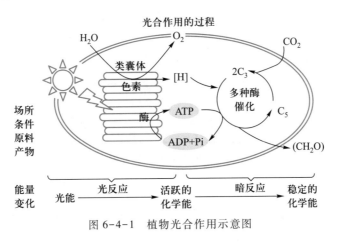

图 6-4-1　植物光合作用示意图

1. 发展概况

早在 1839 年，法国科学家 Becquerel 首次发现将氧化铜或者卤化银溶液涂在金属电极上会产生光电现象，即发生伏特效应，但其并未对该现象进行理论解释。1955 年，Brattain 和 Garrett 对光电现象进行了合理的解释，标志着光电化学的诞生[13]。1972 年，日本学者 Fujishima 和 Honda 首次报道了 n-型半导体锐钛矿 TiO_2 单晶电极光电催化分解水产氧，而在 Pt 对电极上同时发生析氢反应（见图 6-4-2），开辟了利用太阳能光催化分解水制氢的研究道路[14]。1976 年，加拿大科学家 Carry 和美国电化学家 Bard 等利用紫外光照射下的 TiO_2 悬浊液成功降解难生化处理的多氯联苯和氰化物，该首创性研究工作标志着光催化氧化反应技术在环保领域具有重要的潜在应用价值。1977 年，Yokota 发现 TiO_2 对丙烯环氧化反应具有光催化活性，拓宽了光催化应用范围，为有机化合物氧化反应提供了一条新思路。1978 年，Halmann 首次研究发现高压汞灯照射下的单晶 p-GaP 阴极可将电解质中的 CO_2 还原为甲酸、甲醛和甲醇，开启了光电催化还原 CO_2 的新纪元。1980 年，日本科学家 Kawai 等利用 $Pt/RuO_2/TiO_2$ 光催化剂实现了光催化重整甲烷制备氢气。自 20 世纪 90 年代以来，随着纳米技术的兴起和研究的不断深入，半导体光催化技术已不再局限于最初的光催化降解有机污染物和太阳能转化与存储领域。当前，多相光催化技术已拓展到卫生保健和有机合成等研究领域，并取得了令人瞩目的成果，成为国际上最活跃的研究领域之一[15]。

2. 光催化原理

光催化作用是以具有特殊能带结构的半导体纳米材料为基础而实现的。由固体能带理论可知，半导体材料具有不连续的能带结构，一般是由一系列电子未占据轨道组成的高能空带，即导带（conduction band，CB）和一系列电子占据轨道的低能满带，即价带（valence band，VB）所构成的；导带和价带之间为禁带，禁带的大小称为禁带宽度（band gap，E_g）。如图 6-4-3 所示，光催化过程主要包括三个步骤：（1）若入射光子的能量大于或等于该半导体材料的禁带

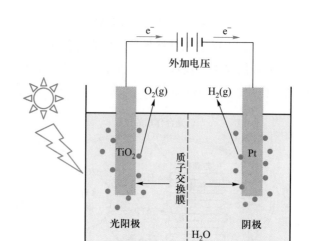

图 6-4-2 TiO$_2$单晶电极光电催化分解水装置示意图

宽度,该半导体材料就可以被入射光所激发,其价带上的光生电子(e$^-$)被激发跃迁至导带,并在价带上产生相应的光生空穴(h$^+$);(2)光生电子和光生空穴由催化材料内部迁移至光催化剂表面,同时伴随着部分光生载流子的再复合;(3)迁移至半导体材料表面的光生载流子与吸附在光催化剂表面的不同物种发生氧化还原反应。

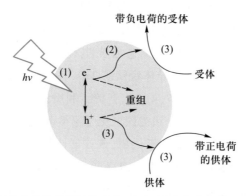

图 6-4-3 半导体中光生载流子的产生、分离、迁移与参与催化反应过程示意图

3. 光化学基本定律

首先,只有当激发态分子的能量足够使分子内的化学键断裂时,即光子的能量大于化学键键能时,才能引起光解反应。其次,为使分子产生有效的光化学反应,光还必须被所作用的分子吸收,即分子对某特定波长的光要有特征吸收,才能产生光化学反应,这称为光化学第一定律。

爱因斯坦在 1905 年提出,在初级光化学反应过程中,被活化的分子数(或原子数)等于吸收光的量子数,或者说分子对光的吸收是单光子过程(电子激发态分子寿命很短,吸收第二个光子的概率很小),即光化学反应的初级过程是由分子吸收光子开始的,此定律称为 Einstein 光化当量定律,也叫光化学第二定律。根据该定律,如要活化 1 mol 分子则要吸收 1 mol 光子,1 mol 光子的能量称为摩尔光量子能量,用符号 E_m 表示,则

$$E_m = N_A h\nu = \frac{N_A hc}{\lambda} \qquad (6-4-1)$$

式中,N_A 为阿伏加德罗常数;h 为普朗克常量;ν 为光的频率;c 为光速;λ 为光的波长。

一定波长的光的光子摩尔数可以通过测量该波长光的光强,以及式(6-4-1)计算出的摩尔光量子能量求得,用 N 表示,则

$$N = \frac{I \cdot A \cdot t}{E_m} \qquad (6-4-2)$$

式中,I 为光强;A 为照射面积;t 为照射时间;E_m 为摩尔光量子能量。

光化学反应是从物质(即反应物)吸收光子开始的,所以光的吸收过程是光化学反应的初级过程。光化学第二定律只适用于初级过程,该定律也可用下式表示:

$$H + h\nu \longrightarrow H^* \qquad (6-4-3)$$

其中,H^* 为 H 的电子激发态,即活化分子。活化分子有可能直接变为产物,也可能和低能量分子相撞而失活,或者引发其他次级反应(如引发一个链反应等)。为了衡量光化学反应的效率,引入量子产率的概念,即

$$\phi = \frac{\text{反应物分子消失数目}}{\text{吸收光子数目}} = \frac{\text{反应物消失的物质的量}}{\text{吸收光子的物质的量}} \qquad (6-4-4)$$

由上式所定义的 ϕ 是反应物消耗的量子产率。如果一个光化学反应过程只包含初级过程,则问题比较简单。如果初级过程之后接着进行次级过程,则由于活化分子所进行的次级反应过程不同,ϕ 值可以小于 1,也可以大于 1。若引发一个链反应,则 ϕ 值甚至可达 10^6。

4. 常用的半导体光催化材料

按照导电载流子的不同,半导体光催化材料可以分为 p-型和 n-型。常见的半导体光催化剂有 TiO_2、ZnO、MoS_2、CdS、ZnS、WO_3、Fe_3O_4 和 Cu_2O 等金属(或过渡金属)氧化物或硫化物,以及 BiOX(X = Cl、Br 和 I)、$SrTiO_3$、$NiO-K_4Nb_6O_{17}$、Sr_2FeMoO_6 和 $RuO_2-Ba_2Ti_4O_9$ 等具有层状结构的钙钛矿型复合氧化物。其中,CdS 的禁带宽度较小,可以很好地利用自然光源,但容易发生光腐蚀,使用寿命有限[16]。TiO_2 是一种间接带隙半导体材料,具有原料廉价易得、无毒、热稳定性好、化学性质稳定、折射率高和耐光腐蚀等优点,其在紫外光照射下催化活性高、氧化还原能力强且制备过程简单,因而被视为太阳能水解制氢和环境污染治理等领域的高效光催化剂。然而,TiO_2 具有较大的禁带宽度($E_g = 3.2$ eV),只能被太阳光中的很少的一部分紫外光(约占 4.5%)所激发,不能有效利用太阳光谱中占大部分的可见光(约占 46%;400~750 nm),且光生载流子极易复合,导致其对太阳光的利用率和量子效率均较低,这些缺陷使其应用受到极大限制[17]。因此,人们不断探索并开发新型光催化材料,并将其应用于能源生产和环境污染物消除等领域。近年来,多种新型光催化材料得到了发展,包括碳氮化合物(如 C_2N、C_3N、$g-C_3N_4$)、微孔聚合物网络(MPN)、共轭有机骨架(COF)、共轭三嗪骨架(CTF)、共轭微孔聚合物(CMPs)、硅酸盐共轭骨架(SiCOF)、共轭膦骨架(CPF)、金属有机骨架(MOF)等聚合物光催化剂,以及卟啉类化合物和金属酞菁类化合物光催化剂。

6.4.2 光催化分解水

基于半导体纳米材料的光催化分解水体系是一种没有偏电压的微型光电化学(PEC)电

池系统。如图 6-4-4 所示,太阳光催化分解水反应主要涉及以下四个步骤:(1)入射光激发半导体纳米材料(光催化剂),致使其产生光生电子-空穴对;(2)光生电子-空穴对能够彼此有效分离并迁移到半导体光催化剂的表面;(3)半导体光催化剂可以提供足够的反应物吸附位点和光催化反应活性中心;(4)半导体光催化剂的导带位于比氢的还原电势 $E(H^+/H_2)$ 更负的位置,其价带位于比氧的氧化电势 $E(O_2/H_2O)$ 更正的位置时,才能发生热力学上可行的氧化还原反应。光催化分解水反应是一个上坡反应,该反应的标准吉布斯自由能 $\Delta G^{\ominus}$ 为 237 kJ·mol^{-1},即光分解 1 mol 的水所需要的能量为 237 kJ,反应式为

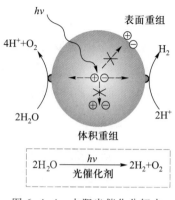

图 6-4-4　太阳光催化分解水反应示意图

还原反应:　　　　　　　　　　$2H^+ + 2e^- \rule[0.5ex]{2em}{0.4pt} H_2$

氧化反应:　　　　　　　　　　$2OH^- + 4h^+ \rule[0.5ex]{2em}{0.4pt} O_2 + 2H^+$

总反应:　　　　　　　　　　　$2H_2O \rule[0.5ex]{2em}{0.4pt} 2H_2 + O_2$

由以上讨论可知,除了半导体光催化材料的禁带宽度(E_g)大于等于 1.23 eV 之外,还需要其导带电势比 H^+/H_2(0 eV vs.NHE,pH=0)的还原电势更负;价带电势比 O_2/H_2O(+1.23 eV vs.NHE,pH=0)的氧化电势更正,该半导体光催化材料才有可能实现光催化分解水产生氢气和氧气。

然而,很多半导体光催化材料具有合适的禁带宽度($E_g \geqslant 1.23$ eV),在热力学上是可行,但是并不能催化分解水反应。这是因为光催化分解水反应需要较高的反应活化能或过电势,致使表/界面催化反应速率低。因此,除了不断设计和合成新型高效半导体光催化材料,人们还通过向催化体系中加入空穴牺牲剂(如 EDTA-2Na、甲醇、三乙醇胺、硫化钠和亚硫酸钠等)或电子牺牲剂(硝酸银、四氯化碳),实现单一的光催化分解水产氧半反应或者光催化分解水产氢半反应。

6.4.3　光催化二氧化碳还原

模拟自然界的光合作用,通过太阳能驱动光催化技术还可将 H_2O 和 CO_2 转化成可再生的碳氢化合物,最终将丰富的太阳能有效地转化为化学能。光催化还原 CO_2 和 H_2O 的反应机理如图 6-4-5 所示。在光催化反应过程中,半导体光催化材料被入射光所激发,光生电子从价带激发到导带,并在价带中产生相等数量的光生空穴。在电场电势作用下,光生电子-空穴对有效分离并迁移至半导体光催化材料表面的催化活性位点。在 H_2O 存在的条件下,根据不同的还原电势和电子转移数目,具有很强还原能力的光生电子将 CO_2 还原,得到 CO、HCHO、HCOOH、CH_3OH 和 CH_4 等产物。与此同时,具有强氧化能力的光生空穴将 H_2O 氧化成 O_2。CO_2 还原过程中的氧化还原电势如下:

反应	E(vs.NHE)/eV
$2H^+ + 2e^- \longrightarrow H_2$	-0.41
$H_2O \longrightarrow 1/2O_2 + 2H^+ + 2e^-$	0.82

$$CO_2 + e^- \longrightarrow CO_2^- \qquad\qquad -1.90$$

$$CO_2 + H^+ + 2e^- \longrightarrow HCO_2^- \qquad\qquad -0.49$$

$$CO_2 + 2H^+ + 2e^- \longrightarrow CO + H_2O \qquad\qquad -0.53$$

$$CO_2 + 4H^+ + 4e^- \longrightarrow HCHO + H_2O \qquad\qquad -0.48$$

$$CO_2 + 6H^+ + 6e^- \longrightarrow CH_3OH + H_2O \qquad\qquad -0.38$$

$$CO_2 + 8H^+ + 8e^- \longrightarrow CH_4 + 2H_2O \qquad\qquad -0.24$$

由图 6-4-6 可知,还原 CO_2 比还原质子更难,因此,光催化还原 CO_2 反应比光催化分解水反应面临着更多的困难[18]。其主要原因有以下几方面:(1)还原 CO_2 需要更高的能量来打破十分稳定的 C==O 双键;(2)光催化分解水是四电子转移过程,而光催化还原 CO_2 生产甲醇和甲烷分别是六电子和八电子转移过程;(3)光催化还原 CO_2 生产化学燃料是一个更为复杂的反应过程,不仅涉及碳还原,还涉及质子转移和加氢反应;(4)光催化分解水和 CO_2 还原反应为相互竞争的反应。

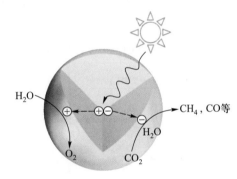

图 6-4-5　光催化还原 CO_2 和 H_2O 的反应机理示意图

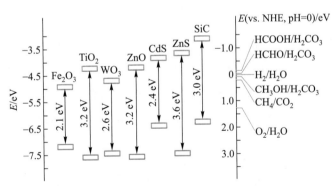

图 6-4-6　不同半导体光催化材料的禁带宽度及导带和价带相对位置(pH=0)

6.4.4　光催化还原固氮

氨(NH_3)是许多化学品(如肥料和清洁剂)合成的重要原料,其年产量高达 2 亿吨。工业上通常在高温(200~500 ℃)和高压(15~30 MPa)条件下,通过 Haber-Bosch 反应生产 NH_3,其年均能耗约为世界总年均能耗的 1.4%,CO_2 年排放量超过 3 亿吨。因此,在能源危机和环境问题日趋严峻的背景下,改进传统的工业固氮技术,寻求高效、低耗、清洁的合成氨方

220

法尤为重要。在一般环境条件下,高效清洁的光催化技术可以直接利用太阳光驱动水分解并固定氮合成 NH₃,成为一种极具吸引力的替代 Haber-Bosch 反应的方法[19]。

如图 6-4-7 所示,光催化固氮可以分为以下几个步骤:(1) 在光照射下,氮气在光催化剂表面吸附解离;(2) 光催化剂吸收光产生光生电子–空穴对,光生电子和空穴将扩散到材料表面,并迁移到表面活性位点;(3) 迁移到光催化剂表面的光生空穴同 OH⁻ 或 H₂O 发生氧化反应生成 O₂ 和 H⁺,光生电子与吸附在光催化剂表面的 N₂ 及溶液中的 H⁺ 发生还原反应生成 NH₃。光催化固氮反应方程式为

$$N_2 + 6H^+ + 6e^- \longrightarrow 2NH_3$$

$$NH_3 + H_2O \longrightarrow NH_3 \cdot H_2O \rightleftharpoons NH_4^+ + OH^-$$

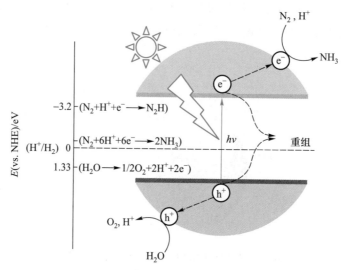

图 6-4-7　光催化固氮原理示意图

由于 N≡N 键非常稳定,解离能高达 941 kJ·mol⁻¹,首个键的断裂需要的能量约为 410 kJ·mol⁻¹,氮气的还原反应在热力学和动力学上均难以进行。因此,氮气分子的吸附和活化是光催化氮气还原反应面临的最大挑战。此外,氮气较低的质子亲和能和析氢竞争反应的存在(图 6-4-8),也使氮气加氢变得更加困难。在目前的光催化固氮研究中,氮还原合成氨的效率和选择性尚处于较低水平。

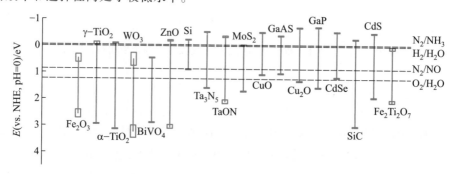

图 6-4-8　不同光催化材料的禁带宽度及其导带和价带位置(pH=0)

6.4.5 光催化有机化合物合成

传统有机合成反应常涉及有害或危险试剂,步骤烦琐,反应需要在高温高压下进行,存在能量消耗大,反应物转化率、目标产物选择性和产率均较低的缺点。近年来,光催化有机化合物合成已经成为一种新型的合成手段,受到广泛关注。该技术具有以下优势:(1) 光催化反应利用太阳能驱动反应,大大减少能量消耗;(2) 反应条件温和,无须加入危险、有害的化学物质;(3) 光催化剂在催化反应过程中产生强氧化还原物种,有助于有机化合物的合成;(4) 反应具有独特的机理,反应历程简单,可以减少或避免副反应发生;(5) 目标产物选择性好,产率高;(6) 催化剂循环稳定性好,可以重复使用,降低成本。

光催化有机化合物合成反应大致分为两大类,即利用光生电子的还原反应和利用光生空穴的氧化反应。还原反应主要包括光催化还原硝基苯到苯胺的硝基芳烃还原反应和光催化还原二氧化碳到碳氢化合物的反应。氧化反应相对较多,如芳香族化合物的羟基化反应、碳氢化合物的氧化反应、醇类化合物的氧化反应、烯烃的环氧化反应及光催化脱氢反应等。目前,可供人们选择的光催化剂有钌或铱等过渡金属配合物、有机染料或半导体材料等。如图 6-4-9 所示,Guo 等采用见光响应的立方型高比表面积碳化硅(SiC)为载体,利用金(Au)纳米颗粒的表面等离子体共振效应,设计出新型 Au/SiC 光催化体系,在常温常压和可见光照的条件下,成功实现 α, β-不饱和醛选择性加氢生成 α, β-不饱和醇,选择性高达 100%,TOF[①] 达到 487 h^{-1}[20]。

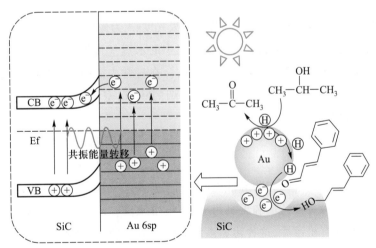

图 6-4-9　Au/SiC 光催化 α,β-不饱和醛转化为 α,β-不饱和醇的机理示意图

6.4.6 光催化降解污染物

光催化技术能够去除水中的有害物质,如甲基橙、罗丹明 B、亚甲基蓝、甲基蓝、结晶紫等有机染料,以及难以去除的芳香族物质对氯苯酚、苯酚、甲苯等。同时,还能有效还原一些

---

① TOF(turn over frequency)指转化频率,即单位时间内单个活性位点的转化数,表示的是催化剂的本征活性。

有毒的金属离子,如镉离子等。当发生光催化降解污染物反应时,半导体纳米材料导带上的光生电子可以与吸附在催化材料表面的 O_2 或者水中的溶解氧反应,生成超氧离子自由基($\cdot O_2^-$)和羟基自由基($\cdot OH$)等。而滞留在价带上的光生空穴会直接氧化污染物分子,或者与催化材料表面吸附的水反应生成羟基自由基($\cdot OH$)。以上这些自由基具有很强的氧化能力,它们可以将污染物分子氧化为中间产物并最终转化为 CO_2 和 H_2O 等无毒小分子。半导体纳米材料的光催化氧化技术用于难降解污染物消除方面,具有操作简便、高效、无选择性、成本低且反应过程绿色无污染等优点[21,22]。

　　实验室中研究光催化技术降解有机污染物时,主要以 $K_2Cr_2O_7$ 水溶液作为六价铬模拟污染物,量取 300 mL 一定浓度的 $K_2Cr_2O_7$ 水溶液置于光催化反应瓶中,加入 300 mg 光催化剂和 1 mL 一定浓度的柠檬酸水溶液。快速搅拌,使光催化剂和柠檬酸水溶液快速分散在反应体系中,反应过程中保持搅拌速度一致,暗反应 1 h,然后进行 2 h 光照反应。以暗反应结束为起点,记为时间零点,以后每隔 20 min 取一个点,每次用针筒取一定量待测液,通过放有水系混合滤膜的微孔过滤器进行过滤,准确移取 1 mL 滤液,用二苯基碳酰二肼法对滤液中 $Cr(VI)$ 含量进行测定,即在一定酸度环境中,二苯基碳酰二肼与 $Cr(VI)$ 形成紫色的络合物,用可见光分光光度计在 $\lambda_{max} = 540$ nm 处测出待测液的吸光度值,然后用如下公式将所测得的吸光度转化成 $Cr(VI)$ 的还原率:

$$Cr(VI) \text{ 的还原率} = \frac{c_0 - c_t}{c_0} \times 100\% = \frac{A_0 - A_t}{A_0} \times 100\% \qquad (6\text{-}4\text{-}5)$$

式中,A_0 为光照零时刻(即暗吸附结束时)溶液的吸光度;A_t 为光照 $t(min)$ 时刻溶液的吸光度。

　　此外,光催化氧化技术在室温下可利用空气中的水蒸气和氧气去除空气中的污染物,如氮氧化物、硫化物、甲苯、甲醛和丙酮等有害气体。在日常生活中,空气净化器的过滤器中使用 TiO_2 光催化剂,在室内空气通过后,能去除香烟的味道、宠物的异味以及飘浮在空气中的病毒等,使空气得到净化。

6.4.7　光催化自洁净材料

　　光催化技术还可以用于具有防雾性能的镜子、玻璃以及具有防垢性能的住宅外墙、窗户等方面。污垢可以分为有机污垢和无机污垢,空气中飘浮一定量的有机物,这些有机物会在物体的表面慢慢形成有机污垢,这种污垢雨水难以冲去,只有刷洗才可以除净。自洁净超大型亲水膜组分中含具有光催化活性的纳米半导体材料,吸收一定波长的太阳光产生载流子使膜表面吸附水和氧分子形成羟基自由基和活性氧。它们具有非常强的氧化能力,能把表面吸附的有机物降解成二氧化碳和水,使玻璃具有自洁净功能或变得很容易擦洗。例如,中国国家大剧院穹顶玻璃采用了纳米自清洁玻璃(见图 6-4-10)。

　　此外,自洁净超大型亲水膜的防雾能力也与具有光催化活性的物质有关。在光照下,氧化物光催化剂表面的部分桥氧键打开,使附近的吸附水发生解离形成羟基。这些羟基具有良好的亲水性,当水接触膜面就会完全润湿铺展,形成薄的透明水膜层,达到防雾的目的(见图 6-4-11)。

图 6-4-10　中国国家大剧院

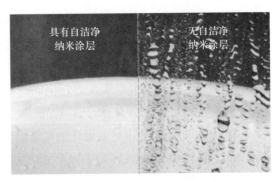

图 6-4-11　自洁净防雾玻璃和普通玻璃对比

6.4.8　光催化抗菌

6.4.9　光催化肿瘤治疗

第 5 节　光电催化应用

6.5.1　光电催化概念

　　光电催化（PEC）是指通过选择半导体光电极（或粉末）材料和（或）改变电极的表面状态（表面处理或表面修饰催化剂）来加速光电化学反应的作用。光电催化具有光催化的特点：光化学氧化法应用产生新的可移动的载流子（具有更高的氧化或还原能力），伴随着电流的流动。不同的是，光电催化技术使用电极作为光催化剂载体，将光催化剂固定在电极上作为光电极，通过外电路和外加偏压，在电极内部形成一个电势梯度，促进电极光激发产生的光生电子和空穴分别向相反方向移动，从而延长光生电荷的寿命，提高光催化反应效率。此外，还利用光电协同作用大大增强整体催化性能。

6.5.2　光电催化历史发展

　　1839 年，法国物理学家 Becquerel 将氯化银放在酸性溶液中，用两片金属铂作为电极，光照射时，两个电极间会产生额外的电压，于是发现了光生伏特效应。1876 年，Adams 等在金属和硒片上发现固态光伏效应,并于 1883 年研制成第一个"硒光电池",用作敏感器件。1955 年,Brattain 和 Garratt 根据锗电极试验结果指出,Becquerel 效应的原因是生成了半导体-电解液结,从而产生了利用光照射置于电解槽中的半导体电极生产化学品或电能的概念。直至 1972 年,日本东京大学 Fujishima 和 Honda 两位教授首次报道发现外加偏压的 Pt/TiO_2 单晶电极光催化分解水产生氢气这一现象之后,光电催化才引起人们的广泛关注。1993 年,Vinodgogal 利用光电催化法在涂敷 TiO_2 粉末的导电玻璃上处理对氯苯酚,加快了对氯苯酚的降解速率,从此开始了光电催化法降解有机物的研究。近年来,光电催化分解水制备氢气或化学品等太阳燃料被认为是非常有前景的可持续能源利用策略之一[23,24]。

6.5.3　光电催化类型

光电催化通常可以分为以下三种类型:(1) 有外加偏压时的光电催化。将具有光响应的半导体材料作为光阳极与光阴极通过外部电路连接后放入电解质溶液中,完全依靠光的辐照作为驱动力,半导体材料内由光激发产生的光生电子则通过外部电路迁移至光阴极表面与电解质溶液发生还原反应,而光生空穴则迁移至半导体材料与电解质溶液的界面处发生氧化反应。(2) 有外加偏压时的电场辅助光催化,此过程的外加偏压低于目标反应的氧化还原电势,此时不会发生直接电解过程,但是外加的电场能够促使光生载流子定向迁移和传输,从而抑制光生载流子复合,提高光电催化反应速率。(3) 有外加偏压时的光电协同催化。此过程的外加偏压高于目标反应的氧化还原电势,此时除了能够发生光催化反应外,还能发生直接电化学反应,即光电协同催化。

在光电催化反应体系中,光电催化反应器的设计应尽量降低光阳极和光阴极的空间距离,以最大限度地降低光电化学反应过程中的电势损失和离子阻力。图 6-5-1 为当前设计的单电极、双电极及不同入射光位置的光电催化反应器。单电极反应器的设计主要是评估设计光电极材料的性能,并不能如实的反映应用活性。该反应器在大规模应用中受限于外加偏压以及价格较为高昂的贵金属对电极(铂材料)的需求。相反,无外加偏压的双电极反应器或许更适合大规模的应用。

6.5.4　光电催化应用

1. 光电催化分解水

光电催化分解水器件的主要组成部分有吸光的半导体光电极(即工作电极)、对电极、参比电极、电解液和隔膜,其中,工作电极基底和对电极通常采用透明导电玻璃和铂片。

光电催化分解水反应可以分为以下几个步骤:(1) 半导体受光子激发后产生光生电子和空穴对;(2) 载流子之间发生复合并以热或光的形式将能量释放;(3) 由价带空穴传输至电极表面诱发氧化反应;(4) 导带电子传输至电极衬底进而迁移至对电极,诱发还原反应。其中,氧化还原反应由两个半反应组成,一个是水的氧化反应,一个是水的还原反应:

$$h\nu \longrightarrow e^- + h^+$$
$$2e^- + 2H^+ \longrightarrow 2H_2$$
$$4h^+ + 2H_2O \longrightarrow 4H^+ + O_2$$

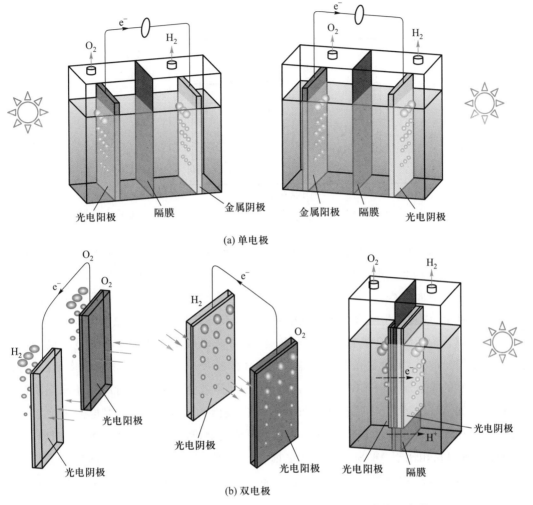

图 6-5-1 单电极、双电极及不同入射光位置的光电催化反应器

2. 光电催化 CO_2 还原

从总体上看,光催化 CO_2 还原普遍存在以下缺点:太阳能利用率有限、光生载流子分离效率低和反应需要消耗大量牺牲剂等。而光电催化可以将光催化与电催化有机统一,在光照条件下激发产生光生载流子,在外电场作用下,光催化剂能带弯曲形成异质结,有助于界面光生电子的定向转移,减少光生电子-空穴对的复合,同时利用外电压克服反应能垒,提高对 CO_2 转化产物的选择性,实现更高效率的太阳能转化。如图 6-5-2 所示,光电催化还原 CO_2 反应装置主要包括电解质、光电阴极和阳极。其催化反应机理为,当光催化剂受到光能大于或等于其禁带宽度的光照射后,价带上的电子就可以被激发到导带。在外加偏压的作用下,光生电子和空穴分别迁移并积聚在光电阴极和阳极的表面。光生电子转移到阴极光催化剂上,并将 CO_2 还原为含碳化合物,而光生空穴则参与阳极的析氧反应。

3. 光电催化固氮

光电催化技术在常温常压下直接将绿色环保的氮气和水转化为氨气,该技术为固氮合成氨提供了一种新途径。如图 6-5-3 所示,光电催化固氮反应器通常由工作电极、对电极和

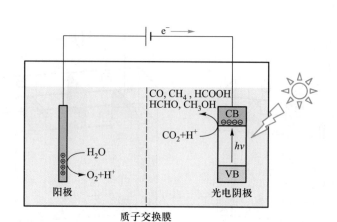

图 6-5-2　光电催化 CO_2 还原电解池装置示意图（CB 代表导带，VB 代表价带）

参比电极组成。通常选择合适的 p 型半导体负载于光电阴极上，用作工作电极。光电催化氮气还原反应分为以下三步：（1）光催化剂受光激发产生光生电子和空穴；（2）光生电子迁移到光电催化剂表面进行氮气还原反应；（3）光生空穴迁移到对电极上进行水氧化反应或直接氧化牺牲剂，或者光生空穴与来自光电阴极的光生电子复合，留在光电阴极的空穴直接参与氧化反应。为了防止合成氨的进一步氧化，通常选取质子交换膜置于光电阴极和阳极之间。需要指出的是，无论是光催化还是光电催化固氮反应，均存在产物氨产率低、光电阴极易发生析氢的竞争反应（HER）的问题。因此，设计高效并且稳定运行的氮还原光阴极刻不容缓。例如，Wang 等为了抑制 HER 和加强 N_2 向表面的扩散，在 Si 基光电阴极表面引入了疏水的多孔聚四氟乙烯（PTFE），Au 作为氮还原催化剂，被高度地分散在 Si 和 PTFE 表面上（见图 6-5-4），相比于 Au/Si 光电阴极表面，Au-PTFE/Si 基光电阴极表面显示了明显的疏水性（电解质溶液）和亲气（N_2）行为。在光照和-0.2 V 电位下，NH_3 产率和法拉第效率分别为 18.9 $\mu g \cdot cm^{-2} \cdot h^{-1}$ 和 37.8%[25]。

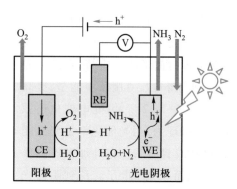

图 6-5-3　光电催化固氮反应器示意图（CE 代表对电极，RE 代表参比电极，WE 代表工作电极）

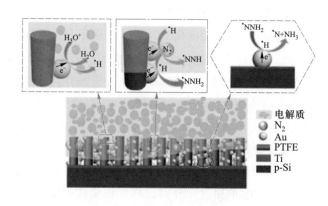

图 6-5-4　Au-PTFE/Si 基光电阴极光电催化固氮反应机理图

4. 光电催化有机污染物降解

积极研究和开发高效、节能、环保的有机污染物的处理技术,有助于推动环境治理技术和环保产业的不断进步与发展。近年来,光电催化氧化降解水中污染物技术已经作为一种新型的高级氧化技术被广泛研究。如图 6-5-5 所示,光电催化氧化技术是以光催化为基础,增加了一定的偏压,电场力的作用驱使光生电子通过外电路迁移至光电阴极表面,从而促使光生电子和空穴分离,降低电子和空穴的复合概率,从而加快对有机污染物的降解速率。光电催化反应过程中,分别在阴极和阳极产生不同活性氧物种,从而对水中污染物进行有效降解。此外,催化剂附着在电极上,易于分离回收。常见的活性氧物种包括羟基自由基、空穴、其他氧化物种(Cl^- 和 SO_4^-)和 H_2O_2,或以 Fe^{2+} 构建的 PEC-Fenton 体系[26]。例如,以 TiO_2 光电催化材料为例,在光照下,光催化剂产生电子和空穴对,电子流向阴极与 O_2 发生还原反应,生成超氧离子自由基,空穴留在阳极,与 H_2O 和 OH^- 发生氧化反应,生成超氧离子自由基和羟基自由基。这些强氧化性自由基很容易将水中各种有机污染物直接氧化为 CO_2、H_2O 和无机小分子。

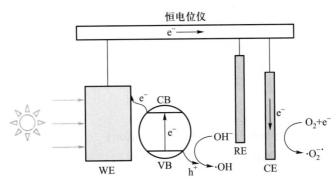

图 6-5-5　光电催化降解有机污染物机理示意图

第 6 节　生物/半导体耦合光催化应用

光合作用为地球上生命提供了最重要的物质与能量来源,它将清洁的太阳能转化为生物质能、电能与化学能,将无机物变为有机物,维持了地球的碳氧平衡。但是,自然界光合作用的效率不足 1%,而人工光合作用的理论目标是将转化率提高到 20% 以上。通过太阳能光电转换可以将太阳光转化为电能,并实现应用。通过光催化或光电催化生成高附加值的化学品可以将太阳能转换为化学能,但该技术尚未达到实际应用的要求。近年来,研究人员模拟自然界的光合作用,将生物基细胞催化剂与半导体纳米材料有机结合为生物/半导体复合体系。该体系利用光响应纳米材料将光能转化为电能,由此发生氧化还原酶反应,通过生物酶提高产物选择性,并降低转化过程的活化能。

6.6.1　生物/半导体耦合光催化能源转化

1. 生物/半导体复合结构

生物有机体的酶结构催化位点具有疏水性,其通过立体位阻效应可以影响产物的选择

228

性。此外,未饱和配位的氨基酸能够稳定中间体,并改善电子和氢的转移过程,体现协同作用。相比于无机材料催化体系,生物有机体系可以通过酶实现 CO_2 还原反应的高选择性和目标产物的高产率。同时,细胞中的生物酶结合能够通过复制和自愈作用提高稳定性(见图 6-6-1)。因此,将生物酶结合到光电极上可能展现非常好的效果。通过将固氮酶(nitrogenase)和 CdS 结合,实现了将 N_2 还原生成 NH_3[27]。如图 6-6-2 所示,巴氏甲烷菌被用于和 Pt 基、Ni 基电极耦合,可以将 CO_2 转化为 CH_4,法拉第效率高达 81%,电流密度为 $-0.29 \ mA \cdot cm^{-2}$。此外,卵原性产乙酸菌、富营养小球藻和自养黄杆菌等已被应用于生物/半导体复合催化体系[28]。

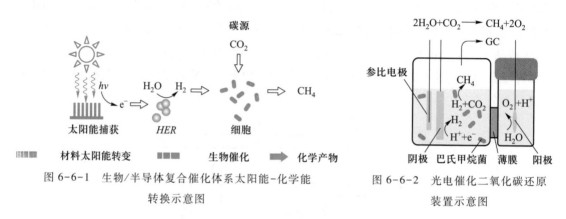

图 6-6-1 生物/半导体复合催化体系太阳能-化学能
转换示意图

图 6-6-2 光电催化二氧化碳还原
装置示意图

2. 全细胞光敏化体系(whole-cell photosensitization)

杨培东教授团队利用厌氧状态下产生的热乙酸穆尔氏菌(Moorella thermoacetica),经改造后,可以将溶液中的镉离子和半胱氨酸转化为不溶性的 CdS 纳米粒子,并析出在细胞表面上(见图 6-6-3)。

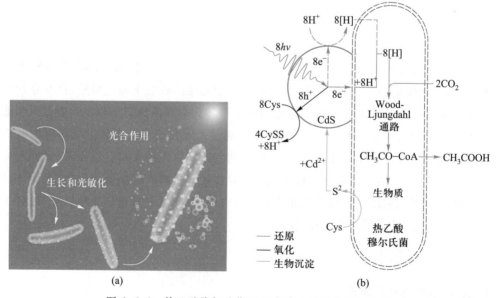

图 6-6-3 热乙酸穆尔氏菌-CdS 复合人工光合作用体系

该细菌/半导体耦合人工光合作用系统不仅可以通过生物沉淀 CdS 纳米粒子进行自我复制,当用光线照射时,CdS 纳米粒子作为光收集器被激发释放出电子,光生电子随后被注入细菌体内,将二氧化碳还原成乙酸。通过将蓝细菌类囊体膜上负载 Pt 纳米粒子,并将其和 PS Ⅰ、PS Ⅱ 体系结合,成功实现了光催化分解 H_2O 生成 H_2。此外,研究人员还设计了诸多细菌/半导体耦合人工光合作用系统,如通过 pal 红假单胞菌和 CdS 复合,实现了自身光敏化能力,提高了其生成 C^{2+} 物种的能力,比自然结构的性能更高(光催化性能提高 1.67%)。反硝化硫杆菌/CdS 复合体系在光催化条件下将 NO_3^- 还原为 N_2O。除了 CdS 之外,将 Au 纳米簇、InP 纳米粒子、CdSe、Cu_2ZnSnS_4 等复合纳米材料与不同的生物细胞相耦合,实现了 H_2、甲酸、乙酸、丙醇、己糖、丁二醇等物种的合成[29,30]。

6.6.2　生物/半导体协同光催化降解污染物

光催化耦合微生物协同降解污染物(intimate n-coupling of photocatalysis and biodegradation,ICPB)是近年来新兴的污染物降解技术。该技术将光催化反应绿色环保、高效快速的特点与微生物降解的优势相结合,为深度降解水体污染物提供了新的解决思路。在 ICPB 体系中,光催化材料与微生物同时负载在一个载体上,难降解化合物首先通过光催化氧化作用被转化为可生物降解的物质,随后微生物通过代谢作用对其进行进一步降解,通过该过程的循环进行,化合物能被有效降解,甚至完全矿化。如图 6-6-4 所示,中国科学院城市环境研究所研究人员通过对反应体系进行优化设计,将低负载量的带状富氧 $Bi_{12}O_{17}Cl_2$ 光催化剂和微生物涂在具有更大孔隙率的商用聚氨酯海绵载体(孔隙率为 95%)上。该耦合体系在充分发挥光催化氧化作用基础上,激发了微生物与半导体材料在光照条件下的电子传递作用,快速、高效降解去除水体中的土霉素(见图 6-6-4)。研究结果表明,在静态体系中,在初始浓度为 10 mg·L^{-1} 的情况下,约 96% 的 OTC 母体能在 2 h 内被有效去除;在水力停留时间为 4 h 的动态体系中,能在 400 h 内保持约 94% 的去除率[31]。

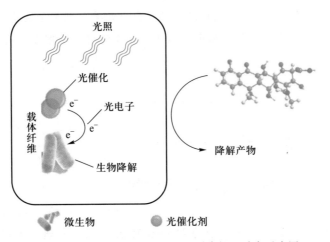

图 6-6-4　光催化耦合微生物协同降解土霉素示意图

习　题

1. 用示意图解释 AM0、AM1、AM1.5。

2. 解释什么是 p-n 结。

3. 简述太阳能热发电的基本原理。

4. 简述太阳能干燥器的基本原理和优势。

5. 简述光生伏特效应。

6. 在标准测试条件下,有效面积为 $10~cm^2$ 的太阳能电池最大输出功率为 125 mW,开路电压为 1.2 V,短路电流为 50 mA,请问该电池的填充因子和光电转换效率分别是多少?

7. 在 AM1.5 下测得由不同 Lewis 碱制备的某种钙钛矿太阳能电池的部分光伏参数如下:

Lewis 碱	V_{oc}/V	$J_{sc}/(mA \cdot cm^{-2})$	$FF/\%$
无	0.97	22.68	70.6
DMSO	0.96	21.32	68.4
NMP	1.00	23.30	74.2

计算说明哪种 Lewis 碱制备的钙钛矿太阳能电池光电转换效率最高?

8. 通过计算下列钙钛矿型稀土镍酸盐的容忍因子 t 来比较其理论稳定性。

$$PrNiO_3, NdNiO_3, SmNiO_3, GdNiO_3$$

已知: $r_{Pr} = 145.2~pm$, $r_{Nd} = 144.0~pm$, $r_{Sm} = 142.1~pm$, $r_{Gd} = 140.1~pm$, $r_{Ni} = 69.0~pm$, $r_O = 132.1~pm$。

9. 描述染料敏化太阳能电池中电子传输过程。

10. 一汞蒸气灯波长为 253.7 nm,试计算其发出光的摩尔光量子能量。

11. 下图是一些半导体的能带结构图。哪些半导体能用于光催化产氢?

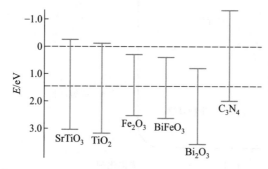

12. $SrTiO_3$ 在光强为 3241.9 cd,波长为 410 nm 的光照下,产氢速率为 80 $\mu mol \cdot h^{-1}$,试求其量子效率(电极大小为 $1~cm^{-2}$)。

13. 为什么光催化还原二氧化碳反应比光催化分解水更加困难?

14. 光催化有机化合物合成的优势是什么?

15. 光电催化有哪些类型?

<h2 style="text-align:center">参 考 文 献</h2>

<h2 style="text-align:center">科学小故事</h2>

第7章

能源与生物

能源是人类社会赖以生存和发展的物质基础,在社会可持续发展中起着举足轻重的作用。由于能源消耗加剧,煤炭、石油、天然气等化石能源消耗迅速,生态环境不断恶化,特别是温室气体排放导致全球气候变化日益严峻,人类社会的可持续发展受到严重威胁。这一现状使得可再生的清洁能源的开发和利用越来越受到各国的重视。生物能源是一种可再生的清洁能源,在地球上含量丰富,具有良好的开发和利用前景。因此,利用高新技术手段开发生物能源,已成为当今世界发达国家能源战略的重要内容。我国是一个农业大国,有着丰富的生物质资源,因此,开发利用生物能源,对缓解我国能源、环境及生态问题具有重要的意义。

第1节 概　　述

7.1.1　生物能源的概述

生物能源又称绿色能源,是指从生物质得到的可再生能源,它是人类最早利用的能源。生物能源的载体是有机化合物,所以这种能源是以实物的形式存在的,是一种可储存和可运输的可再生能源;而且它分布广泛,不受天气和自然条件的限制,只要有生命的地方就有生物质存在。

7.1.2　生物质的概述

生物质直接或间接来自动植物。广义地讲,生物质是一切直接或间接利用绿色植物进行光合作用而形成的有机物质,包括世界上所有的动物、植物和微生物,以及由这些生物产生的排泄物和代谢物。狭义地说,生物质是指来源于草本植物、藻类、树木和农作物的有机物质。作为一种可再生资源,它可以在较短的时间周期内重新生成。从生物学的角度来看,木质纤维生物质的构成成分是木质素、纤维素和半纤维素;从化学的角度来看,生物质由可燃质、无机物和水组成,主要含有 C、H、O 及极少量的 N、S 等元素,并含有灰分。

7.1.3　生物质能的概述

生物质能是太阳能以化学能形式蕴藏在生物体中的一种能量形式,它直接或间接地来源于植物的光合作用,是以生物质为载体的能量,其作用过程如下:

$$x\mathrm{CO_2} + y\mathrm{H_2O} \xrightarrow{\text{植物光合作用}} \mathrm{C}_x(\mathrm{H_2O})_y + x\mathrm{O_2} \tag{7-1-1}$$

煤炭、石油和天然气等化石能源也是由生物质转变而来的。相比化石燃料而言,生物质能具有以下特点:

(1)生物质利用过程具有二氧化碳零排放特性。由于生物质在生长时需要的二氧化碳相当于它的二氧化碳排放量,因此其二氧化碳排放量近似于零,可有效降低温室效应。

(2)生物质中 S、N 含量较低,灰分含量也较低,燃烧后 $\mathrm{SO_x}$、$\mathrm{NO_x}$ 和灰尘排放量比化石燃料小很多,故其是一种清洁燃料。

(3)生物质资源分布广、产量大、转化方式多种多样。

(4)生物质单位质量热值较低,而且一般生物质中水分含量大,从而影响生物质的燃烧和裂解特性。

(5)生物质的分布比较分散,收集、运输和预处理的成本较高。

(6)生物质能通过植物的光合作用可以再生,与风能、太阳能同属可再生能源,可保证能源的永续利用。

第 2 节　生物质燃烧

生物质能作为一种可再生资源可以被转化为三种燃料:气体燃料、液体燃料和固体燃料。生物质燃烧技术是最简单和普遍的热化学转换技术。

7.2.1　生物质燃烧的特点

生物质作为有机燃料,是多种复杂的高分子有机化合物组成的复合体。

生物质的化学组成可大致分为主要成分和少量成分两种。主要成分是纤维素、半纤维素和木质素(化学式分别为 $\mathrm{CH_{1.67}O_{0.83}}$,$\mathrm{CH_{1.64}O_{0.78}}$ 和 $\mathrm{C_{10}H_{11}O_{3.5}}$),存在于细胞壁中。少量成分则是指可以用水、水蒸气或有机溶剂提取出来的物质,故称“提取物”。这类物质在生物质中的含量较少,大部分存在于细胞腔和胞间层中,所以也称非细胞壁提取物。提取物的组分和含量随生物质的种类和提取条件的改变而改变。属于提取物的物质很多,其中重要的有天然树脂、单宁、香精油、色素、木质素及少量生物碱、果胶、淀粉、蛋白质等。生物质中除了绝大多数为有机物质外,尚有极少量无机矿物元素成分,如钙(Ca)、钾(K)、镁(Mg)、铁(Fe)等,它们在生物质热化学转换后,通常以氧化物的形态存在于灰分中。

生物质因具有挥发分高、炭活性高、N 和 S 含量低、灰分低、生命周期内燃烧过程 $\mathrm{CO_2}$ 零排放等特点,特别适合燃烧转化利用,是一种优质燃料。在我国,发展生物质燃烧技术既能缓解温室效应,又能充分利用废弃生物质资源,改善或提高农民的生活条件,而且对现有的燃烧设备不需作较大改动,因此具有明显的社会意义与经济意义,符合我国现阶段国情和生

234 物质开发利用水平。

生物质能在人类社会的发展过程中起着至关重要的作用,但是对于生物质能的利用,最直接、最简单的方式就是直接燃烧。生物质通过燃烧将化学能转换为热能、机械能等形式加以利用,其燃烧过程与其他燃料相比有很大的不同。研究生物质燃料的组成成分有助于了解生物质燃烧特点,某些生物质燃料及化学燃料的元素分析见表7-2-1。生物质燃烧的特点如下:

(1)较易燃烧。因为生物质燃料中含有较多的氧元素,所以在燃烧时不需要太多的空气;另外,生物质燃料氢含量较高,这些氢大多与碳结合形成相对分子质量较小的碳氢化合物,易热分解,所以生物质燃料易于燃烧。

(2)热量低。生物质燃料碳含量较低,最高碳含量约为50%,相当于褐煤的碳含量,所以生物质燃料燃烧时所释放的热量较低。

(3)密度小。生物质燃料的质地大多比较疏松,所以与煤炭相比,其密度较低,特别是农作物的秸秆或者动物粪便,但疏松的质地使得这些燃料更加容易燃烧,且易燃尽,残留物碳含量较低。

(4)利于环境保护。生物质燃料硫含量较低,一般低于0.2%,因此燃烧产生的气体中硫化物较少,有利于保护环境。

(5)残余物可以再次利用。植物生物质燃料燃烧后会生成五氧化二磷和氧化钾,这些就是草木灰中的磷肥和钾肥,可以作为农田肥料再次利用。

表 7-2-1　某些生物质燃料及化学燃料的元素分析[1]

燃料种类	成分/%				元素组成/%						低位热值 kJ·kg⁻¹
	水分	灰分	挥发分	固定碳	H	C	S	N	P	K₂O	
豆秸	5.10	3.13	74.65	17.12	5.81	44.79	0.11	5.85	2.86	16.33	16157
稻草	4.97	13.86	65.11	16.06	5.06	38.32	0.11	0.63	0.146	11.82	13980
玉米秸	4.87	5.93	71.45	17.75	5.45	42.17	0.12	0.74	2.60	13.80	15550
麦秸	4.39	8.90	67.36	19.35	5.31	41.28	0.18	0.65	0.33	20.40	15374
牛粪	6.46	32.40	48.72	12.52	5.46	32.07	0.22	1.41	1.71	3.84	11627
烟煤	8.85	21.37	38.48	31.30	3.81	57.42	0.46	0.93	—	—	24300
无烟煤	8.00	19.02	7.85	65.13	2.64	65.65	0.51	0.99	—	—	24430

从供能植物到农业渣滓和废弃材料,燃烧系统几乎利用了各种形式的生物燃料。生物质燃料的燃烧过程是燃料和空气间的传热、传质过程。燃烧不仅需要燃料,而且必须有足够温度的热量供给和适当的空气供应。图7-2-1所示为生物质燃料燃烧过程,可分为预热、干燥(水分蒸发)、挥发分析出燃烧和焦炭(固定碳)燃烧等过程:

(1)生物质中水的蒸发过程,即使经过数年干燥的木材,其细胞结构中仍含有15%~20%的水;

（2）生物质中气/汽化成分的释放，这不仅仅是烟囱中释放的气体，还包括部分可供燃烧的蒸气混合物和蒸发的焦油；

（3）释放的气体与空气中的氧在高温下燃烧，并产生高温分解物的喷射；

（4）生物质中的剩余物（主要是碳）燃烧，在完全燃烧条件下，生物质中的能量完全释放，生物质完全转变为灰烬。

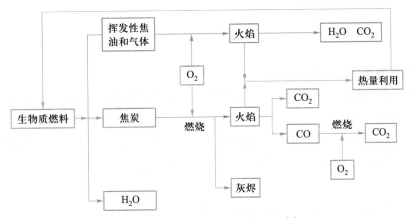

图 7-2-1　生物质燃料燃烧过程[1]

这一过程的主要问题是效率低，溢出的火苗和可燃烧气体使绝大多数的热无法利用而被浪费。以木材燃烧制沸水的过程为例，1 m^3 干木材含 10 kJ 能量，而使 1 L 水提高 1 ℃需要 412 kJ 的热能，所以煮沸 1 L 水需要少于 400 kJ 的能量，数值上仅相当于 40 cm^3 的干木材——仅仅是一根小树枝而已。可实际上在一个小火炉上，至少需要 50 倍的干木材，即效率不超过 2%。而提高燃烧效率的方法主要有（1）足够高的温度；（2）足够的氧；（3）充分的燃烧时间；（4）较少的能量逃逸。

设计高效的火炉或锅炉可提高燃烧效率。在过去的十几年里，锅炉设计取得了长足的发展，可满足更高的效率和更少的释放量（灰尘和 CO）的需要。特别是在燃烧室的设计、燃烧空气供给和燃烧自动控制过程等方面都取得较大的进步。对于手动锅炉，燃烧效率已经从 50%提高到 75%～90%，而对于自动锅炉，从 60%提高到 85%～92%。

但是各种原始的生物质燃料都极易降解，所以它们不易于长时间的存储。而且它们的能量密度相对较低，所以长距离的运输也显得极不经济。再则虽然锅炉在热能利用率上取得一定的进展，但是总的能量利用率仍然比较低。所以通过其他形式从生物质中获取能源，以提高能量的利用率，满足长距离的能量供给和储备在 20 世纪 80 年代后成了研究的热点。

不同生物质之间以及生物质与化石燃料之间的潜在协同作用可能是抵消生物质直接燃烧时存在的问题的可行方法，近几年有关生物质与其他燃料共燃的研究迅速增加。

Areeprasert 等[2]将造纸污泥与两种不同等级的煤共燃，发现两者共燃不但降低了燃煤中 NO_x 的排放，还减少了未燃尽碳损失。且经水热处理的造纸污泥与煤混烧的性能更好。Chang 等[3]研究了稻草和木材与煤共燃，结果表明木材具有较高的热值而灰分较少，比稻草更适合与煤共燃。烘焙可以提高生物质的热值并使其性质均匀，有利于共燃。尹艳山等[4]

236

研究了玉米秸秆和造纸污泥及其混合物的燃烧动力学,发现在造纸污泥的掺混比为 20% 和 50% 时发生了相互作用,且在 20% 时共燃的综合燃烧特性指数最高、平均活化能最低。马志斌等[5]研究了不同煤和生物质共燃特性,发现两者共燃时煤的燃烧性能有所改善;提高升温速率,混合物的反应活化能进一步降低且综合燃烧特性指数增大。这些发现将有助于固体生物质燃料与煤共燃的合理设计和合理运行,以促进生物质和相关生物废物材料的共燃应用。

7.2.2　生物质燃烧技术

1. 生物质直接燃烧技术

生物质直接燃烧是指纯烧生物质,主要分为炉灶燃烧和锅炉燃烧。传统的炉灶燃烧方式燃烧效率极低,热效率只有 10%～18%,即使是目前大力推广的节柴灶,其热效率也只有 20%～25%。锅炉燃烧采用先进的燃烧技术,把生物质作为锅炉的燃料,以提高生物质的利用效率,可相对集中、大规模利用生物质资源。锅炉按照燃烧方式的不同可分为层燃锅炉和流化床锅炉等。

（1）**层燃技术**:传统的层燃技术(见图 7-2-2)是指生物质燃料铺在炉排上形成层状,与一次配风相混合,逐步地进行干燥、热解、燃烧及还原过程,可燃气体与二次配风在炉排上方的空间充分混合燃烧。锅炉形式主要采用链条炉和往复推饲炉排炉。生物质层燃技术被广泛应用在农林业废弃物的开发利用和城市生活垃圾焚烧等方面,可用于燃烧含水率较高、颗粒尺寸变化较大的生物质燃料,其投资和操作的成本较低,一般额定功率小于 20 MW。

图 7-2-2　层燃技术[1]

在丹麦,人们开发了一种专门燃烧已经打捆秸秆的燃烧炉,采用液压式活塞将一大捆秸秆通过输送通道连续地输送至水冷的移动炉排。由于秸秆的灰熔点较低,通过水冷炉墙或烟气循环的方式来控制燃烧室的温度,使其不超过 900 ℃。丹麦 ELSAM 公司出资改造的 Benson 型锅炉采用两段式加热,由 4 个并行的供料器供给物料,秸秆、木屑可以在炉栅上充分燃烧,并且在炉膛和管道内还设置有纤维过滤器以减轻烟气中有害物质对设备的磨损和腐蚀。经实践运行证明,改造后的生物质锅炉运行稳定,并取得了良好的社会效益和经济效益。图 7-2-3 所示是丹麦 Rudkφbing 热电联产系统工艺流程,其以农作物秸秆为主要燃料。

在我国,已有许多研究单位根据所使用的生物质燃料的特性,开发出各种类型的生物质层燃炉,实际运行效果良好。他们根据所使用原料的燃烧特性,对层燃炉的结构进行了富有成效的优化,炉型结构包括双炉膛结构(图 7-2-4)、全封闭式炉膛结构(图 7-2-5)及其他结构,这些均为我国生物质层燃炉的开发和设计提供了宝贵的经验。我国生物质层燃技术与国外相比,仍存在较大的差距,应当进一步加大研发力度,开发出具有中国特色的先进生物质层燃技术,以增强我国在生物质燃烧技术领域的竞争力。

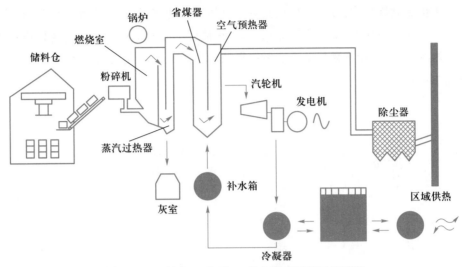

图 7-2-3　丹麦 RudkΦbing 热电联产系统工艺流程

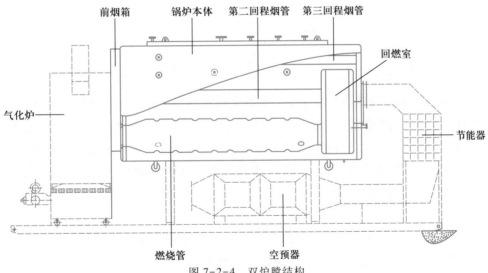

图 7-2-4　双炉膛结构

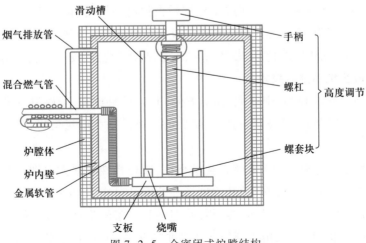

图 7-2-5　全密闭式炉膛结构

238

（2）**流化床燃烧技术**：流态化燃烧具有传热传质性能好、燃烧效率高、有害气体排放少、热容量大等一系列的优点，很适合燃烧水分大、热值低的生物质燃料。流化床燃烧技术是一种相当成熟的技术，在矿物燃料的清洁燃烧领域早已进入商业化使用。图7-2-6所示为流化床燃烧技术典型装置。

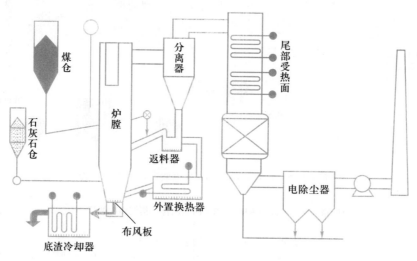

图7-2-6　流化床燃烧技术典型装置

目前，国外采用流化床燃烧技术开发利用生物质能已具有相当的规模。美国一家能源产品公司开发生产的燃烧生物质的流化床锅炉的蒸汽锅炉出力为 4.5~50 t·h⁻¹，供热锅炉出力为 36.67 MW；另一家公司利用鲁奇技术研制的大型燃废木循环流化床的发电锅炉出力为 100 t·h⁻¹，蒸汽压力为 8.7 MPa。此外，瑞典以树枝、树叶等林业废弃物作为大型流化床锅炉的燃料加以利用，锅炉热效率可达到 80%；丹麦采用高倍率循环流化床锅炉，将干草与煤按照 6∶4 的比例送入锅炉内进行燃烧，锅炉出力为 100 t·h⁻¹，热功率达 80 MW。

我国自 20 世纪 80 年代末开始，对生物质流化床燃烧技术进行了深入的研究，国内各研究单位与锅炉厂合作，联合开发了各种类型的流化床锅炉，投入生产后运行效果良好，并进行了推广，还有许多出口到了国外，这对我国生物质能的利用起到了很大的推动作用。例如，华中科技大学煤燃烧国家重点实验室根据稻壳的物理性质、化学性质和燃烧特性，设计了以流化床燃烧方式为主，以悬浮燃烧和固定床燃烧为辅的组合燃烧式流化床锅炉，试验研究表明，该锅炉具有流化性能良好、燃烧稳定、不易结焦等优点，现已经获得国家专利。

2. 生物质成型燃料燃烧技术

生物质成型燃料体积小、密度大、储运方便，并且燃料致密、无碎屑飞扬，使用方便、卫生，燃烧持续稳定、周期长，燃烧效率高，燃烧后的灰渣及烟气中污染物含量小，是一种清洁能源。

生物质成型燃料与常规生物质燃料和煤相比，燃烧特性有很大差别。生物质成型燃料燃烧过程中炉内空气流动场分布、炉膛温度场和浓度场分布、过量空气系数大小、受热面布置等都需要重新考虑和设计。日本、美国及欧洲一些国家的生物质成型燃料燃烧设备已经产业化，在加热、供暖、干燥、发电等领域已普遍推广应用。这些国家的生物质成型燃料燃烧设备具有加工工艺合理、专业化程度高、操作自动化程度好、热效率高、排烟污染小等优点。我国自 20 世纪 80 年代开始进行生物质成型燃料燃烧技术的研究和开发,目前已经取得了一系列的进展和成果,但是相关技术与国外仍存在差距。国外大部分都是采用林业残余物(如木材等)压制成型燃料,而我国生物质资源主要以农作物秸秆为主。开发具有我国自主知识产权的高效经济的生物质成型燃料燃烧技术将是未来发展的重要方向。

3. 生物质与煤共燃技术

生物质的能量密度低、形状不规则、空隙率高、热值低、不利于长距离运输,且易导致锅炉炉前热值变化大,燃烧不稳定;同时,生物质原料供应受到季节和区域的影响,难以保证连续、稳定的供应。因此,一般的生物质纯烧锅炉很难保证其效率和经济性。采用生物质与煤共燃技术能够克服生物质原料供应波动的影响,在原料供应充足时进行共燃,在原料供应不足时单烧煤。利用大型电厂共燃发电,无须对设备进行改造或仅需要很小的改造,就能够利用大型电厂的规模经济,在现阶段是一种低成本、低风险的可再生能源利用方式,不但可有效弥补化石燃料的短缺,减少传统污染物(SO_2、NO_x 等)和温室气体(CO_2、CH_4 等)的排放,保护生态环境,而且可促进生物质燃料市场的形成,克服纯烧生物质锅炉的缺点,发展区域经济,提供就业机会。在许多国家,共燃技术是完成 CO_2 减排任务最经济的技术选择。

国外的生物质与煤共燃技术已进入商业示范阶段,在美国等国家已建成一定数量的生物质与煤共燃发电示范工程,电站装机容量通常在 50 ~ 700 MW,少数系统在 5 ~ 50 MW,燃料包括农作物秸秆、废木材、城市固体废物及淤泥等。共燃的主要设备是煤粉炉,亦有发电厂使用层燃炉或采用流化床技术;另外,将固体废物(如生活垃圾或废木材等)放入水泥窑中焚烧也是一种生物质共燃技术,并已得到应用。以荷兰 Gelderland 电厂为例,它是欧洲在大容量锅炉中进行共燃最重要的示范项目之一,以废木材为燃料,锅炉机组选用 635 MW 煤粉炉,木材燃烧系统独立于煤燃烧系统,对锅炉运行状态没有影响。该系统于 1995 年投入运行,现已商业化运行,平均每年消耗约 6 万吨(干重)木材,相当于锅炉热量输入的 3% ~ 4%,替代燃煤约 4.5 万吨,输出电力 20 MW,为未来共燃项目提供了直接经验。

我国生物质与煤共燃技术的研究起步较晚,目前还缺乏先进的技术和设备。华中科技大学对生物质与煤的共燃特性及污染物排放特性进行了深入的研究,发展了生物质与煤的流化床燃烧技术,开发了各种木屑、蔗渣与煤的混烧锅炉,其在广西露塘糖厂进行的 35 t·h^{-1} 蔗渣与煤共燃的循环流化床锅炉改造已经获得了成功的工业应用,取得了良好的运行效果。2005 年 12 月,山东枣庄十里泉秸秆与煤共燃发电厂竣工投产,引进了丹麦 BWE 公司的技术与设备,对发电厂 1 台 14 kW 机组的锅炉燃烧器进行了秸秆共燃技术改造,预计年消耗秸秆 10.5 万吨,可替代原煤约 7156 万吨。

7.2.3　生物质燃烧发电

生物质燃烧发电是将生物质能转换为电能的过程,是生物质能有效利用的方式之一。经过不断发展,生物质燃烧发电技术已经成熟,规模日益壮大。我国是生物质能资源丰富的国家,发展生物质燃烧发电具有广阔的前景。

240

1. 生物质直接燃烧发电

生物质直接燃烧产生蒸汽,蒸汽带动涡轮,涡轮带动发电机,从而发电。由于可能会积灰(会弄脏锅炉,降低效率,并增加成本),故仅将某些类型的生物质材料用于直接燃烧。直接燃烧通常涉及将生物质制成细小碎片的过程,从而为紧密耦合的涡轮机系统提供燃料。在密闭系统中,生物质在通过过滤器与涡轮分开的燃烧室中燃烧。生物质燃烧发电厂使用的技术与燃煤发电厂使用的技术非常相似。例如,生物质燃烧发电厂使用类似的蒸汽涡轮发电机和燃料输送系统,效率约为 25%。生物质燃烧发电厂的平均规模约为 20 MW,一些专用的燃木发电厂的规模在 40~50 MW。随着生物质燃烧发电产业的发展,其特点是具有 50~150 MW 容量的大型设施,并采用燃气轮机/蒸汽联合循环。在功率循环中结合燃气和蒸汽膨胀的可行性已被广泛研究。生物质替代煤燃烧发电可以明显减少 CO_2 和 SO_2 的排放,具有良好的经济效益和环境效益。但为了减少生物质运输成本,要求生物质燃烧发电厂建立在生物质集中的地区,如大型农场或林场。

我国及其他国家生物质燃烧发电情况简介

2. 生物质混合燃烧发电

生物质燃料的运输成本高,同时季节性和区域性强,为了克服生物质燃料供应波动的影响,大型电厂一般都采用混合燃烧发电技术。生物质混合燃烧发电就是将生物质与煤混合燃料燃烧发电的过程。混合燃烧发电技术主要有两种,一种是生物质直接与煤混合后投入燃烧炉中燃烧,产生蒸汽带动蒸汽轮机发电,这种方式对燃料处理和燃烧设备要求较高,所以发电厂建设成本高;另一种是生物质气化产生的燃气与煤混合燃烧,产生的蒸汽一同送入蒸汽轮机发电。以上两种技术中,对生物质原料的预处理是混合燃烧发电技术的关键步骤,需要将原料处理为符合燃烧炉或气化炉要求的原料。

3. 城市生活垃圾焚烧发电

上述所探讨的主要是以木质素及农林废弃物为主的生物质,城市生活垃圾作为生物质的一种,因其组成的复杂性和特殊性,在此单独考虑解决方法。全球每年新增生活垃圾 100 多亿吨,我国生活垃圾年产量已达 1.4 亿吨,并以每年 8%~10% 的速度递增,因此解决生活垃圾问题刻不容缓。燃烧技术能达到很好的减容、减量目的,并可将其产生的能量用于发电,因此成为处理城市生活垃圾的主要方法之一。

中国科学院广州能源研究所赵松等[6]对垃圾衍生燃料(refuse derived fuel,RDF)在流化床中不同工况下生成的污染物 NO_x 进行了实验研究,结果表明:污染物 NO_x 的生成与 RDF 本身的组成成分、燃烧温度、过量空气系数、二次风有密切联系;二次风的通入和过量空气系数保持在 1.1 可减少 NO_x 的生成。

胡曙光等[7]在电加热流化床炉中研究了典型垃圾可着火组分挥发分析出及焦炭燃烧特性,并考察了水分、床温等因素对燃烧的影响,同时还研究了垃圾中高水分组分的焚烧特点。

研究表明聚合物类废弃物挥发分析出速率要比生物质类废弃物快,生物质类废弃物的挥发分析出速率要比煤快得多;挥发分析出时间随床温的升高而近指数降低,水分的增加会延迟挥发分的析出,但可加速焦炭的燃烧;生物质类废弃物焦炭的表观燃烧速率随直径的增大而减小;高水分组分焚烧时不产生明显火焰,近似一个水球蒸发,焚烧时间与等效表面积、体积直径成正比。

7.2.4　生物质燃烧利用存在的主要问题

1. 生物质的收集、储运与预处理

生物质的收集、储运与预处理一直是生物质能利用技术发展的瓶颈。由于秸秆等农业加工剩余物原料较为分散、能量密度低,并且存在明显的区域性和季节性,所以收集、储运费用是成本的主要部分。同时,由于生物质原料的纤维结构,其预处理困难,成本较高。目前,秸秆发电所需的打包机、切碎机及其他上料设备的产品质量差、生产能力小,亟须按照生物质发电的实际情况进行改进,以满足生物质发电厂燃料供应的要求。随着生物质发电技术在我国的推广应用,近年来,一些地方生物质发电厂的密集程度越来越大,已出现无序建设的苗头。加之农业、畜牧业、造纸业和家具建材业等行业对原料的争夺,生物质燃烧发电厂的原料供应难以保证。同时,新建发电厂的锅炉容量盲目求大,并没有考虑生物质原料的特点和经济规模。在建设生物质发电项目时,应充分发挥当地的优势,合理规划和布局,防止盲目布点,根据当地生物质资源的储量和分布特点,确定经济收集半径,据此选择合适的生物质发电厂的规模,并配套合理的生物质收集、储运和预处理系统,保证原料的稳定供应,提高系统的经济性。

2. 碱金属引起的积灰、结渣和腐蚀

生物质中高碱金属含量导致生物质的灰熔点较低,这给燃烧过程带来许多问题。在燃烧利用过程中,高碱金属含量是引起锅炉受热面积灰、结渣和腐蚀的重要因素,会直接造成锅炉寿命和热效率降低;同时高碱金属含量还易引起床料的聚团、结渣,破坏床内的流化,使燃烧工况恶化。

在生物质燃烧利用过程中,通过降低燃料中碱金属的含量,设法提高燃料灰分的熔点,抑制碱金属的挥发性,以及探索选用新型的床料,是解决生物质流化床积灰、结渣和腐蚀问题的有效途径。同时,在保证正常的流化床运行工况的前提下,适当地降低燃烧温度、合理地调节燃烧工况也是有效减轻结渣的方法。

在生物质燃烧利用过程中,积灰、结渣会损坏燃烧床,还可能发生烧结现象。烧结与温度、流化风速和气氛有关,但是温度是最主要因素。稻草的烧结温度在 680 ℃,玉米秆的烧结温度在 740 ℃,高粱秆的烧结温度在 680 ℃。随着温度的升高,烧结块尺寸增大,数量增多,硬度增强。此外,生物质在燃烧开始时,挥发分释出迅速,可能造成燃烧的揣动和间断。

我国阳泉市环境科学研究所的李悦[8]研究了稻草、玉米秆、高粱秆在燃烧时,床料温度、灰含量、停留时间对烧结的影响。停留时间的影响主要表现在结块的硬度和尺寸上。Sugita等研究了稻壳灰活性与其煅烧温度之间的关系以及工程上的可行性,并提出了一种制备高活性稻壳灰的新方法——两段煅烧法,可避免烧结。

242

为防止积灰、结渣和腐蚀的发生,可以考虑如下措施:将生物质原料与煤炭或泥炭混合燃烧,后者比例不小于 30%;管道材料要使用具有抗腐蚀功能的富铬钢材或镀铬材料;尽可能使用较低的蒸汽温度;如有可能,使用淋溶过的生物质原料,如农作物收割后置于田间,经过雨淋和风干后再使用。

目前,主要的燃烧床床料有 Al_2O_3、Fe_2O_3,尤其是 Fe_2O_3,比 SiO_2、Al_2O_3 更易与碱金属氧化物及盐反应。Boristav 等比较了 Fe_2O_3、SiO_2、Al_2O_3 三种物质作床料的效果。Bapat 等着重报道了降低和克服床料凝结、床壁间和过热器管结渣以及受热面结垢的方法。提出的尝试方法有(1) 采用其他替代物质如白云石、长石、菱镁土及石灰石等作床料;(2) 采用添加剂;(3) 混入煤或褐煤等其他燃料。

3. 高温氯腐蚀

生物质燃料与煤的一个显著不同在于,生物质中氯的含量高,氯在生物质燃烧过程中的挥发及其与锅炉受热面的反应会引起锅炉的腐蚀。当生物质燃料含氯高时,壁温高于 400 ℃的受热面将发生高温氯腐蚀。生物质燃料锅炉的高温氯腐蚀比燃煤锅炉严重得多,应予以足够重视。

在锅炉受热面设计时应选用新的防腐材料,在实际运行过程中应当合理调整工况,加入适量的脱氯剂或吸收剂以脱除或减少 HCl 的排放,降低炉内 HCl 的浓度,可以减轻锅炉的高温氯腐蚀。另外,考虑到生物质燃料中的氯大部分是以游离氯离子的形态存在,收集原料时采用雨水冲刷后太阳晾干的生物质原料,在一定程度上可以缓解锅炉的高温氯腐蚀。

7.2.5　生物质燃烧的展望

1. 省柴灶的开发及应用

能源对一个国家的发展起着至关重要的作用,而我国大多数人口分布在农村,农村的能源形式将直接影响和制约我国经济的发展。目前,我国农村能源分布极度不平衡,大部分农村地区的能源短缺,且农村对生物质的利用大多采用直接燃烧的技术。但旧式的烧柴灶对生物质能的利用率极低,为 8%～12%。随着农村经济的快速发展,农村的能源消耗速度也在不断地增加,这加重了我国能源短缺的现状。

研究开发新式的省柴灶是提高生物质能利用率的重要途径。通过科学设计对旧式烧柴灶等进行改造,使之更适用于农村的取暖、做饭等,其生物质能利用率达到了 20%以上,有效节约了资源,缓解了农村能源紧张的局面,同时减少了排放,且安全卫生,大大改善了居民的生活环境[9]。

2. 专用燃烧设备的设计及生物质成型技术的应用

成型的生物质燃料燃烧后的二氧化碳净排放量接近零,氮氧化物排放量为煤炭的五分之一,二氧化硫排放量为煤炭的十分之一。可见,生物质成型后再燃烧是生物质高效、清洁利用的有效途径。在 20 世纪 50 年代,日本就研制出了棒状燃料成型机及相关的燃料设备;随后美国在 70 年代设计了生物质颗粒成型及燃烧设备;同时西欧很多国家也开发了冲压式成型机、颗粒机及相关的燃烧设备;我国在 20 世纪 80 年代引进开发了螺旋推进式植物秸秆成型机,并迅速在国内规模化生产。这些技术的开发使生物质燃料具有便于储运和使用、燃烧利用率高、利于环保的优点,使生物质燃料在加热、取暖、发电等领域得到了推广[10]。

3. 生物质与煤混合燃烧

将生物质和煤混合燃烧可以协同利用生物质能和煤炭资源。一方面,由于生物质燃料比煤炭更易于燃烧,两者混合后,燃烧的过程可以分为两个阶段,煤的量比较多时,放热过程主要在燃烧的后期,而当生物质的量加大时,整个材料的燃烧放热提前,且生物质燃料的混入可以提高煤炭的着火性能,使其更易燃尽。即二者混合使用可以提高两种能源形式的利用率,同时有效减少污染物的排放。另一方面,在大型燃煤发电厂,生物质和煤炭的混合燃烧使用,不需要对现存的设备进行大的改进,同时可减少煤的使用,使发电成本降低。

第 3 节 生物质气化

7.3.1 生物质气化的过程与特点

生物质气化,即在高温条件下,以生物质为原料,以纯 O_2 或空气、水蒸气或 H_2 为气化介质,通过热化学反应使生物质中可以燃烧的部分转化为可燃气的过程。换言之,生物质气化是将生物质从固体形式转化为气体形式的过程。气体主要成分为 CO、H_2、CH_4,除此之外还有少量的 CO_2 和 N_2。

生物质气化过程非常复杂,同时与气化装置、反应条件、反应气化介质等密切相关,基本的反应包括:

$$C+O_2 \longrightarrow CO_2$$
$$2C+O_2 \longrightarrow 2CO$$
$$CO_2+C \longrightarrow 2CO$$
$$H_2O+C \longrightarrow CO+H_2$$
$$2H_2O+C \longrightarrow CO_2+2H_2$$
$$H_2O+CO \longrightarrow CO_2+H_2$$
$$2CO+O_2 \longrightarrow 2CO_2$$
$$CO_2+4H_2 \longrightarrow CH_4+2H_2O$$
$$C+2H_2 \longrightarrow CH_4$$
$$CO+3H_2 \longrightarrow CH_4+H_2O$$
$$2CO+2H_2 \longrightarrow CH_4+CO_2$$
$$2H_2+O_2 \longrightarrow 2H_2O$$

生物质气化的特点有(1)原材料丰富。生物质资源丰富,有树木、农作物秸秆、动物粪便、工业有机废弃物、城市生活垃圾等,为生物质气化提供可靠的原料保障;(2)可大规模的生产;(3)改变了生物质传统的利用方式,提高了利用率;(4)可以减少使用过程中的污染排放,使用更加方便。

7.3.2 生物质气化的原理

生物质气化的原理是在满足温度、压力等反应条件下,生物质原料中的糖类基于一系列

244 热化学反应转化为含有 CO、H_2、CH_4、C_mH_n 等可燃气,将生物质燃料中的化学能转移到可燃气中,转换效率可达 70%~90%,这是一种高效率的转换方式[11]。

生物质气化工艺过程主要分为燃料干燥、热解、氧化和还原四个阶段。燃料进入气化装置后,在一定温度下,首先受热析出水分;之后经初步干燥的物料进一步升温发生热解,析出挥发分;热解产物与气化装置内供入的有限空气或氧气等气化剂进行不完全燃烧反应,得到水蒸气、CO_2 和 CO;最后在生物质残碳的作用下,被还原生成 H_2 和 CO,从而完成固体燃料向气体燃料的转变过程。就反应机理而言,生物质气化过程中发生的一系列反应以气-气均相和气-固非均相化学反应为主,可能有的反应如下:

(1) C_nH_m 部分氧化反应:　$C_nH_m + n/2O_2 \longrightarrow m/2H_2 + nCO$

(2) 水汽重整反应:　　　　$C_nH_m + nH_2O \longrightarrow (n+m/2)H_2 + nCO$

(3) 干重整反应:　　　　　$C_nH_m + nCO_2 \longrightarrow m/2H_2 + 2nCO$

(4) 碳氧化反应:　　　　　$C + O_2 \longrightarrow CO_2$

(5) 碳部分氧化反应:　　　$C + 1/2O_2 \longrightarrow CO$

(6) 水汽反应:　　　　　　$C + H_2O \longrightarrow CO + H_2$

(7) 焦炭溶损反应:　　　　$C + CO_2 \longrightarrow 2CO$

(8) 加氢气化反应:　　　　$C + 2H_2 \longrightarrow CH_4$

(9) 一氧化碳氧化反应:　$CO + 1/2O_2 \longrightarrow CO_2$

(10) 氢气氧化反应:　　　$H_2 + 1/2O_2 \longrightarrow H_2O$

(11) 水汽转化反应:　　　$CO + H_2O \longrightarrow CO_2 + H_2$

(12) 甲烷化反应:　　　　$CO + 3H_2 \longrightarrow CH_4 + H_2O$

7.3.3　生物质气化的方式

生物质气化有多种方式。按气化介质,可分为使用气化介质和不使用气化介质两种。不使用气化介质的是干馏气化;使用气化介质则分为水蒸气气化、空气气化、氧气气化、水蒸气-氧气混合气化和氢气气化等,如图 7-3-1 所示。

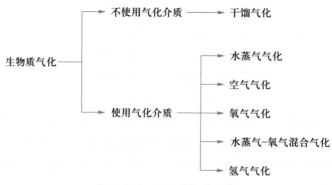

图 7-3-1　生物质气化分类

1. 干馏气化

干馏气化其实是热解气体的一种特例。它是在完全无氧或只提供极有限的氧使气化不

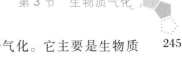
至于大量发生情况下进行的生物质热解,也可描述成生物质的部分气化。它主要是生物质的挥发分在一定温度作用下进行挥发,生成四种产物:固体炭、木焦油和木醋液(可凝挥发物)与气化气(不可凝挥发物)。按热解温度分为低温热解(600 ℃ 以下)、中温热解(600 ~ 900 ℃)和高温热解(900 ℃ 以上)。气化气热值为 15000 kJ·m^{-3},为中热值气体,产物成分比例为木焦油 5% ~ 10%,木醋液 30% ~ 35%,木炭 28% ~ 30%,可燃气 25% ~ 30%。由于干馏气化是吸热反应,应在工艺中提供外部热源以使反应进行。

2. 水蒸气气化

水蒸气气化以过热水蒸气作为气化介质,整个过程以吸热反应为主,包括生物质热解反应、碳还原反应、CO 和水蒸气变换反应、甲烷化反应等。李琳娜等[12]使用木屑为原料在固定床反应器上进行了水蒸气气化实验研究,较高的反应温度及适宜的水蒸气流量对 H$_2$ 产率与燃气热值影响明显,$\varphi(H_2)$ 可达 51.03%,燃气低位热值在 11 ~ 13 MJ·m^{-3}。肖军等通过麦秸水蒸气气化实验发现,反应压力对 H$_2$ 影响不如水蒸气的活化作用显著,水蒸气是比较适宜制取富氢气体的气化介质。应浩等[13]发现木屑在高温下进行水蒸气气化的反应活性很高,碳转化率明显提高,最高可达 99.47%,$\varphi(H_2)/\varphi(CO)$ 在 1.0 ~ 2.3 之间变化,可作为优良的合成氨、费托合成原料气体。水蒸气气化产生的燃气质量好,H$_2$ 含量高,属于中热值燃气,可用于生产燃料气及化工合成气,典型的水蒸气气化产物成分为 $\varphi(H_2)$ 20% ~ 26%,$\varphi(CO)$ 28% ~ 42%,$\varphi(CO_2)$ 23% ~ 16%,$\varphi(CH_4)$ 20% ~ 10%。但是,水蒸气气化工艺需要增加蒸汽发生器和过热设备生产蒸汽,进一步提高了系统复杂性和运行成本,降低了系统独立性。

3. 空气气化

空气气化是以空气为气化介质的气化过程。空气中的氧气与生物质中的可燃组分进行氧化反应,产生可燃气,反应过程中放出的热量为气化反应的其他过程即热分解与还原过程提供所需的热量,整个气化过程是一个自供热系统。但由于空气中含有 79% 的 N$_2$,它不参加气化反应,却稀释了燃气中可燃组分的含量,使气化气中氮气含量高达 50% 左右,因而降低了燃气的热值,热值在 5 MJ·m^{-3} 左右。由于空气易取得,空气气化过程又不需外供热源,所以空气气化是所有气化过程中最简单也最易实现的,因而这种气化技术应用较为普遍。

4. 氧气气化

氧气气化是指向生物质燃料提供一定氧气,使之进行氧化还原反应,产生可燃气,但没有惰性气体 N$_2$,在与空气气化相同的当量比下,反应温度提高,反应速率加快,反应器容积减小,热效率提高,气化气热值提高一倍以上。在与空气气化相同反应温度下,耗氧量减少,当量比降低,因而气体质量提高。氧气气化的气体产生物热值与城市煤气相当。在该反应中应控制氧气供给量,既保证生物质全部反应所需要的热量,又避免生物质同过量的氧反应生成过多的二氧化碳。氧气气化生成的可燃气体的主要成分为一氧化碳、氢气及甲烷等,其热值为 15000 kJ·m^{-3} 左右,为中热值气体。

5. 水蒸气-氧气混合气化

水蒸气-氧气混合气化是指空气(氧气)和水蒸气同时作为气化介质的气化过程。从理论上分析,水蒸气-氧气混合气化是比单用空气或单用水蒸气都优越的气化方法。一方面,它是自供热系统,不需要复杂的外供热源;另一方面,气化所需的一部分氧气可由水蒸气提供,减少了空气(或氧气)消耗量,并生成更多的 H_2 及碳氢化合物,特别是在有催化剂存在的条件下,CO 向 CO_2 的转化更加有利,降低了气体中 CO 的含量,使气体燃料更适合用作城市燃气。典型情况下,水蒸气-氧气混合气化的气体成分(体积分数)为(800 ℃ 水蒸气与生物质比为 0.95,氧气的当量比为 0.2):H_2 32%,CO_2 30%,CO 28%,CH_4 7.5%,C_nH_m 2.5%;气体低位热值为 11.5 MJ·m^{-3}。

6. 氢气气化

该气化过程以氢气作为气化介质,主要产物是 CH_4,属于高热值的燃气。但遗憾的是,该气化过程条件较为苛刻,且需要在高温条件下进行,所以不常用。

通过综合考虑,以上气化过程中的水蒸气-氧化混合气化过程可以得到高含量的 H_2 和 CO,所以燃气热值较高,且所需设备简单,运行成本较低,是所有气化过程最佳的选择。

7.3.4　生物质气化技术的发展前景

生物质气化具有广阔的发展前景,未来生物质能源将在可再生能源中占有重要地位,气化技术也将取得突破,生物质气化将逐步由制取低热值气体向中高热值气体迈进。

生物质气化集中供气技术普遍存在的问题:燃气质量不稳定且燃气热值低;CO 含量过高,存在安全隐患;煤气的焦油含量较高,大多采用水洗法净化,造成二次污染,而且燃气中焦油容易造成管道和灶具的堵塞。诸多因素的存在,影响和制约着生物质气化集中供气技术的推广、应用和系统的长期正常运行。

生物质气化技术的主要挑战是如何开发低成本气化过程,并产生高热值清洁燃气。目前正在开发两项技术,其一是采用内燃机发电,装机容量为兆瓦级;其二是结合内燃机和汽轮机技术(整体气化联合循环,integrated gasification combined cycle,IGCC),以达到较高的装机容量。按照技术经济学观点,气化系统用于燃气轮机和汽轮机联合生产电力,热量转变为电力的过程在比蒸汽循环更高的温度下进行,使热力学转化过程具有更高的效率。

生物质气化合成液体燃料技术,即通过生物质气化途径(间接液化法)合成甲醇、二甲醚,是一种新的绿色合成工艺,有着巨大的市场潜力,将成为生物质制取液体燃料的最有前景的方法之一。和其他生物质燃料利用技术相比,生物质气化合成醇醚可以实现较高的反应速率和转化效率,可在较小的区域内建立一定规模的工厂,采用联产燃气和电力,并可以实行醇醚联产,系统效率还可以进一步提高。许多研究表明,生物质合成燃料不仅具有良好的替代性,而且技术经济方面的可行性也日益显现出来。因此,加快研究开发生物质气化制取醇醚技术和工业化应用,必将产生显著的经济效益和社会效益。

生物质主要由碳、氢、氧等元素组成,是氢的重要载体,其中氢元素约占 6%(质量分数),相当于每千克生物质可产生 0.672 m^3 的气态氢,占生物质总能量 40% 以上。氢气既是优质洁净能源,也是一种重要的工业原料,石油、化工、电力、化纤等行业都大量使用氢。在电解水、生物质气化及光电子转化等制氢技术中,生物质气化制氢是最为经济的手段。其具有如下优点:(1) 工艺流程和设备比较简单;(2) 充分利用部分氧化产生的热量,使生物质裂解并分解一定量的水蒸气,能源转换效率较高;(3) 有相当宽广的原料适应性;(4) 适合于大规模连续生产。同时,生物质具有可再生性和易获得性。随着燃料电池和储氢技术的突破及商品化,生物质制氢可以有效利用生物质能替代化石能源,成为未来能源的重要组成部分。

第 4 节　生物质液化

7.4.1　生物质液化的过程与特点

　　将固态生物质转换为液态燃料常用的技术有直接液化技术和间接液化技术。常见的直接液化技术包括热裂解、高压液化、超临界液化、机械液化等;间接液化技术是将气化后的生物质进一步合成为液体,常见的有催化反应合成甲醇,乙炔、乙烯合成乙醇等。液化技术可将低品位的固体生物质完全转化成高品位的液体燃料或化学品,是生物质能高效利用的方式之一。生物质液体产品易存储、运输,为工农业大宗消耗品,不存在产品规模和消费的地域限制问题,不含硫及灰分,既可以精制改性生产清洁替代燃料,弥补化石燃料的不足,也可以作为化工原料生产许多附加值较高的化学品,还可以用于发电,展现了极好的发展前景。以液化方式实现低品位生物质能的深层次利用,减少矿物燃料消耗量和由此给环境带来的严重污染,对提高农村生活水平、改善生态环境、保障国家能源安全等具有重要意义。但生物质种类繁多,组成和含水量差异大,液化技术需要适应不同生物质的特性,合理、高效、清洁利用和转化生物质能,实现资源最大化利用,获取较大的附加值。

7.4.2　生物质液化的方式

1. 热解液化

　　生物质热解液化是指在中温(500 ℃左右)和缺氧条件下使生物质快速受热分解,热解气体再经快速冷凝而获得主要液体产物(生物油)、一部分气体产物(可燃气)及固体产物(炭粉)的热化学转化过程。影响生物质热解液化的因素主要有加热速率、热解反应温度、气相滞留时间和热解气体的淬冷等。在此重点讲解催化热解和混合热解。

　　催化热解是指在催化剂的参与下改变生物质热解气成分,以实现生物油高收率和高品质的热解反应过程。根据常规生物油燃料品质需要改善的方面,以及催化热解能够实现工业化应用的要求,成功的催化热解过程需要满足以下 6 条原则:(1) 能够促进低聚物的二次裂解以形成挥发性产物,从而降低生物油的平均相对分子质量和黏度,并提高生物油的热安定性;(2) 能够降低醛类产物的含量,从而提高生物油的化学安定性;(3) 能够降低酸类产物的含量,从而降低生物油的酸性和腐蚀性;(4) 能够尽可能地脱氧,促进烃类产物或其他低氧含量产物的形成,从而提高生物油的热值,但要避免多环芳烃等具有致癌性产物的形成;(5) 氧元素尽量以 CO 或 CO_2 的形式脱除,如果以 H_2O 的形式脱除,必须保证水分和催化热解后的有机液体产物能自行分离;(6) 催化剂必须具有较长的使用寿命。针对不同的催化剂,围绕上述 6 条原则,国内外学者在生物质催化热解方面开展了大量的工作。目前,研究较多的催化剂有固体超强酸、强碱及碱盐、金属氧化物和氯化物、沸石类分子筛(如HZSM-5、HY)、介孔分子筛(如 MCM-41、MFI、SBA-15、MSU)和催化裂化催化剂。但从催化效果来看,它们各有利弊,如催化裂化催化剂能降低生物油中酚类物质的含量,提高生物

248

油的化学安全性,增加生物油中烃类物质的含量,但另一方面,它会促进水分、焦炭和非冷凝气体的生成,降低生物油的收率;沸石类分子筛具有很好的脱氧效果,其催化后能够得到以芳香烃为主的液体烃类产物,但在催化热解过程中它极易失活,且再生困难;介孔分子筛具有较高的脱氧活性,但它的水热稳定性较差且价格昂贵。到目前为止,还未发现任何一种催化剂能够在生物质热解过程中兼顾上述 6 条原则,故现阶段催化热解的主要工作还在于催化剂的筛选和开发。

　　生物质与其他物料的共热解液化称为混合热解。目前,国内外学者对煤与生物质的混合热解研究较多。煤热解液化过程耗氢量大、反应温度高,且需要在催化剂和其他溶剂的参与下进行,使得煤热解液化成本过高;另一方面,生物质热解液化所得生物油的品质较低,这些不利因素限制了它们的发展。而煤与生物质的混合热解可以在它们的协同作用下降低反应温度,并显著地提高液化产物的质量和收率。目前,一般认为生物质和煤的混合热解反应属于自由基过程,即煤与生物质各自发生热解反应,生成自由基"碎片",由于这些自由基"碎片"不够稳定,它们或与氢结合生成相对分子质量比煤和生物质低很多的初级加氢产物,或彼此结合发生缩聚反应生成高分子焦类产物,在此过程中,部分氢可由生物质提供,减少外界的供氢量。现阶段,对于生物质与煤混合热解产物研究的报道较少,Altieri 等[14]研究了木质素和烟煤在 400 ℃下混合热解产物的特征,其中液体产物中苯可溶物为 30%,而煤和木质素单独液化得到的苯可溶物大约为 10%。

2. 高压液化

　　生物质高压液化是在较高压力下的热转化过程,温度一般低于快速热解。该法始于 20 世纪 60 年代。当时美国的 Appell 等将木片、木屑放入 Na_2CO_3 溶液中,用 CO 加压至 28 MPa,使原料在 350 ℃下反应,结果得到 40% ~ 50% 的液体产物,这就是著名的 PERC 法。近年来,人们不断尝试采用 H_2 加压,使用溶剂(如四氢萘、醇、酮等)及催化剂(如 Co-Mo、Ni-Mo 系加氢催化剂)等手段,使液体产率大幅度提高,甚至可达 80% 以上,液体产物的高位热值可达 25~30 MJ·kg^{-1},明显高于快速热解液化(见表 7-4-1)。与快速热解液化相比,目前加压液化还处于实验室阶段,但其反应条件相对温和,对设备要求不很苛刻,因而在规模化开发上有很大潜力。

表 7-4-1　6 种快速热解装置典型实验结果比较

装置	Twente	Grr	Ensyn	GIEC	NREL	Laval
规模/(kg·h^{-1})	10	50	650	5	20	30
颗粒直径/mm	2	0.5	0.2	0.4	5	10
温度/℃	600	500	550	500	625	400
压力	常压	常压	常压	常压	常压	减压
蒸汽停留时间/s	0.5	1.0	0.4	1.5	1.0	3.0
液体质量产率/%	70	60	65	63	55	65
含水质量分数/%	25	29	16	20	15	18
高位热值/(MJ·kg^{-1})	17	24	19	22	20	21

3. 超临界液化

超临界液体既具有气体的物质转移特征,又具有液体的溶剂特性,黏度较低,利于流动,所以拥有可穿过固体材料的扩散能力,且超临界液体的表面张力特别小,可以渗入孔隙率低的固体材料中。超临界液化技术就是利用了超临界液体的这些特性,对生物质进行液化。

超临界液化的工艺流程:首先将生物质材料和超临界液体放入萃取容器,超临界液体会选择性萃取出生物质材料中需要分离的成分;然后萃取物随着超临界液体进入分离器,通过控制分离器的温度和压力,使二者分开,得到液化的生物质,超临界液体则经过降低温度和压缩,再返回到萃取器中使用。

超临界液化技术具有显著的优点,一是该技术不需要加入催化剂,降低了生产成本;二是该技术过程快,减少了中间反应物和木炭的生成;三是该技术的液体生物质产率较高,具有很好的发展潜力。

4. 生物质间接液化

生物质间接液化技术是以费-托反应为基础,将生物质材料气化后,再通过费-托反应合成烷烃,如生物柴油及含氧化合物(甲醇、二甲醚)等。其中液化得到的含氧化合物(甲醇、二甲醚)具有很强的市场竞争力。最终的产物基本不含有硫、氮等杂质,纯度较高。该方法所用的生物质原料丰富,可以是树枝、树叶、秸秆等。

7.4.3　生物质液化技术的发展前景

生物质液化能够适应生物质能量密度低、水分含量高、分布分散度高、收集和运输困难、难以大规模集中处理及生物灰富含钾元素的特性,生产的产品易存储、运输,不存在产品规模和消费的地域限制问题,从而成为生物质能利用的最具发展前景的技术方向。由于生物质含水量的高低是影响生物质液化过程中能耗、效率、污染指数和经济性指标等的关键因素,因此应根据含水量合理选择生物质液化技术,最优化利用不同类型的生物质能,降低成本和投资,实现效益最大化。

低含水农林废弃物:目前,我国每年有 7×10^8 t 剩余农作物秸秆亟须高效利用。随着生物固碳和生态文明建设,大量荒漠化、盐碱化和其他不可种植粮食的土地将会发展能源植物,在改善环境、降低碳排放的同时,将副产大量的生物质能;加之土地流转和城镇化发展,高效集约化种植有利于提高粮食产量和质量,因而农作物秸秆产量也将大幅提高。这些生物质资源含水量相对较低,易于收集和分散存储,可解决规模化生物质快速热解技术的原料集散难题,完全可以通过工艺过程的余热完成干燥。农作物秸秆快速热解制油规模大、经济效益和社会效益高、相关就业人数多,加以培训就能够解决农民中青年的就地化就业,实现集约化种植和农业能源生产互补发展。林业和农林产品加工等企业有大量集中、低含水农林废弃物,包括薪炭林,在森林抚育和间伐作业中的零散木材,残留的树枝、树叶和木屑等,木材采运和加工过程中的锯末、木屑、梢头、板皮和截头等,还有林业副产品的废弃物如果壳和果核等。可以采用生物质快速热解技术,大量生产需求巨大的生物油及精制改性产品,提高企业效益,解决就业,缓解液体燃料的供应紧张,热解气可用作企业清洁燃料,灰渣改性生产肥料,半焦作为优质固体燃料和改性销售,实现企业可持续发展。

高含水生物质：目前，我国部分江河湖海因富营养化而大量滋生蓝藻、水葫芦、浮萍和浒苔等高含水生物质，它们生长快、产量大，已造成严重的环境污染和生态灾害。另外，污水处理的二次污泥和城郊的养殖业粪便含水量大、产量大、干燥能耗高，目前尚无清洁高效的最大量利用途径，形成了二次污染。藻类由于光合效率高、生长速率快、适应环境能力强、培养容易、生长周期短、单位面积产量高、油脂含量高、成本低以及不与农作物争地、争水等特点，将成为未来生物质能开发的热点。但由于藻类高含水，现有的转化技术无法实现其低成本清洁高效利用。采用高压液化技术处理水生植物、藻类、养殖业粪便和二次污泥，无须干燥脱水和粉碎等高耗能步骤就能够将其低成本、规模化地大量转化为生物油、木醋液、半焦和干气，消除了环境污染和生态灾害。生物油氧含量在 10% 左右，热值比快速热解的生物油高50%，完全可以通过现有石油加工装置生产优质车用燃料；木醋液主要用于叶面肥、冲施肥、融雪剂及脱硫脱硝剂等的生产；半焦也可用作高压液化的热源，还可以作为土壤改良剂、肥料缓释增效的载体用于农业生产，以提高土壤的透气性；干气直接燃烧用于高压液化的热源。此外，粉碎成型生产高性能活性炭也是解决规模化应用、提高附加值的有效途径。在不远的将来，随着生物质生化发酵技术进一步提高其转化效率、处理能力和产率，优选出高效生物酶和专用菌，开发出适合规模化的连续发酵工艺，能耗和生产成本将得以降低。上述这些资源可通过生化法液化，低成本地生产乙醇、丁醇等液体产品，用作车用燃料或化工原料。

不可食用油脂：不可食用油脂包括动物油脂和餐饮废弃油脂（俗称地沟油），由野生油料植物和人工种植的富含油能源植物生产的大量不可食用油脂，利用富集金属的油料植物（如向日葵、油菜等）对重金属污染土地进行生态修复而副产的大量含危险物的油脂，以及工程微藻等水生植物油脂，这些资源均需要合理高效的利用和转化。不可食用油脂可通过酯交换技术制成替代石化柴油的生物柴油，它不仅是一种洁净的优质车用柴油替代品，而且市场需求量大、产品附加值高，还在一定程度上解决了食品安全问题。副产的生物甘油是很好的大宗化工原料，可用于制造合成树脂、塑料、油漆、硝酸甘油、油脂和蜂蜡等，还可用于制药、香料、化妆品、卫生用品及国防等工业中。但是，利用生物柴油进一步生产生物航煤，不仅成本高、资源利用率低，而且全生命周期碳排放增加，不符合未来生物航煤的发展趋势，不建议发展。

城市生活垃圾：全球城市生活垃圾年均增长率为 8.42%，而我国城市生活垃圾年均增长率达到 10% 以上。全球每年产生 4.9×10^8 t 城市生活垃圾，我国产生近 1.5×10^8 t。面对这一巨大的城市能源资源，由于热解过程中产生的废水有可能含有不可知的活性物质和二次污染物，因此不宜用作热化学液化的原料。建议将其用作燃气型气化原料，发展生物质整体气化联合循环发电技术（biomass integrated gasification combined cycle power generation, BIGCC），实现城市生活垃圾的无害化、减量化和能源化，破解垃圾围城的困境。

生物质液化可实现低品位生物质能的深层次高效清洁利用。快速热解液化技术和高压液化技术是最具产业化前景的生物质能技术，生化法液化技术是生物质能的研究热点。不同类型的生物质含水量各不相同，应合理选择生物质液化技术，最优化利用，降低成本和投资，实现效益最大化。间接液化技术并不适用于生物质液化，快速热解液化技术适用于低含水农林废弃物,高压液化和生化法液化技术适用于高含水生物质,酯化法液化技术适用于不可食用油脂,而各种液化技术均不适用于城市生活垃圾的处理。

第 5 节　生物质制备化学品

生物质经过一定程度的降解可以用于制备多种大宗化学品和精细化学品,不仅解决了石油化工和煤化工产业高污染、高能耗的缺点,同时也为经济的可持续发展开拓了新的思路。

7.5.1　生物燃料乙醇技术

乙醇俗称酒精,是一种重要的工业原料,在化工、军工、医药、食品等领域广泛应用。燃料乙醇是指作为车辆的替代燃料使用的无水乙醇(体积分数大于 99.5%)。它可以使汽油燃烧得更充分,并且无毒、可生物降解、可再生,能减少温室气体的排放,减少有毒气体和固体颗粒对大气的污染,是一种典型的清洁可再生能源。燃料乙醇可以与汽油混合形成乙醇汽油,乙醇含有 35% 的氧,可以使汽油更有效地燃烧,从而减少一氧化碳、氮氧化物和碳氢化合物等大气污染物的排放。

我国燃料乙醇工业的发展始于 20 世纪末,产业的发展经历了三个主要阶段:从 20 世纪 90 年代中期至 2000 年的定点化生产阶段、从 2000 年至 2005 年的快速发展阶段和从 2005 年至今的非粮燃料乙醇发展阶段。我国的燃料乙醇一开始用于消化变质的玉米、小麦和其他谷物。我国近几年玉米总产量稳定在 2.6 亿吨左右,还面临着进口美国玉米的很大压力;同时仍有约 1 亿吨库存玉米及一定量的超期库存的稻谷和小麦,都面临急需转化的压力,这些都有利于加快燃料乙醇推广的速度。《生物质能发展“十三五”规划》要求在玉米、水稻等粮食主产区,与消纳陈次粮、受重金属污染的粮食相结合,逐步、稳健地扩大我国燃料乙醇的生产和消费量;根据资源条件,因地制宜开发建设以木薯为原料,以及利用荒地、盐碱地种植甜高粱等能源作物,建设燃料乙醇项目,大力发展纤维乙醇,开展先进生物燃料产业示范项目建设。

与汽油、柴油相比(表 7-5-1),乙醇中含氧,更有利于促进燃料的完全燃烧,节省燃料,可以大大改善尾气排放性能,碳氧化合物和碳氢化合物平均约减少了 30%。同时,乙醇辛烷值高,抗爆性强,可采用高压缩比,提高发动机功率,降低耗油量。

乙醇可以通过生物质间接法将热解得到的乙炔和乙烯合成制得,但该方法耗能高,不够经济,所以一般采用生物质发酵法制得。生物质生产燃料乙醇的主要过程如下:先将生物质转化成糖,再将糖发酵得到乙醇。按照所用的生物质来源一般分为淀粉类、木质纤维素类等。由于第一代燃料乙醇是以淀粉或糖为基础生产的,原料都是潜在的人类食品,存在与人争粮的问题,但是,与化石燃料相比,第一代燃料乙醇具有明显的节能环保优势。考虑到燃料乙醇生产的原料问题,人们开始开发利用资源丰富、量大且种类多的木质纤维素类生物质。以木质纤维素类生物质为原料开发的乙醇称为第二代燃料乙醇。

表 7-5-1　乙醇、汽油和柴油的理化性质的比较

性质	乙醇	汽油	柴油
分子式	C_2H_5OH	C_9H_6	$C_{14}H_{30}$
相对分子质量	46	114	198
含氧量/%	35	—	—
密度（20 ℃）/（kg·m^{-3}）	0.79	0.70~0.75	0.80~0.95
黏度（20 ℃）/（mPa·s）	1.19	0.28~0.59	3.0~8.0
沸点/℃	78.4	40~200	270~340
凝点/℃	−117.3	−60~−56	−35~10
汽化热/（kJ·kg^{-1}）	约 850	约 335	251
着火温度/℃	3.5~18.0	11.3~7.6	—
理论空燃比/（kg·kg^{-1}）	8.45	14.7~15.0	14.3~14.6
辛烷值	约 110	80~98	约 20

在这种情况下，100 g 葡萄糖发酵得 51.1 g 乙醇和 48.9 g CO_2。因 1 mol 固体葡萄糖燃烧可放热 2.816 MJ，而 1 mol 乙醇燃烧可放热 1.371 MJ，故理论上通过发酵可回收 97% 以上的能量。实际发酵中乙醇收率必小于理论值，这主要由于以下一些原因：（1）微生物不能把糖全部转化为乙醇，总有一些残糖；（2）微生物本身生长繁殖需消耗部分糖，构成其细胞体；（3）杂菌的存在会消耗一些糖和乙醇；（4）发酵中产生的 CO_2 逸出时会带走一些乙醇，因为乙醇易挥发。

1. 淀粉类生物质制备乙醇

淀粉类生物质制备乙醇是先将原料水热处理，使之成为溶解状态的淀粉、糊精和低聚糖等，利用 α-淀粉酶和糖化酶将淀粉转化成糖化液，再添加酵母菌，利用酵母菌将糖转变为乙醇和二氧化碳的生物化学过程。

以木薯、玉米、马铃薯等淀粉类生物质生产乙醇的工艺流程如图 7-5-1 所示。

乙醇发酵是厌氧条件下葡萄糖在酵母菌酒化酶的作用下得到乙醇的。一般经历四个阶段：葡萄糖磷酸化得到 1,6-二磷酸果糖；1,6-二磷酸果糖裂解为两分子的磷酸丙糖（3-磷酸甘油醛）；3-磷酸甘油醛经过氧化、磷酸化后，分子内重排，并释放能量得到丙酮酸；丙酮酸继续降解，得到乙醇。总反应式为

$$C_6H_{12}O_6+2ADP+3H_3PO_4 \longrightarrow 2C_2H_5OH+2CO_2+2ATP$$

由淀粉为原料转化燃料乙醇，需要对淀粉进行预处理。淀粉由两部分组成，即直链淀粉和支链淀粉。直链淀粉约占淀粉组成的 20%，是一种葡萄糖单元构成的直链聚合物，相对分子质量可以在几千到五十万之间变化，属于疏水聚合物。支链淀粉约占淀粉组成的 80%，也是葡萄糖的聚合物，且可溶于水。支链淀粉的支链分布在直链淀粉的链端，平均长度为 25个葡萄糖单元。支链淀粉的相对分子质量通常大于直链淀粉，可在较高温度下吸收水分子

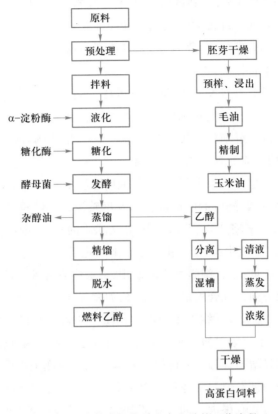

图 7-5-1　淀粉类生物质生产乙醇的工艺流程

形成凝胶。所以,相对于甘蔗糖类制取乙醇工艺,利用淀粉原料生产乙醇必须在发酵前进行粉碎等预处理以降低底物颗粒度,这些细颗粒与 α-淀粉酶混合在一起经高温(140~180 ℃)蒸煮,使淀粉液化,然后对混合物进行糖化处理,在其中加入葡萄糖-淀粉酶将淀粉分子转化为可发酵的糖类。其中,蒸煮温度高意味着加工成本高,所以以淀粉为原料生产乙醇比甘蔗生产乙醇的成本高,经济性较低。

2. 木质纤维素类生物质制备乙醇

以木质纤维素类生物质为原料也可制备乙醇,一般用这种原料得到的乙醇称为非粮食生物质燃料乙醇。木质纤维素是可再生资源,且在地球上产量很高,来源丰富,其中仅玉米、大麦、水稻、甘蔗、高粱等的废弃木质纤维素的全球储量可达 1.5 亿吨。非粮食生物质废物的利用,不仅可以为环境压力减负,还可以避免将来能源载体与食品生产之间的竞争。可见,利用木质纤维素类生物质制备燃料乙醇具有很大的优势。木质纤维素原料主要由纤维素、半纤维素和木质素组成,纤维素是生物质的骨架部分,是由 D-吡喃式葡萄糖单元通过 β-1,4 糖苷键连接在一起的高聚合度线型聚合物。半纤维素是一种杂多糖,主要由戊糖(木糖、阿拉伯糖)、己糖(甘露糖、葡萄糖、半乳糖)和糖醛酸组成,具有支化且无定形的特点,易水解。木质素是苯基丙烷单元通过醚键连接在一起的具有高度复杂结构的芳香族化合物,细胞壁力学强度高,难以水解。

一般来讲,以木质纤维素为原料制备燃料乙醇有以下步骤(图 7-5-2):(1) 将原料预处理,目的是脱除原料中的木质素,得到纤维素和半纤维素;(2)将纤维素和半纤维素通过纤维素酶催化或稀酸催化水解,得到可发酵的糖类,如五碳糖、葡萄糖;(3)将得到的糖类通过酵母菌或细菌发酵得乙醇。

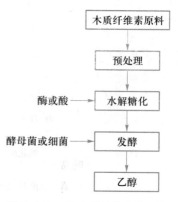

图7-5-2　以木质纤维素为原料制备燃料乙醇的工艺流程

纤维素发酵制备乙醇有直接发酵法、间接发酵法、混合菌种发酵法、同步糖化发酵法、固定化细胞发酵法等。直接发酵法的特点是基于纤维分解细菌直接发酵纤维素生产乙醇,不需要经过酸解或酶解前处理。该工艺设备简单、成本低,但乙醇产率不高,会产生有机酸等副产物。间接发酵法是先用纤维素酶水解纤维素,酶解后的糖液作为发酵碳源,此法中乙醇产物的形成受末端产物、低浓度细胞及基质的抑制,需要改良生产工艺来减少抑制作用。固定化细胞发酵法能使发酵器内细胞浓度提高,细胞可连续使用,使最终发酵液的乙醇浓度得以提高。固定化细胞发酵法的发展方向是混合固定细胞发酵,如酵母与纤维二糖一起固定化,将纤维二糖基质转化为乙醇,此法是木质纤维素生产乙醇的重要手段。与以普通淀粉质为原料的乙醇发酵相比,以木质纤维素为原料的乙醇发酵过程所得乙醇浓度相对较低,低的乙醇浓度将导致后提取工艺能耗明显增加,因此,如何提高发酵中乙醇浓度是木质纤维素制乙醇生产链中的一项重要技术。葡萄糖发酵制乙醇已经是非常成熟的工艺,但以木质纤维素为原料制乙醇的工艺中发酵过程与其有很大不同。木质纤维素原料经过糖化作用后,产生的还原糖主要为葡萄糖和五碳糖(两者比例约为2∶1)。五碳糖的高效率发酵转化是实现木质纤维素产业化的一大瓶颈。通常五碳糖不能被酿酒酵母菌发酵成乙醇。20世纪80年代起,人们开始重视五碳糖的发酵。研究者通过三个不同的途径进行了探索,都取得了一定的进展。

木质纤维素生物质是潜在的可再生资源,它将是人类未来的能量、食物和化工原料的主要来源。利用木质纤维素生产乙醇不仅可缓解能源危机,也将对能源环境问题作出贡献,具有广阔的前景和应用价值。近年来,纤维素酶基因克隆技术、固定化技术、微生物发酵和代谢工程技术的应用,利用木质纤维素生产乙醇的技术已基本成熟。最关键的问题是,纤维素酶的成本太高,生产过程能耗偏高,生物质燃料乙醇的价格无法与粮食乙醇相竞争。因此,还要加强对以下技术的研究:(1)以基因工程手段选育高产纤维素酶、木素酶菌种;(2)进行固体发酵技术的研究,解决目前存在的污染率高和成本高的问题;(3)进一步研究木质纤维素原料的预处理、酶水解及水解发酵生产乙醇等技术,以有效地降低生产成本;(4)开发低能耗乙醇回收技术。

20世纪初,乙醇开始作为车用燃料应用,70年代的两次石油危机使燃料乙醇在一些国家得到新发展。我国燃料乙醇研发虽然起步晚,但是发展迅速,已成为继美国、巴西之后世界第三大燃料乙醇生产国。但我国燃料乙醇工业进一步扩产将受到粮食产量的限制,大力发展纤维乙醇将对满足燃料乙醇市场要求、维护我国能源安全起到重要作用。

7.5.2 生物柴油

生物柴油是来自可再生油脂资源(如动植物油脂、微生物油脂及餐饮废油等)的长链脂肪酸甲酯,具有润滑性能好、储运安全、抗爆性能好等优点,其性能与普通柴油非常相似,被认为是继燃料乙醇之后第二个可望得到大规模推广应用的生物基液体燃料。美国已经形成万吨规模生物柴油的生产能力,日本和德国也具备万吨级别的生产装置。近几年我国在生物柴油研究开发和产业化方面也取得了相当大的进展。目前,我国在四川、福建和河北等地相继建立了几套万吨级别的生产装置,形成了总量约 200 万吨规模的生产能力[15]。目前,我国生物柴油发展中存在着一些需要尽快解决的问题:(1)原料油的来源问题。美国用于生产生物柴油的原料主要是大豆油,欧洲各国生产生物柴油的原料主要是菜籽油。我国目前所种植的传统油料作物大豆、油菜、花生等主要用于生产食用油,生物柴油的原料主要是废弃油脂,但废弃油脂过于分散,收集困难,总量有限,难以实现生物柴油的大规模生产。为此,要实现生物柴油的快速发展,需要加强对油料作物,特别是非食用油料作物和林木资源的改良及创新研究,培育高产、高含油量且环境适应性强的生物柴油专用品种。(2)生产技术与工艺问题。我国生物柴油研究力量分散,知识产权占有少,投入有限。现阶段我国生物柴油生产工艺主要使用化学法,存在醇耗量大、产物难分离、生成过程有废酸液或废碱液排放等缺点。一些清洁生产工艺如生物酶法和固体催化剂法及超临界流体法日益受到关注,其具体应用前景有待进一步研究考证。(3)产业规模小,需要国家进一步制定鼓励生物柴油发展的优惠政策。以促进我国生物柴油科学研究和产业化快速发展,在新能源革命中占有一席之地。

生物柴油是普通柴油的优良替代品,适用于任何柴油机车,可以与普通柴油以任意比例混合,制成生物柴油混合燃料,如 B5(5%生物柴油与 95%普通柴油混合)、B20(20%生物柴油与 80%普通柴油混合)等。表 7-5-2 给出了生物柴油和普通柴油的性能比较。

表 7-5-2　生物柴油和普通柴油的性能比较

	生物柴油	普通柴油
冷滤点/℃		
夏季产品	-10	0
冬季产品	-20	-20
密度(20 ℃)/(g·mL^{-1})	0.88	0.83
运动黏度(40 ℃)/(mm^2·s^{-1})	4~6	2~4
闭口闪点/℃	>100	60
十六烷值	≥56	≥49
热值/(MJ·L^{-1})	32	35
燃烧功效(柴油为100%)	104	100
含硫量(质量分数)/%	<0.001	<0.2

续表

	生物柴油	普通柴油
含氧量(质量分数)/%	10	0
燃烧最小空气量/(kg·kg^{-1}燃料)	12.5	14.5
水危害等级	1	2

数据表明,生物柴油的燃烧性能完全可以满足柴油机的需要。并且,与普通柴油相比,生物柴油还具有以下优点:(1)生物柴油与普通柴油相比,能使发动机尾气得到明显改善,对环境更友好。美国燃料学会报道,普通柴油燃烧产生的有害物质已成为空气污染的主要问题,如氮氧化物排放量为其他工业部门排放量的1/2,CO排放量为其他工业部门排放量的2/3,有毒碳氢化合物排放量为其他工业部门排放量的1/2,而使用生物柴油将大大减少这些有害物质的排放量。(2)植物油来源于植物,植物从大气中吸收CO_2,排出O_2,柴油燃烧时从大气中吸收O_2排出CO_2,但用于生产生物柴油的菜籽只占植物的很小部分,从整体看,CO_2为负排放。(3)生物柴油的化学结构简单,直链碳链一端含有两个氧原子,在环境中容易被细菌分解,而普通柴油分子化学成分复杂,不容易被细菌分解。生物柴油的生物分解半衰期不大于4天,普通柴油半衰期为8天;23天时生物柴油生物降解率为95%,而普通柴油生物降解率仅为40%。(4)生物柴油的闪点远远高于普通柴油,不容易意外失火,因此使用、运输、处理和存储都更加安全。(5)生物柴油的十六烷值和含氧量高,环境友好,无硫化物排放,燃烧更充分,尾气中有毒物质排放量均大大低于普通柴油,并且生物降解性高,是典型的"绿色能源"。

从生物柴油的发展历史来看,生物柴油的生产方法主要经历了直接混合法、微乳液法、热裂解法和转酯化法四个阶段。其中,转酯化法以长链脂肪酸单酯作为目标产物,是目前生产生物柴油的主要方法。动植物油脂在催化剂的作用下,与以甲醇为代表的短链醇发生转酯化反应,生成长链脂肪酸单酯,同时生成副产物甘油。根据所使用催化剂的不同,通常又将转酯化法分为化学法和生物法两类。化学法是以酸或碱作催化剂,生物法则是以脂肪酶或微生物细胞作催化剂。

按催化剂的形式,化学法制备生物柴油可分为均相催化法和非均相催化法。均相催化法主要使用液态碱(氢氧化钠或氢氧化钾)作催化剂,是目前常用的方法,其最大的问题是酸碱催化剂难以回收,对环境造成严重污染。非均相催化法利用固体催化剂进行转酯化制备生物柴油,具有环境友好、催化剂易回收的优点,是绿色的转化过程。

生物法制备生物柴油是指在脂肪酶的催化下,油脂与低碳醇进行转酯化反应合成长链脂肪酸单酯。生物法制备生物柴油的反应条件温和,具有广泛的油脂原料适用性,反应过程中无酸/碱等废液排放,生产过程对环境友好。故生物法制备生物柴油日益受到人们的关注。根据脂肪酶应用形式的不同,生物法可分为固定化酶法、全细胞酶法和游离酶法。

固定化酶法是当前研究最为广泛的一种方法,常规生物法工艺中,酶的使用寿命较短,从而导致酶的使用成本过高。反应物甲醇和副产物甘油对酶催化性能的负面影响是导致酶使用寿命较短的主要原因。甲醇在油脂中溶解性差,体系中过多甲醇的存在极易导致酶失活。另外,副产物甘油极易黏附在固定化酶表面,影响传质,从而对酶催化活性及稳定性产生严重的负面影响。采用分步加入甲醇以降低甲醇对酶的毒害作用,或定期用有机溶剂冲洗固定化酶以除去附着在酶表面上的甘油,可以在一定程度上改善酶的催化活性和操作稳定性。

全细胞酶法是指直接利用含胞内脂肪酶的微生物细胞来催化制备生物柴油。胞外脂肪酶催化合成生物柴油的方法存在的主要问题是商品脂肪酶价格一般都很高,这是因为胞外脂肪酶的制备过程相对复杂。直接利用微生物细胞生长的胞内脂肪酶催化合成生物柴油,免去了脂肪酶的提取、纯化等工序,可以大幅降低脂肪酶的成本,则有望降低生物柴油的生产成本。但全细胞酶法的最大技术瓶颈在于其传质阻力大,因而反应速率较慢。如何使反应底物透过细胞壁进入细胞内与脂肪酶发生催化反应是关键。

尽管固定化酶具有优良的催化性能,但其成本依然偏高。与固定化酶法相比,游离酶法具有酶制剂成本较低、反应速率快、催化性能高及对原料油适用性强等优点,是极有发展前景的工艺方法。

生物柴油作为性能优良、环境友好的普通柴油替代品,对缓解我国能源短缺、减轻城市空气污染、促进节能减排具有重要的战略性意义。我国生物柴油产业发展的重点:强化各种废弃油脂回收监管并专用于生物柴油生产;结合生态林场建设、沙漠治理及荒山绿化,加大力度扶持适宜木本油料的培育种植,扩大生物柴油原料保障;优先支持环境友好、原料适应性广的生物柴油先进生产工艺技术的推广。

第6节　生物制氢

前面提到,氢能是一种重要的可再生绿色能源。随着人类社会能源结构的不断调整,人们对氢能的需求与日俱增。近年来,生物质制氢由于其能耗低、污染少等优势被世界各国列为氢能发展的重要组成部分。生物质制氢主要可分为化学制氢和生物制氢两大类。前者已在4.2.3节中有相应介绍;本章主要介绍生物制氢相关内容。

7.6.1　生物制氢机制

生物制氢技术是利用生物对环境中有机物的代谢过程,在不同产氢酶作用下来制取氢气的。生物制氢相较于其他制氢工艺,具有制氢原料广、制氢成本低、基质转化效率高、无环境污染等优点[16,17],见表 7-6-1。

表 7-6-1　几种生物制氢体系的评价

种类	电子供体	产氢酶	抑制物	评价	
				优点	缺点
绿藻	水	氢酶	CO、O_2	太阳能转化效率为树木、稻谷的10倍	严重氧抑制、吸氢酶降低产 H_2 量
蓝藻	水	固氮酶	O_2、N_2、NH_4^+	能从大气中固定 N_2	副产物 O_2 约占30%、氧抑制固氮酶、气体中含 CO_2

种类	电子供体	产氢酶	抑制物	评价	
				优点	缺点
光合细菌	有机化合物	固氮酶	O_2、N_2、NH_4^+	能用废有机物产氢、能利用各类碳源	发酵液排放需处理、气体中含 CO_2
发酵细菌	有机化合物	氢酶	CO、O_2	能同时生产代谢物、厌氧过程无氧抑制	发酵液排放需处理、气体中含 CO_2

1. 光解水制氢

蓝藻和绿藻在厌氧条件下,通过光合作用分解水产生氢气和氧气,作用机理与绿色植物的光合作用机理相似,其产氢机理如下:

$$2H_2O + h\nu \longrightarrow 2H_2 + O_2$$

在这一系统中,具有两个独立但协调起作用的光合系统 PS I 和 PS II。PS II 接收太阳能分解水产生质子、电子和 O_2;PS I 则可以提高经电子传递链到达电子的电势并产生还原剂来固定 CO_2 或形成 H_2。可以看出,该方法利用了资源丰富的水和太阳能,在制取氢气的同时得到了 O_2,是一种极有发展前景的方法。

光解水藻类制氢的途径可以分为直接生物光解和间接生物光解两种。在直接生物光解途径中,绿藻通过捕获太阳光,利用光能经由光合反应将水分子光解,获得低电势的还原力,并最终还原铁氢化酶释放出氢气。间接生物光解途径的主要目的是克服制氢过程中氧气对产氢酶活性的抑制,具体方式是将制氢和制氧在不同阶段、不同空间进行。具体可分为两个阶段。在第一个阶段,蓝藻细胞在有氧条件下通过光合作用固定 CO_2,合成细胞物质;而在第二个阶段,无氧条件下,这些细胞物质会通过酵解产生还原力,用于铁氢化酶的还原和氢气的释放。许多外源营养因素(如硫、葡萄糖、乙酸盐、细胞固定化技术等)都会影响绿藻的光合产氢。

2. 光发酵制氢

光合细菌和绿藻一样都是太阳能驱动下光合作用的结果,但是光合细菌只有一个光合作用中心(相当于藻类的 PS I),所以只进行以有机物为电子供体的不产氧光合作用。厌氧光照条件下,光发酵细菌利用小分子有机物、还原态无机硫化物或氢气作供氢体,光驱动制氢,制氢过程没有氧气的释放,不存在氧气对产氢酶的抑制,制氢纯度和制氢效率高。光发酵制氢是与光合磷酸化相偶联的、由固氮酶催化的放氢过程。同时由于所需 ATP 来自光合磷酸化,所以固氮放氢所需要的能量来源不受限制。光发酵的所有生物化学途径都可以表示为

$$C_6H_{12}O_6 + 6H_2O + h\nu \longrightarrow 12H_2 + 6CO_2$$

光合细菌利用有机酸制氢主要可以分为光合磷酸化产能、氢离子的产生和固氮酶催化制氢三个阶段。

光合细菌制氢具有较高的光转化效率,适用于较宽的光波带,制氢过程中没有氧气产生,基质的转化效率较高,还可以与废水处理相结合。

在光合细菌中,已发现约 13 种紫色硫细菌和紫色非硫细菌可以产生氢气。这些细菌可利用有机物或硫化物,在光照或非光照条件下,经过一系列生化反应生成氢气。有些藻类在自身产生的脱氢酶的作用下,利用水和太阳能产生氢气。这就是太阳能在微生物作用下转换能量的一种形式,这种产氢过程可以在 15~40 ℃ 的较低温度下进行。

3. 暗发酵制氢

暗发酵制氢是利用厌氧发酵产氢细菌在厌氧条件下将大分子有机物分解为小分子有机酸和氢气,此过程无须光能供应。能够进行暗发酵制氢的微生物种类繁多,包括一些专性厌氧细菌、兼性厌氧细菌及少量好氧细菌。目前,已知的暗发酵制氢过程主要包括甲酸分解制氢、丙酮酸脱羧制氢及 NADH/NAD 平衡调节制氢三种途径。以上三种途径中,前两种途径制氢能力为 1 mol H_2/(0.5 mol 葡萄糖),而 NADH/NAD 平衡调节制氢的制氢能力取决于 $NADH+H^+$ 在发酵体系中的剩余量与转化率。

在制氢代谢过程中,不同的生态环境和不同的生物类群导致代谢的末端产物也不尽相同。根据末端代谢产物的不同,可以产生不同的发酵类型,主要包括丁酸型发酵制氢、丙酸型发酵制氢和乙醇型发酵制氢。

(1) **丁酸型发酵制氢**:能够进行丁酸型发酵制氢的菌类主要是一些厌氧菌和兼性厌氧菌,该过程的末端产物有丁酸、乙酸、H_2 和 CO_2。反应机理为

$$C_6H_{12}O_6+2H_2O \longrightarrow CH_3COOH+2CO_2+4H_2$$

$$C_6H_{12}O_6 \longrightarrow C_4H_8O_2+2CO_2+2H_2$$

许多可溶性的糖类(如葡萄糖、蔗糖、淀粉等)制氢主要是以丁酸型发酵为主。底物经过三羧酸循环形成丙酮酸,丙酮酸在丙酮酸铁氧还蛋白氧化还原酶催化作用下脱酸,羟乙基结合到酶的 TPP(焦磷酸硫胺素)上,生成乙酰辅酶 A,脱下的氢使铁氧还蛋白还原,而还原型铁氧还蛋白在氢化酶的作用下被还原的同时释放出 H_2。

(2) **丙酸型发酵制氢**:一些糖类在发酵过程中,经 EMP 途径产生的 $NADH+H^+$ 通过与一定比例的丙酸、丁酸、乙醇和乳酸等发酵过程相偶联而氧化为 NAD^+,来保证代谢过程中 $NADH/NAD^+$ 的平衡。为了避免 $NADH+H^+$ 的积累而保证代谢的正常进行,发酵细菌可以通过释放 H_2 的方式将过量的 $NADH + H^+$ 氧化:

$$NADH+H^+ \longrightarrow NAD^+ + H_2$$

该反应是在 NADH 铁氧还蛋白氧化还原酶、铁氧还蛋白氢化酶作用下完成的。其末端产物是丙酸和乙酸,气体产物非常少,一些学者把这种发酵制氢方法称为丙酸型发酵制氢。

(3) **乙醇型发酵制氢**:乙醇型发酵制氢是最近几年发现的一种新型制氢方法。这种方法不同于经典的乙醇发酵。经典的乙醇发酵是糖类经糖酵解生成丙酮酸,丙酮酸经乙醛生成乙醇的过程。在此过程中,发酵产物为乙醇和 CO,无氢气产生。乙醇型发酵制氢是任南琪教授在利用有机废水进行产酸发酵过程中发现的新型制氢方法。其末端产物主要是乙醇、乙酸、CO_2、H_2 和少量丁酸。乙醇型发酵制氢的途径主要是葡萄糖经糖酵解后形成丙酮酸,在丙酮酸脱酸酶的作用下,以焦磷酸硫胺素为辅酶,脱羧变成乙醛,继而在醇脱氢酶作用下形成乙醇。在这个过程中还原型铁氧还蛋白在氢化酶的作用下被还原的同时释放出 H_2。研究表明,当末端产物为乙醇时,氢气产量较高。乙醇和乙酸的偶联反应可保持 NAD^+/

260

NADH 的平衡关系,从而使乙醇型发酵制氢得以有序地进行并具有较强的稳定性。

4. 光合细菌与发酵细菌混合培养制氢

由于发酵法生物制氢过程中,发酵细菌降解有机物形成大量有机酸,使反应体系 pH 下降,制氢效能降低,同时废水得不到完全处理;而光合细菌能快速利用暗发酵细菌发酵的有机酸制氢,降解有机酸的速率也远比甲烷发酵快,并且还具有适应环境的不同代谢制氢途径。发酵细菌发酵葡萄糖制氢理论化学方程式为

$$C_6H_{12}O_6 + 2H_2O \longrightarrow 4H_2 + 2C_2H_4O_2(乙酸) + 2CO_2$$

光合细菌利用乙酸制氢的理论化学方程式为

$$2C_2H_4O_2(乙酸) + 4H_2O \longrightarrow 8H_2 + 4CO_2$$

由上面两个反应方程式可见,光合细菌和发酵细菌联合制氢理论上为

$$C_6H_{12}O_6 + 6H_2O \longrightarrow 12H_2 + 6CO_2$$

因此,光合细菌与发酵性细菌混合培养,就有可能实现有机物完全降解并持续制氢,提高光能转换效率和底物的利用效率,降低挥发酸对细菌的毒性,提高制氢量。充分结合暗-光发酵两种细菌各自的优势,将二者耦合到一起,形成一个高效产氢体系,不仅可以减少光能需求,而且可以提高体系的制氢效率,同时还可扩大底物的利用范围,如图 7-6-1 所示。

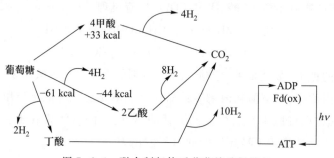

图 7-6-1　联合制氢体系葡萄糖消耗路径

7.6.2　产氢酶

制氢过程中直接将质子还原为氢气的酶有固氮酶和氢酶两种。

1. 固氮酶

固氮酶具有在常温常压下将 N_2 转化为 NH_3 的功能,主要由两个蛋白亚基组成,即二氮酶和固氮酶还原酶。

二氮酶又称钼铁蛋白或蛋白 I,是一个 $\alpha_2\beta_2$ 异源四聚体,α-亚基和 β-亚基分别由 *nif*D 和 *nif*K 编码构成。钼铁蛋白中存在两种金属原子簇——M 簇和 P 簇,前者称为铁钼辅因子,后者由八个铁硫中心构成。

固氮酶还原酶又称铁蛋白,或蛋白 II,是由一种亚基组成的 γ_2 型二聚体,由 *nif*H 编码构成。固氮酶还原酶主要在 Mg-ATP 存在条件下,将电子从电子供体(铁氧化还原蛋白或黄素氧化还原蛋白)转移给二氮酶。固氮酶所催化的 H_2 生成过程是一个高度吸能的过程,需要大量的 ATP。其所催化的反应为

$$N_2 + 8H^+ + 8e^- + 16ATP \longrightarrow 2NH_3 + H_2 + 16ADP + 16Pi$$

O_2 对固氮酶还原酶的活性有强烈的抑制作用。同时,氨和铵盐的存在因既抑制固氮酶还原酶的活性,又抑制固氮酶还原酶的合成而抑制含酶微生物的固氮效应。

2. 氢酶

氢酶是微生物体内调节氢代谢的活性蛋白。氢酶主要含有两个亚基,大亚基含有 Ni-Fe 活性中心,通过 CO 和 CN 与铁原子连接;小亚基含有三个铁硫簇,在催化过程中,铁原子主要与还原活性有关。

根据不同的催化特性,可以将氢酶分为吸氢酶、放氢酶和双向氢酶三类。在一定的条件下,放氢酶主要表现为催化产氢,吸氢酶主要表现为催化吸氢,这会使产氢生物放出的 H_2 在吸氢酶的作用下又被吸收利用,不利于 H_2 的生成;而双向氢酶表现出的催化性质则依氢酶所处的环境而定,既能催化吸氢,又能催化产氢。当外界环境中的 H_2 分压很小时,双向氢酶就会倾向于催化产氢;当 H_2 分压很大时,双向氢酶就会倾向于催化吸氢。根据是否与膜结合,氢酶可以分为膜结合态氢酶和可溶性氢酶两类。氢酶的放氢活性也受到氧的强烈抑制,但是藻类的氢酶通过培养基中培养 2~3 天而消耗掉 O_2,为藻类放氢提供了一个厌氧的环境。根据氢酶所含的金属,氢酶又可分为 NiFe 氢酶、Fe 氢酶和无金属离子氢酶,在细菌中的大部分氢酶都是 NiFe 氢酶。

7.6.3 生物制氢技术研究进展

利用微生物制取氢气的研究已有几十年的历史,在 20 世纪 30 年代,研究人员首次报道了细菌暗发酵制取氢气,随后在 1942 年 Gaffron 和 Rubin 报道了绿藻利用光能产生氢气,1949 年 Gest 和 Kamen 发现了光营养产氢细菌。

1. 光解水制氢研究进展

光解水制氢因其只需以水为原料且有两个光合系统就可将光能转化为氢气,太阳能转化效率比树木及农作物高 10 倍左右,且具有原料来源丰富、环保等优点,已经引起许多国家的重视。但其也有很多缺点,如不能利用有机物和有机废弃物、在光照的同时需要克服氧气的抑制效应、光转化效率低(最大理论转化效率为 10%)、复杂的光合系统制氢需要克服的吉布斯自由能较高(+242 kJ·mol^{-1},以 H_2 计)、光生物反应器造价昂贵等,从而影响了光解水制氢技术的发展,制约了规模化制氢。光解水制氢作为制氢来源还有许多需要解决的技术难题,因为在光合放氢的同时伴随有氧的释放,除制氢效率较低外,如何解决产氢酶遇氧失活是该技术应解决的关键问题。一些改善方法,如采用连续不断提供氩气以维持较低氧分压、光照和黑暗交替循环等一般用于实验研究,较难实用化。

2. 光发酵制氢研究进展

在国外,已有利用光合作用设计细菌制氢的优化生物反应器,其规模可达日制氢 2800 m^3。

厌氧发酵制氢的基质是各种糖类和蛋白质等,微生物能够利用有机物获取其生命活动所需要的能量。例如,一种叫酪酸梭状芽孢杆菌的细菌,发酵 1 g 葡萄糖可以产生约 0.25 L 氢气。目前已有关于利用烃类化合物发酵制氢的专利,并且将所产生的氢气作为发电的能源。在对生物发酵制氢菌种的研究上,现有研究大部分集中在纯菌种及细胞固定化技术两方面。哈尔滨工业大学较早开展了厌氧法生物制氢技术的研究,发现了制氢能力很高的厌氧细菌乙醇型发酵,在理论上取得了重大突破,此技术处于国际领先水平,并研制出利用城市污水、淀粉厂废水、糖厂废水等含糖类废水制取氢气的生物制氢反应器,在良好运行条件下,最高持续制氢能力达到 $5.7\ m^3(H_2)\cdot m^{-3}\cdot d^{-1}$。

厌氧生物制氢要达到规模工业化生产,除需进一步研究厌氧生物制氢的影响因素、厌氧生物制氢污泥驯化及其不同基质的制氢潜能外,还必须研制厌氧生物制氢控制系统,评估工程投资、运行费用与制氢效率的关系,以及实验室反应器模型放大到工程实践中的偏差,因此,厌氧生物制氢的工业化生产还有待时日。

3. 联合生物制氢研究进展

由于微生物之间存在共生和互生关系,纯菌种很难在复杂的环境中生长制氢,而联合制氢能克服这一困难。联合生物制氢技术可分为同类群生物联合制氢、光合生物和暗发酵生物联合制氢。近年来我国利用厌氧活性污泥联合制氢的研究较多,任南琪在 1990 年提出了以厌氧活性污泥为制氢生产者,利用糖类为原料的发酵法生物制氢技术。1995 年,他又以有机废水为原料,利用驯化的厌氧活性污泥作为混合菌种发酵制氢,这项技术突破了利用纯菌种和细胞固定化技术生物制氢的方法,而且能够持续制氢,其成本低于常规的水电解法制氢成本,纯度高达 98%。李白昆等采用厌氧活性污泥处理高浓度有机废水制取并与从其中分离的纯菌种发酵制氢相对比,结果表明:厌氧活性污泥发酵制氢具有产量高、持续时间长、反应条件温和等优点,最大制氢能力为 $76.4\ m^3(g\cdot h)^{-1}$。林明等对产氢细菌混合培养时菌种间的协同作用进行了研究,结果混合菌种间存在协同作用,但作用发挥是有条件的,当利用葡萄糖发酵制氢时,菌种间对共同底物的竞争使其协同作用无法发挥,从而制约了高效产氢细菌的制氢能力;而利用复杂有机物发酵制氢时,菌种间的协同作用得以发挥,并促进了高效产氢细菌制氢能力的提高。

4. 固定化微生物技术制氢研究进展

固定化微生物技术是用化学或物理方法将悬浮的微生物限制或定位于某一特定空间范围内,保留其固有的催化活性,且能够被重复和连续使用现代生物工程技术。固定化微生物技术可以提高单位体积的细胞量及产氢酶的制氢稳定性,从而可实现较高的制氢率和连续稳定的制氢工艺。人们用一些微生物载体或包埋剂,对细菌固定化的一系列反应器系统进行了研究。

在实际应用中,利用具有自絮凝作用的细菌或厌氧活性污泥作为产氢菌种,既可以避免生物制氢反应器中游离微生物的流失,保证系统内保持较大的生物量,又可以不必对细菌细胞进行复杂的固定化处理而达到高效制氢的目的。

7.6.4　生物制氢发展前景

随着人类工业化进程的加快,能源短缺和环境污染的问题日益严重。氢能由于其高能量密度及其相对于化石能源的无污染性,一直被认为是"未来能源"。系统地研究生物制氢技术所面临的各种问题,提高制氢速率和效率、大幅降低生产成本、加快生物制氢的工业化进程是解决能源和环境问题的重要途径。现在虽然在生物制氢领域取得了一些成果,但与实用化大规模生产的要求还有一定的差距,其问题主要体现在:现有的发酵制氢微生物的遗传特性和代谢特点决定了微生物菌种制氢效率不高,不足以满足社会对氢能的需求;厌氧发酵制氢过程会产生一些有机酸,使得反应系统的 pH 降低,限制了发酵微生物的正常生长和代谢,导致其制氢能力下降,同时增加了用碱调节 pH 带来的高成本、环境污染等不良影响;光解水制氢过程中的氧气会抑制产氢酶的活性,使制氢效率一直保持在较低水平;目前制氢效率不高,不足以达到工业化水平[18]。

生物制氢技术的优越性仍然不容忽视,其使用的原料广泛,包括一切植物、微生物材料、工业有机物和水,且成本低;在生物酶的作用下,反应条件温和,即常温常压,操作费用低;制氢所转化的能源来自生物质能和太阳能,完全脱离了常规的化石燃料。因此,发展生物制氢技术符合国家环保和能源发展的中长期政策,前景广阔。

第 7 节　沼　气　技　术

沼气是由一些含有有机物的物质(如杂草、秸秆、生活废水、生活垃圾、粪便等)在合适的温度、湿度和缺氧的条件下,经过微生物发酵分解产生的一种可燃气体。沼气是一种混合气体,主要成分是甲烷,一般占总量的 50%~70%,其次是 30%~40% 的二氧化碳,还有少量的氢气、氮气、一氧化碳等。可燃成分主要是甲烷,甲烷是一种无色无味的气体,密度比空气小,发热量为 34 kJ·m^{-3},是优质的气体燃料。沼气的发热量可达 22 kJ·m^{-3},1 m^3 沼气完全燃烧产生的热量相当于 700 g 无烟煤或 0.69 m^3 天然气提供的热量,可见,沼气是一种热值较高的可再生能源,将来有可能替代石油、天然气等而广泛应用于生产生活中。

人类对沼气的研究已经有一百多年的历史。20 世纪二三十年代时,我国出现了沼气的生产装置。近年来,沼气技术已经广泛应用于处理农业、工业及人类生活中的各种有机废弃物,为人类生产和生活提供了丰富的可再生能源。随着科学技术的发展,沼气的新用途不断地被开发出来,从沼气中分离出甲烷,在经过纯化后,用途更加广泛。美国、日本等国已经计划把液化的甲烷作为一种新型燃料用于航空航天和交通等方面。

目前,我国的沼气技术已经取得了明显的成效,达到了世界先进水平。随着沼气技术的飞速发展,我国在大型沼气池的供气或发电、环境的综合治理技术开发以及沼气发酵微生物等方面都取得了良好的研究成果[19]。

7.7.1　影响沼气发酵的主要因素

沼气发酵分为几个阶段进行,且每个阶段的环境不同。通常,为了提高沼气发酵的速率和产率,需要注意沼气池的温度、酸碱度、水分、浓度、密封性等因素。

1. 温度

沼气发酵可分为高温发酵(52~58 ℃)、中温发酵(32~38 ℃)、常温发酵(12~30 ℃)和低温发酵(<10 ℃)。高温条件下发酵速率快,但有机质分解也快,低温条件下发酵太慢,产气也慢。所以,目前通常选用的温度是 20~28 ℃。

264

2. 酸碱度

一般甲烷细菌需要在中性或碱性环境下才能正常生长,所以沼气池的 pH 一般保持在6.5~8.0,酸度或碱度太强都不利于甲烷气体的产生,当过酸时则会完全抑制甲烷细菌的生长。

3. 密封性

因为沼气发酵的过程是在厌氧的环境下进行的,所以沼气池需要密封性良好。如果沼气池漏气,会严重影响厌氧型甲烷细菌的活动,从而使产沼气环节失效。

7.7.2　大中型沼气工程的基本工艺流程

1. 工艺类型

沼气发酵工艺可根据工程运行的工艺条件如发酵温度、工程目的及处理原料来分类,如图 7-7-1 所示。

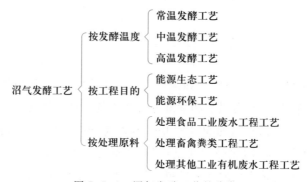

图 7-7-1　沼气发酵工艺的分类

2. 基本工艺流程

虽然沼气生产工艺是多种多样的,但一般沼气生产流程具有一定的共性,即包括原料收集、预处理、厌氧消化器(沼气池)、后处理,以及沼气的净化、存储、运输及利用等环节,如图 7-7-2 所示。

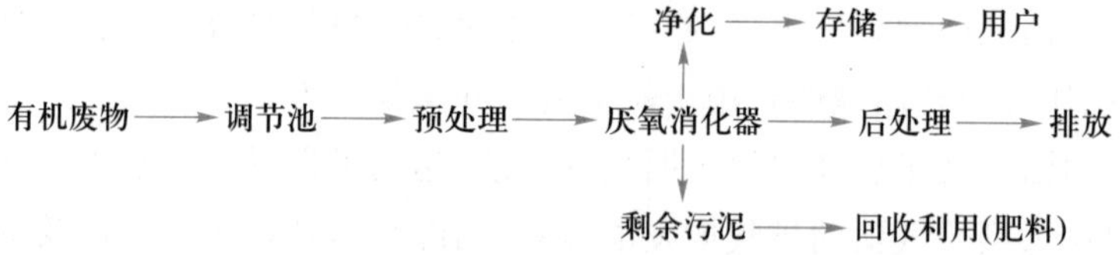

净化 ⟶ 存储 ⟶ 用户

有机废物 ⟶ 调节池 ⟶ 预处理 ⟶ 厌氧消化器 ⟶ 后处理 ⟶ 排放

剩余污泥 ⟶ 回收利用(肥料)

图 7-7-2　沼气生产工艺流程

随着沼气工程技术研究的深入和推广应用,近年来已逐步总结出一套比较完善的工艺流程,包括对各种原料的预处理,发酵工艺参数的优选,残留物的后处理及沼气的净化、计量、存储及应用,如图 7-7-3 所示。尽管不同的沼气工程有不同的要求和目的,所使用的发酵原料不同,工艺流程也不完全相同,但从总体上来看,基本反映了当前我国畜禽沼气工程的实际和总趋势。

7.7.3　沼气的综合利用

沼气发酵的产物除了传统的能源方式外,沼气可以直接发电、储粮灭虫、保鲜及生产二

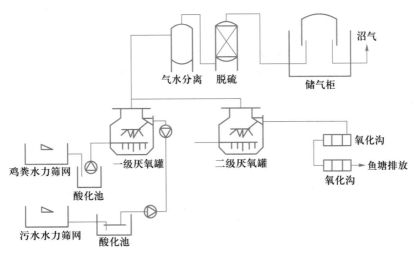

图 7-7-3　沼气工艺流程示意图

氧化碳气肥；沼液、沼渣可作饲料、饵料，发展畜牧和渔业生产，可作优质肥，生产无污染的粮、菜、果和经济作物；可替代部分农药，浸种、拌种、防止病虫害，也可作培养基、生产食用菌等。通过沼气多层次的综合利用可取得良好的经济效益和社会效益。

1. 沼气灯增温施肥[20]

把沼气灯接入塑料温棚，沼气燃烧后可增温，同时燃烧后产生的二氧化碳能实现植物的叶面施肥，从而提高产量。每 60～80 m² 安装一盏沼气灯，增温施肥效果明显，产量提高20%。同时可有效解决温室大棚在冬季受寒潮侵袭的问题。

2. 沼液、沼渣施肥技术

沼液、沼渣是优质的有机肥料，可作农作物的基肥和追肥，沼液还可作根外追肥生产无公害绿色食品。沼液、沼渣是发酵的废弃物，实际上是含氮磷钾等元素极高的肥料，通常称为沼肥，保氮率高达99.5%，氨态氮转化率达16.5%，分别比敞口沤肥高18%和1.25倍，是一种速缓兼备的多元复合有机肥料。沼渣中还含有较为丰富的有机质、腐殖酸等，有助于作物的新陈代谢，能够提升作物生长速率及产品质量等。而沼肥在具体应用时主要有3种不同的方式，即沼液浸种、沼液追肥及借助沼渣作为作物基肥，这3种施肥方式对于作物的生长发育都有一定的促进作用[21]。

3. 沼液治虫防病技术

沼液对蚜虫、红蜘蛛、菜青虫等有明显的防治效果，沼液要从正常气使用两个月以上的沼气池水压间内取出，用纱布过滤，存放 2 h 左右，然后再兑水用喷雾器喷施。沼液兑水浇灌作物还可以防治作物的根腐病、赤霉病和西瓜枯萎病等，使用浓度一般兑 5~6 倍的水即可，沼液稀时则兑 3~4 倍的水，沼液稠时兑 10~15 倍的水。

习　　题

1. 生物质气化时，下列哪种气化介质的气化条件最为苛刻？

（A）水蒸气　　　　（B）氧气　　　　（C）氢气　　　　（D）水蒸气与氧气混合

2. 下列哪个选项不属于生物质能的优点？

（A）清洁性　　　　（B）再生资源　　　（C）易于收集与储运（D）资源丰富

3. 固定床气化过程中，下列哪个阶段的温度最低？

（A）干燥层　　　　（B）热解层　　　　（C）氧化层　　　　（D）还原层

4. 生物质沼气是通过下列哪种技术制备的？

（A）燃烧　　　　　（B）生化法　　　　（C）热化学法　　　（D）物理化学法

5. 一般选用哪种气化介质用于锅炉或干燥用途？

（A）水蒸气　　　　（B）氧气　　　　（C）氢气　　　　（D）空气

6. 下列哪个选项属于上吸式固定床气化炉的缺点？

（A）气化效率高　　（B）燃气热值高　　（C）焦油量高　　　（D）热利用率高

7. 气化与燃烧的不同之处有哪些？

8. 简述沼气发酵的基本条件。

9. 简述沼气发酵的基本原理。

10. 据测算，1 t 麦秸秆在沼气池中可以产生 262.5 m^3 沼气。某农户今年生产 4 t 麦秸秆，若这些麦秸秆用来在沼气池中产生沼气，求：

（1）产生的沼气完全燃烧后，可以放出多少热量？

（2）若这些热量完全被水吸收，可以将质量为 250 t、初温为 20 ℃ 的水加热到多少摄氏度？已知：沼气的热值为 $2×10^7$ J·m^{-3}，水的比热容为 $4.2×10^3$ J·$(kg·℃)^{-1}$。

11. 我国农村大约有 700 万个沼气发生池，如果每个沼气池平均每天产生 2 m^3 沼气（主要是甲烷），1 mol 甲烷完全燃烧能放出 890 kJ 的热量，计算每天可节约燃烧值为 $3.36×10^7$ J·kg^{-1} 的标准煤多少千克？已知：甲烷的密度为 0.717 g·L^{-1}。

参 考 文 献

科学小故事

第 8 章

其他能源

第 1 节 风 能

风,起源于太阳,风能(wind energy)是太阳能的一部分。风能是因空气流做功而提供给人类的一种可利用的能量,即为空气流所具有的动能。由能量公式可知,速率越大,能量就越大。而风又是如何产生的呢?它是由太阳辐射热引起的。太阳照射到地球表面,地球表面各处受热不同,产生温差,从而引起大气的对流运动形成风。风能主要受到气压、地转偏向力(科里奥利力)、季节、海陆差异、地形差异等因素的影响。到达地球的太阳能中虽然只有约 2% 转化为风能,但其总量仍是十分可观的。因此,如果我们能很好地利用它,将会产生巨大的经济效益[1]。

风能作为一种天然能源,与其他能源尤其是矿物能源相比,有如下几个特点:(1)蕴藏量丰富。大家都知道与常规能源相比,水能巨大,殊不知风能是全球水能的 10 倍以上,我国仅陆地上就有约 1.6×10^9 kW 的风能资源。(2)可以再生,永不枯竭。风能是太阳能的一部分,只要太阳和地球存在,就有风能,它取之不尽,用之不竭,是可再生的。(3)清洁无污染,随处都可开发利用。煤、石油、天然气的大量消耗,核电站的广泛建设,均会给人类生活环境造成极大污染和破坏,危害人类健康,而风能开发就没有这样的弊端,并且风能开发利用越多,空气中的飘尘和降尘就会越少。另外,风能的开发也不存在开采和运输问题,无论何地(海边、平原或山区)都可建立风电站,就地开发,就地利用。即使要远程运输也是通过电网,相对简便且不会造成环境污染问题。(4)随机统计性。从微观短时间上看,风能是随机的,这就决定了风能的不可控特性。但从宏观长时间上来看,风能还是具有一定的统计规律特性的,在一定程度上是可以预测和利用的。

风能的储量可通过如下公式测算:

$$E = \frac{1}{2g} \rho A v^3 \qquad (8-1-1)$$

式中,A 为空气流动面积(m^2);v 为风速($m \cdot s^{-1}$);ρ 为空气密度($kg \cdot m^{-3}$);g 为重力加速度

（m·s^{-2}）。据理论测算,全球大气中总的能量是 1017 kW,而且是可再生的,据估计大约有 3.5×10^{12} kW 的蕴藏风能可以被开发利用。

若空气气流的质量为 m,速度为 v,根据基本动能公式可以得到这些气流提供的动能：

$$E = \frac{1}{2}mv^2 \tag{8-1-2}$$

此时若一个风螺旋桨的截面积为 A,并且正对着气流,则气流对叶轮机的有效动能为

$$E = \frac{1}{2}\rho A\nu v^2 \tag{8-1-3}$$

式中,A 为空气流动面积（m^2）;v 为风速（m·s^{-1}）;ρ 为空气密度（kg·m^{-3}）;ν 为气流的水平距离,$\nu = A_T v$。

若假设叶轮机的横截面等于风螺旋桨的面积,用 A_T 表示,于是可得到在这个风速下,叶轮机的理想功率为 $P = \frac{1}{2}\rho A_T v^3$。由此可以看出,空气的密度、叶轮机的截面积和风速是决定风能效率的主要因素。

我国风能资源
及利用简介

风能可以应用于多个方面,如风力发电、风力助航、风力提水、风能制热等,其中应用最广泛的是风力发电（见图 8-1-1）。风能利用的原理其实很简单,利用风力带动风车叶片旋转,再通过增速机将旋转的速率提升,来促使发电机发电,它的实质就是将风能转化为机械能。由于风力发电是低排放、低污染的低碳电力发展模式,因此,人们将其作为电能可持续发展的重要战略。

图 8-1-1　风力发电

风能是一种清洁、安全的可再生能源,对环境无污染,对生态无破坏,环保效益和生态效益良好。合理利用风能,重视技术的创新和应用,对于人类社会可持续发展具有重要的意义[2]。风力发电技术的合理应用具有十分广阔的发展前景,因此要高度重视技术创新和应用,在整体上不断提高技术的应用效益,保证其风力发电的整体效益得到提高,在一定程度上促进我国电力企业持续稳定的发展。

第 2 节　地　热　能

地球内部有直径约为 3470 km 的地核,它的温度非常高,为 4000~6000 ℃。地热能（geothermal energy）是由地壳抽取的天然热能,这种能量来自地球内部的熔岩,并以热力形式存

在,是引致火山爆发及地震的能量。热力通过地下水的流动和熔岩涌至离地面 1~5 km 的地壳,热力得以被转送至较接近地面的地方。高温的熔岩将附近的地下水加热,这些加热了的水最终会渗出地面[3]。运用地热能最简单和最合乎成本效益的方法就是直接取用这些热源,并抽取其能量。

在各种可再生能源的应用中,地热能显得较为低调,人们更多地关注来自太空的太阳能,却忽略了地球本身赋予人类的丰富资源,地热能将有可能成为未来能源的重要组成部分。

相对于太阳能和风能的不稳定性,地热能是较为可靠的可再生能源,这让人们相信地热能可以作为煤炭、天然气和核能的较佳替代能源。另外,地热能确实是较为理想的清洁能源,能源蕴藏丰富并且在使用过程中不会产生温室气体,对地球环境不产生危害。

目前,美国地热发电站装机量世界第一,但地热能使用仅占该国能源组成的 0.5%。据麻省理工学院的一份报告指出,美国现有的地热系统每年只采集约 3000 MW 能量,而保守估计,可开采的地热资源达到 10 万 MW[4]。相关专家指出,倘若给予地热能相应的关注和支持,在未来几年内,地热能很有可能成为与太阳能、风能等量齐观的新能源。

和其他可再生能源起步阶段一样,地热能形成产业的过程中面临的最大问题来自技术和资金。地热产业属于资本密集型行业,从投资到收益的过程较为漫长,一般来说较难吸引到商业投资。可再生能源的发展一般能够得到政府优惠政策的支持,如税收减免、政府补贴及获得优先贷款的权力等。在相关优惠政策的指引下,投资者们将更有兴趣对地热项目进行投资建设。

地热能的利用在技术层面上还有待发展,如对开采点的准确勘测及对地热蕴藏量的预测等。由于一次钻探的成本较高,找到合适的开采点对于地热项目的投资建设至关重要。目前,地热产业采取引进石油、天然气等常规能源勘测设备,为地热能寻找准确的开采点。

使用地热能的同时,需注意其对环境的影响:(1)地热蒸汽的温度和压力都不如火力发电高,因此地热能利用率低,像盖塞斯的老发电机组的热效率只有 14.3%,以致冷却水用量多于普通电站,热污染也比较严重。(2)地热电站也可利用冷却塔将余热释放到大气中,以避免上述的热污染。冷却塔的补充水来源于蒸汽本身,因此不需要外来水源。地热蒸汽在通过汽轮机之前,先进入离心分离器,除去岩粒和灰尘,然后冷凝成温水,再通过冷却塔,使其中 75%~80% 转变为蒸汽,余下的冷却水返回冷凝器利用。过剩的冷却水由于积累了硼、氨等污染物,应排注地下,而不应该排注水体。这虽然解决了污染问题,但有可能引发地震。不过也可能因陆续注入而使岩层逐渐滑动,反而缓慢地解除积压,从而避免地震的突发。到底结果如何,必须进行严密监测。(3)从冷却塔排出的废蒸汽和废水中可能含有 H_2S 等有毒气体,应予重视并及时加以处理,以免污染厂区附近的空气。(4)地热能属于再生比较慢的资源。地热蒸汽产区只能利用一段时间,其长短难于估计,可能在 30~3000 年。由于取用的水多于回注的水,利用地热发电,最后可能会引起地面沉降,这一点必须加以注意。

地热能是一种极有潜力的新能源,但是地热能也并非完美无缺。在实际应用中,它有一些缺陷。首先是成本,钻井和初期勘探成本极高且相关技术要求非常严格;其次是地热能开发会带来一定的环境问题,如由于过度抽取地下水导致的地面塌陷等。最后地热能开发的

270 过程中还存在着工程管理风险,发电时蒸汽之中可能带着有毒蒸汽,热水中也可能含有有毒金属,会对环境造成恶劣的影响。如果暴露量高,甚至可能影响工作人员的生命安全。总的来说,地热能作为一种新兴的能源,相比于传统能源,技术尚未完全成熟且存在一定的缺陷,这是无法避免的[5]。但是随着技术的发展与科学的进步,相信这些问题能逐步得到解决,人们对能源的使用一定能迈上一个新的台阶。

第 3 节　海　洋　能

地球表面积约为 $5.1×10^8$ km²,其中陆地表面积占 29%;海洋面积占 71%。以海平面计,海洋的平均深度为 380 m,整个海水的容积多达 $1.37×10^9$ km³。一望无际的大海,不仅为人类提供航运、水源和丰富的矿藏,而且还蕴藏着巨大的能量,它将太阳能以及派生的风能等以热能、机械能等形式蓄在海水里,不像在陆地和空中那样容易散失。

海洋能(ocean energy)是海水运动过程中产生的可再生能,主要包括潮汐能、波浪能、潮流能、海流能、温差能、盐差能等。潮汐能和潮流能源自月球、太阳和其他星球引力,其他海洋能均源自太阳辐射。

潮汐是海水受太阳、月球和地球引力的相互作用后发生的周期性涨落现象。潮汐能是从海水面昼夜间的涨落中获得的能量。潮汐能包括潮汐和潮流两种运动方式所包含的能量,潮水在涨落中蕴藏着巨大能量,这种能量是永恒的、无污染的能量。早在 11 世纪,英国、法国和西班牙就有利用潮汐能的水车,当时的潮汐水车被用来吸取总潜能中的一小部分能量,生产 30~100 kW 的机械能。我国的海区潮汐资源相当丰富,潮汐类型多种多样,是世界海洋潮汐类型最为丰富的海区之一。潮汐能发电可分为三种形式:(1) 单库单向;(2) 双库单向;(3) 单库双向。在涨潮或落潮过程中,海水进出水库,带动水轮发电机发电。全球最大的潮汐发电站是法国北部英吉利海峡上的朗斯河口发电站,发电能力为 24 万千瓦,已经工作了 30 多年。我国最大的潮汐发电站是浙江省的江厦潮汐发电站,其总容量达到 3000 kW。

波浪能是指海洋表面波浪所具有的动能和势能。波浪的能量与波高的平方、波浪的运动周期及迎波面的宽度成正比。波浪能是海洋能源中能量最不稳定的一种能源。波浪能是由风把能量传递给海洋而产生的,它实质上是吸收了风能而形成的。能量传递速率和风速有关,也和风与水相互作用的距离有关。据科学家推算,地球上波浪蕴藏的电能高达 90 万亿度。目前,海上导航浮标和灯塔已经采用波浪发电机发出的电来照明。大型波浪发电机组也已问世。我国对波浪发电进行了研究和试验,并制成了供航标灯使用的发电装置。

海流能是指海水流动的动能,主要是指海底水道和海峡中的海水较为稳定的流动及由于潮汐导致的有规律的海水流动所产生的能量,是另一种以动能形态出现的海洋能。

温差能是指海洋表层海水和深层海水之间水温差的热能,是海洋能的一种重要形式。海洋的表面把太阳的辐射能大部分转化为热水并存储在海洋的上层。另一方面,接近冰点的海水大面积地在不到 1000 m 的深度极地缓慢地流向赤道。这样,就在许多热带或亚热带海域终年形成 20 ℃以上的垂直海水温差。利用这一温差可以实现热力循环并发电。

海水盐差发电是利用海水和淡水间盐度差所产生的势能进行发电的转换作业。我们知道,液体具有渗透性,低浓度液体会自然地向高浓度液体渗透,这一过程中会产生压力。"压力延缓渗透"(PRO)发电技术正是利用了海水和淡水的盐度梯度或盐性差别。在该机制中,淡水会自然渗透过特殊的膜层,稀释另一侧的海水。这种流动产生的压力可以驱动涡轮发电机发电。这一过程中释放出的能量称为"盐差能"。实验表明,在许多江河入海口处的海水渗透压力差大得惊人,甚至可相当于 240 m 高的水位落差。这是极大的能量,具有极大的利用价值。同时,海水盐差发电不需要任何燃料,既不产生垃圾,也没有二氧化碳排放,更不受气候变化的影响,可以说是一种取之不尽、用之不竭的清洁能源。

海洋能有三个显著特点:(1)海洋能在海洋总水体中的蕴藏量巨大,而单位体积、单位面积、单位长度所拥有的能量较小。这就是说,要想得到较多能量,就得从大量的海水中获得。海洋能具有可再生性。海洋能来源于太阳辐射能与天体间的万有引力,只要太阳、月球等天体与地球共存,这种能源就会再生。(2)海洋能有较稳定能源与不稳定能源之分。较稳定的为海水温差能、海水盐差能和海流能。不稳定能源又分为变化有规律与变化无规律两种。属于不稳定但变化有规律的有潮汐能与潮流能。人们根据潮汐和潮流变化规律,编制出各地逐日逐时的潮汐与潮流预报,预测未来各个时间的潮汐大小与潮流强弱。潮汐电站与潮流电站可根据预报表安排发电运行。既不稳定又无规律的是波浪能。(3)海洋能属于清洁能源,也就是说,海洋能一旦开发后,其本身对环境污染很小[6]。

全球海洋能的可再生量很大。根据联合国教科文组织 1981 年出版物的估计数字,五种海洋能理论上可再生的总量为 766 亿千瓦。其中温差能为 400 亿千瓦,盐差能为 300 亿千瓦,潮汐能和波浪能各为 30 亿千瓦,海流能为 6 亿千瓦。但如上所述是难以实现把上述全部能量取出的,设想只能利用较强的海流、潮汐和波浪;利用大降雨量地域的盐度差,而温差能利用则受热机卡诺效率的限制。因此,估计技术上允许利用功率为 64 亿千瓦,其中盐差能 30

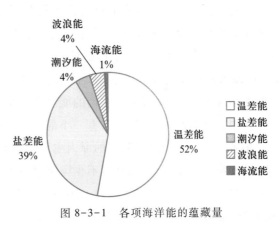

图 8-3-1　各项海洋能的蕴藏量

亿千瓦,温差能 20 亿千瓦,波浪能 10 亿千瓦,海流能 3 亿千瓦,潮汐能 1 亿千瓦(估计数字)[7]。各项海洋能的蕴藏量见图 8-3-1,允许利用功率见图 8-3-2。

海洋能的强度较常规能源低。海水温差小,海面与 500~1000 m 深层水之间的较大温差仅为 20 ℃左右;潮汐、波浪水位差小,较大潮差仅为 7~10 m,较大波高仅为 3 m;潮流、海流速率小,较大流速仅 4~7 节。即使这样,在可再生能源中,海洋能仍具有可观的能流密度。以波浪能为例,每米海岸线平均波功率在最丰富的海域是 50 kW,一般为 5~6 kW;后者相当于太阳能流密度 1 kW · m^{-2}。又如潮流能,最高流速为 3 m · s^{-1} 的舟山群岛潮流,在一个潮流周期的平均潮流功率达 4.5 kW · m^{-2}。海洋能作为自然能源是随时变化着的,但海洋是个庞大的蓄能库,将太阳能及派生的风能等以热能、机械能等形式蓄在海水里,不像在陆地和

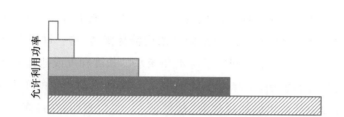

	允许利用功率/亿千瓦
☐ 潮汐能	1
☐ 海流能	3
▨ 波浪能	10
▮ 温差能	20
▨ 盐差能	30

图 8-3-2　各项海洋能的允许利用功率

空中那样容易散失。海水温差、盐差和海流都是较稳定的,24 h 不间断,昼夜波动小,仅稍有季节性的变化。潮汐、潮流则做恒定的周期性变化,对大潮、小潮、涨潮、落潮、潮位、潮速、方向都可以准确预测。海浪是海洋中最不稳定的,有季节性、周期性,而且相邻周期也是变化的。海浪是风浪和涌浪的总和,而涌浪源自辽阔海域持续时日的风能,不像当地太阳和风那样容易骤起、骤止和受局部气象的影响。

上述不同形式的能量有的已被人类利用,有的已列入开发利用计划,但是人们对海洋能的开发利用程度至今仍较低。尽管这些海洋能资源之间存在着各种差异,但是也有着一些相同的特征。各项海洋能资源都具有相当大的能量通量:潮汐能和盐度梯度能大约为 2 TW;波浪能也在此量级上;而海洋热能至少要比此大两个数量级。但是这些能量分散在广阔的地理区域,因此实际上它们的能流密度相当低,而且这些资源中的大部分均蕴藏在远离用电中心区的海域。因此,只有一小部分海洋能资源能够得以开发利用。

很多海洋能至今没被利用的原因主要有两方面:(1)经济效益差,成本高。(2)一些技术问题还没有过关。尽管如此,不少国家组织研究解决这些问题的同时,也在制定宏伟的海洋能利用规划。如英国准备修建一座 100 万千瓦的波浪能发电站,美国要在东海岸建造 500 座海洋热能发电站[8]。从发展趋势来看,海洋能必将成为沿海国家,特别是发达的沿海国家的重要能源之一。

第4节　可　燃　冰

可燃冰(combustible ice),学名为天然气水合物,主要成分是甲烷,又称气冰或固体瓦斯,是一种白色或浅灰色结晶。可燃冰由海洋板块活动而成,是甲烷和水在海底高压低温下形成的白色固体燃料。当海洋板块下沉时,较古老的海底地壳会下沉到地球内部,海底石油和天然气便随板块的边缘涌上表面。当接触到冰冷的海水和在深海压力下,天然气与海水产生化学作用,就会形成水合物。作为燃料能源,可燃冰清洁无污染,可以被直接点燃并且燃烧放热量大,1 m³ 可燃冰可释放出 160~180 m³ 的天然气,其能量密度是煤的 10 倍,而且燃烧后不产生任何残渣和废气。可燃冰分布广储量大，可作为石油及天然气等的替代能源[9]。可燃冰分子中，甲烷分子与水分子间通过范德华力形成稳定结构，在点燃条件下甲烷分子被释放。

　　可燃冰是 21 世纪公认的替代能源和清洁能源，开发利用潜力巨大。可燃冰全球远景总资源量约为 10 万亿吨油当量，相当于全球已知煤、石油和天然气储量的两倍，可供人类使用数万年。可燃冰海底分布约 4000 万 km^2，足够人类使用 1000 年。可燃冰主要分布在北半球的东、西太平洋和大西洋西部边缘（水深 300～4000 m）海底处及其下约 650 m 沉积层内，以及大洋水深 100～250 m 以下的极地海陆架和高纬度陆地永久冻土区。目前全世界确认了 200 多处可燃冰成矿区。

世界各国可燃冰勘探及研发简介

　　我国从 1999 年开始，根据可燃冰形成的温压条件、甲烷气源条件、构造和沉积条件，对可燃冰进行了调查和研究，于南海首次发现了可燃冰存在标志。2002 年勘测南海储量相当于 700 亿吨油当量，在西沙海槽圈出可燃冰矿区。2004 年中国科学院广州天然气水合物研究中心成立；中德联合在南海北部发现 430 万平方公里的"九龙甲烷礁"。2005 年成功研制可燃冰开采模拟系统。2006 年成功研制可燃冰保真取样器并试验；勘测南海北部东沙西南部海域可燃冰发育区。2007 年开发了新型可燃冰组合抑制剂，加速了开采研究进度；可燃冰钻探取心项目启动；可燃冰开采与运输关键技术取得初步成绩；在南海北部神狐海域钻获可燃冰样品。2008 年在青海省祁连山南缘永久冻土带成功钻获可燃冰样品；广州海洋地质调查局自主研制"海洋六号"调查船，并在南海北部成功取样。2009 年勘测青藏高原五道沟永久冻土区、青海省祁连山南缘永久冻土带远景资源量有 350 亿吨油当量以上。

　　2020 年 3 月 26 日，由自然资源部中国地质调查局组织实施的我国海域可燃冰第二轮试采取得成功并超额完成目标任务，在水深 1225 m 的南海神狐海域，试采创造了产气总量 86.14 万立方米、日均产气量 2.87 万立方米两项新的世界纪录。我国此次试采成功取得了一系列重大突破。一是创造了"产气总量、日均产气量"两项世界纪录，实现了从探索性试采向试验性试采的重大跨越。试采攻克了深海浅软地层水平井钻采核心关键技术，实现产气规模大幅提升，为生产性试采、商业开采奠定了坚实的技术基础。我国也成为全球首个采用水平井钻采技术试采海域天然气水合物的国家。二是自主研发了一套实现可燃冰勘探开采产业化的关键技术装备体系，其中控制井口稳定的装置吸力锚打破了国外垄断。这些技术装备在海洋资源开发、涉海工程等领域具有广阔应用前景，将带动形成新的深海技术装备产业链，增强我国"深海进入、深海探测、深海开发"能力。三是创建了独具特色的环境保护和监测体系，进一步证实了可燃冰绿色开发的可行性。自主创新形成了环境风险防控技术体系，构建了大气、水体、海底、井下"四位一体"环境监测体系。

　　可燃冰的主要勘探方法有地震勘探法、地球化学法及地质勘探法，勘探方法日趋成熟。

274

可燃冰的主要开采方法有 3 种：一是热激化法，即利用可燃冰加热时分解出甲烷气体的原理。二是降压法，专家提出将核废料埋入地下，利用核辐射效应使其分解出甲烷气体。三是注入剂法，向可燃冰层注入盐水、甲醇、乙醇等，破坏原平衡促使其分解。其他新型方法有二氧化碳置换开采法和固体开采法。二氧化碳置换开采法能把大量 CO_2 送入深海，有助于减缓全球气候变暖。国外有学者专门采用数值方法研究 CO_2 地质封存技术，辅助分析可燃冰的动力学特性、稳定性等，并对该方法的使用地域性进行了分析。

目前，可燃冰的开采方法技术复杂、速度慢、费用高，而且海洋中水合物的压力较高，实现管道合理布设、天然气的高效收集较困难。开采过程中保证海底稳定、使甲烷气体不泄漏是关键，日本对此提出了"分子控制"方案，美国在 2005 年成功模拟生产海底可燃冰，但目前各国尚无成熟的大规模商业开采方法。

开采可燃冰的输送设备投入资金是巨大的，目前我国南海开采费用达 200 美元/m³，折合成天然气达 1 美元/m³，而天然气本身开采只有 1 元/m³，因此计划由政府、企业及科研单位联合开发。专家建议先到青藏高原冻土区试验开采，青海省木里地区可燃冰冻土层 80～120 m，埋藏冰段 130～300 m，资源储量大，开采技术难度及成本会较低。

开采可燃冰需要考虑其对周围环境影响。可燃冰是一种逸散气体，开采时最易泄漏，如果控制不住，极易造成"井喷"。大量可燃冰排出后会造成强烈的温室效应[10]，可燃冰中甲烷的温室效应为二氧化碳的 13 倍，全球海底可燃冰中甲烷总量为地球大气中甲烷总量的 3000 倍。若不慎让海底甲烷气逃逸到大气中，将产生无法想象的后果：一方面加剧全球气候变暖，另一方面对海洋本身也有极大的危害，可能造成大陆架边缘的动荡，甚至导致灾难性海啸，同时也会危及海底油气管线、水下电缆等设施。在 5500 万年前，曾有过一次海底可燃冰大量释放过程，结果全球急剧变热，海底生物大灭绝；百慕大三角之所以称为"死亡三角区"，有一种解释就是那里有大量可燃冰释放。有学者认为，在导致全球气候变暖方面，甲烷所起的作用远大于二氧化碳。如果在开采中甲烷气体大量泄漏于大气中，造成的温室效应将比二氧化碳更加严重，进而使地球升温更快。而"可燃冰"矿藏哪怕受到最小的破坏，甚至是自然的破坏，都足以导致甲烷气体的大量散失。

可见，"可燃冰"带给人们的不仅是新的希望，同样也有新的困难，短时期内，可燃冰成为新能源只是人们的一个希望。但从长期来看，由于化石能源的日益枯竭，对可燃冰的开发利用势在必行。如果能尽早解决上述种种问题，将可燃冰投入商用，必将促进能源产业的新一轮发展，并带动相关行业技术进步。

习　　题

1. 风能是什么？阐述它产生的原因及具有的特点。

2. 风能作为一种天然的清洁能源，主要应用于哪些方面？

3. 某地强风的风速 $v = 20$ m·s⁻¹，空气密度 $\rho = 1.3$ kg·m⁻³，如果把通过横截面积 $S = 20$ m² 的动能全部转化为电能，写出功率的表达式，并利用上述已知量计算其大小（取两位有效数字）。

4. 地热能产生的原因是什么?

5. 开发使用地热能需要注意什么? 对环境有什么影响?

6. 什么是海洋能? 海洋能有哪些特点? 为什么很多海洋能至今没被利用?

7. 潮汐发电目前存在的主要技术问题和对应的解决措施有哪几种?

8. 可燃冰的主要开采方法有哪几种?

9. 根据如下键能数据,计算甲烷的燃烧热 ΔH。

化学键	O=O	C—H	O—H	C=O
键能/$(kJ \cdot mol^{-1})$	497	414	463	803

参 考 文 献

科学小故事

第9章

能源发展

第1节　能源发展概述

我国坚持创新、协调、绿色、开放、共享的新发展理念，以推动高质量发展为主题，以深化供给侧结构性改革为主线，全面推进能源消费方式变革，构建多元清洁的能源供应体系，实施创新驱动发展战略，不断深化能源体制改革，持续推进能源领域国际合作，我国能源进入高质量发展新阶段。本章将结合 2020 年 12 月发布的《新时代的中国能源发展》白皮书对能源发展进行阐述。

9.1.1　能源发展基础

能源是推动社会可持续发展不可或缺的重要力量，人类社会要想发展必然要依赖能源和能源的可持续发展。因此，我们必须了解能源结构和能源发展基础，制定能源发展规划，开发能源利用技术，以满足人类对能源的需求。

1. 能源发展成本

目前，我国的能源利用依然是以煤炭为主，华北、西北区域是我国主要的煤炭存储地，石油、天然气资源几乎都存储在东、中、西部地区以及海洋中。不同的地域存储着不同的资源，资源分配具有不平衡性。而且，煤炭资源开采地的环境都比较苛刻，大多数需要井工开采，少有露天煤场。石油、天然气等化石能源在我国的海域大量存储，但由于海上工作技术及经验原因，开采量极少[1]。这些因素都制约着能源的开发和利用，也直接提高了我国能源开采的成本。

近 10 年来，受关键设备价格下降影响，全球新能源发电成本持续下降，陆上风电成本最低，光伏发电下降最快。2018 年下半年，全球陆上风电平均度电成本约为 0.052 美元/（kW·h），比 2010 年下降 44%；海上风电平均度电成本为 0.115 美元/（kW·h），比 2010 年下降 32%；全球光伏发电平均度电成本为 0.06 美元/（kW·h），比 2010 年下降 80%。

随着光伏发电的技术进步和产业升级，以及市场日趋成熟，我国光伏发电成本持续下降。2018 年我国光伏组件平均为 1.8 元/W,光伏电站造价约为 4.2 元/W,相较 10 年前下降了 90%。相较集中式光伏电站,分布式光伏发电组件和逆变器的单位容量成本更高,但是由于前期立项、土地费用等非技术成本较低,总体造价反而略低于集中式光伏电站。

随着我国风电全产业链逐步实现国产化,风电机组设计和制造技术的不断改进,发电效率持续提升,风电场造价和度电成本总体呈现逐年下降趋势。

近年来我国东中部地区新增风电规模占比上升,抬高了土地和建设成本,但得益于风电机组价格的继续下降,2018 年陆上风电造价约为 7500 元/kW,同比下降 6%,度电成本为 0.38 元/(kW·h),略高于全球平均度电成本。相比大型风电场,分散式风电单机容量相对小、机组单位容量价格高,前期和配套费用没有明显下降,这使得分散式风电单位容量造价要比大型风电场高 10% 以上。

近年来国家在新能源领域的投入逐渐加大,我国光伏组件和风能发电的核心部件价格呈现下降趋势,建造成本明显降低,新能源行业的整体发展态势良好,在国际市场的竞争力逐渐增强。

2. 能源发展技术

可再生能源产业迫切需要采取有效措施提高技术发展水平。由于技术上存在障碍,可再生能源发电设备的国产化制造比例较低,这是造成长期以来可再生能源开发的工程造价过高的主要原因。随着持续推进能源科技创新,能源技术水平不断提高,技术进步成为推动能源发展动力变革的基本力量。

1) 我国生物质能的开发利用和技术发展

从 20 世纪五六十年代开始,我国就重视开发利用沼气,到 20 世纪 80 年代,我国沼气技术进入成熟阶段。沼气工艺不断完善,综合效益开始显现。2000 年以后,随着技术的完善,我国沼气产业进入快速发展阶段,项目规模也开始从过去的家庭小沼气池逐步转向大规模的企业化运作模式。

1999 年前后,我国粮食严重积压,推广燃料乙醇以解决陈化粮问题成了解决方案之一。2001 年,当时的中华人民共和国国家计划委员会等五部委颁布了《陈化粮处理若干规定》,确定陈化粮的主要用途是生产酒精、饲料等。国家批准建立了吉林燃料乙醇等四个燃料乙醇企业。随着陈化粮的消耗,粮食安全问题随之产生。2007 年,国家发展和改革委员会明确表示,将不再使用粮食作为生物质能源的生产原料,取而代之的是非粮作物。基于粮食安全考虑,纤维素乙醇技术是当前国内外研究的重点。

早在 20 世纪 80 年代,我国就开始尝试利用生物质发电,2005 年则是我国生物质发电的重要节点。国家发展和改革委员会在 2005 年批复了山东单县、江苏如东、河北晋州三个地区若干生物质发电示范工程。随后几年,江苏海安、黑龙江庆安等地的一大批生物质发电项目陆续获得批准,这推动了生物质发电技术的快速发展。

2007 年,我国出台了《可再生能源中长期发展规划》。2016 年,又先后出台了《生物质能发展"十三五"规划》和《可再生能源发展"十三五"规划》。到 2019 年,在生物质能技术方面,我国生物质发电技术基本成熟,生物质成型燃料供热技术也日益成熟,生物质管道天然气技术正积极发展。但同一些发达国家相比,我国研发能力相对落后,技术设备

278

有待升级。

2）我国水能的开发利用及技术发展

我国水能资源可开发装机容量约 6.6 亿千瓦,年发电量约 3 万亿千瓦时,按利用 100 年计算,相当于 1000 亿吨标准煤,在常规能源资源剩余可开采总量中仅次于煤炭。1978 年以来,我国水电开始进行市场化改革,相继引进了业主制、招投标制、监理制等机制,一大批水电站相继建成投产。至 2019 年年底,全国水电总装机容量约 3.56 亿千瓦、年发电量逾万亿千瓦时,均居世界第一。近年来,我国水电行业在技术方面开始赶超世界先进水平。例如,我国第二大水电站白鹤滩水电站于 2017 年 7 月开工建造,装机容量为 1600 万千瓦,单机容量为 100 万千瓦,是目前全球最大的单机水能机组。还有于 2014 年正式开工建造的雅砻江两河口水电站,该水电站的建造突破了多项世界纪录,是世界泄洪流速第一快、建造高边坡群规模第一大的水电站,修筑高土石坝高度也达到世界前三,此项目全面竣工后,可使我国西电东送战略向前迈进一大步。

3）我国太阳能的开发利用及技术发展

20 世纪 70 年代初,我国一些科研单位及科技人员开始研究太阳能的开发利用技术。20 世纪八九十年代,主要集中在太阳能热水器技术方面;2000 年以后,太阳能热水器行业进入高速发展时期;截至 2019 年年底,太阳能热水器集热面积累计达 5 亿平方米,目前在技术方面处于世界领先水平。

1998 年,我国开始关注太阳能发电技术。2007 年,我国成为生产太阳能光伏电池最多的国家。2008 年后,由于多晶硅等产品开始出现产能过剩问题,我国政府开始引导企业把建设重点由设备产品的生产转向应用。在应用领域,并网技术开始取代离网技术,2011 年以后,并网型光伏项目已经成为主流,离网型所占比例几乎可以忽略。太阳能发电成为可再生能源中的"黑马"。在未来的 20 年,太阳能将超过煤炭和天然气,成为最大的发电装机容量来源。在既定政策情景模式下,到 2040 年,全球可再生能源在能源结构中的占比将从现在的 26% 增至 44%,风能和太阳能发电占比将从现在的 7% 增至 24%。

在《中华人民共和国可再生能源法》基础上,国务院于 2013 年发布《关于促进光伏产业健康发展的若干意见》,进一步从价格、补贴、税收、并网等多个层面明确了光伏发电的政策框架。2019 年,多晶硅、光伏电池、光伏组件的产量分别约占全球总产量的 67%、79%、71%,光伏产品出口到 200 多个国家及地区。在太阳能技术方面,光伏制造逐步形成了完整的产业链,技术水平和制造规模处于世界前列。

4）我国风能的开发利用及技术发展

我国的风力发电开始于 20 世纪 50 年代后期,最初的发展重点是离网小型风力发电,主要是为了解决海岛和偏远农村牧区的用电问题。20 世纪 70 年代末,并网大型风力发电场开始进行建设。20 世纪 70 年代末到 80 年代末,我国各地相继开始研制或引进国外风电机组,建设示范风力发电场,开展试验研究、示范发展。

1994 年,原电力工业部发布了《风力发电场并网运行管理规定(试行)》,出台了电网公司应允许风力发电场就近上网,全额收购风力发电场上网电量,对高于电网平均电价部分实行全网分摊的鼓励政策。同年,汕头福澳风力发电有限公司开始运作我国第一个按商业化模式开发的风力发电项目。

从 2003 年起,随着国家连续组织风力发电特许权招标,规划大型风力发电基地,2005 年风力发电技术跨入兆瓦级时代。2006 年实行《中华人民共和国可再生能源法》后,我国风力发电开发建设进入了跨越式的发展阶段。到 2019 年,风力发电已成为我国继煤电、水电之后的第三大电源。在技术方面,通过引进消化及吸收,3 MW 及以下级别机组总体设计及零部件制造技术已经成熟,风力发电整机制造占全球总产量的 41%,已成为全球风力发电设备制造产业链的重要地区。但同丹麦、德国等风力发电发达国家相比,在大功率机组制造技术方面依然存在差距。

5) 我国地热能的开发利用及技术发展

我国从 20 世纪 70 年代开始进行地热普查、勘探和利用,先后在广东丰顺、河北怀来、江西宜春等 7 个地方建设了中低温地热发电站。1977 年,在西藏羊八井建设了 24 MW 中高温地热发电站。在地热发电方面,高温干蒸汽发电技术最成熟,成本最低,高温湿蒸汽次之,中低温地热发电的技术成熟度和经济性有待提高。全流发电技术已在我国取得快速发展,干热岩发电技术还处于研发阶段。

20 世纪 90 年代以来,北京、天津、保定、咸阳、沈阳等城市开展了中低温地热资源供暖、旅游疗养、种植养殖等直接利用工作。21 世纪初以来,逐步加快发展热泵供暖(制冷)等浅层地热能开发利用技术。到 2019 年,浅层和水热型地热能供暖(制冷)技术已基本成熟,浅层和中深层地热供暖建筑面积超过 11 亿平方米,应用范围扩展至全国。在国际比较方面,20 世纪 70 年代,我国地热发电技术处于世界领先水平,但随着开发利用地热工作的停滞,地热发电技术逐步落后于世界先进水平。在利用干热岩供暖(制冷)技术方面,由于起步较晚,同德国、法国及美国等国家存在一定技术差距[2]。

3. 能源发展产业

新能源产业是衡量一个国家和地区高新技术发展水平的重要依据,也是新一轮国际竞争的战略制高点,各发达国家和地区都把发展新能源作为顺应科技潮流、推进产业结构调整的重要举措。我国提出区域专业化、产业集聚化的方针,并大力规划、发展新能源产业,相继出台一系列扶持政策。截至 2019 年年底,我国可再生能源发电总装机容量 7.9 亿千瓦,约占全球可再生能源发电总装机容量的 30%。其中水力发电、风力发电、光伏发电、生物质发电装机容量分别达 3.56 亿千瓦、2.1 亿千瓦、2.04 亿千瓦、2369 万千瓦,均位居世界首位。2010 年以来我国在新能源发电领域累计投资约 8180 亿美元,占同期全球新能源发电建设投资的 30%。

新能源发展的原则:在做好生态保护和移民安置的前提下积极发展水力发电,充分发挥水力发电在增加非化石能源供应的作用;按照集中与分散并重的原则,高度重视电网接入和电力市场消纳,继续推进网电规模化发展,提高网电在能源供应中的比重。按照集中开发与分布式利用相结合的原则,积极推动太阳能的多元化利用,鼓励有条件的地方建设大型光伏发电站,重点支持和推广与建筑结合的分布式并网光伏发电系统的应用。提高太阳能发电的经济性和统筹各类生物质能源,合理选择利用方式,因地制宜发展生物质能源[3]。

能源发展融资

能源发展体制

9.1.2 能源发展的目标

面对我国能源高质量发展的主要问题和机遇,能源领域要着力建设绿色产业体系、打造现代能源体系以及构建现代能源治理体系,让人民能够更多地享受到能源高质量发展带来的红利,加快现代化经济体系建设,推动经济的高质量发展。图 9-1-1 给出了能源高质量发展目标及实施路径的对应关系。

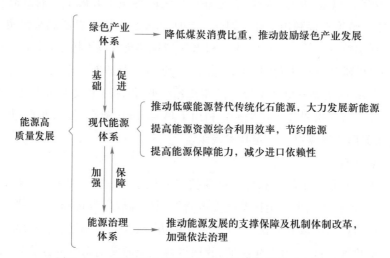

图 9-1-1 能源高质量发展目标及实施路径的对应关系

1. 建设清洁低碳的绿色产业体系

要实现能源的高质量发展,需把绿色发展放在首位,促使人们形成一个绿色的生产生活方式,推进产业体系的建设。首先,清洁能源要在国民经济各领域有足够的发展空间,这就要降低化石能源的消费比重并且不断提高利用效率,在此基础上才能深入推进各种可再生能源和清洁能源的发展规模。2019 年,全国能源会议指出,清洁能源和消费比重这两方面在未来要实现更高的目标:到 2020 年要基本解决弃水弃风弃光问题;煤炭消费比重要下降到58.5% 左右,天然气消费比重提高到 8.3% 左右,燃煤电厂平均供电煤耗每千瓦时同比减少1 g。其次,能源各个领域都要向低碳化发展,不断提升天然气供应保障能力和煤电清洁发展水平,最大限度地减少污染性能源消耗对环境的不利影响。

2. 打造清洁低碳、经济高效、安全可靠的现代能源体系

现代能源体系是带领能源走向未来的必经之路,具有可再生能源优先,各种方式相互协同,平衡用能这三个特征。我国在过去的经济高速增长阶段,由于各种原因使得能源体系在这三个方面相互制约,还远未达到相互融合的状态。而在目前清洁能源的成本迅速降低、能源的消纳能力在不断增强的情况下,这三个方面已经完全有可能成为一个统一体,并相互协调发展。国家电网为响应国家号召并实现转战略推行的"三型两网"建设就是现代能源体系建立的典型案例。其中两网指的是坚强智能电网和泛在电力物联网,在 2021 年初步建成泛在电力物联网,并在 2024 年建成能源互联网生态圈,到时将会充分利用移动互联、人工智能等现代人工技术,实现智慧型的能源综合服务。

3. 构建现代能源治理体系

构建能源治理体系是实现能源高质量发展的保障,但是我国在能源管理与监管体制方面存在管理分散等方面的问题,阻碍能源转型及高质量发展。要构建现代能源治理体系,应该形成一个主要由市场决定能源价格的机制,完善管理模式,加强市场监管,建立一个公平有序的市场环境。国家能源局在 2019 年 1 月公布了《关于能源行业深入推进依法治理工作的实施意见》,其目的就是全面加强能源行业的法治建设,落实依法治国精神,其中主要任务中就指出积极推进能源立法,健全能源法律制度体系,构建公平的市场竞争体系,这一纲领性文件的发布将促进现代能源治理体系的构建,为能源治理方面提供保障。

可再生能源优先、发展低碳能源是打造现代能源体系的基础条件之一,这一点完全与建立清洁低碳的绿色产业体系的目标及路径相吻合。通过建立绿色产业体系,推进现代能源体系的目标就迈出了一大步。相应的现代能源治理体系将会为能源发展及其各方面提供强大的保障力,同时又会促进绿色产业体系和现代能源体系的建立和完善。因此,三者之间是相互影响和相互促进的关系。

9.1.3　能源发展的重大举措

要实现能源高质量发展目标,应在不断加强能源支撑保障、不断完善各种相关的政策制度的基础上逐步消除能源高质量发展面临的瓶颈,构建清洁低碳、安全高效的现代能源体系,使能源领域由原来的低质量发展逐步过渡到高质量发展,实现能源转型。为此,我国已采取了一系列重要举措,具体如下:

(1) 推进能源消费方式变革,把节能贯穿于经济社会发展的全过程和各领域。第一,实行能源消费总量和强度双控制度,按省、自治区、直辖市行政区域设定能源消费总量和强度控制目标,对各级地方政府进行监督考核。对重点用能单位分解能耗双控目标,开展目标责任评价考核,推动重点用能单位加强节能管理。第二,健全节能法律法规和标准体系。修订实施《中华人民共和国节约能源法》,完善工业、建筑、交通等重点领域和公共机构节能制度;发布 340 多项国家节能标准,其中近 200 项强制性标准,实现主要高耗能行业和终端用能产品全覆盖。第三,完善节能低碳激励政策,实行促进节能的企业所得税、增值税优惠政策。鼓励进口先进节能技术、设备,控制出口耗能高、污染重的产品。健全绿色金融体系,利用能效信贷、绿色债券等支持节能项目。创新完善促进绿色发展的价格机制,如差别电价、峰谷

282 分时电价、阶梯电价、阶梯气价等,调动市场主体和居民节能的积极性。鼓励节能技术和经营模式创新,发展综合能源服务。第四,积极优化产业结构,提升重点领域能效水平。大力发展低能耗的先进制造业、高新技术产业、现代服务业,推动传统产业智能化、清洁化改造。构建节能高效的综合交通运输体系、节约型公共机构及市场导向的绿色技术创新体系,推广国家重点节能低碳技术、工业节能技术装备、交通运输行业重点节能低碳技术等。第五,以京津冀及周边地区、长三角、珠三角、汾渭平原等地区为重点,推动终端用能清洁化。实施煤炭消费减量替代和散煤综合治理,推广清洁高效燃煤锅炉,推行天然气、电力和可再生能源等替代低效和高污染煤炭的使用。推进分布式可再生能源发展及终端用能领域多能协同和能源综合梯级利用。

（2）建设多元清洁的能源供应体系,深化改革能源供给侧结构性。第一,优先发展非化石能源,推动太阳能、风电、水电绿色发展,并安全有序发展核电,因地制宜发展生物质能、地热能和海洋能,全面提升可再生能源利用率。第二,加快淘汰落后产能,清洁高效开发利用化石能源。本着清洁高效的原则推进发展煤炭产业、火电产业、天然气产业,提升石油勘探开发与加工水平。第三,加强能源输配网络建设,加快建设"全国一张网",初步形成调度灵活、安全可靠的天然气输运体系;第四,对农村及贫困地区能源发展提供了大力支持,2015年年底全面解决了无电人口用电问题,2019年完成新一轮农网改造升级目标,实现村电网供电可靠率达99.8%。在贫困地区发展生物质能、风能、太阳能、小水电等清洁能源,实施光伏扶贫工程,累计建成2636万千瓦光伏扶贫电站,建成了遍布贫困农村地区的"阳光银行"。

（3）科技创新作为第一动力,重大能源技术及装备取得突破。第一,《国家创新驱动发展战略纲要》提出:把发展安全清洁高效现代能源技术作为重要战略方向和重点领域,形成政府引导、市场主导、企业为主体、社会参与、多方协同的能源技术创新体系。第二,围绕能源绿色智能开采、可再生能源的高效利用及能源装备等,布局建设了40多个国家重点实验室和一批国家工程研究中心,以及80多个国家能源研发中心和国家能源重点实验室,依托骨干企业、科研院所和高校创造多元化多层次能源科技创新平台。第三,能源重大领域协同科技创新,重大能源技术装备取得新突破。实施油气科技重大专项,突破油气地质新理论与高效勘探开发关键技术;实施核电科技重大专项,重点围绕三代压水堆和四代高温气冷堆技术。大力开发新能源汽车、智能电网技术与装备、煤矿智能化开采技术与装备、煤炭清洁高效利用与新型节能技术、可再生能源与氢能技术等,推进核电及新兴能源技术装备自主创新。第四,支持新技术新模式新业态发展。推动能源技术与现代信息、材料和先进制造技术深度融合,依托"互联网+"智慧能源建设,探索能源生产和消费新模式。推动光伏发电与农业、渔业、牧业、建筑等产业融合发展,推进储能与可再生能源互补发展,支持新能源微电网建设,形成发储用一体化局域清洁供能体系。在试点示范项目引领和带动下,各类能源新技术、新模式、新业态持续涌现,形成能源创新发展的"聚变效应"。

（4）全面深化能源体制改革。第一,构建统一开放、竞争有序的能源市场体系,着力清除市场壁垒,提高能源资源配置效率和公平性。第二,完善主要由市场决定能源价格的机制,按照"管住中间、放开两头"总体思路,稳步放开竞争性领域和竞争性环节价格,促进价格反映市场供求、引导资源配置;严格政府定价成本监审,推进科学合理定价。第三,创新能源科学管理和优化服务,政府要强化能源市场监管,提升监管效能,深化能源"放管服"改革,减少前置审批事项,降低市场准入门槛,加强和规范事中事后监管。第四,健全能源法治体系,坚持能源立法同改革发展相衔接,及时修改和废止不适应改革发展要求的法律法规;推进能源领域法律及行政法规制修订工作,加强能源领域法律法规实施监督检查,加快电力、煤炭、石油、天然气、核电、新能源等领域规章规范性文件的"立改废"进程。推进能源依法治理,将法治贯穿于能源战略、规划、政策、标准的制定、实施和监督管理全过程中。

（5）全方位加强能源国际合作,推动构建人类命运共同体。第一,我国坚定不移维护全球能源市场稳定,扩大能源领域对外开放。大幅度放宽外商投资准入,打造市场化法治化国际化营商环境,促进贸易和投资自由化便利化。全面实行准入前国民待遇加负面清单管理制度,能源领域外商投资准入限制持续减少。第二,我国秉持共商共建共享原则,坚持开放、绿色、廉洁理念,努力实现高标准、惠民生、可持续的目标,与各国着力推进共建"一带一路"能源合作。第三,我国积极支持国际能源组织和合作机制在全球能源治理中发挥作用,在国际多边合作框架下积极推动全球能源市场稳定与供应安全、能源绿色转型发展,积极参与全球能源治理,携手应对全球气候变化,为促进全球能源可持续发展贡献中国智慧、中国力量。

9.1.4　能源发展中面临的问题

1. 人均拥有能源较少

我国人均能源资源拥有量在世界上处于较低水平,煤炭、石油和天然气的人均占有量仅为世界平均水平的 67%、5.4% 和 7.5%。我国人均水利蕴藏量仅为世界平均水平的 70.1%,人均风能资源量占世界平均水平的 4%,人均太阳能资源量占世界平均水平的 9.2%,人均潜在地热能约占世界平均水平的 1/5000,人均占有土地面积不到世界平均水平的 1/3,生物质能开发利用程度有限。

2. 产销分离

我国煤炭资源主要集中在华北、西北、西南等地,石油、天然气资源主要分布在东北、华北、西部和海域,水力资源主要分布在西南地区。风能、太阳能资源集中在西部、北部,地热能主要集中在西藏、云南等地,可燃冰主要集中在南海、东海、西藏羌塘盆地、祁连山木里地区、东北漠河盆地等地。我国能源主消费地区集中在东南沿海经济发达地区,能源生产与消费存在明显地域差别,促进形成"北煤南运、北油南运、西气东输、西电东送"的能源运输基本格局和大规模、远距离的显著特征。

3. 开发难度较大

与美国、俄罗斯、加拿大等国相比,我国煤炭资源地质开采条件较差,大部分资源需要通过井工方式开采,只有新疆、内蒙古等地少数煤矿可供露天开采。石油、天然气资源地质条件复杂、埋藏深,勘探、开发技术难度大。未开发的水能资源大多集中在西南地区,开发难度大,输电成本高,生态环境脆弱。煤层气、页岩气等非常规能源资源勘探程度低,规模小、经济性差,缺乏竞争力。

4. 利用方式较为粗放

我国能耗强度高于世界能耗强度平均水平。按照 2015 年美元价格和汇率计算,2016 年

284 我国单位 GDP 能耗为 3.7 t 标准煤/万美元,超过世界能耗强度平均水平的 40%。

5. 市场化水平较低

我国市场经济条件下的现代能源市场体系尚未建立。在市场准入方面,仍然存在标准不一、差别有异的情形,各类市场主体不能受到平等对待,能源投资主要依靠国企,主体较为单一。能源价格机制未能完全反映资源稀缺程度、供求关系和环境成本,石油、天然气、电力等领域价格改革滞后,竞争性环节价格尚未放开,天然气井口价格及销售价格、上网电价和销售电价尚未完全由市场形成。电网、油气管网建设运营存在体制机制性障碍,电网和油气管网功能定位有待进步明确,公平接入、供需导向、可靠灵活的电力和油气输送网络尚未完全建立。电力体制改革框架虽然搭建完毕,市场化改革仍有一定阻力,各方存在认识上的分歧,竞争性电力交易市场建立存在一定难度。能源法律法规有待修订完善,能源监管体系尚不健全,仍存在“重审批轻监管”的现象[4]。

第2节 我国的能源发展战略与政策

随着我国能源结构的调整和新技术的进步,我国能源消费结构呈现向清洁、低碳、多元化转变。能源发展的新时代,我国秉持着“坚持以人民为中心”“坚持清洁低碳导向”“坚持创新核心地位”“坚持以改革促发展”“坚持推动构建人类命运共同体”的能源政策理念,出台了一系列新的能源发展政策,以适应我国经济社会的全面协调发展和可持续发展。

9.2.1 新时代中国的能源安全战略

国务院在 2020 年 12 月发布的《新时代的中国能源发展》白皮书中提到,为更积极地适应国内国际能源形势的新发展新要求,坚定不移走高质量发展新道路,新时代的中国能源发展,贯彻“四个革命、一个合作”能源安全新战略。具体如下:

(一) 推动能源消费革命,抑制不合理能源消费。坚持节能优先方针,完善能源消费总量管理,强化能耗强度控制,把节能贯穿于经济社会发展全过程和各领域。坚定调整产业结构,高度重视城镇化节能,推动形成绿色低碳交通运输体系。在全社会倡导勤俭节约的消费观,培育节约能源和使用绿色能源的生产生活方式,加快形成能源节约型社会。

(二) 推动能源供给革命,建立多元供应体系。坚持绿色发展导向,大力推进化石能源清洁高效利用,优先发展可再生能源,安全有序发展核电,加快提升非化石能源在能源供应中的比重。大力提升油气勘探开发力度,推动油气增储上产。推进煤电油气产供储销体系建设,完善能源输送网络和储存设施,健全能源储运和调峰应急体系,不断提升能源供应的质量和安全保障能力。

(三) 推动能源技术革命,带动产业升级。深入实施创新驱动发展战略,构建绿色能源技术创新体系,全面提升能源科技和装备水平。加强能源领域基础研究以及共性技术、颠覆性技术创新,强化原始创新和集成创新。着力推动数字化、大数据、人工智能技术与能源清洁高效开发利用技术的融合创新,大力发展智慧能源技术,把能源技术及其关联产业培育成带动产业升级的新增长点。

（四）推动能源体制革命，打通能源发展快车道。坚定不移推进能源领域市场化改革，还原能源商品属性，形成统一开放、竞争有序的能源市场。推进能源价格改革，形成主要由市场决定能源价格的机制。健全能源法治体系，创新能源科学管理模式，推进"放管服"改革，加强规划和政策引导，健全行业监管体系。

（五）全方位加强国际合作，实现开放条件下能源安全。坚持互利共赢、平等互惠原则，全面扩大开放，积极融入世界。推动共建"一带一路"能源绿色可持续发展，促进能源基础设施互联互通。积极参与全球能源治理，加强能源领域国际交流合作，畅通能源国际贸易、促进能源投资便利化，共同构建能源国际合作新格局，维护全球能源市场稳定和共同安全。

9.2.2 《能源发展战略行动计划（2014—2020 年）》主要内容简介

9.2.3 《关于加快建立绿色生产和消费法规政策体系的意见》（2020）

9.2.4 《中华人民共和国可再生能源法》及新能源政策简介

习　　题

1. 简述我国能源发展中所面临的问题及现状。
2. 简述国内外能源发展的目标及计划。
3. 简述我国对能源发展采取的重要措施。
4. 简述新时代中国能源安全战略及相关的政策。

参 考 文 献

科学小故事